国家社科基金
GUOJIA SHEKE JIJIN HOUQI ZIZHU XIANGMU
后期资助项目

信念修正理论前沿

袁永锋 著

上海人民出版社

国家社科基金后期资助项目
出版说明

后期资助项目是国家社科基金设立的一类重要项目，旨在鼓励广大社科研究者潜心治学，支持基础研究多出优秀成果。它是经过严格评审，从接近完成的科研成果中遴选立项的。为扩大后期资助项目的影响，更好地推动学术发展，促进成果转化，全国哲学社会科学工作办公室按照“统一设计、统一标识、统一版式、形成系列”的总体要求，组织出版国家社科基金后期资助项目成果。

全国哲学社会科学工作办公室

目　　录

前　　言

本体论与认识论毋庸置疑是哲学必不可少的核心组成部分。从古至今，苏格拉底、柏拉图、亚里士多德、培根、笛卡尔、洛克、休谟、密尔、康德、胡塞尔和罗素等都对认识论作出了重要贡献。近代以来，随着逻辑和数学的发展，逻辑和数学的概念、方法和观点被引入认识论研究，发展出了形式化或数学化的认识论，这成了认识论研究的重要领域。与传统认识论或非形式认识论一样，知识和信念也是形式认识论的基本研究对象。信念是认知主体所相信的命题。一个认知主体相信的所有信念构成了他的信念状态。信念状态会随着认知过程而不断动态变化。视觉、听觉和触觉等感官是接收信息的途径，它们会源源不断带来各种各样的新信息，引发认知主体对新信息的评价，进而形成新信念。新信息会引发认知主体的推理和思辨，进而得到一些新结论，这也会形成一些新信念或导致放弃一些旧信念。随着信念的不断形成，认知主体在认知过程中可能会发现自己信念状态中的矛盾，比如言行的双重标准、逻辑悖论、数学悖论、科学理论和反常事实之间的矛盾等，进而引发修正信念状态或科学理论的认知过程，放弃一些不可信的信息，以恢复信念状态或科学理论的一致性。这种普遍的认知现象吸引了哲学家、逻辑学家、数学家、人工智能学家和认知科学家的广泛关注，进而逐渐形成一个横跨哲学、逻辑学、数学、人工智能和认知科学的交叉学科，具有重要的理论意义和广泛的应用价值。对于这种普遍的信念修正（belief revision）现象，逻辑学家利用逻辑学和数学的各种概念、方法和观点进行深入研究，提出了各种各样的信念修正理论。到目前为止，信念修正理论主要有两种研究范式，即 AGM 信念修正理论（AGM belief revision）和贝叶斯信念修正理论（Bayesian belief reivision）。

AGM 信念修正理论将信念态度二分为相信和不相信，进而把认知主体的信念状态表征为一个信念集或信念库，把引发信念状态改变的新信息表征为一个命题或命题集；并把信念修正过程看成是往信念状态中添加新信念或从信念状态中放弃旧信念的算子；然后研究这种信念修正算子应该满足的性质，即对它们进行公理性刻画，并且利用剪切函数或选择函数等来挑选出应当放弃的旧信念进行删除，即给出这种信念修正算子的函数式构造；最后证明公理性刻画与函数式构造这两种刻画之间的等价性定理，即表达定理（representation theorems）。这种研究范式由 C. Alchourrón，P. Gärdenfors 和 D. Makinson 三人于 1985 年首次提出，因此由他们三人姓氏的首字母来命名。此后，学界提出了 AGM 信念修正理论的各种各样的变种。有些信念修正理论设定新信息是比旧信念更可靠的新信念，或者说具有优先性（priority），认知主体应该修正信念状态使其与新信息相一致。有些信念修正理论则认为新信息不一定比旧信念更可靠，或者说不具有优先性，认知主体可以在信念状态和新信息之间进行选择，甚至放弃新信息。有些信念修正理论研究的是新信息为一个命题或句子的信念修正，另一些信念修正理论研究的则是新信息为一个命题集或句子集的信念修正。因此，从新信息的优先性和表征方式这两个角度看，目前学界主要提出了四种 AGM 信念修正理论，即优先句子信念修正（prioritized sentence belief revision）、优先复合信念修正（prioritized multiple belief revision）、非优先句子信念修正（non-prioritized sentence belief revision）和非优先复合信念修正（non-prioritized multiple belief revision）。

与 AGM 信念修正理论不同，贝叶斯信念修正理论中的信念态度并不是简单地二分为相信和不相信，而是有相信程度之分，并用概率来精确区分不同的信念度；信念状态的改变也不是简单地分为添加新信念和放弃旧信念，而是相信程度或者说信念度的提高和降低。因此，贝叶斯信念修正理论把认知主体的信念状态表征为信念度/概率函数，把引发信念状态改变的新信息也表征为信念度/概率函数，并把信念修正过程看成是由后者引发的对前者的信念度更新；然后采用概率论的概念、方法和观点来研究信念度或置信度的动态改变。这种研究范式源于贝叶斯（T. Bayes）于 1764 年提出的贝叶斯定理，并由此而得名。早期的贝叶斯信念修正理论关注证据性新信息对理论假说或原有信念的认知作用。贝叶斯主义者认为：当认知主体所接收到的新信息是证据性新信息，或者说是认知主体所坚信为真甚至知道为真的新信息时，他会在这种证据的影响下修正原有信念的置信度。因此，贝叶斯主义者利用贝叶斯规则来计算认知主体在经验证据的影响下对原有信念的新置信度，以此刻画基于证据的信念修正过程。然而，并不是只有证据会引发信念修正，非证据性的信息，或者说认知主体并不坚信的信息，甚至谣言也会在一定程度上引发信念修正。因此，杰弗雷（R. Jeffrey）提出了杰弗雷规则来一般地计算认知主体在新信息（含证据性新信息和非证据性新信息）的影响下对原有信念的新置信度，以此刻画基于一般性新信息的信念修正过程。此外，贝叶斯主义者认为证据对理论假说或原有信念的确证或支持也是有程度之分的，因此基于贝叶斯定理提出了各种确证度函数来计算证据对假说的确证度或支持程度。

近四十年来，AGM 和贝叶斯这两种研究范式的信念修正理论都得到了较为深入的研究。然而，大多数研究者简单地认为，信念修正过程只有一个修正阶段，并且这个阶段可以通过他们的方案得到很好刻画（例如，优先的 AGM 信念修正理论、贝叶斯规则和杰弗雷规则），而忽略了一个重要的认识论问题，即触发信念修正的新信息是如何获得命题态度或信念度的？对此，学界并未进行系统深入的研究。Hansson 认为，非优先句子信念修正包含决策-修正模式（decision + revision schema）和膨胀-巩固模式（expansion + consolidation schema）。决策-修正模式的直观思想在于：在日常生活中，当认知主体接收到新信息时，他们通常首先确定是接受还是拒绝新信息；之后，他们将根据该决定来修正或保持他们的信念状态；膨胀 + 巩固模式的直观思想在于：由于理性能力的有限性，认知主体往往不能迅速判断新信息是否可信、是否与旧信念相矛盾，他们往往先把自认为一致的信息都添加进信念库中来，然后再在后续认知实践中进一步发现不一致性，进而将不可信的信息排除出去。然而，这两种模式的信念修正过程并没有得到系统深入的研究。认知主体是如何评价新信息的？换句话说，认知主体是根据哪些评价标准来赋予新信息命题态度或信念度的？在获得评价结果之后，认知主体又是如何修正自己的信念状态的？当认知主体的信念状态出现不一致性或不融贯性时，认知主体又是如何巩固信念状态以恢复一致性的？这些重要问题都没有得到系统深入的解答。

经过研究本人发现，核心信念（core beliefs）在信念修正过程中起着至关重要的决策作用：在决策-修正模式的信念修正中，认知主体首先根据自己的核心信念对新信息进行评价，以赋予新信息初始的命题态度或信念度，然后再根据核心信念和评价结果来修正信念状态；在膨胀-巩固模式的信念修正中，认知主体也是通过核心信念来排除不可信信息进而恢复一致性的。因此，本书的主要目的在于：采用 AGM 信念修正理论和贝叶斯信念修正理论这两种研究范式来研究核心信念在信念修正过程中的这种决策功能，进而提供一种更一般的信念修正理论框架。本书的章节安排如下。

(1) 第一章首先介绍信念修正理论的主要研究范式，然后分别介绍 AGM 信念修正理论和贝叶斯信念修正理论的研究现状，最后揭示这些信念修正理论的主要不足在于：大多数研究者简单地认为信念修正过程只有一个修正阶段，并且这个阶段可以通过他们的方案得到很好的刻画，而忽略了如下三个重要的认识论问题，即：

(i) 认知主体如何根据哪些评价标准来赋予新信息初始的命题态度或信念度？

(ii) 在获得评价结果之后，认知主体如何根据这种评价结果来修正信念状态？

(iii) 当认知主体的信念状态出现不一致性或不融贯性时，认知主体又是如何寻找不可信信息以巩固信念状态的？

本书的主要目的就是要根据 AGM 信念修正理论和贝叶斯信念修正理论两个研究范式来回答上述问题。

(2) 第二章采用 AGM 信念修正研究范式来刻画认知主体基于核心信念对新信息的理性评价过程。本章把新信息表征为一个命题的集合，把用于评价新信息的评价依据表征为一个核心信念的集合，并把新信息的评价过程看成是核心信念和新信息之间的评价算子，它输出可信新信息和不可信新信息；然后研究这种评价算子应该满足的性质，即提出理性评价算子的公理性刻画，然后构造出两种基于不一致核心集（inconsistent kernel set）和一致保留集（consistent remainder set）的核心评价算子（kernel evaluation operator）和部分交评价算子（partial meet evaluation operator），最后分别证明它们与公理性刻画之间的表达定理。此外，本章还比较了理性评价算子与收缩算子、集合收缩和优先复合修正算子之间的关系。本章的主要内容翻译并修改自本人发表在 *Synthese* 中的前期研究成果，见 [133]。

(3) 第三章采用 AGM 信念修正研究范式来刻画基于核心信念和评价结果的评价复合修正过程。本章把信念状态表征为一个包含核心信念集的信念库，把新信息表征为一个由可信信息和不可信信息构成的评价结果，并把评价复合修正过程看成是这两种参数之间的复合修正算子；然后研究这种评价复合修正算子应该满足的性质，即提出评价复合修正算子的公理性刻画，然后构造出两种基于评价核心集（evaluational kernel set）和评价保留集（evaluational remainder set）的核心评价复合修正算子（kernel evaluative multiple revision）和部分交评价复合修正算子（partial meet evaluative multiple revision），最后分别证明它们与公理性刻画之间的表达定理。此外，本章还比较了评价复合修正算子与置换算子、核心包收缩和优先复合修正之间的关系。本章的主要内容翻译并修改自本人发表在

Journal of Logic and Computation 中的前期研究成果，见 [134]。

(4) 第四章采用 AGM 信念修正研究范式来刻画基于核心信念的膨胀-巩固模式的代谢修正过程。本章把信念状态表征为一个包含核心信念集的信念库，把新信息表征为一个命题集，并把代谢修正过程看成这两种参数之间的复合修正算子；然后研究这种代谢修正算子应该满足的性质，即提出代谢修正算子的公理性刻画，构造出四种基于核心集、保留集、不一致核心集和一致保留集的代谢修正算子，最后分别证明它们与公理性刻画之间的表达定理。此外，本章还比较了代谢修正算子与理性评价、评价复合修正、半修正算子和原则受限聚合之间的关系。本章的主要内容翻译并修改自本人发表在 *Synthese* 中的前期研究成果，见 [130]。

(5) 第五章采用贝叶斯信念修正研究范式来研究决策-修正模式的信念修正过程。本章首先论证贝叶斯信念修正过程并非仅仅包含一个由贝叶斯规则或杰弗雷规则所刻画的修正阶段，而是包含一阶信息评价、二阶信息评价、一阶信念修正和二阶信念修正这四个相继发生的认知阶段。其中在一阶信息评价阶段，认知主体根据自己的核心信念来评价新信息，将他对核心信念的信念度通过一种评价机制传递给新信息，即对新信息进行初始信念度的赋值，从而得到一阶评价结果。然后在二阶信息评价阶段，认知主体根据一些二阶的核心信念对这个一阶评价结果进行二阶评价，从而得到这个一阶评价结果的可靠度或者说可信度，以此作为一阶评价结果是否也可成为核心信念的判断依据。接着在一阶信念修正阶段，认知主体根据一阶评价结果来对信念状态进行信念度的更新或修正，进而得到一阶修正结果。最后在二阶信念修正阶段，认知主体根据一些二阶的核心信念对这个一阶修正结果进行二阶修正，从而得到这个一阶修正结果的可靠度或者说可信度，以此作为一阶修正结果是否也可成为核心信念的判断依据。为了刻画这些过程，本章提出了加权一阶评价规则、加权一阶修正规则、加权二阶评价规则和加权二阶修正规则四个信念度更新或修正规则对这四个相续认知阶段分别进行了刻画，最后将这四个信念修正规则合为一体，提出一个更通用的贝叶斯信念修正理论框架。本章的主要内容翻译并修改自本人发表在 *Studia Logica* 中的前期研究成果，见 [132]。

(6) 第六章揭示并消解了贝叶斯确证理论中隐藏的贝叶斯确证悖论。在贝叶斯确证理论中，一个普遍接受的观点是：证据 E 对假说 H 的确证度仅仅是证据 E 和假说 H 之间的概率的函数。这个观点看起来是非常直观的。然而，在某类情形下，使用贝叶斯确证理论得到的计算结果却与我们直观上的确证概念相违背。本章首先揭示了一种可以构造无穷多的、贝叶斯式确证理论的直观反例的一般模式，进而构成一个确证悖论。然后本章对这个贝叶斯确证悖论的所有必要前提进行系统分析和评价，发现该悖论的根源在于贝叶斯主义者普遍接受了一个似是而非的观点，即验后要求（Posterior Requirement）：如果验后概率 $Pr(H/E_1) \geqslant Pr(H/E_2)$，那么假说 H 从证据 E_1 获得的证据性支持至少和从证据 E_2 获得的证据性支持一样多。这个观点看起来是非常直观的。但是证据 E 对假说 H 的确证度不仅仅决定于概率，它还受一些非概率性因素的影响，比如证据与假说之间的结构相似性、证据量和边际效用（marginal utility）等。最后，本章基于这种分析对确证度的概率因素和非概率性因素进行统一刻画，提出贝叶斯确证悖论的一种解悖方案，即日常确证理论（ordinary confirmation theory）。本章的主要内容翻译并修改自本人发表在 *Studia Logica* 中的前期研究成果，见 [131]。

(7) 第七章对信念修正理论与悖论研究这两个亲缘领域进行比较研究，揭示出悖论的形成、发现和消解实际上是理论体系或信念系统（如集合论和真理论）的“膨胀-巩固模式”的信念修正过程，并论证这两个领域在众多概念、方法和论题上可以相互借鉴，在此基础上提出信念修正视域下的解悖方法论。本章的主要内容修改自本人发表在《逻辑学研究》中的前期研究成果，见 [4]。

最后，本人自 2011 年开始攻读博士学位以来，一直从事信念修正理论方面的研究工作。这项研究工作主要分为两个阶段，即 AGM 信念修正理论研究阶段和贝叶斯信念修正理论研究阶段。在博士生和博士后期间，本人主要研究 AGM 信念修正理论，撰写了博士论文和博士后出站报告，并将博士论文和博士后出站报告的部分内容拆出来，重新撰写成适合发表的中英文期刊论文。在博士后出站后，本人进一步研究了贝叶斯信念修正理论，并撰写了两篇英文期刊论文。这些原创性论文经过反复投稿、拒稿、大修、小修和不断完善之后，陆续发表在国内外一流哲学期刊和逻辑学期刊中，包括 *Synthese*、*Studia Logica*、*Journal of Logic and Computation*、《逻辑学研究》和《哲学动态》等，得到了国内外同行的认可。在这十余年的研究过程中，本人发现，国际上对于信念修正理论的研究已经非常系统且深入，发表了大量的期刊文章，其中 AGM 信念修正理论领域的开创性论文 [6] 的引用数到目前为止高达 1801 次，是逻辑学顶刊 *Journal of Symbolic Logic* 的历史上引用数最高的文章。此外，国际上还出版了多部信念修正理论的学术专著。然而，目前国内学界却只有少量信念修正理论的期刊文章发表，更别说一本系统引介和深入研究信念修正理论的学术专著。因此，本人想在这十余年来的研究工作的基础上，做一次系统的整理、严谨的论述、全面的总结和仔细的修改，最后撰写出版一本信念修正理论的中文学术专著，希望这本专著能推动国内学界对信念修正理论的进一步研究。因此，本人以近十年来的博士论文、博士后出站报告和其他原创性期刊文章为基础，进行仔细翻译、系统整理、全面总结、反复修改和不断完善，最后在上海人民出版社的细心编辑统校下，形成这本《信念修正理论前沿》。

本书的成书与出版，得到诸多学界师长、同行和朋友的帮助。这里特别感谢中山大学逻辑与认知研究所所长鞠实儿先生对第一章、第二章和第三章内容的指导和帮助，感谢中山大学逻辑与认知研究所文学锋先生对第二章和第三章内容的修改和帮助，感谢南京大学现代逻辑与逻辑应用研究所所长张建军先生对第七章内容的指导和帮助，感谢国家社科基金后期资助一般项目（No. 22FZXB096）的支持，最后感谢上海人民出版社于力平编辑的细心编辑统校！

袁永锋

珠海・唐家湾・博雅苑

2024 年 10 月

第一章　信念修正理论

信念是认知主体所相信的命题。一个认知主体的所有信念构成了他的信念状态。随着认知过程的不断进行，信念状态会持续不断地发生变化。学界把这种普遍的认知现象称为信念修正（belief revision）。这种普遍的信念修正现象吸引了哲学家、逻辑学家、数学家和人工智能学家的广泛关注，进而逐渐形成了一个横跨哲学、逻辑学、数学和人工智能的交叉学科，具有重要的理论意义和广泛的应用价值。逻辑学家利用逻辑学和数学的各种概念、方法和观点对信念修正现象进行了系统且深入的研究，提出了各种各样的信念修正理论。

到目前为止，信念修正理论主要有两种研究范式，即 AGM 信念修正理论（AGM belief revision）和贝叶斯信念修正理论（Bayesian belief reivision）。下面第 1.1 节先介绍 AGM 信念修正理论，包括研究对象与研究范式、优先句子修正、非优先句子修正、优先复合修正和非优先复合修正等；然后第 1.2 节介绍贝叶斯信念修正理论，包括研究对象和研究范式、概率与信念度、概率论的基本公理、贝叶斯定理、杰弗雷规则和贝叶斯确证理论等；最后第 1.3 节揭示已有信念修正理论的不足之处和最新研究方向，并阐述本书的研究纲要。

1.1　AGM 信念修正理论

1.1.1　研究对象与研究范式

AGM 信念修正理论是利用符号逻辑的概念、方法和观点来研究认知主体的信念状态的理性改变的理论领域。它所研究的信念修正的例子在日常学习、工作和生活中是非常常见的。我们先来看下面这些例子。

例子 1.1　(1) a 和 b 是大学同学，毕业后一直没有联系，后来 a 在一次出差中遇到 b，在闲聊中 a 知道了 b 已经结婚生子的事情。

(2) 学生 c 在学习过程中认识到曾经所相信的信念 φ 原来是错误的，因此不再相信 φ。

(3) 物理学家 d 一直相信命题 φ 和 $\varphi \to \psi$，从而也相信它们的逻辑后承 ψ，但最新观测表明 ψ 并不成立，因此 d 不再相信 ψ，进而也放弃了 $\varphi \to \psi$。

(4) 失散多年的两兄弟 e 和 f 久别重逢，聊起过去十几年的许多事情，从而改变了过去对彼此遭遇的种种猜测，厘清了对方这十多年来的人生经历。

(5) 周先生下班回到家，他女儿就兴奋地跑过来说："爸爸，我下午和妈妈去街上买东西了。我们在街上看到恐龙了！恐龙真的好可爱呀！"由于周先生坚信"恐龙已灭亡"，因此他认为女儿和她妈妈下午去过街上，并且看到过一个打扮成恐龙模样的人。

(6) 外出务工多年的 g 回到老家，发现故乡已不再是当年的旧模样，人和事都变化非常大，从而改变了对家乡的原有认识。

(7) 物理学家 h 想要用一个更一般的理论框架来将光的波动假设和粒子假设融合成一个一致的理论。

(8) 数据库工程师 i 在某项目研发期间需要将几个包含不一致信息的数据库合并成一个一致的数据库，以避免不一致性带来的系统故障和经济损失。

(9) 基督徒 j 去异国他乡工作期间，在日常生活的各个方面都受到异地宗教文化的冲击。不过，他有意识地保护自己的信仰，对自己信念状态的变化保持警惕，只对其他无关信仰的信念进行理性的改变，以便于适应当地的文化生活和工作。

在上述例子中，认知主体都需要改变自己的原有信念状态。那么一个理性的认知主体应当如何理性地改变信念状态呢？在例子 1.1(1) 中，大学生 a 只需要将新信念添加进信念库即可，不需要删除任何原有的信念。这是一种非常简单的信念改变过程，AGM 信念修正理论称之为膨胀算子（expansion，[6]）。例子 1.1(2) 的学生 c 需要做的是放弃那个错误的信念 φ：这不仅要求 c 从信念状态中删除 φ 本身，还要求他放弃蕴涵 φ 的其他信念；否则 φ 仍是 c 的一个隐性信念，在后续推理中又会变成显性信念。AGM 信念修正理论把这种放弃信念的过程称为收缩算子（contraction，[6, 8]）。例子 1.1(3) 中物理学家 d 获得了一个新信念 $\neg\psi$，这个新信念与他原来的旧信念 ψ 相冲突，因此他不能像例子 1.1(1) 中的大学生 a 那样简单地把新信念添加进来，否则将导致不一致的新信念状态。这是典型的信念修正过程，AGM 信念修正理论称之为修正算子（revision，[6, 41]）。膨胀算子、收缩算子和修正算子是 AGM 信念修正理论研究的三个典型算子。在例子 1.1(4) 中，失散多年的两兄弟 e 和 f 在久别重逢后交流了很多，这些信息在时空上有着错综复杂的联系，而且与彼此对对方曾有的种种猜测混杂在一起，因此这种复杂的新信息所引发的信念修正过程与前三个例子中由单个命题所引发的信念修正过程是不同的，这些新信息是作为一个整体而参与信念修正的。因此，AGM 信念修正理论把前三个例子中基于单个命题的信念修正过程称为句子修正（sentence revision），而把例子 1.1(4) 中基于命题集的信念修正过程称为复合修正（multiple revision，[36, 137]）。在这四个例子中，认知主体都相信新信息，如果要保持新信念状态的一致性而必须在新信息和旧信念之间进行选择的话，他们都是删除旧信念而非放弃新信息。也就是说，在这些例子中，新信息是具有特殊地位或优先性的。但是，在例子 1.1(5) 中，周先生并不完全相信他女儿的话，而是作为理性的主体自主地决定接受哪些信息和拒绝哪些信息。在这种选择性的信念修正过程中，新信息与旧信念相比并不具有特殊的地位或者说优先性。因此，AGM 信念修正理论根据新信息是否具有优先性而将信念修正区分为优先信念修正（prioritized belief revision）和非优先信念修正（non-prioritized belief revision，[60]）这两种。在例子 1.1(6) 中，农民工 g 对家乡旧模样的信念并没有什么错误，跟家乡新模样也没有矛盾，只需要将家乡旧模样更新为新模样。这种常见的信念改变过程不是膨胀、收缩或修正，AGM 信念修正理论称之为信念更新（belief update，[75]）。在例子 1.1(7) 和 1.1(8) 中，认知主体需要将多个信息源或信念库一致地聚合成一个信息库或信念库。AGM 信念修正理论把这种信念改变过程称为信念聚合（merge，[38]）。在例子 1.1(9) 中，基督徒 j 在信念修正过程中有意识地保护核心信念。这种信念改变过程可能会被误解为不理性的，其实不然。这种保护核心信念的信念修正现象是非常普遍的，不仅传教士具有这种坚信的核心信念，每个人都有类似的核心信念，这些信念可能是逻辑真理或数学真理，也可能是认知主体的经验知识，比如：宇宙不是上帝创造的、恐龙已灭绝和外部世界是存在的。在 AGM 信念修正理论中，这种类型的信念修正算子有保护型修正（screened revision，[91]）和基于可信度的受限修正（credibility-limited revision，[65]）等。

从这些例子可以发现，AGM 信念修正理论将信念态度二分为相信和不相信，进而把认知主体的信念状态表征为一个信念的集合，把引发信念状态改变的信息（接收到的新信息或待放弃的旧信念）表征为一个命题或命题集；并把信念修正过程看成是往信念状态中添加新信念或从信念状态中放弃旧信念的信念修正算子。研究者一般从公理性刻画和函数式构造这两条进路对信念修正算子进行研究。在公理性刻画中，研究者把信念修正算子当作黑盒子看待，只研究这种信念修正算子的输入和输出应该满足的逻辑性质，然后给出一系列公理性假定（axiomatic postulates），即对它们进行公理性刻画。在函数式构造中，研究者把信念修正算子当作可计算函数看待，先定义一些恰当的剪切函数或选择函数等选择机制来从信念状态和新信息中挑选出应当放弃或保留的旧信念，然后给出这种信念修正算子的函数式构造。在完成这两种刻画之后，研究者会证明公理性假定与函数式构造这两种刻画之间的等价性定理，即表达定理（representation theorems）。这种研究范式由 C. Alchourrón，P. Gärdenfors 和 D. Makinson 三人于 1985 年在 [6] 中首次提出，因此由他们三人姓氏的首字母来命名。此后，学界采用该范式提出了 AGM 信念修正理论的各种各样的变种（参见 [30, 61, 104]）。有些信念修正理论设定新信息是比旧信念更可靠的新信念，或者说具有优先性（priority），认知主体应该修正信念状态使其与新信息相一致。有些信念修正理论则认为新信息不一定比旧信念更可靠，或者说不具有优先性，认知主体可以在信念状态和新信息之间进行选择，甚至放弃新信息。有些信念修正理论研究的是新信息为一个命题或句子的信念修正，另一些信念修正理论研究的则是新信息为一个命题集或句子集的信念修正。因此，从新信息的优先性和表征方式这两个角度看，目前学界主要提出了四种 AGM 信念修正理论，即优先句子信念修正（prioritized sentence belief revision，[6, 19, 42, 58]），优先复合信念修正（prioritized multiple belief revision，[27,32,39]），非优先句子信念修正（non-prioritized sentence belief revision，[60, 65]）和非优先复合信念修正（non-prioritized multiple belief revision，[27]）。

在介绍这四种 AGM 信念修正理论的技术细节之前，先对一些必要的术语符号和预备知识作一番说明和介绍。这里一般只考虑命题语言 $\mathcal{L}$，它包含基本的逻辑联结词，如否定 $\neg$、合取 $\wedge$、析取 $\vee$ 和蕴涵 $\rightarrow$。我们用 $\bot$ 表示矛盾式，用 $\top$ 表示重言式，用小写希腊字母如 α，φ，τ，$\cdots$ 表示命题，用斜体的大写拉丁字母如 A，B，C，D，$\cdots$ 表示命题集合。逻辑后承算子 Cn 满足下面这六个性质：

Inclusion:　$B \subseteq Cn(B)$

Iteration:　$Cn(B) = Cn(Cn(B))$

Monotonicity:　如果 $D \subseteq B$，那么 $Cn(D) \subseteq Cn(B)$。

Supraclassicality:　如果在命题逻辑中 B 可推出 φ，那么 $\varphi \in Cn(B)$

Deduction: $\psi \in Cn(B \cup \{\varphi\})$ 当且仅当 $(\varphi \to \psi) \in Cn(B)$

Compactness: 如果 $\varphi \in Cn(B)$，那么存在 B 的有穷子集 B' 使得 $\varphi \in Cn(B')$。

为方便起见，本书一般将 $\vdash \varphi$ 和 $\varphi \in Cn(\emptyset)$、$B \vdash \varphi$ 和 $\varphi \in Cn(B)$、$\varphi \vdash \tau$ 和 $\tau \in Cn(\varphi)$ 分别等价使用，并且在元语言层次上使用 $\forall$，$\exists$，$\Longrightarrow$，$\Longleftarrow$，$\Longleftrightarrow$ 和 $\not\Leftrightarrow$，它们分别表示“所有的”“存在”“蕴涵”“逆蕴涵”“等价”和“不等价”。

1.1.2 优先句子修正

在早期 AGM 信念修正理论中，信念状态被表征为一个逻辑后承封闭的命题集（又称信念集，一般用 K 表示），而待添加的新信息或待放弃的旧信念则表征为一个命题（这里用 φ 表示）。信念修正算子一般分为膨胀算子、收缩算子和修正算子这三种。其中膨胀算子（一般用 $+$ 表示）将新信息 φ 直接添加进信念集 K 中，而不考虑新信念集 $K \cup \{\varphi\}$ 的一致性问题。这种信念膨胀一般用 $K + \varphi$ 表示。收缩算子（一般用 $\div$ 表示）要放弃某个信念 φ，这不仅要求认知主体从信念集 K 中删除该信念本身，还要求他放弃蕴涵该信念的其他信念；否则 φ 仍是该主体的一个隐性信念，在后续推理中又会变成显性信念。这种信念收缩一般用 $K \div \varphi$ 表示。修正算子（一般用 $\circledast$ 表示）则在添加新信息 φ 的同时考虑新信念集 $K \cup \{\varphi\}$ 的一致性问题。这种信念修正一般用 $K \circledast \varphi$ 表示。那么这三个算子之间是什么关系呢？由于 $K \circledast \varphi$ 可以通过先放弃 $\neg\varphi$ 再将 φ 一致地添加进来，因此我们可以用收缩算子和膨胀算子来定义修正算子，即 $K \circledast \varphi = (K \div \neg\varphi) + \varphi$（Levi-Identity，[82]）。由于 $K \div \varphi$ 可以通过先添加 $\neg\varphi$ 而后恢复一致性来删除 φ，因此我们可以用修正算子和交运算来定义收缩算子，即 $K \div \varphi = (K \circledast \neg\varphi) \cap K$（Harper-Identity，[89]）。那么如何刻画这三个信念修正算子呢？膨胀算子比较简单，一般按 $K + \varphi = Cn(K \cup \{\varphi\})$ 等式①进行刻画。因此，下面只介绍收缩算子和修正算子的逻辑刻画。

1.1.2.1 部分交方案

Gärdenfors 在 [41] 中采用 AGM 研究范式对收缩算子和修正算子进行研究，提出了收缩算子的公理性刻画，即下列公理性假定。

Closure: $K \div \varphi = Cn(K \div \varphi)$

Inclusion: $K \div \varphi \subseteq K$

① 由于膨胀、收缩和修正的结果也是一个逻辑后承封闭的信念集，故这三个算子都包含逻辑后承封闭运算。

Vacuity: 如果 $K \nvdash \varphi$，那 $K \div \varphi = K$。
Success: 如果 $\nvdash \varphi$，那么 $\varphi \notin K \div \varphi$。
Extensionality: 如果 $\vdash \varphi \leftrightarrow \psi$，那么 $K \div \varphi = K \div \psi$。
Recovery: $K \subseteq (K \div \varphi) + \varphi$
Conjunctive overlap: $(K \div \varphi) \cap (K \div \psi) \subseteq K \div (\varphi \wedge \psi)$
Conjunctive inclusion: 如果 $\varphi \notin K \div (\varphi \wedge \psi)$，那么 $K \div (\varphi \wedge \psi) \subseteq K \div \varphi$。

Closure 要求收缩后的新信念状态仍然是一个逻辑后承封闭的信念集。Inclusion 是说收缩过程中不能添加其他信息，信念收缩得到的新信念集应当是原信念集的子集。Vacuity 意思是说：当待放弃命题不是信念时，认知主体不改变自己的信念状态。Success 是说：当待放弃的命题不是重言式时，该命题不应是新信念集的元素。Extensionality 是说对于逻辑等价的两个命题，收缩算子应当平等地对待它们，即对它们的收缩结果是等同的。Recovery 的直观意思是说：收缩某命题 φ 过程中被删除的所有信念在膨胀 φ 的过程中都能被恢复。Conjunctive overlap 的直观意思是指：在收缩 φ 和收缩 ψ 中都被保留下来的所有信念都是不受对 φ 和 ψ 的删除所影响的，因此在收缩 $\varphi \wedge \psi$ 时这些信念也应该被保留下来。Conjunctive inclusion 的直观意思是说：当 $\varphi \notin K \div (\varphi \wedge \psi)$ 时，$K \div (\varphi \wedge \psi)$ 至少需要从 K 中放弃 φ，或者说 $K \div (\varphi \wedge \psi)$ 应该比 $K \div \varphi$ 放弃得更多，因此前者应当是后者的子集，即 $K \div (\varphi \wedge \psi) \subseteq K \div \varphi$。

对应地，Gärdenfors 提出了修正算子的下列公理性假定。

Closure: $K \circledast \varphi = Cn(K \circledast \varphi)$
Inclusion: $K \circledast \varphi \subseteq K + \varphi$
Vacuity: 如果 $K \nvdash \neg\varphi$，那么 $K + \varphi \subseteq K \circledast \varphi$。
Success: $\varphi \in K \circledast \varphi$
Extensionality: 如果 $\vdash \varphi \leftrightarrow \psi$，那么 $K \circledast \varphi = K \circledast \psi$。
Consistency: 如果 $\varphi \nvdash \bot$，那么 $K \circledast \varphi \nvdash \bot$。
Superexpansion: $K \circledast (\varphi \wedge \psi) \subseteq (K \circledast \varphi) + \psi$
Subexpansion: 如果 $K \circledast \varphi \nvdash \neg\psi$，那么 $(K \circledast \varphi) + \psi \subseteq K \circledast (\varphi \wedge \psi)$。

Closure 要求修正后的新信念状态仍然是一个逻辑后承封闭的信念集。Inclusion 是说在修正过程中不能添加其他信息，新信念集应当是旧信念集和新信息的膨胀结果的子集。Vacuity 的意思是说：如果旧信念集中并不包含与新信息相矛盾的信念，那么旧信念集和新信息的膨胀结果都应当在修正过程中保留下来。Success 要求新信息必须被添加进新信念集之中。Extensionality 是说：对于逻辑等价的两个命题，修正算子应当平等地对待它们，即对它们的修正结果是等同的。Consistency 要求：当新信息不是矛盾式时，修正得到的新信念集应当是一致的。Superexpansion 的直观意思是说：$K \circledast (\varphi \wedge \psi)$ 至少要放弃 $\neg\varphi$ 和 $\neg\psi$，而 $K \circledast \varphi$ 只需要放弃 $\neg\varphi$，故后者放弃更少旧信念；又由于信念膨胀不放弃旧信念，故 $K \circledast (\varphi \wedge \psi)$ 应当是 $(K \circledast \varphi) + \psi$ 的子集。Subexpansion 的直观意思是说：在 $K \circledast (\varphi \wedge \psi)$ 时，如果 $K \circledast \varphi$ 就已然足够幸运地与 ψ 一致，那么要想实现 $K \circledast (\varphi \wedge \psi)$，我们只需先进行 $K \circledast \varphi$ 然后再膨胀 ψ 即可，不需要额外放弃 $\neg\psi$。

那么如何对收缩算子和修正算子进行函数式构造呢？AGM 三人在 [6] 中构造了一种基于保留集的部分交收缩算子。下面先介绍保留集概念的定义。

定义 1.1 ([7,9]) 令 $K, X \subseteq \mathcal{L}$。$X \in K \bigtriangledown \varphi$ 当且仅当 X 满足下列条件：

(1) $X \subseteq K$；

(2) $X \nvdash \varphi$；

(3) 如果 $X \subset Y \subseteq K$，那么 $Y \vdash \varphi$。

容易发现，$K \bigtriangledown \varphi$ 是所有不蕴涵 φ 的 K 的极大子集的集合，这些极大子集都不会阻碍 φ 的删除，所以每个这种极大子集可以作为收缩 φ 后保留下来的原有信念的集合。因此，$K \bigtriangledown \varphi$ 的每个元素称为 φ-保留（remainder），$K \bigtriangledown \varphi$ 则被称为 φ-保留集（φ-remainder set）。那么我们应该把哪个保留作为收缩后的新信念集呢？为了不失一般性，我们可以定义一个选择函数 γ（selection function）从保留集 $K \bigtriangledown \varphi$ 中挑选出部分元素来进行交运算，把得到的结果作为收缩后的新信念集。这就是部分交收缩（partial meet contraction），即 $K \div_{\gamma} \varphi = \cap\gamma(K \bigtriangledown \varphi)$。根据这个部分交收缩和 Levi-Identity，我们可以获得部分交修正的函数式构造。由于这种收缩算子是依赖于选择函数 γ 的，因此不同的选择标准会有不同的收缩结果，从而也会有不同的修正结果。如果选择函数 γ 只从 $K \bigtriangledown \varphi$ 挑出一个元素（记为 γ_M），那么对应的收缩算子就是极大收缩（maxchoice contraction，记为 $\div_M$），对应的修正算子就是极大修正（记为 $\circledast_M$）。如果选择函数 γ 从 $K \bigtriangledown \varphi$ 挑出所有元素（记为 γ_F），那么对应的收缩算子就是全交收缩（full meet contraction，记为 $\div_F$），对应的修正算子则是全交修正（记为 $\circledast_F$）。

那么认知主体如何在 $K \bigtriangledown \varphi$ 的多个元素之间作出选择呢？或者说，

这种选择的标准是什么呢？该文在 $K \bigtriangledown \varphi$ 的元素之间建立序关系 $\preceq$，依此定义了一个选择函数把所有 $\preceq$-极大的保留挑选出来，即 $\gamma(K \bigtriangledown \varphi) = \{\Gamma \in K \bigtriangledown \varphi |$对于所有$\Psi \in K \bigtriangledown \varphi$，$\Psi \preceq \Gamma$都成立$\}$，进而构造了一种传递关系型部分交收缩（transitive relational partial meet contraction）。最后，该文证明了传递关系型部分交收缩与上面八条收缩假定之间的表达定理（如下），对应的有传递关系型部分交修正与上面八条修正假定之间的表达定理。

定理 1.1 ([6])　一个算子 $\div$ 是信念集 K 上的传递关系型部分交收缩当且仅当它满足收缩算子的上述八条假定：Closure、Inclusion、Vacuity、Success、Extensionality、Recovery、Conjunctive overlap 和 Conjunctive inclusion。

1.1.2.2　核心方案

从上一节可知，部分交收缩过程先找到所有不蕴涵待放弃信念的极大子集，然后通过选择函数挑选出一部分这种极大子集进行交运算，最后得到新信念集。这种极大子集中的信念往往数量很大，而且选择函数是在这些极大子集之间进行挑选。然而，直观而言，信念收缩过程一般是先找到蕴涵待放弃信念的极小子集，然后利用某种剪切函数从每个这种极小子集中删除不可信的命题，最后得到新信念集。这种极小子集里的信念往往数量较小，而且这种剪切函数是在这些极小子集中挑选需删除的信念。这种信念收缩更符合我们的日常直观。此外，我们的信念状态直观上并不是逻辑后承封闭的信念集，而是一个没有逻辑后承封闭性的信念库（belief base）；因为现有信念的复杂推论往往并不是我们的当前信念，比如复杂的逻辑-数学定理。

基于这样一些直观想法，Hansson 在 [58] 中提出了一种新的收缩算子。它的公理性假定如下所示。

Inclusion:　$B \div \varphi \subseteq B$

Success:　如果 $\nvdash \varphi$，那么 $B \div \varphi \nvdash \varphi$。

Uniformity:　如果对于所有的 B 子集 C，都有 $C \vdash \varphi \Longleftrightarrow C \vdash \psi$，那么 $B \div \varphi = B \div \psi$。

Core-retainment:　如果 $\psi \in B \backslash B \div \varphi$，那么存在 B 的子集 C 使得 $C \nvdash \varphi$ 但 $C \cup \{\psi\} \vdash \varphi$。

Inclusion 是说收缩过程中不能添加其他信息，信念收缩得到的新信念库应当是旧信念库的子集。Success 是说：当待放弃的命题不是重言式时，该命题不应是新信念库的元素。Uniformity 的直观意思是说：如果两个命题 φ 和 ψ 被同样的 B-子集所蕴涵，那么它们被同样的极小 B-子集所蕴涵，进而在收缩 φ 和 ψ 时从这些极小子集中删除的信念应当相同，从而收缩 φ 和 ψ 的结果集应该是相同的。Core-retainment 的直观意思是说：如果一个信念 ψ 在收缩 φ 的过程中被删除，那么这种删除行为必须有合理的理由，即它是使得 B 蕴涵 φ，或者说阻碍信念收缩 $B \div \varphi$，的一个关键因素。

如何对这种收缩算子进行函数式构造呢？Hansson 在 [58] 中构造了一种基于核心集的核心收缩算子。下面先介绍核心集概念。

定义 1.2 ([58]) 令 $B, X, \{\varphi\} \subseteq \mathcal{L}$。$X \in B \triangle \varphi$ 当且仅当 X 满足下列条件：

(1) $X \subseteq B$；

(2) $X \vdash \varphi$；

(3) 如果 $Y \subset X$ ，那么 $Y \nvdash \varphi$。

容易发现,$B\triangle\varphi$ 是所有蕴涵 φ 的 B 的极小子集的集合,这些极小子集都会阻碍 φ 的删除。我们把 $K\triangle\varphi$ 里的这些元素称为 φ-核心（$\varphi - kernel$），$K\triangle\varphi$ 则被称为 φ-核心集（φ-kernel set）。因此，要想成功收缩 φ，必须破坏所有这些 φ-核心。那么我们应该如何破坏这些 φ-核心，或者说如何删除 φ-核心中的信念呢？为了不失一般性，我们可以定义下面这种剪切函数（incision function）σ 从每个 φ-核心中选择需要舍弃的信念进行剪切，使得保留下来的信念不蕴涵 φ，这样我们就可以得到一个新信念集。这种收缩过程就是核心收缩（kernel contraction）。

定义 1.3 令 $B, X, \{\varphi\} \subseteq \mathcal{L}$。函数 $\sigma(B\triangle\varphi)$ 是一个剪切函数当且仅当对每个 $B\triangle\varphi$ 都有

(1) $\sigma(B\triangle\varphi) \subseteq \cup(B\triangle\varphi)$；

(2) 如果 $X \in B\triangle\varphi$ 且 $X \neq \emptyset$，那么 $X \cap \sigma(B\triangle\varphi) \neq \emptyset$。

在这个定义中，条件（1）保证被舍弃的信念一定是某个 φ-核心里的元素，从而只删除那些参与阻碍信念收缩的信念。条件（2）保证每个非空 φ-核心都有元素被舍弃，从而不会再有 φ-核心蕴涵 φ。因此，我们可以基于这种剪切函数 σ 来构造核心收缩：$B \sim_\sigma \varphi = B \backslash \sigma(B\triangle\varphi)$，对应的核心修正则为：$B \circledcirc_\sigma \varphi = B \backslash \sigma(B\triangle\neg\varphi) \cup \{\varphi\}$。Hansson 在该文中也证明了核心收缩的公理性刻画与函数式构造之间的表达定理。

1.1.2.3 认知强度方案

不难发现，在部分交方案中影响收缩和修正的关键在于选择函数的特性，它的特性决定了收缩算子和修正算子的特性。但是传递关系型部分交收缩的序关系是定义在保留集之间而非信念之间的，这一点不是很直观。直观上，在进行收缩操作时，信念之间的取舍依赖于信念之间的认知强度关系，也就是说认知主体更愿意通过保留或放弃哪个信念来达到恢复一致性的目的。这个信念的比较和取舍是在信念之间进行的，而不是在保留集之间发生的。

Gärdenfors 和 Makinson 在 [43] 中提出了这种认知强度（epistemic entrenchment）的概念。也就是说，如果 φ，ψ 是两个信念，那么术语“$\varphi \leqslant \psi$”所表达的意思就是“ψ 在认知上至少像 φ 一样得到坚持”，从而严格的关系“$\varphi < \psi$”则表示“ψ 在认知上比 φ 更加得到坚持”。两者在直观上都表示在迫不得已放弃 φ 和 ψ 两者之一时，要想尽量让信念集前后变化最小，那么应当放弃 φ 而保留 ψ。因此，他们认为认知强度关系 $\leqslant$ 应当满足下列五个条件：

传递性： 如果 $\varphi \leqslant \psi$ 且 $\psi \leqslant \tau$，那么 $\varphi \leqslant \tau$；

优势性： 如果 $\varphi \vdash \psi$，那么 $\varphi \leqslant \psi$；

合取性： 对所有的 φ 和 ψ，$\varphi \leqslant \varphi \wedge \psi$ 或 $\psi \leqslant \varphi \wedge \psi$；

极小性： 当信念集 K 是一致集时，$\varphi \notin K$ 当且仅当对于所有的 ψ，$\varphi \leqslant \psi$ 成立；

极大性： 如果对于所有的 φ，$\varphi \leqslant \psi$ 成立，那么 $\vdash \psi$。

其中，传递性说的是这种认知强弱关系具有传递性。优势性的直观意思是：信息量越大的信念承诺或断定得更多，认知主体对其坚持的程度越弱。合取性的直观意思在于：当要放弃 $\varphi \wedge \psi$ 时，至少需要放弃 φ 和 ψ 中的一个，因此它们不能比 $\varphi \wedge \psi$ 更强或认知上更可信；再结合优势性可知 $\varphi = \varphi \wedge \psi$ 或 $\psi = \varphi \wedge \psi$，进而在放弃 $\varphi \wedge \psi$ 的同时也要至少放弃 φ 和 ψ 中的一个。极小性的意思是，当信念集 K 一致时，所有非信念命题的认知强度对于认知主体而言都是最弱的，并且它们之间都是同等弱的。极大性的直观意思是说，如果一个命题在认知强度关系上是最强的，进而是最难以被放弃的信念，那么它应当是重言式。根据优势性和极大性可知，重言式之间也是同等强的。

基于认知强度关系 $\leqslant$，他们给出了认知强度关系 $\leqslant$ 与收缩函数 $\div$ 互相确定的条件：（$C\div$）和（$C \leqslant$）。一旦满足上面这五个条件的序关系 $\leqslant$ 被给定，那么我们可以确定 $K \div \varphi$ 的结果，即：

（$C\div$）$\psi \in K \div \varphi$ 当且仅当 $\psi \in K$ 且要么 $\varphi < \varphi \vee \psi$ 要么 $\vdash \varphi$。
它的直观意思是说：一方面，$\psi \in K \div \varphi$ 意味着 $\psi \in K$，因为信念收缩并不添加新信念；另一方面，$\psi \in K \div \varphi$ 有 $\vdash \varphi$ 和 $\nvdash \varphi$ 两种情况，当 $\nvdash \varphi$ 时，认知主体应当进行放弃 φ，此时 $\psi \in K \div \varphi$ 意味着 ψ 比 φ 更可信或者说认知上更强，即 $\psi > \varphi$，根据优势性可知 $\varphi \vee \psi \geqslant \psi$，因此 $\varphi \vee \psi > \varphi$。

类似的，一旦特定的收缩函数 $\div$ 和信念集 K 被给定，那么我们可以确定对应的认知强度关系 $\leqslant$，即：

（$C \leqslant$）$\varphi \leqslant \psi$ 当且仅当 $\varphi \notin K \div (\varphi \wedge \psi)$ 或者 $\vdash \varphi \wedge \psi$。
它的直观内涵是:$\varphi \leqslant \psi$(即在认知强度上 φ 比 ψ 弱)的本义是在收缩 $\varphi \wedge \psi$ 时，φ 必须优先被放弃；如果无法达到这个要求，那么 $\varphi \in K \div (\varphi \wedge \psi)$，此时唯一的原因只能是 $\vdash \varphi$，又由于 $\varphi \leqslant \psi$，那么应当有 $\vdash \psi$，从而 $\vdash \varphi \wedge \psi$。该文通过（$C\div$）来构造基于认知强度关系 $\leqslant$ 的收缩算子，即 $K \div \varphi = K \sim_E \varphi = \{\psi \in K \mid$ 如果 $\nvdash \varphi$，那么$\varphi < \varphi \vee \psi\}$。该文还证明了满足上面五个条件的认知强度关系唯一地确定了收缩函数，并且这种收缩满足 Gärdenfors 的八条信念收缩假定。从而这种收缩与传递关系型部分交收缩是等价的。对于这两种包含序关系的收缩方案的比较研究，请参阅 [109]。通过 Levi-Identity 和 $\sim_E$ 可以构造基于认知强度 $\leqslant$ 的修正算子 $\circledast_E$。

（$C\circledast$）$\psi \in K \circledast_E \varphi$ 当且仅当要么 $(\varphi \to \neg\psi) < (\varphi \to \psi)$，要么不存在 τ 使得 $\neg\varphi < \tau$。
关于认知强度关系的其他结果还可参阅 [41,42,105,109,116]。

1.1.2.4 球系统方案

此外，Grove 在 [48] 中提出另外一种经典的信念修正方案，即球系统方案。他采用 Lewis 在 [83] 中提出的球系统（system of spheres）概念来为信念修正建模。与类似于认知强度方案一样，球系统方案也需要一个序关系，但这种序关系不是在信念之间的序关系，而是在可能世界或者说一致完全理论（consistent complete theories）之间的序关系。

对于特定的信念集 K，我们用 $[K]$ 来表示包含 K 的所有一致完全理论，$[\{\varphi\}]$ 简写为 $[\varphi]$，表示包含 φ 的所有一致完全理论。那么以 $[K]$ 为中心的球系统的形式定义如下：

定义 1.4 ([48]) 记 $\mathcal{L}$ 语言中所有的一致完全理论为 $M_{\mathcal{L}}$。一个 $M_{\mathcal{L}}$ 的子集的集合 S 是一个球系统当且仅当 S 满足下列条件：

$(S1)$ 如果 $U, V \in S$，那么要么 $U \subseteq V$，要么 $U \supseteq V$；

$(S2)$ $[K] \in S$，并且如果 $V \in S$，那么 $[K] \subseteq V$；

$(S3)$ $M_{\mathcal{L}} \in S$；

$(S4)$ 对每一个 $\varphi \in \mathcal{L}$，如果球系统 S 中存在一个球与 $[\varphi]$ 相交，那么在 S 中存在一个最小的球与 $[\varphi]$ 相交。

在直观上，球系统内元素的包含关系确定了一致完全理论或者说可能世界对于认知主体的相对真实性，越靠近球系统中心 $[K]$ 的一致完全理论越真实，$[K]$ 内部的一致完全理论是最真实的，他们都包含认知主体的信念集 K。其中（$S1$）说的是球系统中的任何元素在真实性方面都是可比的；（$S2$）说的是 $[K]$ 是球系统的中心，包含在球系统的任何一个元素之内，也就是说直观上要求 $[K]$ 里的所有一致完全理论在当前对认知主体是最真实可信的；（$S3$）是说球系统中存在一个包含关系上最大的元素，即所有一致完全理论的集合 $M_{\mathcal{L}}$；（$S4$）是一个技术上的极限假设，它保证在从球系统中最大球 $M_{\mathcal{L}}$ 开始向中心靠近时总能找到一个最小的球与 $[\varphi]$ 相交，总会在一个极限处收敛，而不会形成向内无穷链。在这样的定义下，Grove 将最小的那个球记为 $c(\varphi)$，并且在 φ 不一致的极端情况下，令 $c(\varphi) = M_{\mathcal{L}}$。

在这样一种模型下如何进行信念修正 $K \circledast \varphi$？Grove 认为可以通过挑选最真实的 φ 世界（即 φ 在其中的一致完全理论）来定义修正后的结果集，即：

$$(S^{\circledast})\quad K \circledast_S \varphi = \begin{cases} \cap(c(\varphi) \cap [\varphi]) & \text{如果}\varphi\text{是一致的，} \\ \mathcal{L} & \text{否则。} \end{cases}$$

Grove 还证明了通过（$S^{\circledast}$）和球系统 S 定义的信念修正算子与 AGM 信念修正假定是等价的。类似的，膨胀算子可通过 $[K +_S \varphi] = [K] \cap [\varphi]$ 来表达，而收缩算子则可通过下面等式来表达。

$$[K \div_S \varphi] = \begin{cases} c(\neg\varphi) & \text{如果}K \cup \{\neg\varphi\}\text{是不一致的，} \\ [K] & \text{否则。} \end{cases}$$

1.1.2.5　基于信念库的优先句子收缩

上面收缩算子和修正算子的一个初始设定是将认知主体的信念状态表征为逻辑后承封闭的信念集。这种做法是不现实的，主要有下面四个原因：

(1) 从哲学上看，人的信念状态只包含有穷的信念总量，而逻辑后承封闭的信念集是无穷的；

(2) 从人工智能应用上看，信念集作为无穷集无法在人工智能上应用；

(3) 如果将信念状态表征为信念集，那么只存在一个不一致的信念集即 $\mathcal{L}$，进而对于不同的认知主体而言，他们信念修正后的信念集都是同一的；然而事实上不同的认知主体的信念状态可能有不同的不一致之处，他们的修正结果也往往是不同的；

(4) 很多学者（[37,58]）认为认知主体的信念分为显明信念（explicit beliefs）和派生信念（derived beliefs）；前者在认知主体中是具有独立地位的，而后者依附于前者，是通过后承运算获得的信念；如果前者被放弃，后者也应当被放弃。

总而言之，逻辑后承封闭的信念集设定既不真实也没有技术应用上的优点，其意义只在理论建构和审美上。因此，部分学者提出了基于信念库的信念修正理论（[52,58]）。对此争议的更多相关讨论可参阅 [18,54,57,96,98,114,115]。

Hansson 在 [58,61] 中利用上面提到的剪切函数和选择函数构建了两种基于信念库的优先句子收缩，即核心信念库收缩（即第 1.1.2.2节的核心收缩）和部分交信念库收缩。它们的公理性假定如下。

B-Inclusion: $B \div \varphi \subseteq B$

B-Success: 如果 $\nvdash \varphi$，那么 $B \div \varphi \nvdash \varphi$。

B-Uniformity: 如果对于所有的 B 子集 C，都有 $C \vdash \varphi \Longleftrightarrow C \vdash \psi$，那么 $B \div \varphi = B \div \psi$。

B-Core-retainment: 如果 $\psi \in B \backslash B \div \varphi$，那么存在 B 的子集 C 使得 $C \nvdash \varphi$ 但 $C \cup \{\psi\} \vdash \varphi$。

B-Relevance: 如果 $\psi \in B \backslash B \div \varphi$，那么存在 B 的子集 C 使得 $B \div \varphi \subseteq C$ 并且 $C \nvdash \varphi$，但 $C \cup \{\psi\} \vdash \varphi$。

其中前四条假定与第 1.1.2.2节中核心收缩的四条假定相同。B-Relevance 是 B-Core-retainment 的强化版本，它有一个额外的条件 $B \div \varphi \subseteq C$，其直观意义在于：在从 B 收缩至 $B \div \varphi$ 的过程中，如果认知主体删除了 ψ，那么应当存在一个 B 子集使得在删除 ψ 前后分别是蕴涵 φ 和不蕴涵 φ，也就是说，这里应该有一个过渡。B-Success、B-Uniformity、B-Core-retainment 和 B-Relevance 这四个假定与部分交信念库收缩之间具有表达定理。他还举例证明了：虽然所有的部分交信念库收缩都是核心信念库收缩，但并非所有的核心信念库收缩都是部分交信念库收缩；但是可以通过对剪切函数进行限制来获得与部分交信念库收缩相对应的核心信念库收缩的子集。

1.1.2.6　信念更新

信念更新（belief update）与传统 AGM 信念修正一样，也考察认知主体接收到新信息后的信念改变过程，但两者并不是同一种类的信念改变过程。传统 AGM 信念修正在新旧信念出现冲突时放弃旧信念的理由是旧信念是错误的，而信念更新在这种情况下并非如此，放弃旧信念不是因为旧信念是错误的，而是因为旧信念虽然在过去正确，但由于时效性和世界的改变导致旧信念不再正确地描述改变后的世界。我们先来看一个典型的信念更新的例子。

例子 1.2　苏菲透过窗户看到屋子里有一张桌子、一本杂志和一本书，由于光线黯淡，她只知道杂志和书二者有一本在桌子上而另一本在地上，但她分不清哪本在桌子上哪本在地板上。这里用 φ 为“书在桌子上”，ψ 为“杂志在桌子上”。为了方便讨论，此时苏菲的信念集可以表征为 $K = Cn(\{(\varphi \wedge \neg\psi) \vee (\neg\varphi \wedge \psi)\})$。假设现在苏菲叫机器人进房间确保书不在书桌上（$\neg\varphi$）：如果书在桌子上就将书放在地板上，否则什么也不做。当机器人完成任务并报告苏菲时，她的信念发生改变。由于 $K \nvdash \varphi$，如果按 AGM 信念修正的假定 Inclusion 和 Vacuity，那么 $K \circledast \neg\varphi = K + \neg\varphi = Cn(\{\neg\varphi \wedge \psi\})$。然而这个修正结果表明杂志在桌子上，这是荒谬的。因为机器人执行任务前杂志可能在地板上，而机器人执行任务时并没有改变杂志的位置。

这种反直观的情况首次由 Katsuno 和 Mendelzon 发现，他们认为 AGM 信念修正的假定并没有考虑这种由于世界的改变而引起的信息更新的情形 [75]。因此，Katsuno 和 Mendelzon 采用 AGM 研究范式对信念更新进行了公理性刻画，这里引用经 Peppas 在 [104] 中重新表述的下列假定。

$(KM\star 1)$ $K\star\varphi$ 是 $\mathcal{L}$ 上的一个理论。

$(KM\star 2)$ $\varphi \in K\star\varphi$

$(KM\star 3)$ 如果 $\varphi \in K$，那么 $K\star\varphi = K$。

$(KM\star 4)$ 如果 K 和 φ 都各自是一致的，那么 $K\star\varphi$ 也是一致的。

$(KM\star 5)$ 如果 $\vdash \varphi \leftrightarrow \psi$，那么 $K\star\varphi = K\star\psi$。

$(KM\star 6)$ $K\star(\varphi\wedge\psi) \subseteq (K\star\varphi) + \psi$

$(KM\star 7)$ 如果 $\psi \in K\star\varphi$ 且 $\varphi \in K\star\psi$，那么 $K\star\varphi = K\star\psi$。

$(KM\star 8)$ 如果 K 是完全的，那么 $K\star(\varphi\vee\psi) \subseteq Cn((K\star\varphi)\cup(K\star\psi))$。

$(KM\star 9)$ $K\star\varphi = \bigcap_{r\in[K]} r\star\varphi$

从公理（$KM\star2$）容易看出，这是一种新信息为单一命题且具有优先性的优先句子修正。关于其他假定的解释这里不再赘述，详情参阅 [104]。Katsuno 和 Mendelzon 还给出了与这些假定对应的函数式构造，并证明了函数式构造与公理性刻画之间的表达定理 ([75])。

1.1.2.7 其他方案、争议与变种

上面介绍了几种经典的信念修正方案，它们都有表达定理等比较理想的结果，但是也存在一些颇受争议之处。这些争议导致了信念修正理论的各种各样的变种，下面简介一些相关争议及其变种。

(1) 修正算子和收缩算子的成功性假定。对于修正算子，成功性假定在某种意义上预设了新信息的来源是可靠的，从而要求新信息优先，即新信息一定会被添加进结果集里面；对于收缩算子，成功性假定设定了被舍弃的非重言式信念一定不在结果集里。很多学者，如 Hansson，认为成功性假定是过强的、不现实（unrealistic）的要求，并提出了各种各样的非优先的句子修正（[60]）。Rott 也认为存在一些句子即使不是重言式，也会被主体拒绝放弃（[112]）。Makinson 也在 [91] 中提出了基于保护性收缩的保护型修正算子（screened revision），其中收缩时部分信念是不被放弃的，而是受到认知主体的保护。

(2) 把信念修正的新信息和信念收缩的被放弃信息表征为单一语句。这个设定也是 AGM 信念修正理论的基本设定之一。但 Fuhrmann 和 Hansson 在 [39] 中认为：在认知实践中放弃多于一个信念的复合信念改变（multiple belief change）活动不仅仅是事实，而且复合信念改变不能还原为句子修正。文献中常见的复合信念修正包括复合收缩（[32,39]）、复合修正（[137]）和聚合算子（[38]）等。

(3) 恢复性假定（$K \subseteq (K \div \varphi) + \varphi$）是 AGM 修正假定中最富争议的一条假定（[90]）。它的直观意思是说：之前被收缩算子舍弃的信念都可以在对该信念的膨胀中得到恢复。虽然这条假定在理论或技术上具有优点，但 Hansson 认为这种收缩假定是不直观、不现实的，因此提出了无恢复性的信念收缩方案，并认为这种收缩更适合于基于信念库的信念改变，详情请参阅 [53]。

(4) 在日常信念修正过程中，信念状态是不断动态变化的。然而，在部分交收缩和核心收缩中，选择函数和剪切函数都是固定的且一次性的，收缩后的结果中没有对应的新的选择函数或剪切函数提供给下一轮的信念收缩过程。因此，这是不适合信念收缩的迭代进行的（或者说动态持续

进行的)。由此，Darwiche 和 Pearl 提出了富有影响力的迭代式信念修正(iterated belief revision，[19])。另外，还有基于认知强度的迭代信念修正 [94, 95]。

(5) 在作为选择标准的序关系方面，除了上面几个小节提到的序关系外，还有基于其他序关系的信念修正模型，比如 [56, 74] 中提出的距离模型(distance model)和 Spohn 在 [123, 124] 提出的等级模型(ranking model)。

(6) 在信念改变活动的多样性方面，除了膨胀、收缩、修正和更新这四种信念修正算子，优先句子修正的理论领域里还有一种特殊的信念修正算子，即 Hansson 在 [63] 中提出的置换算子(replacement)。它的记号为 $K|^{\varphi}_{\psi}$，其直观意思是用 ψ 替换信念集 K 中的信念 φ。由此直观可以看出，置换算子实际上是在收缩 φ 的同时也修正 ψ，而且具有收缩成功性和修正成功性，从而是一种特殊的优先的句子修正。Hansson 还证明 AGM 膨胀、收缩和修正这三个算子都可以通过置换算子定义出来。

(7) 对信念库概念的争议。Nebel 在 [97, 98] 中认为基于信念库的修正理论分为两种，即信念库修正操作(belief base revision operations)和信念库修正模式(belief base revision schemes)。对于前者，新旧信念状态都被表征为信念库，而对于后者，旧信念状态被表征为信念库，但新信念状态则被设定为逻辑后承封闭的信念集。第 1.1.2.5节中的两种收缩都属于前者，而 Hansson 在 [58] 中提出的信念库生成核心收缩(base-generated kernel contraction)和 Rott 等人在 [113, 128, 129] 中提出的收缩则属于后者。

1.1.3 非优先句子修正

在现实生活中，认知主体往往自主地决定是接受还是拒斥新信息。也就是说，新信息对于认知主体而言并不一定是可信的或者说具有优先性的。这种非优先的信念修正过程在前述 AGM 信念修正理论中并没有得到系统深入的研究。与优先句子修正一样，非优先句子修正的新信息也是单一的语句，其特点在于新信息并不具有优先性。也就是说，对于收缩算子，信念删除操作可能是不成功的；对于修正算子，信念添加可能是不成功的。Hansson 在 [60] 中提出了非优先句子修正的三种基本模式：决策-修正模式(decision-revision schema)，整合选择模式(integrated choice schema)和膨胀-巩固模式(expansion-consolidation schema)。决策-修正模式分决策和修正两个步骤完成，认知主体在决策步骤决定新信息是否被接受，如果被接受则在修正步骤完成具体的信念改变。决策步骤涉及新信息与旧信念之间的取舍选择，而修正步骤涉及旧信念之间的取舍选择以保持新信念状态的一致性。很难说这两个选择行动采用相同的机制或标准，但如果这两个机制或标准是相同的，那么可以只用一个步骤来完成信念改变。这就是整合选择模式，它可以通过对基于认知强度或基于球系统的修正方案的稍微改动来实现。膨胀-巩固模式也分为膨胀和巩固两个步骤，膨胀步骤先把新信息直接添加进来，不考虑膨胀结果的一致性，然后在巩固步骤里再考虑新信念状态的一致性，如果膨胀结果不一致那么删除部分信念（可能是新信息也可能是旧信念）以恢复一致性。下面介绍一些采用这三种模式的非优先句子修正理论。

1.1.3.1 保护型修正算子

Makinson 在 [91] 中提出了第一种决策-修正模式的非优先句子修正，即保护型修正（screened revision）。这个修正算子采用潜在的、不可修正的核心信念集 A 作为决策和修正的依据。以新信息 φ 修正信念集 K 为例。在决策步骤，认知主体判断新信息 φ 与实际的核心信念 $A\cap K$ 是否一致。如果两者相一致，那么认知主体对信念集 K 进行修正，否则不进行任何信念改变。在修正步骤，由于核心信念 $A\cap K$ 是不可删除的，故需对这些核心信念进行保护，不能直接采用 AGM 算子，而需要对 AGM 收缩算子和修正算子进行适当的修改，以达到保护核心信念的功能。Makinson 为此引入了 $\div_A$ 和 $*_A$ 这两个算子与 AGM 收缩算子和修正算子对应，并构造了下面这个保护型修正算子。

定义 1.5 ([91]) 一个信念集 K 上的运算 $\#_A$ 是保护型修正算子当且仅当对于核心信念集 A，下面条件成立：

$$\text{（SC）}\ K\#_A\varphi=\begin{cases}K *_A \varphi & \text{如果}\varphi\text{与}A\cap K\text{是一致的}\\ K & \text{否则}\end{cases},$$

其中 $*_A$ 是由 $\div_A$ 和 Levi-Identity 构造的修正算子，它满足对于所有的 φ，都有 $A\cap K\subseteq K *_A \varphi$。

Makinson 在该文中还定义了保护型修正算子的一个更加灵活的变种：关系型保护修正（relational screened revision）。在这种变种中，核心信念集不再是固定不变的，而是由给定的命题间的二元关系 $\prec$ 和新信息 φ 共同确定，因此更加灵活。这个二元关系直观上表征的是命题间的可信度上的关系，比如 $\varphi\prec\psi$ 表示 ψ 与 φ 相比更可信。因此，根据新信息 φ 和关系 $\prec$ 确定的核心信念集为 $\{\tau:\varphi\prec\tau\}\cap K$。因此，上面定义 1.5中的条件（SC）修改为下面条件。

$$（RSC）K\#_{\prec}\varphi=\begin{cases}K*_{\{\tau:\varphi\prec\tau\}}\varphi & 如果\varphi与\{\tau:\varphi\prec\tau\}\cap K是一致的\\ K & 否则\end{cases}。$$

从这两种保护型修正的定义来看，核心信念集参与了决策-修正模式的两个步骤：在决策步骤中，核心信念集起到评价新信息 φ 的作用；在修正步骤中，核心信念集则主要在收缩操作上起到保护核心信念不被删除的作用。

1.1.3.2　基于可信度的受限修正算子

Hansson 等人在 [65] 中也提出了一种决策-修正模式的信念修正理论，即基于可信度的受限修正（credibility-limited revision）。在这种方案中，认知主体判断是否对新信息 φ 执行修正操作的标准是在先被给定的可信集 C。如果 φ 属于 C（直观上表示 φ 是可信的），那么认知主体进行修正操作。他们给出了下面的定义：

定义 1.6 ([65])　一个在 K 上的运算 $\odot$ 是一个基于可信度的受限修正当且仅当存在 K 上的修正算子 $*$ 和可信集合 C 使得对于所有的 φ 都有

$$K\odot\varphi=\begin{cases}K*\varphi & 如果\varphi\in C\\ K & 否则\end{cases}。$$

如果 $*$ 是 AGM 修正算子，那么 $\odot$ 就是基于可信度的 AGM 受限修正。

这种修正是比较通用灵活的。我们可以根据需要对修正算子 $*$ 和可信集 C 进行限制，从而构造出决策-修正模式的不同修正算子。比如，我们可以按下面这个条件，利用信念集 K 的子集 A（亦可称为核心信念集）来定义可信集 C。

（CBR）$\varphi\in C$ 当且仅当 $A\nvdash\neg\varphi$。

它的直观意思是：与核心信念集 A 不一致的新信息 φ 是不可信的，否则就是可信的。Hansson 把根据这个（CBR）条件和上面定义确定的修正算子称为核心信念修正（core beliefs revision）。

类似的，还可以按下面这个条件，利用可能世界语义和可信世界 W_C 来定义可信集 C。

（CWR）$\varphi\in C$ 当且仅当存在可能世界 w 使得 $\varphi\in w\in W_C$。

这个条件的直观内涵是说：如果存在一个认知主体认为可信的世界使得 φ 在里面为真，那么 φ 对于该认知主体就是可信的。Hansson 把根据这个（CWR）条件和上面定义确定的修正算子称为可信世界修正（credible worlds revision）。相关的表达定理等结果见 [65]，不再赘述。

1.1.3.3 整合选择模式的非优先修正

如上面所言，整合选择模式与决策-修正模式和膨胀-巩固模式不同，这种非优先信念修正在一个单独的步骤中完成修正过程。Hansson 在 [60] 中提出了此模式的一种非优先修正算子，它是通过修改基于认知强度（Epistemic Entrenchment）的信念修正理论（参阅 1.1.2.3节或 [43]）而来，但在下面两点上作了改变。第一，删除了极大性，也就是说，允许非重言的普通命题作为认知强度最强的命题，从而也是不可改变的。第二，基于认知强度的信念修正条件（$C\circledast$）修改为下面这个条件。

（$NC\circledast$）$\psi \in K \circledast_E \varphi$ 当且仅当要么 $(\varphi \to \neg\psi) < (\varphi \to \psi)$，要么 $\psi \in K$ 且不存在 τ 使得 $\neg\varphi < \tau$。

Hansson 等人在 [65] 中还提出了另一种整合选择模式的非优先修正，即基于球系统的非优先修正（non-prioritized sphere-based revision）。这种基于球系统的修正理论是从 Grove 的基于球系统的信念修正理论（[48]）修改而得，他的球系统定义如下所示。

定义 1.7 ([65]) S 是一个围绕 $Th(\cap S)$ 的球系统当且仅当它满足下列条件：

$(NS1)$ $\emptyset \neq S \subseteq \mathcal{P}(\mathcal{L} \bigtriangledown \bot)$；

$(NS2)$ $\bigcap S \in S$；

$(NS3)$ 如果 $G, G' \in S$，那么要么 $G \subseteq G'$，要么 $G' \subseteq G$；

$(NS4)$ $\bigcup S \in S$；

$(NS5)$ 如果 $[\varphi] \cap (\bigcup S) \neq \emptyset$，那么 $S_\varphi \in S$ 并且 $S_\varphi \cap [\varphi] \neq \emptyset$，其中 $S_\varphi = \bigcap\{G \in S:\ G \bigcap [\varphi] \neq \emptyset\}$。

上面定义中的 S_φ 的直观涵义指的是 S 中包含一些 φ-世界的最小的球。在此基础上，Hansson 等人构造了基于球系统的非优先信念修正。

定义 1.8 ([65]) 令 S 为一个围绕 K 的球系统。一个运算 $\bullet$ 是基于球系统 S 的非优先修正算子当且仅当它满足：

$$K \bullet \varphi = \begin{cases} Th([\varphi] \cap S_\varphi) & \text{如果}[\varphi] \cap (\bigcup S) \neq \emptyset \\ K & \text{否则} \end{cases}。$$

该文还对这种基于球系统的非优先修正算子进行了公理性刻画，并且证明了相关的表达定理等结果。

1.1.3.4 半修正算子

与决策-修正模式和整合选择模式不同，膨胀-巩固模式不能应用于基于信念集的信念修正，而只能应用于基于信念库的信念修正。因为如果将它应用于逻辑后承封闭的信念集，那么一旦新信息与信念集不一致就会导致膨胀后的结果集等同于 $\mathcal{L}$，所有认知信息都会丢失。这种模式的膨胀步骤，虽然和 AGM 膨胀算子类似，也是以集合并的方式添加新信息，但与 AGM 的膨胀算子不同，膨胀步骤不需要后承封闭。巩固步骤则需采用 [52] 中提出的用于恢复信念库一致性的巩固算子（consolidation，! 记号由 Fuhrmann 在 [38] 引入），而巩固算子则可利用基于信念库的 AGM 收缩算子来定义。

定义 1.9 ([52]) 令 $\div$ 为基于信念库的收缩算子。由 $B! = B \div \bot$ 定义的运算 ! 是基于 $\div$ 的巩固算子。如果 $\div$ 是部分交收缩，那么 ! 就是部分交巩固；如果 $\div$ 是核心收缩，那么 ! 就是核心巩固。

在此基础上，Hansson 在 [59] 中提出了一种膨胀-巩固模式的非优先句子，即半修正算子（semi-revision）。

定义 1.10 ([59]) 令 ! 为巩固算子。由 $B?\varphi = (B \cup \{\varphi\})!$ 定义的运算 ? 是半修正算子。如果 ! 是部分交巩固，那么 ? 就是部分交半修正；如果 ! 是核心巩固，那么 ? 就是核心半修正。

该文还给出了半修正算子的公理性刻画，即下面这些假定：

Strong consistency: $B?\varphi$ 是一致的。

Inclusion: $B?\varphi \subseteq B \cup \{\varphi\}$

Pre-expansion: $(B \cup \{\varphi\})?\varphi = B?\varphi$

Internal exchange: 如果 $\varphi, \psi \in B$，那么 $B?\varphi = B?\psi$。

Core-retainment: 如果 $\psi \in B \backslash B?\varphi$，那么存在一个 $B \cup \{\varphi\}$ 的子集 B' 使得 B' 是一致的但 $B' \cup \{\psi\}$ 是不一致的。

Relevance: 如果 $\psi \in B \backslash B?\varphi$，那么存在一个 $B \cup \{\varphi\}$ 的子集 B' 使得 $B?\varphi \subseteq B'$ 且 B' 是一致的，但 $B' \cup \{\psi\}$ 是不一致的。

Strong consistency 表明半修正算子的结果集是强一致的，因为半修正算子是先膨胀后巩固的算子，而巩固算子的结果集是强一致的。这里的 Inclusion 与 AGM 修正算子的 Inclusion 类似，但它不要求逻辑后承封闭。Pre-expansion 的直观意思是说：由于半修正算子是先膨胀后巩固，因此先添加新信息再半修正该新信息与直接半修正该新信息得到的结果是一样的。Internal exchange 的直观涵义是：对已然在信念库中的不同信念进行半修正不会导致不同的结果，用于保证对认知主体内部已有信念的半修正过程中的取舍是相同的。Core-retainment 的直观意思是说：如果一个信念 ψ 在半修正 φ 的过程中被删除，那么这种删除行为必须有合理的理由，即它是使得 $B \cup \{\varphi\}$ 不一致，或者说阻碍信念巩固 $(B \cup \{\varphi\})!$，的一个关键因素。Relevance 是 Core-retainment 的强化版本，它有一个额外的条件 $B?\varphi \subseteq B'$，其直观意思在于：在从 $B \cup \{\varphi\}$ 收缩至 $B?\varphi$ 的过程中，如果认知主体删除了 ψ，那么应当存在一个 $B \cup \{\varphi\}$ 子集使得它在删除 ψ 前后由不一致过渡到一致。Hansson 还证明了：前面五个假定刚好对应核心半修正算子，前四个假定和 Relevance 一起则对应部分交半修正算子；并且巩固算子！和半修正算子？是可以互相定义的。

定理 1.2 ([59]) (1) 一个算子 ? 是一个核心半修正算子当且仅当它满足：Strong consistency，Inclusion，Pre-expansion，Internal exchange 和 Core-retainment。

(2) 一个算子 ? 是一个部分交半修正算子当且仅当它满足：Strong consistency，Inclusion，Pre-expansion，Internal exchange 和 Relevance。

1.1.3.5 选择性修正算子

Fermé 等人在 [28] 中提出了一种特殊的非优先修正理论，即选择性修正（selective revision）。它也是采用决策-修正模式，其中决策步骤是先从新信息中选择出部分内容，这些内容一般从新信息的非重言且非矛盾的逻辑后承中选取出来，然后以这些内容为输入对信念状态进行修正。这种选择性修正过程在现实生活中是很常见的，人们常常从新信息中获得可信的部分信息，而不是完全相信新信息。它的形式化构造需要变换函数和修正算子这两个函数分别对应决策和修正这两个步骤。

定义 1.11 ([28, 60]) 令 $*$ 为修正算子，$f : \mathcal{L} \mapsto \mathcal{L}$ 为变换函数（transformation function）。基于 $*$ 和 f 的选择性修正算子 $\circledast$ 满足：对于所有的 φ，都有 $K \circledast \varphi = K * f(\varphi)$。

如果 $*$ 是 AGM 修正算子，那么 $\circledast$ 就被称为 AGM 选择性修正算子。由定义易知，对 $*$ 和 f 的不同限制会产生不同的选择性修正算子，从而是一种非常通用的决策-修正模式的非优先句子修正。比如，将 $*$ 限制为 AGM 修正算子，C 为可信集并且令 f 满足：

$$\text{对所有 } \varphi \text{ 都有 } f(\varphi) = \begin{cases} \varphi & \text{如果} \varphi \in C \\ \top & \text{否则} \end{cases},$$

那么按上面定义构造的选择性修正算子就是基于可信度的受限修正算子。从而基于可信度的受限修正是选择性修正算子的一个特例。选择性修正算子的更多特例以及这些特例的关系参阅 [60] 的图 2。

Fermé 等人在 [28] 中给出了一系列的公理性假定：

Closure: $K \circledast \varphi$ 是一个信念集。

Inclusion: $K \circledast \varphi \subseteq K + \varphi$

Vacuity: 如果 $K \nvdash \neg\varphi$，那么 $K + \varphi \subseteq K \circledast \varphi$。

Consistency: 如果 $\nvdash \neg\varphi$，那么 $K \circledast \varphi$ 是一致的。

Extensionality: 如果 $\vdash \varphi \leftrightarrow \psi$，那么 $K \circledast \varphi = K \circledast \psi$。

Consistent expansion: 如果 $K \nsubseteq K \circledast \varphi$，那么 $K \cup K \circledast \varphi \vdash \bot$。

类似的，他们也给出了一序列的用于限制变换函数 f 的性质。

f-extensionality: 如果 $\vdash \varphi \leftrightarrow \psi$，那么 $f(\varphi) = f(\psi)$。

f-consistency-preservation: 如果 $\nvdash \neg\varphi$，那么 $\nvdash \neg f(\varphi)$。

f-weak-maximality: 如果 $K \nvdash \neg\varphi$，那么 $\vdash f(\varphi) \leftrightarrow \varphi$。

此外，他们还证明了选择性修正算子的公理性假定的不同组合和对应的函数式构造之间的表达定理。

定理 1.3 ([28]) 令 $\mathcal{L}$ 为有穷语言，K 是 $\mathcal{L}$ 上的信念集，并且 $\circledast$ 是 K 上的算子。那么下面两个条件是等价的：

(1) 算子 $\circledast$ 满足 closure，inclusion，vacuity，consistency，extensionality 和 consistent expansion。

(2) 存在一个在 K 上满足前六条 AGM 基本假定的修正算子 $*$ 和满足 f-extensionality，f-consistency-preservation 和 f-weak-maximality 的变换函数 f 使得：对所有的 φ 都有 $K \circledast \varphi = K * f(\varphi)$。

这些表达定理表明，可以通过对变换函数 f 和修正算子 $*$ 进行限制来达到与直接用公理性假定来限制选择性修正算子一样的效果。

1.1.3.6 其他相关理论

Hansson 在 [62] 中提出了一种选择性的收缩算子，即指定交收缩（specified meet contraction）。它和选择性修正算子类似，先将指定交收缩算子的右参数用句子选择器 f（sentential selector）映射为另一个命题，然后再进行真正的删除，即 $K \div \varphi = K \sim f(\varphi)$。因此，我们可以通过限定句子选择器 f 来删除满足特定条件的命题。Fermé 和 Hansson 两人在 [29] 中提出了一种保护特殊信念免于删除的隔离收缩（shield contraction）。另外，Schlechta 在 [120] 中提出了一种基于模型之间或可能世界之间“距离

（distance）”的非优先信念修正。Chopra 等人在 [16] 中提出了基于偏好排序（preference ranking）的非优先信念改变。Olsson 在 [100,101] 中提出了基于融贯性（coherence）而不是一致性（consistency）要求的通用半修正算子（generalized semi-revision）。

1.1.4 优先复合修正

上面两节介绍的都是新信息类型为单一命题的修正理论，从中可知 AGM 信念改变算子的各种形式设定都在信念修正理论的发展过程中陆续遭受质疑。新信息为单一命题这一设定也不例外，Fuhrmann 在 [36] 中首次提出了新信息不再是单一命题而是一个命题集的信念改变方式，后来 Hansson（[51]），Niederée（[99]）和 Rott（[110]）三人独立发展了这种基于新信息类型的信念改变的理论，而且这种类型的修正理论的研究一直延续到现在（[27,31]）。这两节将要介绍这种新信息类型不再是单一命题而是一个命题集合的信念修正理论，即复合信念修正（multiple belief revision）。与句子修正类似，它也有三种算子：复合膨胀（multiple expansion，记为 $\oplus$）、复合收缩（multiple contraction，记为 $\ominus$）和复合修正（multiple revision，记为 $\otimes$），同样可分为基于信念集和信念库的修正算子，也同样可按新信息的优先性分为优先和非优先这两种类型的复合信念修正。本节先介绍优先复合收缩和优先复合修正，下一节再介绍非优先复合收缩和非优先复合修正。

复合收缩（multiple contraction）概念首先由 Fuhrmann 在 [36] 中提出，其特点在于被收缩的信息不再是单个命题，而是同时收缩命题集中的所有命题。到目前为止，复合收缩主要分包收缩（package contraction，[39]）、选择收缩（choice contraction，[39]）和集合收缩（set contraction，[136,137]）三种收缩方式。在包收缩过程中，认知主体将新信息中的所有命题都放弃。在选择收缩过程中，认知主体将新信息中的部分命题放弃，使得所有新信息作为整体不包含于认知主体的信念状态中。集合收缩则与包收缩和选择收缩的理念不同。给定信念集 K 和命题集 D，集合收缩的目的不是从信念集 K 中放弃全部或者部分 D 的内容，而是修改 K 使其与 D 相一致。其实，这种收缩是为集合修正（set revision，[137]）量身定制的复合收缩算子，第 1.1.4.3节将专门介绍它们。值得注意的是，这三种收缩都与重复收缩或迭代收缩（repeated\iterated contraction）不同，并且它们通常都不能还原为句子收缩，只在有穷情况下有一些可还原的结果 [39,64,137]。

1.1.4.1 复合部分交收缩方案

复合部分交收缩首先由 Hansson 在 [51] 中提出来，但局限在全交收缩（full meet contraction）和部分极小收缩（partial minimal contraction）等方面，并未作出更一般的研究。复合部分交收缩的正式出现是在 Fuhrmann 和 Hansson 的文章 [39] 中。他们提出了两种复合部分交收缩，即部分交包收缩和部分交选择收缩。为了刻画这两种复合部分交收缩，他们基于保留集概念提出了包保留集（package remainders）和选择保留集（choice remainders）这两种新的保留集概念。给定信念集 K 和被放弃的信息 D（称为弃集），记包保留集为 $K \bigtriangledown_P D$ 且记选择保留集为 $K \bigtriangledown_C D$。

定义 1.12 ([39]) 令 $K, D \subseteq \mathcal{L}$。$X \in K \bigtriangledown_P D$ 当且仅当 X 满足：

(1) $X \subseteq K$；

(2) $Cn(X) \cap D = \emptyset$；

(3) 如果 $X \subset Y \subseteq K$，那么 $Cn(Y) \cap D \neq \emptyset$。

从此定义可以看出，包保留集里面的元素都是不可推出 D 中任何命题的极大 K 子集。它们都可以作为部分交包收缩的候选结果集。

定义 1.13 ([39]) 令 $K, D \subseteq \mathcal{L}$。$X \in K \bigtriangledown_C D$ 当且仅当 X 满足：

(1) $X \subseteq K$；

(2) $D \nsubseteq Cn(X)$；

(3) 如果 $X \subset Y \subseteq K$，那么 $D \subseteq Cn(Y)$。

类似的，从定义可以看出，选择保留集里面的元素都是不可推出 D 中全部命题的极大 K 子集。它们都可以作为部分交选择收缩的候选结果集。

类似于句子修正的部分交收缩，部分交包收缩和选择收缩分别奠基在基于包保留集 $K \bigtriangledown_P D$ 和选择保留集 $K \bigtriangledown_C D$ 的选择函数之上。

定义 1.14 ([39]) γ_P 是 K 的包选择函数当且仅当对于所有的 D，都有：

(1) 如果 $K \bigtriangledown_P D \neq \emptyset$，那么 $\emptyset \neq \gamma_P(K \bigtriangledown_P D) \subseteq K \bigtriangledown_P D$；

(2) 如果 $K \bigtriangledown_P D = \emptyset$，那么 $\gamma_P(K \bigtriangledown_P D) = \{K\}$。

在此基础上，一个算子 $\ominus$ 是部分交包收缩当且仅当存在一个包选择函数 γ_P 使得对于所有的 D 都有 $K \ominus D = \bigcap \gamma_P(K \bigtriangledown_P D)$。部分交选择收缩可以按类似的方式得到定义，不再赘述。

Fuhrmann 和 Hansson 进一步对这两种复合部分交收缩进行了公理性刻画，并证明了这两种算子的表达定理。

定理 1.4 ([39]) (1) 一个 K 上的算子 $\ominus$ 是一个部分交包收缩当且仅当它满足下列条件：

P-Success: 如果 $D\cap Cn(\emptyset)=\emptyset$，那么 $D\cap Cn(K\ominus D)=\emptyset$；

P-Inclusion: $K\ominus D\subseteq K$；

P-Uniformity: 如果对于 K 的每个子集 A 都有 $Cn(A)\cap B\neq\emptyset\Longleftrightarrow Cn(A)\cap C\neq\emptyset$，那么 $K\ominus B=K\ominus C$；

P-Relevance: 如果 $\varphi\in K\backslash K\ominus D$，那么存在 K 的子集 C 使得 $K\ominus D\subseteq C$ 且 $Cn(C)\cap D=\emptyset$，但 $Cn(C\cup\{\varphi\})\cap D\neq\emptyset$。

(2) 一个 K 上的算子 $\ominus$ 是一个部分交选择收缩当且仅当它满足下列条件：

C-Success: 如果 $D\not\subseteq Cn(\emptyset)$，那么 $D\not\subseteq Cn(K\ominus D)$；

C-Inclusion: $K\ominus D\subseteq K$；

C-Extensionality: 如果 $Cn(B)=Cn(C)$，那么 $K\ominus B=K\ominus C$①；

C-Relevance: 如果 $\varphi\in K\backslash K\ominus D$，那么存在 K 的子集 C 使得 $K\ominus D\subseteq C$ 且 $D\not\subseteq Cn(C)$，但 $D\subseteq Cn(C\cup\{\varphi\})$。

显然，P-Success 和 C-Success 都不是强成功性，而是考虑了 D 中可能带有重言式的情况。P-Uniformity 是 AGM 句子收缩的 Extensionality 的较强版本。Relevance 的直观意思在于：在从 K 收缩至 $K\ominus D$ 的过程中，如果认知主体删除了 φ，那么应当存在一个 K 子集使得它在包收缩（选择收缩）D 前后从蕴涵 D 中部分（所有）元素过渡到不蕴涵 D 中部分（所有）元素。这两种复合收缩的对应假定之间的差异性是由包收缩与选择收缩的方式上的差异性导致的。

1.1.4.2 复合核心收缩方案

在 [32] 中，Fermé 等人仿照 AGM 句子修正的核心收缩提出了复合核心收缩（multiple kernel contraction）。类似于复合部分交收缩，复合核心收缩也分为核心包收缩和核心选择收缩两种，而且需要分别构造对应的核心集和剪切函数等。给定信念库 B 和需要被收缩的信息 D，记包核心集（package kernel set）为 $B\bigtriangleup_P D$ 且记选择核心集（choice kernel set）为 $B\bigtriangleup_C D$。

定义 1.15 ([32]) 令 $B,D\subseteq\mathcal{L}$。$X\in B\bigtriangleup_P D$ 当且仅当 X 满足下列条件：

(1) $X\subseteq B$；

(2) $Cn(X)\cap D\neq\emptyset$；

① 该假定在 [32] 中修改为 C-Uniformity：如果对于 K 的每个子集 A 都有 $B\subseteq Cn(A)\Longleftrightarrow C\subseteq Cn(A)$，那么 $K\ominus B=K\ominus C$。

(3) 如果 $Y \subset X$，那么 $Cn(Y) \cap D = \emptyset$。

从定义可以看出，包核心集里面的元素都是可推出 D 中部分命题的极小 B 子集。只要破坏它们，即从每个包核心中至少删除一个命题，保留下来的信念就不蕴涵 D 中的任何元素，从而可以作为核心包收缩的候选结果集。

定义 1.16 ([32])　令 $B, D \subseteq \mathcal{L}$。$X \in B \triangle_C D$ 当且仅当 X 满足：

(1) $X \subseteq B$；

(2) $D \subseteq Cn(X)$；

(3) 如果 $Y \subset X$，那么 $D \not\subseteq Cn(Y)$。

类似的，从定义可以看出，选择核心集里面的元素都是可推出 D 中全部命题的极小 B 子集。只要破坏它们，即从每个选择核心中至少删除一个命题，保留下来的信念就不蕴涵 D 中的所有元素，从而可以作为核心选择收缩的候选结果集。

类似于句子修正的核心收缩，复合核心收缩也要通过剪切函数从包核心和选择核心中挑选出需放弃的信念。

定义 1.17 ([32])　令 $B, D \subseteq \mathcal{L}$。一个函数 σ 是 B 上的剪切函数当且仅当对于所有的 D，它满足：

(1) $\sigma(B \triangle_i D) \subseteq \bigcup(B \triangle_i D)$；

(2) 如果 $\emptyset \neq X \in B \triangle_i D$，那么 $X \cap \sigma(B \triangle_i D) \neq \emptyset$；

其中 $B \triangle_i D$ 可以是 $B \triangle_P D$ 或 $B \triangle_C D$。

在此基础上，复合核心收缩定义为：$B \ominus D = B \backslash \sigma(B \triangle_i D)$，其中 $B \triangle_i D$ 可以是 $B \triangle_P D$ 或 $B \triangle_C D$。此外，Fermé 等人进一步对这两种复合核心收缩进行了公理性刻画，并证明了这两种算子的表达定理。

定理 1.5 ([32])　(1) 一个 B 上的算子 $\ominus$ 是一个核心包收缩当且仅当它满足下列条件：

P-Success:　如果 $D \cap Cn(\emptyset) = \emptyset$，那么 $D \cap Cn(B \ominus D) = \emptyset$。

P-Inclusion:　$B \ominus D \subseteq B$

P-Uniformity:　如果对于 B 的每个子集 A 都有 $Cn(A) \cap M \neq \emptyset \iff Cn(A) \cap N \neq \emptyset$，那么 $K \ominus M = K \ominus N$。

P-Core-retainment:　如果 $\varphi \in B \backslash B \ominus D$，那么存在 B 的子集 C 使得 $Cn(C) \cap D = \emptyset$，但 $Cn(C \cup \{\varphi\}) \cap D \neq \emptyset$。

(2) 一个 B 上的算子 $\ominus$ 是一个核心选择收缩当且仅当它满足下列条件：

C-Success:　如果 $D \not\subseteq Cn(\emptyset)$，那么 $D \not\subseteq Cn(B \ominus D)$。

C-Inclusion: $B \ominus D \subseteq B$

C-Uniformity: 如果对于 B 的每个子集 A 都有 $M \subseteq Cn(A) \Longleftrightarrow N \subseteq Cn(A)$，那么 $K \ominus M = K \ominus N$。

C-Core-retainment: 如果 $\varphi \in B \backslash B \ominus D$，那么存在 B 的子集 C 使得 $D \nsubseteq Cn(C)$，但 $D \subseteq Cn(C \cup \{\varphi\})$。

不难发现，上述 Success、Inclusion 和 Uniformity 与复合部分交收缩的对应公理之间是相同的，差异只在于是基于信念集 K 还是信念库 B 上。而 Core-retainment 是复合部分交收缩的 Relevance 的弱化版本，不再赘述。

1.1.4.3 集合收缩与集合修正

上面介绍了 Fuhrmann 和 Hansson 提出的包收缩和选择收缩，他们对 AGM 收缩假定的推广只限定在 AGM 收缩算子的前六条基本假定中，并没有成功将其余两条补充假定推广到复合收缩算子中（[136,137]）。为了进一步推广 AGM 收缩算子，Zhang 在 [136] 中提出了通用收缩（general contraction），并在 [137] 中将其名字更改为集合收缩（set contraction，记号为 $\ominus$），与它对应的修正算子则称为集合修正（set revision，记号为 $\otimes$）。

Zhang 认为：认知主体的信念收缩行为是由新信息具有优先性和新信息与旧信念的冲突这两个原因引发的，这两个原因要求认知主体必须放弃部分旧信念使其与新信息相一致（即集合收缩），这样才能将新信息一致地添加进来，进而完成复合信念修正（即集合修正）。因此，对于 Zhang 而言，集合收缩 $K \ominus D$ 的右参数 D 实际上就是集合修正的新信息，而不是要放弃的信念。它不是从 K 中删除 D 的元素，而是收缩 K 使其与 D 相一致。比如，当 $D = \{\varphi\}$ 时，$K \ominus \{\varphi\} = K \div \neg\varphi$，其中 $\div$ 为 AGM 收缩算子。可见，它与包收缩和选择收缩都明显不同。给定信念集 K 和命题集 D，集合收缩包含下面八条假定：

($\ominus$1) $K \ominus D = Cn(K \ominus D)$

($\ominus$2) $K \ominus D \subseteq K$

($\ominus$3) 如果 $K \cup D \nvdash \bot$，那么 $K \ominus D = K$。

($\ominus$4) 如果 $D \nvdash \bot$，那么 $K \ominus D \cup D \nvdash \bot$。

($\ominus$5) 对每个 $\varphi \in K$，如果 $D \vdash \neg\varphi$，那么 $K \subseteq (K \ominus D) \oplus \{\varphi\}$。

($\ominus$6) 如果 $Cn(D_1) = Cn(D_2)$，那么 $K \ominus D_1 = K \ominus D_2$。

($\ominus 6_S$) 如果 $\forall\varphi \in K(D_1 \vdash \neg\varphi \Longleftrightarrow D_2 \vdash \neg\varphi$，那么 $K \ominus D_1 = K \ominus D_2$。

($\ominus$7) 如果 $D_1 \subseteq D_2$，那么 $K \ominus D_2 \subseteq (K \ominus D_1) \oplus D_2$。

($\ominus$8) 如果 $D_1 \subseteq D_2$ 且 $D_2 \cup (K \ominus D_1) \nvdash \bot$，那么 $K \ominus D_1 \subseteq K \ominus D_2$。

其中（$\ominus$1）$\cdots$（$\ominus$4）和（$\ominus$6）是直接从对应的 AGM 句子收缩假定推广而来的。（$\ominus$5）是一条类似于 AGM 恢复性的假定，它的意思是说：集合收缩的结果集只需利用从 K 中被放弃的、且与 D 不一致的某个信念进行膨胀即可恢复所有被放弃的信念。（$\ominus 6_S$）可以蕴涵（$\ominus$6），但反向需要（$\ominus$7）和（$\ominus$8）这两个条件。（$\ominus$1）$\cdots$（$\ominus$5）和（$\ominus 6_S$）被称为集合收缩的基本假定，（$\ominus$7）和（$\ominus$8）被称为集合收缩的补充假定。

对应的，集合修正包含如下八条假定：

($\otimes$1) $K \otimes D = Cn(K \otimes D)$

($\otimes$2) $D \subseteq K \otimes D$

($\otimes$3) $K \otimes D \subseteq K \oplus D$

($\otimes$4) 如果 $K \cup D \nvdash \bot$，那么 $K \oplus D \subseteq K \otimes D$。

($\otimes$5) $K \otimes D \vdash \bot$ 当且仅当 $D \vdash \bot$。

($\otimes$6) 如果 $Cn(D_1) = Cn(D_2)$，那么 $K \otimes D_1 = K \otimes D_2$。

($\otimes$7) $K \otimes (D_1 \cup D_2) \subseteq (K \otimes D_1) \oplus D_2$。

($\otimes$8) 如果 $D_2 \cup (K \otimes D_1) \nvdash \bot$，那么 $(K \otimes D_1) \oplus D_2 \subseteq K \otimes (D_1 \cup D_2)$。

其中（$\otimes$1）$\cdots$（$\otimes$4）和（$\otimes$6）是直接从对应的 AGM 修正假定推广而来的。（$\otimes$5）是通过先对 AGM 修正算子的一致性进行推广，然后再加上成功性（$\otimes$2）的作用来形成的等价条件。（$\otimes$7）和（$\otimes$8）是一组与（$G \circledast 7$）和（$G \circledast 8$）类似的补充假定，它们组合起来的直观内涵是：在 $K \otimes (D_1 \cup D_2)$ 时，如果 $K \otimes D_1$ 已然使得 $D_2 \cup (K \otimes D_1)$ 是一致集，那么由最小改变原则知不需要再放弃更多信念，只需让 $K \otimes (D_1 \cup D_2) = (K \otimes D_1) \oplus D_2$ 即可。

类似于 Levi-Identity 和 Harper-Identity，Zhang 和 Foo 在该文中提出了它们在复合信念修正中的推广版本。

Generalized-Levi-Identity：$K \otimes D = (K \ominus D) \oplus D$

Generalized-Harper-Identity：$K \ominus D = (K \otimes D) \cap K$

他们还证明了：如果算子 $\ominus$ 满足上面八条复合收缩假定，那么由 Generalized-Levi-Identity 定义得到的复合修正算子 $\otimes$ 满足上面八条复合修正假定；类似的，如果算子 $\otimes$ 满足上面八条复合修正假定，那么由 Generalized-Harper-Identity 定义得到的复合收缩算子 $\ominus$ 满足上面八条复合收缩假定。因此，只需定义集合收缩的函数式构造，即可得到集合修正的函数式构造。

类似于 AGM 句子收缩的部分交收缩，Zhang 和 Foo 在 [137] 中对保留集概念进行了推广，提出了一种集合收缩上的保留集即 $K||D$。在此基

础上，他们定义了集合收缩的选择函数和完全传递关系型选择函数，并依此定义了集合收缩的两种函数式构造：部分交集合收缩和完全传递关系型部分交集合收缩，并证明了前者与前六条基本假定之间的表达定理和后者与所有八条假定之间的表达定理。

1.1.4.4 基于信念库的优先复合修正

上面介绍了基于信念集的优先复合修正，这里将简介 Falappa 等人在 [27] 中提出的基于信念库的优先复合修正。给定 B 为信念库，D 为新信息，基于信念库的优先复合修正 $B \otimes D$ 的公理性假定如下所示。

PB-Inclusion: $B \otimes D \subseteq B \cup D$

PB-Success: $D \subseteq B \otimes D$

PB-Weak-Success: 如果 D 是一致的，那么 $D \subseteq B \otimes D$。

PB-Relative-Success: $D \subseteq B \otimes D$ 或 $B \otimes D = B$。

PB-Consistency: 如果 D 是一致的，那么 $B \otimes D$ 是一致的。

PB-Vacuity1: 如果 D 是不一致的，那么 $B \otimes D = B$。

PB-Vacuity2: 如果 $B \cup D \nvdash \bot$，那么 $B \otimes D = B \cup D$。

PB-Uniformity1: 令 M 和 N 为一致集，如果对所有的 B 子集 X 都有 $X \cup M \vdash \bot \iff X \cup N \vdash \bot$，那么 $B \backslash B \otimes M = B \backslash B \otimes N$。

PB-Uniformity2: 令 M 和 N 为一致集，如果对所有的 B 子集 X 都有 $X \cup M \vdash \bot \iff X \cup N \vdash \bot$，那么 $B \cap B \otimes M = B \cap B \otimes N$。

PB-Core-Retainment: 如果 $\varphi \in B \backslash B \otimes D$，那么存在 $C \subseteq B \cup D$ 使得 $C \cup D \nvdash \bot$，但 $C \cup D \cup \{\varphi\} \vdash \bot$。

PB-Relevance: 如果 $\varphi \in B \backslash B \otimes D$，那么存在 $C \subseteq B \cup D$ 使得 $B \otimes D \subseteq C$ 且 $C \cup D \nvdash \bot$，但 $C \cup D \cup \{\varphi\} \vdash \bot$。

PB-Relative-Success 的意思是说：优先复合修正要么接受 D 的全部内容，要么不作任何改变，这表明优先复合修正不是选择性的修正方案。PB-Uniformity1 的直观内涵是说：在优先复合修正时，对信念的删除只与阻碍修正的 B 子集相关；也就是说，如果两个一致集和相同的 B 子集相矛盾，那么以这二者为新信息的修正过程所删除的 B 中信念应该是相同的。类似的，PB-Uniformity2 的直观内涵是说：如果两个一致集和相同的 B 子集相一致，那么以这二者为新信息的修正过程所保留的 B 中信念应该是相同的。PB-Core-Retainment 和 PB-Relevance 是从 [61] 中的 Core retainment 和 Relevance 修改而来，后者是前者的强化版本。它们的直观意思是说：对 B 中每个信念的删除都需要理由，而直接的理由是被删除的信念参与阻碍了认知主体对新信息 D 的一致添加。其他假定不再赘述。

Falappa 等人在该文中对基于信念库的优先复合修正提出了两种函数式构造，即：优先复合核心修正（prioritized multiple kernel revision）和优先复合部分交修正（prioritized multiple partial meet revision）。对于核心修正，他们提出了新的核心集即不一致核心集（inconsistent kernel set，见第 2.1节），在此核心集上定义了巩固剪切函数（consolidated incision function），并且依此构造了优先复合核心修正算子和证明了其与公理性刻画之间的表达定理。对于部分交修正，他们提出了新的保留集即一致保留集（consistent remainder set），在此保留集上定义了巩固选择函数（consolidated selection function），并且依此构造了优先复合部分交修正算子和证明了其与公理性刻画之间的表达定理。

1.1.4.5 其他优先复合修正方案

此外，优先复合修正算子还有基于球系统的信念修正方案 [86, 102, 103]，其中 [86] 还考察了复合修正算子与非单调推理的关系，[103] 还讨论了将复合修正还原为句子修正的可行性条件。Zhang 和 Foo 在 [137] 中对集合收缩和复合修正都给出了基于认知强度的信念修正方案。Fermé 和 Reis 在 [31] 中对基于有穷弃集的包收缩提出了基于球系统的复合收缩方案。Spohn 在 [125] 给出了包收缩的排序理论方案（ranking-theoretic account）。

1.1.5 非优先复合修正

这一节将介绍新信息不具有优先性的复合修正，即非优先复合修正。类似于 Hansson 提出的句子修正的三种非优先修正模式（[60]），复合修正一般也可以有三种非优先修正模式：第一种是决策-修正模式，认知主体先从新信息集合中选择接受的部分命题，然后再执行具体的复合修正过程；第二种是整合选择模式，认知主体在单一步骤内完成信念修正过程，我们可利用基于认知强度或者球系统的信念修正方案来进行函数式构造；第三种是膨胀-巩固模式，如聚合算子，认知主体先对信念状态和新信息的集合进行膨胀操作，然后利用巩固算子恢复一致性。非优先复合修正理论是 AGM 信念修正理论的前沿，这方面的文献较少，是本书的主要研究课题之一。这里先介绍一种膨胀-巩固模式的复合修正算子，即聚合算子。

第二章、第三章和第四章再系统地研究非优先复合修正理论。

聚合算子（merge operation）由 Fuhrmann 在 [38] 中首次提出。它和半修正算子一样都是膨胀-巩固模式的非优先修正算子，而且同样只能基于信念库而不能应用于信念集。它们的不同点在于聚合算子的右参数不再是一个单一的命题，而是一个命题集。此外，聚合算子由于两个参数都是命题集，故它们中的任何一个都可被看作是信念库而另一个被看作是新信息，从而具有对称性，它们的位置差异是无关紧要的。

定义 1.18 ([38]) 一个算子 $\circ$ 是聚合算子当且仅当对于任意的信念库 B 和 D，它都满足 $B \circ D = (B \cup D)!$，其中 ! 是巩固算子。

如果 ! 是部分交巩固，那么对应的 $\circ$ 为部分交聚合；如果 ! 是核心巩固，那么对应的 $\circ$ 为核心聚合。从上面定义中的等式可以看出：

(1) 右参数 D 不再是单一命题，从而聚合算子是复合信念修正的一种类型；

(2) 右参数 D 中的信息在巩固过程中也可能被删除，从而不是优先信念修正；

(3) 巩固算子和聚合算子是可以互相定义的。

容易发现，聚合算子与半修正算子的定义 1.10之间非常相似；对应的，它们的公理性刻画之间也非常相似。下列假定是部分交聚合的公理性刻画：

Strong consistency: $B \circ D$ 是一致的。

Inclusion: $B \circ D \subseteq B \cup D$

Congruence: 如果 $B \cup D = B' \cup D'$，那么 $B \circ D = B' \circ D'$。

Relevance: 如果 $\psi \in (B \cup D) \backslash (B \circ D)$，那么存在一个 $B \cup D$ 的子集 B' 使得 $B \circ D \subseteq B'$ 且 B' 是一致的，但 $B' \cup \{\psi\}$ 是不一致的。

其中聚合算子与半修正算子的 Strong consistency、Inclusion 和 Relevance 一一对应。只有 Congruence 在半修正算子中没有对应的假定，它的直观内涵是说：聚合结果与信念分布是无关的。其根本原因在于聚合算子采用了膨胀-巩固模式，只要膨胀结果是相同的，其聚合结果就是相同的，至于两个参数分别包含哪些信念，这是无关紧要的。此外，他还证明了部分交聚合与这四条公理之间的表达定理。

Falappa 等人在 [27] 中利用通用剪切函数（general incision function）和通用选择函数（general selection function）概念重新构造了核心聚合算子和部分交聚合算子，但他们在对部分交聚合算子的公理性刻画中用下面的条件（reversion）取代了上面的条件（congruence）。

Reversion:　如果 $B \cup D$ 和 $M \cup N$ 具有相同的极小不一致子集，那么 $(B \cup D)\backslash B \circ D = (M \cup N)\backslash M \circ N$。

另外，Falappa 等人在 [26] 中提出了与 [27] 中的核心聚合和部分交聚合这两种算子具有相同公理的非优先的核心修正和部分交修正，只是它们建立在外部剪切函数（external incision function）和外部选择函数（external selection function）上。

聚合算子在人工智能的数据库聚合方面也得到深入研究。尤其突出的是 Konieczny 和 Pérez 两人在聚合理论领域作出的诸多贡献，比如，不带完整性约束（integrity constraints）的纯粹聚合算子（pure merging operator）、带完整性约束的聚合算子等（[77–79]）。与聚合算子类似的非优先复合修正还有仲裁算子（Arbitration）[84, 85]。

1.2　贝叶斯信念修正理论

1.2.1　研究对象与研究范式

与 AGM 信念修正理论不同，贝叶斯信念修正理论是利用概率论的概念、方法和工具来研究认知主体的信念状态的理性改变的理论领域。它所研究的信念修正的例子在日常学习、工作和生活中也是非常常见的。我们先来看下面这些例子。

例子 1.3　(1) 你发烧至 38 度，但你不知道自己是普通感冒还是感染了新冠病毒。于是你用新冠病毒抗原检测试剂检测了三个样本，检验结果都是阳性。因此，你相信自己感染新冠病毒的可能性更大。

(2) 某超市只从 A、B 两个风扇厂家购买某品牌的风扇，其中从 A 厂购买 40%，从 B 厂购买 60%。B 厂生产的风扇中 98%是质量可靠的，A 厂流水线近期出现问题，生产的风扇只有 80%是质量可靠的。现在该超市员工从超市仓库里随机抽检一台风扇，发现该风扇运转不正常。那么该风扇来自 A 厂的可能性更大。这个可能性程度有多高，是来自 B 厂的可能性程度的几倍呢？

(3) 科学家提出 H 和 $\neg H$ 两个理论假设，分别做实验并作出预测。实验结果 E 符合基于 H 作出的预测，于是该科学家认为 H 被证据 E 所确证，它为真的可能性更大。

(4) 某女生 a 和她闺蜜 b 有一单身男同学 c，她们都暗恋他。为了让 a 打消对该男同学的爱慕，b 告诉 a：她听说该男生 c 有女朋友了。虽然

a 并不完全相信她闺蜜 b 的话，但这个谣言依然会降低 a 对原有信念“c 没有女朋友”的相信程度。

在例子 1.3(1) 中，你一开始对自己是普通感冒还是感染新冠病毒无法作出区分，因此你对它们的相信程度是相等的，但是随着检验结果的依次出现，你逐渐提高了你对感染新冠病毒这一可能性的相信程度。在例子 (2) 中，一开始该超市员工挑选出一台风扇，此时还未检验其是否可靠，他并不清楚这台风扇来自哪个厂，于是他根据从 A、B 厂购入风扇的比例来初步判断：该风扇来自 B 厂的概率更高。当检验结果出来他发现该风扇运转不正常时，他考虑到 A 厂流水线出问题且风扇质量断崖式下滑，因此他认为该风扇来自 A 厂的概率更高。在例子 (3) 中，该科学家一开始并不知道理论假设 H 和 $\neg H$ 哪个更可信，即验前概率相等，因此才去做实验检验它们；在发现证据 E 符合基于 H 作出的预测时，他认为 H 被证据 E 所确证（confirm）或支持，进而 $\neg H$ 被证据 E 所否证（disconfirm）或削弱，从而相信 H 的程度更高，即验后概率更高。在这三个例子中，认知主体所接收到的新信息都是证据，是认知主体所坚信为真甚至知道为真的信念，因此认知主体会在这种证据的影响下修正原有信念的相信程度。然而，并不是只有证据会引发信念修正。即使认知主体所接收到的新信息并不是证据性信息而是该主体并不坚信为真的信息甚至是谣言，认知主体依然可能会受这种新信息的影响而在一定程度上引发信念修正，改变原有信念的相信程度。比如，在例子 (4) 中，一开始 a 和她闺蜜 b 都相信 c 是单身没有女朋友的，后来 b 编造了谣言，这个谣言使得 a 降低了对该信念的相信程度。

从这些例子可以发现，与 AGM 信念修正理论不同，贝叶斯信念修正理论中的信念态度并不是简单地二分为相信和不相信，而是有相信程度的区分，并用概率来精确量化不同的信念度或置信度；信念状态的改变也不是简单地分为添加新信念和放弃旧信念，而是相信程度或者说信念度的提高或降低。因此，贝叶斯信念修正理论把认知主体的信念状态和引发信念状态改变的新信息都表征为信念度/概率函数，并把信念修正过程看成是由后者引发的对前者的信念度更新或修正；然后利用概率论的概念、方法和工具来研究信念度或置信度的动态改变，提出刻画信念度更新或修正的概率函数。这种研究范式源于贝叶斯（T. Bayes）于 1764 年提出的贝叶斯定理（[10]），由此而得名。早期的贝叶斯信念修正理论关注证据性新信息对理论假设或原有信念的认知作用。贝叶斯主义者认为：当认知主体所接收到的新信息是证据，或者说是认知主体所坚信为真甚至知道为真的新信息时，他会在这种证据的影响下修正原有信念的置信度。因此，贝叶斯主义者利用贝叶斯规则（Bayes' Rule 或者 Bayesian conditionalization，[10]）来计算认知主体在经验证据下对原有信念的新置信度或者说验后概率，以此刻画基于证据的信念修正过程。然而，并不是只有证据会引发信念修正，非证据性的信息，或者说认知主体并不坚信的信息，甚至谣言也会在一定程度上引发信念修正（如上述例子 (4)）。因此，杰弗雷（R. Jeffrey）提出了杰弗雷规则（Jeffrey's Rule 或者 Jeffrey conditionalization，参见 [68–71] 和 [21]（第 354 页））来一般地计算认知主体在新信息（含证据性新信息和非证据性新信息）影响下对原有信念的新信念度，以此刻画基于一般性新信息的信念修正过程。此外，贝叶斯主义者认为证据对理论假设或原有信念的确证或支持也是有程度之分的，进而基于贝叶斯定理提出了各种确证度函数来计算证据对假设的确证度或支持程度（[13,34]，[44] 的表 2，[17] 的表 1，以及 [93]）。由此可见，如果说 AGM 信念修正理论是一种对信念修正过程的定性研究的话，那么贝叶斯修正理论就可以说是一种对信念修正过程的定量研究。

为了方便后面章节的理解，下面先介绍概率和信念度这两个概念，然后介绍概率论的基本公理和贝叶斯定理，接着阐述贝叶斯确证理论，最后介绍贝叶斯规则和杰弗雷规则。

1.2.2　概率与信念度

众所周知，认知主体对命题的信念态度往往具有程度区分。比如，人们对逻辑-数学公理的相信程度通常比经验命题的相信程度更高。我们一般把这种信念态度的量化程度称为信念度或置信度。贝叶斯信念修正理论一般用概率来度量信念度，并用概率论的概念、方法和工具来刻画认知主体信念状态中信念度的动态变化。因此，这里需要先介绍一下概率论的基本知识。那么什么是概率呢？我们先来看下列例子。

例子 1.4　(1) 质地均匀且规则的硬币投到正面朝上的概率是 1/2。

(2) 从 52 张纸牌中无放回地先后抽出两张纸牌，第一次抽到 3 的情况下第二次抽到 3 的概率是 1/17。

(3) 北京明天下雪的可能性很小或概率很低。

(4) 用 1000 条机械手臂投掷同一枚硬币，每条机械手臂投掷该硬币 10000 次，发现该硬币正面朝上的概率趋近 2/5。

(5) 你觉得某一枚硬币正面朝上的概率是 2/5。

(6) 你认为北京昨天下了雪的可能性很大或概率为 0.9。

从这些例子可以看出，概率所度量的都是某些事件或命题的可能性或不确定性的程度。不过，“概率”一词在这些例子中并非都在同一个意义上使用，我们可以区分出不同的概率种类。首先，概率可以从本体论和认识论的角度进行区分，分为发生可能性的程度和认知可能性的程度这两种。

(i) 发生可能性的程度：在一个机会装置中，一个事件在未来可能会发生也可能不发生。这里有一个发生可能性程度方面的量，这个量可以用概率来刻画。显然，例子 1.4(1)(2)(3) 中的事件在事件是否将发生这个方面具有不确定性或可能性，因此它们的概率指的是这些事件发生的可能性的程度。由于这些概率与主体的认知无关，因此它们是那些事件在本体论层面上发生可能性的度量。

(ii) 认知可能性的程度：在一个机会装置中，不论一个事件是否会（已）发生，认知主体对它是否会（已）发生都可能有认知上的不确定性或可能性[①]。这里有一个认知可能性程度方面的量，这个量也可以用概率来度量。显然，在例子 1.4(5)(6) 中，认知主体在那些事件是否会（已）发生这个方面都可能因未知而导致认知上的不确定性或可能性，因此它们的概率指的是认知主体对这些事件的认知可能性的程度。由于这些概率体现的是认知主体对那些事件的信念态度，而不是这些事件在本体论层面的发生可能性的程度，因此它们只是那些事件在认识论层面上认知可能性的度量。

值得强调的是，前者度量的是机会装置本身的属性，即某类事件发生的可能性的程度；而后者度量的是认知主体对机会装置的属性的认知结果。因此，这两种可能性程度分别是本体论和认识论这两个层面上的可能性程度。两者是相互区别的，客观概率与主观概率之间存在一个鸿沟。

此外，还有另一种概率种类的分类，它将概率分为下列四种解释：

(i) 倾向性：倾向性解释将概率看成事件发生的可能性程度，是机会装置的内在/潜在性质。比如，某硬币的正面朝上的倾向性的程度；

(ii) 频率：频率解释将概率看成总体中样本出现的频率，这个频率并不是机会装置的内在/潜在性质，而是认知主体对机会装置的倾向性的量化测量或认知。比如，通过 10000 次投掷试验总结出某硬币正面朝上的频率是 4/5；

(iii) 信念度：信念度解释将概率看成主体对命题的量化的信念态度，信念度也不是机会装置的内在/潜在性质，而是认知主体与命题/事件之间量化的认知关系。比如，你觉得某硬币正面朝上的概率是 1/2；

---

① 已发生事件在发生可能性方面已然确定，但在认知可能性方面则可能未确定；未发生事件在发生可能性和认知可能性两个方面都未确定。

(iv) 逻辑关系：逻辑解释将概率看成一个机会装置中相关命题/事件之间的逻辑关系的度量，其概率值先验地决定于这种逻辑关系，与经验世界无关。比如，从 52 张纸牌中无放回地先后抽出两张纸牌，第一次抽到 3 的情况下第二次抽到 3 的概率 1/17，这个概率值体现的就是前述两个事件在这个机会装置中的先验逻辑关系，与经验世界无关。

值得注意的是，逻辑关系、倾向性、频率和信念度的区分就好比逻辑-数学、物理世界、科学观测和科学信念之间的区分，它们之间并不是相互矛盾的竞争关系；相反，它们实际上是缺一不可的互补关系，揭示了概率种类的各个层面。

1.2.3　概率公理与贝叶斯定理

那么概率应当满足什么性质呢？这一节来介绍概率的公理系统。由于概率表征的是可能性或不确定性的程度，而可能性的程度在必然–可能–不可能之间变化。如果用百分之百代表必然，并且百分之零代表不可能，那么概率应在闭区间 [0,1] 内变化。为了方便，这里用 $Pr(\cdot)$ 表示概率。因此，我们有正则性公理：

正则性: 对任意事件 A，它发生的概率在闭区间 [0,1] 内，即 $0 \leqslant Pr(A) \leqslant 1$。

当两个事件 A 和 B 不能同时为真时，我们称这两个事件是互斥的。那么当两个事件 A 和 B 互斥，且它们的概率分别是 $Pr(A)$ 和 $Pr(B)$ 时，事件 $A \vee B$ 的概率是多少呢？从频率解释的角度来讲，既然事件 A 和 B 出现的频率分别是 $Pr(A)$ 和 $Pr(B)$，而且它们并不同时为真，那么事件 $A \vee B$ 的频率就应该是这两个频率的和。因此，我们有可加性公理：

可加性: 如果两个事件 A 和 B 互斥，那么 $Pr(A \vee B) = Pr(A) + Pr(B)$。

当一个事件穷尽所有可能性或者说它是必然事件时，那么它是必然发生的，进而其概率/频率应为最大值。故我们有确定性公理：

确定性: 如果事件 A 是必然事件，那么 $Pr(A) = 1$。

对于两个事件，如果一个事件的发生并不会影响另一个事件发生的概率时，我们称这两个事件是相互独立的。那么当两个事件 A 和 B 相互独立时，事件 $A \wedge B$ 的概率是多少呢？下面从频率解释的角度来回答这个问题。令试验的总次数为 n 次，并且事件 A 和 B 出现的频率分别是 $Pr(A)$ 和 $Pr(B)$。故事件 A 发生了 $n \cdot Pr(A)$ 次。由于事件 A 的发生并不会影响事件 B 发生的概率。因此，在 $n \cdot Pr(A)$ 次事件 A 中，事件 B 也发生

的频率是 $Pr(B)$，进而事件 $A \wedge B$ 一共发生了 $n \cdot Pr(A) \cdot Pr(B)$ 次。因此，事件 $A \wedge B$ 的概率/频率是 $Pr(A) \cdot Pr(B)$，即我们有可乘性公理：

可乘性: 如果两事件 A 和 B 相互独立，且它们的概率分别为 $Pr(A)$ 和 $Pr(B)$，那么 $Pr(A \wedge B) = Pr(A) \cdot Pr(B)$。

对于任何两个事件 A 和 B，事件 A 发生的情况下事件 B 的概率，或者说事件 B 相对于事件 A 的概率，可能与事件 B 的概率并不相同。我们可以将这种相对概率称为条件概率，并用 $Pr(B/A)$ 来表示。那么如何计算这种相对概率或条件概率呢？下面从频率解释的角度来回答这个问题。令重复试验的总次数为 $a \cdot b$ 次，并且事件 A、B 和 $A \wedge B$ 出现的频率分别是 $Pr(A) = 1/a$、$Pr(B) = 1/b$ 和 $Pr(A \wedge B)$，其中 $a \geqslant 1$ 且 $b \geqslant 1$。故事件 A 发生了 b 次，事件 B 发生了 a 次，事件 $A \wedge B$ 发生了 $a \cdot b \cdot Pr(A \wedge B)$ 次。那么事件 A 发生的情况下事件 B 发生的概率 $Pr(B/A)$ 是指什么呢？根据概率的频率解释，它指的是事件 A 发生的情况下事件 B 发生的频率，也就是事件 A 发生的情况下事件 $A \wedge B$ 发生的频率。故 $Pr(B/A)$ 应当是事件 $A \wedge B$ 发生的次数占事件 A 发生的次数的比例，即 $Pr(B/A) = a \cdot Pr(A \wedge B) = Pr(A \wedge B)/Pr(A)$。因此，我们有下面这个条件概率的公理。

条件概率: 已知事件 A 发生的概率 $Pr(A) > 0$。事件 A 发生的情况下事件 B 发生的概率 $Pr(B/A) = Pr(A \wedge B)/Pr(A)$。

根据条件概率，容易推导出下面这个全概率公式：

全概率公式: 如果事件 B 的概率满足 $0 < Pr(B) < 1$，那么 $Pr(A) = Pr(B) \cdot Pr(A/B) + Pr(\neg B) \cdot Pr(A/\neg B)$。

一般形式: 如果有穷事件序列 B_i 两两互斥且穷尽所有可能性，并且它们的概率满足 $0 < Pr(B_i) < 1$，那么 $Pr(A) = \sum_i [Pr(B_i) \cdot Pr(A/B_i)]$。

根据条件概率和全概率公式，容易推导出著名的贝叶斯定理：

贝叶斯定理: 已知事件 A 发生的概率 $Pr(A) > 0$，而且 $1 > Pr(B) > 0$。事件 A 发生的情况下事件 B 成立的概率为：

$$Pr(B/A) = \frac{Pr(B) \cdot Pr(A/B)}{Pr(B) \cdot Pr(A/B) + Pr(\neg B) \cdot Pr(A/\neg B)}。$$

一般形式: 已知事件 A 发生的概率 $Pr(A) > 0$，有穷事件序列 B_i 两两互斥且穷尽所有可能性，并且它们的概率满足 $0 < Pr(B_i) < 1$。事件 A 发生的情况下事件 B_k 成立的

概率为：

$$Pr(B_k/A) = \frac{Pr(B_k) \cdot Pr(A/B_k)}{\sum_i [Pr(B_i) \cdot Pr(A/B_i)]}。$$

贝叶斯定理看起来仅仅是条件概率的一个平平无奇的推论，但它实际上具有重要的认识论价值。下面将分别介绍它在确证理论和信念修正理论上的重要价值。

1.2.4 贝叶斯确证理论

确证理论研究的是证据对假设的确证或支持。在科学哲学和归纳逻辑中，主要有两种确证理论，即非概率性方案（[45, 47, 66]）和概率性方案（比如贝叶斯确证理论）。其中一个典型的非概率性方案是确证概念的假设-演绎模型。它的直观思想在于：如果一个证据 E 例示了假设 H 或者说可以从假设 H 中演绎推导出来，那么证据 E 就确证了假设 H。然而，这个模型却会导致渡鸦悖论或确证悖论：在确证概念的假设-演绎模型下，一个与假设无关的证据却能确证该假设（[66]）。考虑假设 H：所有渡鸦都是黑的。由于假设 H 逻辑等价于“所有不是黑的都不是渡鸦”（记为 H'），故确证 H' 的证据也确证 H。那么一只白天鹅是否确证了 H 呢？显然，根据确证概念的假设-演绎模型，那只白天鹅确证了 H'，进而也确证了 H。然而，白天鹅在直观上与假设 H 没有任何关系。我们还可以将白天鹅替换成各种其他事物，比如红苹果、褐色的石头、棕色的鞋子等等，同样导致这种荒谬的结论。这个确证概念的假设-演绎模型看起来是直观成立的，然而却导致荒谬的结论。这就是渡鸦悖论或确证悖论。由于渡鸦悖论的发现，贝叶斯主义者开始从概率的角度研究证据对假设的支持或确证程度，这就是被确证理论研究者广泛讨论和接受的贝叶斯确证理论。顾名思义，贝叶斯确证理论采用贝叶斯定理（[10]）来计算证据对假设的支持或确证程度（[13, 24, 33, 34]）。到目前为止，由于对确证概念的不同理解，很多贝叶斯确证理论被提出。客观贝叶斯主义者认为，确证概念是证据和假设之间某种客观的逻辑关系。因此，他们提出了众多客观的贝叶斯确证理论（[13–15, 33, 76, 87, 88]）。然而，主观贝叶斯主义者认为，确证概念是认知主体基于证据对假设的信念度。因此，他们也提出了各种主观贝叶斯确证理论（[20, 67, 68, 72, 73, 106, 119, 122]）。

在 [13]（新的序言）中，卡尔纳普区分了在贝叶斯框架下理解“证据 E 确证假设 H”这种关系的两种方式，即绝对确证（absolute confirmation）

和增量确证（incremental confirmation）。对于前者，一个证据确证一个假设是指：这个证据给这个假设提供了某种超出特定阈值的证据性支持；形式地说，证据 E 绝对确证了假设 H 当且仅当 $Pr(H/E) > t\ (0.5 \leqslant t < 1)$。对于后者，一个证据确证一个假设是指：与并未给出该证据的情况相比，该假设在给出该证据的情况下更可能为真；形式地讲，增量确证概念满足下面这三个条件：

(1) 证据 E 确证（confirm）了假设 H 当且仅当 $Pr(H/E) > Pr(H)$，

(2) 证据 E 与假设 H 无关（irrelevant）当且仅当 $Pr(H/E) = Pr(H)$，

(3) 证据 E 否证（disconfirm）了假设 H 当且仅当 $Pr(H/E) < Pr(H)$。

在当前的确证理论相关文献中，增量确证概念看起来几乎被所有贝叶斯主义者所采用（[23,34]）。因此，下面如无特殊说明，一般用确证概念代指增量确证概念。

贝叶斯确证理论研究者认为，有些证据相对于其他证据而言对假设的支持/确证程度更高，也就是说证据对假设的确证是有程度区分的。因此，他们想要提出恰当的确证度函数（confirmation measures）来计算证据对假设的确证度。那么什么样的确证度函数才是恰当的呢？根据增量确证概念，确证度函数首先需要满足下列三个条件。

定义 1.19 ([44]) 一个证据 E 确证假设 H 的确证度函数，记为 $c(H,E)$，是一个满足下列性质的函数：

(1) $c(H,E) > 0$ 当且仅当 $Pr(H/E) > Pr(H)$，

(2) $c(H,E) = 0$ 当且仅当 $Pr(H/E) = Pr(H)$，

(3) $c(H,E) < 0$ 当且仅当 $Pr(H/E) < Pr(H)$，

其中 $Pr(\cdot)$ 是一个概率函数。

当确证度函数的输出 $c(H,E) > 0$ 时，这表明证据 E 对假设 H 提供了支持，或者说证据 E 确证（confirm）了假设 H；当确证度函数的输出 $c(H,E) < 0$ 时，这表明证据 E 削弱了假设 H，或者说证据 E 否证（disconfirm）了假设 H；当确证度函数的输出 $c(H,E) = 0$ 时，这表明证据 E 与假设 H 并不相关。

根据这三个基本条件，贝叶斯确证理论研究者提出了众多确证度函数来测量证据对假设的证据性支持程度。下面列举一些常见的确证度函数；容易验证，它们都满足上述三个条件。对其他确证度函数感兴趣的读者，可参阅文章 [44] 的表 2，文章 [17] 的表 1，以及文章 [93]。

$$\textbf{Difference measure: } d(H,E) =_{df} Pr(H/E) - Pr(H)$$

$$\textbf{Log-ratio measure: } r(H,E) =_{df} log\left[\frac{Pr(H/E)}{Pr(H)}\right]$$

$$\textbf{Normalized difference measure: } s(H,E) =_{df} Pr(H/E) - Pr(H/\neg E)$$

$$\textbf{Carnap measure: } \tau(H,E) =_{df} Pr(H \wedge E) - Pr(H) \cdot Pr(E)$$

除了定义 1.19中的条件之外，Fitelson 和他的合作者提出了下面这些附加条件来区分或评价不同的确证度函数（[25,35]）。

假设对称性: $c(H,E) = -c(\neg H,E)$

逻辑要求: 在给定 $c(H,E)$ 时，如果 $E \vDash H$ ($E \vDash \neg H$)，那么 $c(H,E)$ 应该是极大的（极小的）。

验后要求: 如果 $Pr(H/E_1) \geqslant Pr(H/E_2)$，那么 $c(H,E_1) \geqslant c(H,E_2)$。

他们认为，这三个附加条件看起来都是可信的。特别地，Fitelson 指出验后要求看起来也是被贝叶斯确证理论研究者所广泛接受的（[35], p. 506）。直观而言，验后要求的意思是说：如果 $Pr(H/E_1) \geqslant Pr(H/E_2)$，那么假设 H 从证据 E_1 获得的证据性支持至少和从证据 E_2 获得的证据性支持一样多，即 $c(H,E_1) \geqslant c(H,E_2)$。以 *Difference measure* 为例，如果 $Pr(H/E_1) > Pr(H/E_2)$，那么根据 Difference measure 我们有 $d(H,E_1) = Pr(H/E_1) - Pr(H) > Pr(H/E_2) - Pr(H) = d(H,E_2)$。这意味着假设 H 从证据 E_1 获得的证据性支持比从证据 E_2 获得的证据性支持更多一些。可见，验后要求是直观成立的。

由上可见，贝叶斯确证理论为确证概念构建了一个有趣而且符合直观的概率模型，具有重要的理论价值。此外，贝叶斯确证理论还是贝叶斯信念修正理论的基石。众所周知，不管是科学研究还是日常生活中，证据对假设的确证会强化认知主体对该假设的信念，证据对假设的否证则会弱化认知主体对该假设的信念，而无关事件并不会影响认知主体对假设的信念。形式地讲，如果 $Pr(H/E) > Pr(H)$，那么根据贝叶斯确证理论知证据 E 确证/支持了假设 H，因此该认知主体应该将 H 的旧信念度 $Pr(H)$ 强化为 $Pr(H/E)$；如果 $Pr(H/E) < Pr(H)$，那么根据贝叶斯确证理论知证据 E 否证/削弱了假设 H，因此该认知主体应该将 H 的旧信念度 $Pr(H)$ 削弱为 $Pr(H/E)$；如果 $Pr(H/E) = Pr(H)$，那么根据贝叶斯确证理论知证据 E 与假设 H 不相关，因此认知主体不应该改变旧信念度 $Pr(H)$。为了更形象地阐明上述观点，我们来看下面这个例子。

例子 1.5 假设你是医生，你不知道某位核酸检测者 Ross 是否感染了新冠病毒。你打算采集一些样本去检测，但由于新冠疫情刚爆发，检测技术还不完美：如果 Ross 感染了新冠病毒 (记为 S)，那么有 70% 的概率实验室会得出阳性 (记为 Y) 的结果，30% 的概率会得出阴性 (记为 N) 的结果；如果 Ross 没有感染新冠病毒 (记为 $\neg S$)，那么 90% 的概率会得出阴性的结果，10% 的概率会得出阳性的结果。你用拭子从他喉咙中采集了五份样本到实验室去检测，检测结果分别是：阳性、阴性、阳性、阴性、阳性（记为 $YNYNY$）。那么这个检测结果 $YNYNY$ 是否确证了 Ross 感染了新冠病毒？

对于不懂贝叶斯确证理论的人而言，他们看到三个阳性两个阴性结果后往往会非常不确定自己是否感染了新冠病毒，因为再检测一个样本可能就是阴性，进而结果是三个阳性三个阴性，相当于没进行核酸检测。因此，他们会认为这个检测结果 $YNYNY$ 并没有确证 S 这个假设，进而不会改变自己对假设 S 的信念度。但是，对于懂贝叶斯确证理论的人来说，他们首先会计算假设 S 的初始概率 $Pr(S)$，然后计算检测结果为 $YNYNY$ 情况下假设 S 成立的概率 $Pr(S/YNYNY)$，最后比较两者大小来确定检测结果 $YNYNY$ 是否确证了假设 S。由于一开始对假设 S 是无知的，故我们不应偏向于相信假设 S 或它的否定，因此 $Pr(S) = Pr(\neg S) = 1/2$。由于这五个检测结果之间是条件独立的，即在患喉炎情况下各检测之间是相互独立的，故 $Pr(YNYNY/S) = 0.7 \times 0.3 \times 0.7 \times 0.3 \times 0.7 = 0.03087$。类似地，我们有 $Pr(YNYNY/\neg S) = 0.1 \times 0.9 \times 0.1 \times 0.9 \times 0.1 = 0.00081$。因此，根据贝叶斯定理可得 $Pr(S/YNYNY) = 0.974 > Pr(S) = 1/2$。再根据贝叶斯确证理论可知，这个检测结果 $YNYNY$ 显然确证/支持了假设 S，因此我们应该将假设 S 的旧信念度 $Pr(S)$（$= 1/2$）提高至 $Pr(S/YNYNY)$（=0.974）。从这个例子可以看出，我们不能仅仅借助检测结果中的阳性率来判断一个人是否患病，更应该依靠检测结果的统计价值来判断，这也正是贝叶斯确证理论的重要意义所在。

1.2.5 贝叶斯规则与杰弗雷规则

从上面贝叶斯确证理论可知，不管是确证还是否证都会影响认知主体的信念状态，即导致信念度的更新或修正过程。因此，这一节将进一步介绍贝叶斯信念修正理论或者说贝叶斯学习理论。贝叶斯信念修正理论是认知主体从经验证据中学习或溯因推理的一种概率模型（[23, 50]）。它的主要思想如下：令 $(H_1, \cdots, H_k, \cdots)$ 为为认知主体所关注的、互斥且穷尽可能的竞争假设的一个划分（partition），并且令 E 是一个具有确定性的经验证据。贝叶斯定理（ [10]）启发了我们以下这个贝叶斯规则（用“[BR]”

表示)：

$$\textbf{贝叶斯规则}\quad Pr_n(H_k) = Pr_o(H_k/E) = \frac{Pr_o(H_k)\cdot Pr_o(E/H_k)}{\sum\limits_i [Pr_o(H_i)\cdot Pr_o(E/H_i)]}。$$

值得注意的是，紧接符号“Pr”的下标“n”（“o”）表示那个概率是新（旧）信念度或置信度。这里 H_k 指的是认知主体所关注的假设。概率 $Pr_o(H_k)$ 指的是认知主体对于假设 H_k 的旧信念度或者说验前概率（prior probability），表征的是认知主体在没有经验证据之前对假设 H_k 的旧信念度。条件概率 $Pr_o(E/H_k)$ 被称为证据 E 相对于假设 H_k 的似然度(likelihood)，表征的是假设 H_k 为真的情况下证据 E 发生的可能性程度或者说假设 H_k 预示(predict)证据 E 的程度。分母 $\sum\limits_i [Pr_o(H_i)\cdot Pr_o(E/H_i)]$ 计算的是 E 的全概率，表征了认知主体对证据 E 的旧信念度。条件概率 $Pr_o(H_k/E)$ 常被称为验后概率（posterior probability），表征的是在经验证据 E 成立的情况下认知主体对假设 H_k 的信念度。

需要注意的是，贝叶斯定理与贝叶斯规则是相互区分的。贝叶斯定理是由条件概率公理推导出的先验规律，它描述的是等式两边概率的逻辑关系，可以说它是一个共时的（synchronic）规律。但是贝叶斯规则刻画的是两个时间点的信念状态之间的改变规则，因此它不是先验的规律而只是具有规范性的规则，可以说它是一个历时的（diachronic）规则。因此，在上述贝叶斯规则 [BR] 中，第二个等号“=”两边构成的是贝叶斯定理，而第一个等号“=”两边构成的是贝叶斯规则。

基于贝叶斯规则，认知主体可以根据新证据 E 来计算假设 H_k 的验后概率，即 $Pr_o(H_k/E)$。这个验后概率 $Pr_o(H_k/E)$ 作为条件概率，它的意思是说：在经验证据 E 成立的情况下 H_k 成立的可能性的程度，或者说认知主体对假设 H_k 的信念度。既然 E 是一个具有确定性的证据，那么 H_k 的新信念度应该与 H_k 的验后概率相同，即 $Pr_n(H_k) = Pr_o(H_k/E)$。由此可见，这是一种根据经验证据 E 来评价假设 H_k 的学习过程。更一般地说，在贝叶斯主义观点（[20, 68, 106]）下，认知主体一开始对理论假设有一个旧的信念度，随着越来越多的证据的出现，认知主体反复应用贝叶斯规则来修正该理论假设的信念度，进而不断趋近客观概率，从而不断从经验证据中学习新知识。这就是贝叶斯主义认识论或信念修正理论（[20, 68, 106]）。为了阐述这种贝叶斯信念修正理论，我们来看下面这个例子。

例子 1.6 假设某选修课上只有 10 位同学，老师找学生来回答问题。第 1 次点名回答问题后，你提出了两个假设：老师要么是“无放回抽样地点名回答问题”（记为 $\neg R$），要么是“有放回抽样地点名回答问题”（记为 R）。此时，你不知道哪个假设更可信。后面你通过观察发现，老师连续三次“所点名之人是此前没有被点过名的同学”（记为 N）。那么在观察第 2、3、4 次点名回答问题后，你对假设 $\neg R$ 和 R 的信念度分别是多少？

由于在提出假设 $\neg R$ 和 R 时你对它们是无知的，因此你无法判断哪个假设更可信，故它们的初始信念度应该是相等的，即

(1) $Pr_o(\neg R) = 1/2$，$Pr_o(R) = 1/2$。

由于在 $\neg R$ 成立的情况下，老师是无放回抽样地点名回答问题，故第 2 次所点名之人是此前没有被点过名的同学的概率是 1，即 $Pr(N_2/\neg R) = 1$。由于在 R 成立的情况下，老师是有放回抽样地点名回答问题，故第 2 次点名时仍然有 10 位同学供选择，但只有 9 位同学是未点过名的，故第 2 次所点名之人是此前没有被点过名的同学的概率是 9/10，即 $Pr(N_2/R) = 9/10$。因此，根据贝叶斯规则，我们有

(2) $Pr_n(\neg R) = Pr_o(\neg R/N_2) = 10/19$，
$Pr_n(R) = Pr_o(R/N_2) = 9/19$。

由于在 $\neg R$ 成立的情况下，老师是无放回抽样地点名回答问题，故第 3 次所点名之人是此前没有被点过名的同学的概率是 1，即 $Pr(N_3/\neg R) = 1$。由于在 R 成立的情况下，老师是有放回抽样地点名回答问题，故第 3 次点名时仍然有 10 位同学供选择，但只有 8 位同学是未点过名的，故第 3 次所点名之人是此前没有被点过名的同学的概率是 8/10，即 $Pr(N_3/R) = 8/10$。因此，根据贝叶斯规则，我们有

(3) $Pr_n(\neg R) = Pr_o(\neg R/N_3) = 25/43$，
$Pr_n(R) = Pr_o(R/N_3) = 18/43$。

由于在 $\neg R$ 成立的情况下，老师是无放回抽样地点名回答问题，故第 4 次所点名之人是此前没有被点过名的同学的概率是 1，即 $Pr(N_4/\neg R) = 1$。由于在 R 成立的情况下，老师是有放回抽样地点名回答问题，故第 4 次点名时仍然有 10 位同学供选择，但只有 7 位同学是未点过名的，故第 4 次所点名之人是此前没有被点过名的同学的概率是 7/10，即 $Pr(N_4/R) = 7/10$。因此，根据贝叶斯规则，我们有

(4) $Pr_n(\neg R) = Pr_o(\neg R/N_4) = 125/188$，
$Pr_n(R) = Pr_o(R/N_4) = 63/188$。

显然，上述认知过程是一种从经验证据中学习的基本过程，它们广泛

出现于科学研究、日常生活和工作之中，时常影响认知主体的信念状态。尤其在科学研究中，随着科学实验的不断重复和改进，证据的积累会不断引导科学家改变/修正对理论假设的命题态度/信念度，从而影响科学家对理论的接受或拒绝，最后导致科学理论的成功、失败或科学革命。

尽管贝叶斯规则的主要思想直观成立，贝叶斯规则并不具有足够的普遍性或通用性，它没有刻画那些由非确定（*uncertain*）信息或经验引发的信念修正过程。由于验后概率 $Pr_o(H_k/E)$ 表征的是在给定证据 E 成立的情况下 H_k 成立的概率或可能性的程度，只有当认知主体把 E 看成是确定为真的知识或证据时，他才将 $Pr_o(H_k/E)$ 视为 H_k 的新信念度。因此，如果认知主体并不把 E 看成是确定的证据，那么 H_k 的新信念度，即 $Pr_n(H_k)$，就可能不是 $Pr_o(H_k/E)$。这意味着贝叶斯规则暗含这样一个预设，即新接收到的信息是一个具有确定性的证据。所以贝叶斯规则只适用于认知主体坚信新信息为真的情况。然而，在日常生活中，我们经常受不确定其真实性的新信息甚至谣言的影响而改变我们的信念度。为了阐述上述思想，这里先来看下面这个例子。

例子 1.7　令 A 和 B 为两个黑盒子。A 包含 50% 红球和 50% 黄球，B 包含 30% 红球和 70% 黄球。现有一枚公平的（fair）硬币，它的正面和反面朝上的频率相同。老师 Albert 通过投掷硬币来挑选一个黑盒子（即，如果正面朝上，那么挑选 A；否则，挑选 B），而没有告诉学生 Ross 挑选了哪个黑盒子。然后 Albert 从选中的黑盒子中随机抽出一个球，并告诉 Ross 抽出的球是红色的。令 A (B) 分别表示黑盒子 A (B) 被选中，R_a (Y_a) 分别表示抽出的球是红色的（黄色的），其中下标"a"表示信息源是 Albert。

显然，验前概率 $Pr_o(A) = Pr_o(B) = 0.5$，似然度 $Pr_o(R_a/A) = 0.5$，并且 $Pr_o(R_a/B) = 0.3$。由于验后概率 $Pr_o(A/R_a)$ 表征的是给定 R_a 成立的情况下 A 成立的概率或可能性程度，只有当 Ross 把 R_a 看成具有确定性的证据时，他才会把 $Pr_o(A/R_a)$ 看成是 A 的新的信念度。现在假设 Ross 完全信任他的老师 Albert，进而把 R_a 看成是具有确定性的证据。那么 Ross 应该利用贝叶斯规则并且基于新证据 R_a 来改变他对 A 的信念度，即 $Pr_n(A) = Pr_o(A/R_a) = \dfrac{5}{8}$。

然而，Ross 可能并不确定 Albert 的陈述 R_a 是否为真，即 R_a 对于 Ross 而言不具有确定性。在这种情况下，Ross 不宜使用贝叶斯规则，进而 A 的新信念度，即 $Pr_n(A)$，可能就不是 $Pr_o(A/R_a)$。对此，Jeffrey 提出并有说服力地论证了一个扩展规则来涵盖这种情况，其主要思想如下：

(1) 如果认知主体认为新信息 I 是具有确定性的证据，那么他对 H_k 的新信念度，即 $Pr_n(H_k)$，应该等于 $Pr_o(H_k/I)$；

(2) 如果认知主体认为新信息 $\neg I$ 是具有确定性的证据，那么他对 H_k 的新信念度，即 $Pr_n(H_k)$，应该等于 $Pr_o(H_k/\neg I)$；

(3) 如果认知主体对于 I 和 $\neg I$ 都不确信或者说都没把握，那么 $Pr_n(H_k)$ 应该是 $Pr_o(H_k/I)$ 和 $Pr_o(H_k/\neg I)$ 的加权和，并且对新信息的主观概率，即 $Pr_e(I)$ 和 $Pr_e(\neg I)$，是直观且恰当的权重。这里紧接符号“Pr”的下标“e”表示那个概率是由新信息评价过程所赋值的。

然后，我们就有下面这个杰弗雷规则（记为“[JR]”，[68–71]）。

杰弗雷规则 $Pr_n(H_k) = Pr_e(I) \cdot Pr_o(H_k/I) + Pr_e(\neg I) \cdot Pr_o(H_k/\neg I)$
直观而言，新信息 I 的信念度 $Pr_e(I)$ 越高，$Pr_e(\neg I)$ 就越低，$Pr_n(H_k)$ 就越接近 $Pr_o(H_k/I)$；反之则越接近 $Pr_o(H_k/\neg I)$。根据上述情况 (1) 和 (2)，我们知道贝叶斯规则是杰弗雷规则的一种特殊情况。换句话说，杰弗雷规则比贝叶斯规则更具有通用性。我们可以将这种认知主体信念度的改变称为贝叶斯修正（Bayesian revision）。

1.3 问题意识与研究纲要

上面介绍了 AGM 信念修正理论和贝叶斯信念修正理论这两种研究范式，它们都得到了较为成熟的逻辑刻画。不过，多数研究者简单地认为：信念修正过程中只有一个修正阶段，并且这个阶段可以通过他们的方案得到很好刻画，例如，优先的（prioritized）AGM 信念修正理论（[6,19,27,32,39,42,58]）、贝叶斯规则和杰弗雷规则（[50]，第 15 章；[21]，第 354 页）。他们忽略了一个重要的认识论问题，即触发信念修正的新信息是如何获得命题态度或信念度的？比如，在 AGM 膨胀和修正算子中，新信念（即新信息）是给定的，并没有阐明认知主体是如何获得这些新信念的？再如，在杰弗雷规则中，认知主体对新信息的信念度 $Pr_e(I)$ 和 $Pr_e(\neg I)$ 也是给定的，并没有说明认知主体是如何获得这些新信念度的？这个认识论问题必然涉及认知主体对新信息的评价过程。认知主体是如何评价新信息的呢？认知主体常常利用一些评价依据来评价新信息，那么什么样的信念才能作为评价依据呢？认知主体又是如何根据这些评价依据来赋予新信息命题态度或信念度的呢？得到评价结果之后，认知主体又是如何根据这些评价结果来修正自己的信念状态呢？当认知主体的信念状态出现不一致性或不融贯性时，认知主体又是如何巩固信念状态以恢复一致性或融贯性的呢？上述评价依据是否也在这种评价后的修正过程中起到关键的认知作用呢？这些重要问题都没有得到系统且深入的解答。

笔者认为，认知主体在评价和修正过程中起到关键认知作用的评价依据是认知主体的核心信念（core beliefs），核心信念在新信息评价和信念修正过程中起着至关重要的决策作用：在决策-修正模式的信念修正中，认知主体首先根据自己的核心信念对新信息进行评价，以赋予新信息初始的命题态度或信念度，然后再根据核心信念和评价结果来修正信念状态；在膨胀-巩固模式的信念修正中，认知主体也是通过核心信念来排除不可信信息进而恢复一致性的。因此，本书的主要目的在于：采用 AGM 信念修正理论和贝叶斯信念修正理论这两种研究范式来研究核心信念对信念修正的这种决策功能，进而提供一种更一般、更通用的信念修正理论框架。本书的章节安排如下所示。

(1) 第二章采用 AGM 信念修正理论研究范式来刻画认知主体基于核心信念对新信息的评价过程。本章先引入核心信念集概念，接着提出理性评价算子的公理性刻画，然后构造出两种基于不一致核心集和一致保留集的核心评价算子和部分交评价算子，最后分别证明它们与公理性刻画之间的表达定理。此外，本章还比较理性评价算子与收缩算子、集合收缩和优先复合修正算子之间的关系。

(2) 第三章采用 AGM 信念修正理论研究范式来刻画基于核心信念和评价结果的评价复合修正过程。本章先提出评价复合修正算子的公理性刻画，然后构造出两种基于评价核心集和评价保留集的核心评价复合修正算子和部分交评价复合修正算子，最后分别证明它们与公理性刻画之间的表达定理。此外，本章比较评价复合修正算子与置换算子、核心包收缩和优先复合修正之间的关系。

(3) 第四章采用 AGM 信念修正理论研究范式来刻画基于核心信念的膨胀-巩固模式的代谢修正过程。本章先提出代谢修正算子的公理性刻画，然后构造出四种基于核心集、保留集、不一致核心集和一致保留集的代谢修正算子，最后分别证明它们与公理性刻画之间的表达定理。此外，本章比较代谢修正算子与理性评价、评价复合修正、半修正算子和原则受限聚合之间的关系。

(4) 第五章将决策-修正模式信念修正理论的直观思想应用于贝叶斯信念修正理论，论证贝叶斯信念修正过程并非仅仅包含一个由贝叶斯规则或杰弗雷规则所刻画的修正阶段，而是包含一阶信息评价、一阶信念修正、二阶信息评价和二阶信念修正这四个相继发生的认知阶段，并分别提出加权一阶评价规则、加权一阶修正规则、加权二阶评价规则和加权二阶修正规则对这四个阶段分别进行刻画，最后将这四个信念修正规则合为一体，提出一个更通用且综合的贝叶斯信念修正理论框架。

(5) 第六章探讨一个由笔者发现的哲学悖论，即贝叶斯确证悖论。在贝叶斯确证理论中，一个普遍接受的观点是：证据 E 对假设 H 的确证度仅仅是证据 E 和假设 H 之间的概率的函数。这个观点看起来是非常直观的。然而，在某些情况下，使用贝叶斯确证理论得到的计算结果却与我们直观上的确证概念相违背。笔者首先揭示一种可以构造很多甚至无穷多的、贝叶斯式确证的直观反例的一般模式。接着，笔者对这个贝叶斯确证悖论的所有必要前提进行逐一分析和评价。然后，笔者论证该悖论的根源在于贝叶斯主义者普遍接受了一个似是而非的观点，即验后要求（验后要求）：如果验后概率 $Pr(H/E_1) \geqslant Pr(H/E_2)$，那么假设 H 从证据 E_1 获得的证据性支持至少和从证据 E_2 获得的证据性支持一样多。这个观点看起来是非常直观的。但是证据 E 对假设 H 的确证度不仅仅决定于概率，它还会受到一些非概率性因素的影响，比如证据与假设之间的结构相似性、证据量和边际效用等。最后，笔者基于这种分析论证对确证度的概率因素和非概率性因素进行统一刻画，提出贝叶斯确证悖论的一种解悖方案，即日常确证理论（ordinary confirmation theory）。

(6) 第七章对悖论研究与信念修正理论进行比较研究，揭示出悖论的形成、发现和消解实际上是理论体系或信念系统（如集合论和真理论）的“膨胀-巩固模式”的信念修正现象，并论证这两个领域在众多概念和议题上可以相互借鉴，在此基础上提出信念修正视域下的解悖方法论。

第二章　理性评价

在日常生活中，人们在获得新信息时往往会对新信息进行评价（evaluation），以判断哪些新信息是可信的，哪些新信息是不可信的；然后才根据评价结果对自己的信念状态进行修正。这意味着信念修正过程往往有新信息评价和信念状态修正这两个阶段：其中评价阶段根据一些评价依据从新信息中区分出可信新信息和不可信新信息；然后基于这种二元评价结果来修正信念状态，将可信的新信息一致地添加进信念库，同时放弃不可信的新信息。本章将采用 AGM 信念修正理论范式来研究认知主体对新信息的理性评价过程，下一章再用 AGM 信念修正理论范式来研究认知主体是如何根据这种二元评价结果对信念状态进行修正的。

2.1　评价与核心信念

认知主体对新信息的评价活动是非常普遍的，每个人每天都需要评价大量新信息。大多数感知信念是根据我们对感官可靠性的信念对感知信息进行评价而得到的结果。如果没有评价活动，那么我们几乎无法对新信息有任何新的命题态度，也就无法触发修正阶段。下面是几个常见的信息评价的例子。

例子 2.1　(1) 儿童节那天，周先生听到女儿说，她和妈妈逛街时看到了一只恐龙。周先生当然不会完全相信自己的女儿，因为他知道恐龙早就灭绝了。但他仍然相信他的女儿和她的母亲一起去逛街购物了。

(2) 克里斯汀是基督徒，也是大学生。她从生物课上获得了很多信息，包括进化论。由于她对基督教的信仰非常强烈，她认为进化论肯定是错误的，并予以否认。但她还是接受关于动植物的其他信息作为知识。

(3) 在法庭上，一法官接收到来源于原告和被告双方的各种信息，这些信息可能相互冲突，也可能与现有可靠证据相矛盾，而法官必须根据现有可靠证据对这些信息进行甄别评价，以确定被告罪名是否成立。

这些例子表明：在接收到新信息时，认知主体往往先根据一些评价依据对新信息进行评价，从而将新信息区分为可信和不可信两部分新信息，然后在接受可信新信息的同时拒斥不可信的新信息。因此，评价活动主要涉及三个关键因素：信念状态、新信息和选择机制。其中信念状态中包含认知主体评价新信息时所依赖的评价依据或者说评价标准，比如例子 2.1(1) 中周先生关于恐龙已灭亡的知识，(2) 克里斯汀的基督教信仰和法官的可靠证据。当然，信念状态中往往还包含不能作为评价依据的普通信念。这里所说的选择机制则是根据评价依据从新信息中挑选出可信新信息的选择机制，它类似于传统信念修正理论中信念修正算子、剪切函数或选择函数。这种选择机制也正是本章研究的重点内容，即理性评价。那么在评价活动中起着关键作用的那些评价依据或评价标准是什么呢，它们有什么特点呢？直观而言，评价依据必须是认知主体相信的信念。但认知主体的信念数量往往很庞大，哪些信念可以作为评价标准呢？笔者认为，认知主体对新信息的评价是一种试图为新信息寻找辩护（justification）的行为。如果认知主体能够为一个新信息找到合理的辩护，那么认知主体就会认为该信息是可信的；否则就是不可信的。而寻找辩护的过程所依赖的东西即评价依据必须自身已然具有足够的辩护，否则无法为新信息提供合理的辩护。因此，作为已辩护真信念（justified true belief）的知识是评价依据的首选，就像在例子 2.1(1) 中周先生关于恐龙灭绝的知识。不过，一般而言，由于认知主体的有限理性，辩护和真这两个方面的追求往往不会达到理想的程度。此外，由于认知主体利用评价依据只是为了获得信念、发现不可信信息，而不是获得知识，作为评价依据的信念没有必要是客观地得到辩护的并且确实是真的信念。因此，这些评价依据只要是对认知主体而言已得到辩护并且对他们而言是真的就足够了，就像例子 (2) 中克里斯汀对基督教的信仰那样。这种信念被称为认知主体的核心信念（core beliefs）。将核心信念与非核心信念区分开的想法可以追溯到拉卡托斯（Lakatos）的科学研究纲领理论 ([12, 80])，他在该理论中区分了科学理论中的理论硬核和辅助假设。在出现一些反常事实时，科学家常常会拒绝修正理论硬核，并且有意识地通过修正辅助假说或保护带保护理论硬核，以此消解理论危机。麦金森（Makinson，[91]）也将核心信念与非核心信念区分开来。他将核心信念视为神圣不可侵犯的，它们不受任何新信息影响而被修正。在这种核心信念的影响下，那些与核心信念集不一致的新信息会被认知主体评价为不可信新信息，不被认知主体所接受。因此，核心信念起到评价新信息的作用，将新信息分为可信的和不可信的两部分。在评价之后，认知主体再根据这种二元评价结果来修正他的信念状态。整个信念修正过程如图 2-1 所示，其中在虚线方框内的是我们将在本章中研究的内容，基于二元评价结果的修正模块是下一章的研究主题。

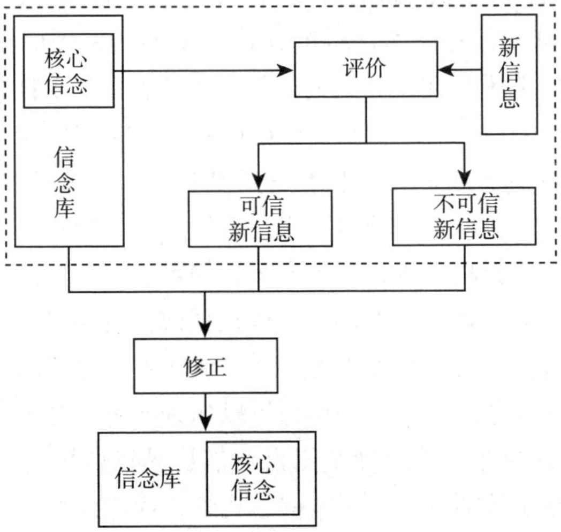

图 2-1　信念修正过程

本章将采用 AGM 信念修正理论的研究范式来刻画这种理性的信息评价过程。第 2.2 节将对评价算子进行公理性刻画，并证明一些公理化假定之间的相互关系。第 2.3 节和第 2.4 节分别基于不一致核心集和一致保留集概念构造核心评价算子和部分交评价算子，并分别证明它们与一些公理化假定之间的表达定理。第 2.5 节将对评价算子与一些相关工作进行比较研究。

2.2　理性评价的公理

从上述案例分析可知，评价过程包括三个构成要素：新信息、核心信念和评价算子。由于评价过程要将新信息区分为可信新信息和不可信新信息两部分，为了方便这里用命题集合来表征新信息，记为 D。核心信念则用一个一致的命题集来表征，记为 A。值得注意的是，作为评价依据的核心信念的集合必须是一致的；否则，根据命题逻辑，所有的新信息都是这些评价依据的逻辑后承，也就是说所有的新信息都将获得这些评价依据的辩护，这将导致认知主体认为所有的新信息都是可信的，这将是极其不理性的评价。因此，作为评价依据的核心信念集应当是一致的。评价算子用 $\triangleleft$ 表示，它将新信息的集合 D 和核心信念集 A 映射到可信新信息的集合

$D \triangleleft A$（简称信集），进而 $D \backslash D \triangleleft A$ 是不可信新信息的集合（简称弃集）。

那么怎样的评价才是理性的评价呢？我们应当像传统信念修正理论那样给出理性评价的原则。笔者认为，与传统信念修正理论的最大效用原则类似，对新信息的评价应当遵循最大效用原则或者说最少放弃原则；也就是说，信息是宝贵的，理性的认知主体在认知的时候应当尽量多地获得有用的信息，从而新信息在评价过程中被放弃得越少越好。此外，任何被放弃的新信息都必须有被放弃的充足理由，而最一般的理由就是避免矛盾冲突，这就是一致性原则。换句话说，评价的结果即可信新信息的集合应当与核心信念集相一致，而被放弃的不可信新信息则参与了新信息和核心信念集之间的矛盾。这两个原则是形式刻画理性评价的主要指导原则。

下面根据 AGM 信念修正理论的研究范式只把评价算子当作黑盒子来刻画它的逻辑性质，进而提出下面这些假定作为评价算子的公理性刻画。

E-Inclusion: $D \triangleleft A \subseteq D$

E-Compatibility: $A \cup D \triangleleft A \nvdash \perp$

E-Agreement: 如果 $A \vdash \varphi$ 且 $\varphi \in D$，那么 $\varphi \in D \triangleleft A$。

E-Exclusion: 如果 $A \vdash \neg\varphi$，那么 $D \triangleleft A \nvdash \varphi$。

E-Closure: $Cn(A \cup D \triangleleft A) \cap D \subseteq D \triangleleft A$

E-Vacuity: 如果 $A \cup D \nvdash \perp$，那么 $D \triangleleft A = D$。

E-Extensionality: 如果 $A \vdash \varphi \leftrightarrow \psi$ 且 $\{\varphi, \psi\} \subseteq D$，那么 $\varphi \in D \triangleleft A \Longleftrightarrow \psi \in D \triangleleft A$。

E-BiIrrelevance: 给定 $A_1 \nvdash \perp$ 并且 $A_2 \nvdash \perp$，如果

$$\forall \varphi \in D_1 \backslash (D_1 \cap D_2)(\{\varphi\} \cup A_1 \vdash \perp),$$

$$\forall \varphi \in D_2 \backslash (D_1 \cap D_2)(\{\varphi\} \cup A_2 \vdash \perp), \text{ 而且}$$

$$\forall X \subseteq D_1 \cap D_2 (X \cup A_1 \nvdash \perp \Longleftrightarrow X \cup A_2 \nvdash \perp),$$

那么 $D_1 \triangleleft A_1 = D_2 \triangleleft A_2$。

E-BiUniformity: 给定 $A_1 \nvdash \perp$ 并且 $A_2 \nvdash \perp$，如果 D_1 和 D_2 是两个分别与 A_1 和 A_2 具有相同极小不一致子集的集合，那么 $D_1 \backslash D_1 \triangleleft A_1 = D_2 \backslash D_2 \triangleleft A_2$。

E-Maximality: 如果 $D \triangleleft A \subseteq C \subseteq D$ 且 $A \cup C \nvdash \perp$，那么 $C \subseteq D \triangleleft A$。

E-Retainment: 如果 $\varphi \in D \backslash D \triangleleft A$，那么存在 $C \subseteq D$ 使得 $C \cup A \nvdash \perp$，但 $C \cup A \cup \{\varphi\} \vdash \perp$。

E-Relevance: 如果 $\varphi \in D\backslash D \triangleleft A$，那么存在 $C \subseteq D$ 使得 $D \triangleleft A \subseteq C$ 且 $C \cup A \nvdash \perp$，但 $C \cup A \cup \{\varphi\} \vdash \perp$。

E-Inclusion 要求：评价结果，即那些可信的新信息，必须包含在新信息中，不能在评价过程中添加其他新信息。E-Compatibility 要求那些可信的新信息与评价依据即核心信念集 A 是一致的。E-Agreement 的直观意思是说：如果认知主体能够基于核心信念辩护某些新信息，那么这些新信息是可信的。与之相反，E-Exclusion 的直观意思是说：如果认知主体能够基于核心信念反驳某些信息，那么这些信息是不可信的。E-Closure 的直观意思是说：评价结果囊括了所有可信的新信息；也就是说，新信息 D 中所有 $A \cup D \triangleleft A$ 的逻辑后承都包含在信集 $D \triangleleft A$ 中。E-Vacuity 的意思是说：如果新信息与核心信念集相互一致，那么认知主体在没有充足反驳理由的情况下暂时地把所有新信息接纳为可信新信息。E-Extensionality 的意思是说：如果两个新信息对于核心信念而言是相互等价的，那么认知主体应当同等对待它们，即将它们看成同等可信或者同等不可信的新信息。

E-BiIrrelevance 则相对比较复杂。如果 $\forall\varphi \in D_1\backslash(D_1 \cap D_2)(\{\varphi\} \cup A_1 \vdash \perp)$，那么可信新信息 $D_1 \triangleleft A_1$ 因 A_1 之故而与 $D_1\backslash(D_1 \cap D_2)$ 无关。类似的，如果 $\forall\varphi \in D_2\backslash(D_1 \cap D_2)(\{\varphi\} \cup A_2 \vdash \perp)$，那么可信新信息 $D_2 \triangleleft A_2$ 也会因 A_2 的缘故而与 $D_2\backslash(D_1 \cap D_2)$ 无关。因此，根据 E-Inclusion，$D_1 \triangleleft A_1$ 和 $D_2 \triangleleft A_2$ 都应该是 $D_1 \cap D_2$ 的子集。因此，如果对于所有 $X \subseteq D_1 \cap D_2$，X 与 A_1 矛盾当且仅当 X 与 A_2 矛盾，也就是说二者矛盾之处相同，那么认知主体在这两个评价中放弃的新信息应当相同，也就是说评价结果 $D_1 \triangleleft A_1$ 和 $D_2 \triangleleft A_2$ 也应该相同。让我们通过下面这个例子来阐述这个稍难理解的假定。

例子 2.2 令 $A_1 = \{\varphi, \varphi \to \tau\}$，$A_2 = \{\varphi, \varphi \to \tau, \alpha\}$，$D_1 = \{\neg\varphi, \varphi \wedge \psi, \psi \to \neg\tau\}$，并且 $D_2 = \{\neg\alpha, \varphi \wedge \psi, \psi \to \neg\tau\}$。现在让认知主体分别根据 A_1 和 A_2 来评价 D_1 和 D_2。由于 $\neg\varphi$ 与 A_1 不一致，$\neg\varphi$ 对于基于 A_1 的评价而言是不可信的。由于 $D_1\backslash(D_1 \cap D_2) = \{\neg\varphi\}$，故 D_1 中的可信信息 $D_1 \triangleleft A_1$ 是 $D_1 \cap D_2$ 的子集。类似地，D_2 中的可信新信息 $D_2 \triangleleft A_2$ 也是 $D_1 \cap D_2$ 的子集。因此，如果 $D_1 \cap D_2$ 中与 A_1 和 A_2 相矛盾的子集或地方相同，那么认知主体在这两个评价中放弃的不可信新信息应当相同，即保留的可信新信息应当相同。容易证明，条件“$\forall X \subseteq D_1 \cap D_2(X \cup A_1 \nvdash \perp \iff X \cup A_2 \nvdash \perp)$”是成立的，并且 $\{\varphi \wedge \psi, \psi \to \neg\tau\}$ 是 $D_1 \cap D_2$ 中唯一与 A_1 和 A_2 不一致的子集。因此，在这两个评价中，认知主体应同等地对待 $\{\varphi \wedge \psi, \psi \to \neg\tau\}$，即删除和保留

相同的命题。这意味着：对于每个命题 $\beta \in \{\varphi \wedge \psi, \psi \to \neg\tau\}$，$\beta$ 对于一个评价来说是可信的当且仅当它对另一个评价也是可信的。因此，这两个评价过程所保留的可信新信息应该相同，即 $D_1 \triangleleft A_1 = D_2 \triangleleft A_2$。

E-BiUniformity 说的是，不可信的新信息“隐藏”在那些与核心信念集 A 不一致的极小 D-子集中。因此，如果两个集合 D_1 和 D_2 分别与 A_1 和 A_2 具有相同的不一致极小子集，那么认知主体应该同等地对待这些极小子集，也就是说在它们内部“隐藏”的不可信新信息是相同的，即 $D_1 \backslash D_1 \triangleleft A_1 = D_2 \backslash D_2 \triangleleft A_2$。E-Maximality 的意思是说：可信新信息 $D \triangleleft A$ 是与 A 一致的极大 D-子集。E-Retainment 的直观意思是说：如果一个命题 φ 被评价为不可信，即 $\varphi \in D \backslash D \triangleleft A$，那么它一定是有害的；换句话说，它参与了新信息与核心信念集之间的矛盾。这个假定修改自 [111] 中的 Core-Retainment 。最后，E-Relevance 是 E-Retainment 的强化版本，它有一个额外的条件 $D \triangleleft A \subseteq C$，其直观意义在于：在从 D 收缩至 $D \triangleleft A$ 的过程中，如果认知主体放弃了 φ，那么应当存在一个 D 子集使得在放弃 φ 前后从与 A 矛盾过渡到与 A 一致。它修改自 [111] 中的 Relevance。

值得注意的是，上述假定并不都是独立的，命题 2.1 证明了它们之间的相互关系。

命题 2.1 (1) E-Retainment $\Longrightarrow$ E-Agreement。

(2) E-Compatibility $\Longrightarrow$ E-Exclusion。

(3) E-Inclusion + E-Compatibility + E-Maximality $\Longrightarrow$ E-Relevance。

(4) E-Closure $\Longrightarrow$ E-Extensionality。

(5) E-Inclusion + E-Retainment $\Longrightarrow$ E-Vacuity。

(6) E-Relevance $\Longrightarrow$ E-Closure。

证明 (1) 令 E-Retainment 成立，需证 E-Agreement。令 $A \vdash \varphi$ 并且 $\varphi \in D$。用反证法。假设 $\varphi \notin D \triangleleft A$。根据 E-Retainment，我们知道存在 $C \subseteq D$ 使得 $C \cup A \nvdash \bot$ 并且 $C \cup A \cup \{\varphi\} \vdash \bot$。因此，$A \nvdash \varphi$。矛盾。

(2) 利用反证法，很容易验证，忽略。

(3) 令 E-Inclusion、E-Compatibility 和 E-Maximality 成立，需证 E-Relevance。令 $\varphi \in D \backslash D \triangleleft A$ 并且 $C = D \triangleleft A$。显然，$C \cup \{\varphi\} \nsubseteq D \triangleleft A$。根据 E-Inclusion，我们有 $C = D \triangleleft A \subseteq D$。因此，$D \triangleleft A \subseteq C \cup \{\varphi\} \subseteq D$。根据 $C \cup \{\varphi\} \nsubseteq D \triangleleft A$ 和 E-Maximality，我们有 $A \cup C \cup \{\varphi\} \vdash \bot$。由于 E-Compatibility 成立，$A \cup C = A \cup D \triangleleft A \nvdash \bot$。因此，存在 $C \subseteq D$ 使得 $D \triangleleft A \subseteq C$ 且 $C \cup A \nvdash \bot$，但 $C \cup A \cup \{\varphi\} \vdash \bot$。因此，E-Relevance 成立。

(4) 令 E-Closure 成立，需证 E-Extensionality。令 $A \vdash \varphi \leftrightarrow \psi$ 并且

$\{\varphi,\psi\}\subseteq D$。不失一般性，我们只需证明左到右方向：$\varphi\in D\triangleleft A\Longrightarrow\psi\in D\triangleleft A$。令左边成立，即 $\varphi\in D\triangleleft A$。根据 $\varphi\in D\triangleleft A$ 和 $A\vdash\varphi\leftrightarrow\psi$，我们有 $\psi\in Cn(A\cup D\triangleleft A)$。由于 $\psi\in D$ 并且 E-Closure 成立，$\psi\in D\triangleleft A$，即右边成立。

(5) 令 E-Inclusion 和 E-Retainment 成立，需证 E-Vacuity。令 $A\cup D\nvdash\bot$。用反证法。假设 $D\triangleleft A\neq D$。由于 E-Inclusion 成立，$D\triangleleft A\subseteq D$。因此，$D\nsubseteq D\triangleleft A$。因此，存在 $\tau\in D\backslash D\triangleleft A$。根据 E-Retainment 可知：存在 $C\subseteq D$ 使得 $C\cup A\nvdash\bot$ 并且 $C\cup A\cup\{\tau\}\vdash\bot$。由于 $\tau\in D\backslash D\triangleleft A$ 并且 $C\subseteq D$，$C\cup A\cup\{\tau\}\subseteq A\cup D$。因此，$A\cup D\vdash\bot$。矛盾。

(6) 令 E-Relevance 成立，需证 E-Closure。用反证法。假设 $Cn(A\cup D\triangleleft A)\cap D\nsubseteq D\triangleleft A$。那么存在 $\tau\in D\backslash D\triangleleft A$ 使得 $A\cup D\triangleleft A\vdash\tau$。根据 $\tau\in D\backslash D\triangleleft A$ 和 E-Relevance 可知：存在 $C\subseteq D$ 使得 $D\triangleleft A\subseteq C$，$C\cup A\nvdash\bot$，并且 $C\cup A\cup\{\tau\}\vdash\bot$。由于 $D\triangleleft A\subseteq C$，$C\cup A\nvdash\bot$，并且 $C\cup A\cup\{\tau\}\vdash\bot$，我们有 $A\cup C\nvdash\tau$，故 $A\cup D\triangleleft A\nvdash\tau$。矛盾。 □

2.3 核心评价

虽然评价算子跟收缩算子一样也是对一个命题集合的收缩，但与句子收缩不同，评价算子并没有确定或指定需要放弃的信息。因此，我们不能采用核心集（kernel set，定义 1.2）概念来构造核心评价（kernel evaluation）算子。这里需要采用由 Falappa 等人在 [27] 中提出的不一致核心集（inconsistent kernel set）概念来构造，下面是它的形式定义：

定义 2.1 ([27]) 令 $A,D\subseteq\mathcal{L}$，并且 $A\nvdash\bot$。D 的 A-不一致核心集，记为 $D\triangle_{\bot}A$，是满足下列条件的 X 的集合：

(1) $X\subseteq D$；

(2) $X\cup A\vdash\bot$；

(3) 对每个 $Y\subset X$，都有 $Y\cup A\nvdash\bot$。

这里把满足条件 (1)(2) 的集合称为 D 的 A-不一致子集。根据条件 (3) 可知，满足这三个条件的集合是极小的 A-不一致子集。这里把它们称为 D 的 A-不一致核心（inconsistent kernels），它们构成了 D 的 A-不一致核心集 $D\triangle_{\bot}A$。从直观上说，由于每个 A-不一致核心都与评价依据或者说核心信念集 A 相矛盾，故每个 A-不一致核心中都包含了不可信的信息。通过下面两个例子，我们能更形象地理解这一点。

例子 2.3 (1) 令 φ,ψ,τ 为两两不相关的原子命题，$D=\{\varphi,\psi\}$，并

且 $A=\{\tau,\tau\rightarrow\neg\psi\}$。那么根据定义 2.1可知 $D\triangle_{\perp}A=\{\{\psi\}\}$。

(2) 令 φ,ψ,τ 为两两不相关的原子命题，$D=\{\varphi,\varphi\rightarrow\psi,\neg\psi,\tau,\neg\varphi\vee\tau\}$，并且 $A=\{\varphi,\neg\tau\}$。那么根据定义 2.1容易验证 $D\triangle_{\perp}A=\{\{\tau\},\{\neg\varphi\vee\tau\},\{\varphi\rightarrow\psi,\neg\psi\}\}$。

那么不一致核心集有哪些性质呢？下面这个引理表明不一致核心集有下界性（Lower Bound Property），后面表达定理的证明要用到这个性质。

引理 2.1 令 $D,A\subseteq\mathcal{L}$ 并且 $A\nvdash\perp$。如果 $Z\subseteq D$ 并且 $Z\cup A\vdash\perp$，那么存在 $Y\subseteq Z$ 使得 $Y\in D\triangle_{\perp}A$。

证明 令 $Z\subseteq D$ 并且 $Z\cup A\vdash\perp$。用反证法。假设 $(*)\ \forall Y\subseteq Z, Y\notin D\triangle_{\perp}A$。根据紧致性、$Z\cup A\vdash\perp$ 和 $A\nvdash\perp$，我们知道：存在一个有穷集 $X\subseteq Z$ 使得 $X\cup A\vdash\perp$ 并且 X 是非空的。根据 $(*)$，我们有 $X\notin D\triangle_{\perp}A$。根据 $X\subseteq D$、$X\cup A\vdash\perp$ 和定义 2.1可知：集合 X 至少有一个子集 X_0 使得 $|X_0|=|X|-1$ 并且 $X_0\cup A\vdash\perp$；否则，我们有 $X\in D\triangle_{\perp}A$，这导致矛盾。根据 $(*)$，我们有 $X_0\notin D\triangle_{\perp}A$。由于 $X_0\subseteq D$ 并且 $X_0\cup A\vdash\perp$，我们类似地有下面这个结论：如果 $|X_0|\geqslant 1$，那么集合 X_0 至少有一个子集 X_1 使得 $|X_1|=|X_0|-1$ 并且 $X_1\cup A\vdash\perp$。如此类推。在有穷步内，我们到达 $\emptyset$。由于 $\emptyset$ 是 X 的所有基数为 1 的子集的唯一真子集，$\emptyset\cup A\vdash\perp$。矛盾。因此，存在 $Y\subseteq Z$ 使得 $Y\in D\triangle_{\perp}A$。 □

这个下界性的直观意思是说：每个 A-不一致集合都能收缩至一个 A-不一致核心。除了下界性，不一致核心集还具有下面这些边界性质。

命题 2.2 令 $A,D\subseteq\mathcal{L}$，且 $A\nvdash\perp$。

(1) $D\triangle_{\perp}A=\emptyset$ 当且仅当 $D\cup A\nvdash\perp$。

(2) $\emptyset\notin D\triangle_{\perp}A$。

(3) 如果 $A=\emptyset$，那么 $D\triangle_{\perp}A=D\triangle\perp$。

(4) $D\triangle_{\perp}A=\{D\}$ 当且仅当 $D\in D\triangle_{\perp}A$ 当且仅当 $D\cup A\vdash\perp$ 且 $\forall X\subset D(X\cup A\nvdash\perp)$。

(5) 如果 $X\in D\triangle_{\perp}A$，那么 $X\cap Cn(A)=\emptyset$。

证明 (1) $\Longleftarrow$：令 $D\cup A\nvdash\perp$，那么 D 的所有子集与 A 都是一致的，因此 D 的所有子集都不满足定义 2.1(2)，故 $D\triangle_{\perp}A=\emptyset$。

$\Longrightarrow$：令 $D\triangle_{\perp}A=\emptyset$。用反证法。假设 $D\cup A\vdash\perp$。由 $D\subseteq D$、$D\cup A\vdash\perp$ 和下界性引理 2.1知：存在 Y 使得 $Y\subseteq D$ 且 $Y\in D\triangle_{\perp}A$。故 $D\triangle_{\perp}A\neq\emptyset$，产生矛盾。故假设错误，$D\cup A$ 是一致的。

(2) 由于 $A\nvdash\perp$，因此 $\emptyset\cup A\nvdash\perp$，故 $\emptyset$ 不满足定义 2.1(2)，故

$\emptyset \notin D\triangle_{\perp}A$。

(3) 根据定义 1.2和定义 2.1显然成立，证略。

(4) 根据定义 2.1显然成立，证略。

(5) 令 $X \in D\triangle_{\perp}A$。需证 $X \cap Cn(A) = \emptyset$。用反证法，假设 $X \cap Cn(A) \neq \emptyset$。故存在 $\tau \in X \cap Cn(A)$，故 $X\backslash\{\tau\} \subset X$。再由 $X \in D\triangle_{\perp}A$ 和定义 2.1(3) 可知 $X\backslash\{\tau\} \cup A \nvdash \perp$。然而，由 $\tau \in X \cap Cn(A)$ 可知 $Cn(X\backslash\{\tau\} \cup A) = Cn(X \cup A)$，又由 $X \in D\triangle_{\perp}A$ 得 $X \cup A \vdash \perp$，故 $X\backslash\{\tau\} \cup A \vdash \perp$。产生矛盾，故假设错误，$X \cap Cn(A) = \emptyset$。 □

既然新信息 D 的每个 A-不一致核心都与核心信念集 A 相矛盾，每个 A-不一致核心中都隐藏着不可信的新信息。故我们需要从每个 A-不一致核心中放弃不可信的新信息。此外，为了保证评价后保留下来的可信新信息与核心信念集 A 相一致，我们也必须破坏每一个 A-不一致核心。根据命题 2.2(2) 可知每个 A-不一致核心都是非空集。因此，认知主体可以从每个 A-不一致核心中剪切至少一个不可信新信息，以便那些保留下来的可信新信息与核心信念集 A 相一致。这就是核心评价算子的主要思想，如图 2-2 所示，其中 K_1, K_2, K_3 是三个为完成评价而被剪切的 A-不一致核心。

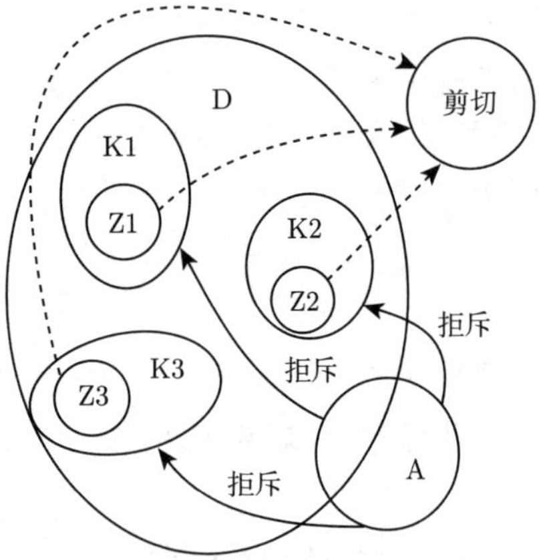

图 2-2　核心评价

更精确地说，我们有下面这个评价剪切函数。

定义 2.2　令 $A, D \subseteq \mathcal{L}$，且 A 是一致的。函数 $\sigma(D\triangle_{\perp}A)$ 是评价剪切函数当且仅当对每个 $D\triangle_{\perp}A$，下列条件都成立：

(1) $\sigma(D\triangle_{\perp}A) \subseteq \bigcup(D\triangle_{\perp}A)$；

(2) 如果 $X \in D\triangle_{\perp}A$，那么 $\sigma(D\triangle_{\perp}A) \cap X \neq \emptyset$；

(3) 如果 $\tau \in \sigma(D\triangle_{\perp}A)$，那么 $A \cup D\backslash\sigma(D\triangle_{\perp}A) \nvdash \tau$。

定义 2.2 的条件 (1) 意味着评价剪切函数仅从不一致核心中剪切元素。条件 (2) 要求必须剪切每个不一致核心，这样才能保证保留下来的可信新信息与核心信念集 A 相一致。条件 (3) 的直观意思是说，如果持有核心信念集 A 的认知主体将 τ 评价为不可信，那么 τ 就不能是核心信念集 A 和 D 中可信新信息的并集的逻辑后承。因为这个并集的逻辑后承仍然是理性认知主体所相信的。另一点值得注意的是，由命题 2.2(5) 知：所有的不一致核心都不包含核心信念集 A 的逻辑后承，因此由定义 2.2(1) 可知：评价剪切函数不会将 D 中 A 所赞同的新信息（即 A 的逻辑后承）剪切掉。由此也可以看出，评价剪切函数 σ 保护核心信念集 A 所赞同的那些新信息，而只剪切 $D\backslash Cn(A)$ 中的元素。此外，还要注意的是这三个条件的一致性问题，我们只需考虑 $\sigma(D\triangle_{\perp}A) = \cup(D\triangle_{\perp}A)$ 这个极端情况是否满足这三个条件即可。下面这个命题说明答案是肯定的。

命题 2.3 如果对于 $\mathcal{L}$ 的所有子集 D 和一致子集 A，都有 $\sigma(D\triangle_{\perp}A) = \bigcup(D\triangle_{\perp}A)$，那么 σ 是评价剪切函数。

证明 只需证明：任取 $\mathcal{L}$ 的子集 D 和一致子集 A，$\sigma(D\triangle_{\perp}A)$ 都满足定义 2.2的条件 (1)(2)(3)。

(1) 根据 σ 的定义，显然满足条件 (1)，即 $\sigma(D\triangle_{\perp}A) \subseteq \bigcup(D\triangle_{\perp}A)$。

(2) 令 $X \in D\triangle_{\perp}A$。由命题 2.2(2) 知 $\emptyset \notin D\triangle_{\perp}A$，故 $X \neq \emptyset$。再由 σ 的定义知 $X \subseteq \bigcup(D\triangle_{\perp}A) = \sigma(D\triangle_{\perp}A)$，故 $\sigma(D\triangle_{\perp}A) \cap X = X \neq \emptyset$。故条件 (2) 成立。

(3) 令 $\tau \in \sigma(D\triangle_{\perp}A)$。用反证法，假设 $A \cup D\backslash\sigma(D\triangle_{\perp}A) \vdash \tau$。由 $\tau \in \sigma(D\triangle_{\perp}A)$ 知存在 $X \in D\triangle_{\perp}A$ 使得 $\tau \in X$。由 $A \cup D\backslash\sigma(D\triangle_{\perp}A) \vdash \tau$ 得 $Cn(A \cup X) \subseteq Cn(A \cup D\backslash\sigma(D\triangle_{\perp}A) \cup X\backslash\{\tau\})$。又由 $X \in D\triangle_{\perp}A$ 得 $X \cup A \vdash \perp$。故 $A \cup D\backslash\sigma(D\triangle_{\perp}A) \cup X\backslash\{\tau\} \vdash \perp$，又显然有 $D\backslash\sigma(D\triangle_{\perp}A) \cup X\backslash\{\tau\} \subseteq D$。故由下界性引理 2.1知：存在 $Y \subseteq D\backslash\sigma(D\triangle_{\perp}A) \cup X\backslash\{\tau\}$ 使得 $Y \in D\triangle_{\perp}A$。由 σ 的定义知 $Y \subseteq \sigma(D\triangle_{\perp}A)$，故 $Y \cap (D\backslash\sigma(D\triangle_{\perp}A)) = \emptyset$。故由 $Y \subseteq D\backslash\sigma(D\triangle_{\perp}A) \cup X\backslash\{\tau\}$ 得 $Y \subseteq X\backslash\{\tau\}$，故 $\tau \notin Y$。再加上 $\tau \in X$ 易得 $Y \subset X$，再由 $X \in D\triangle_{\perp}A$ 和定义 2.1(3) 得 $Y \cup A \nvdash \perp$。这与 $Y \in D\triangle_{\perp}A$ 相矛盾，故假设错误，$A \cup D\backslash\sigma(D\triangle_{\perp}A) \nvdash \tau$ 成立。故条件 (3) 得到满足。 □

例子 2.4 (1) 令 φ, ψ, τ 为互不相关的原子命题，新信息 $D = \{\varphi, \psi\}$，核心信念集 $A = \{\tau, \tau \to \neg\psi\}$。那么不一致核心集 $D\triangle_{\perp}A = \{\{\psi\}\}$。根据定义 2.2易知：满足条件 (1)(2)(3) 的剪切方案只有一个即 $\sigma(D\triangle_{\perp}A) =$

$\{\psi\}$。

(2) 令 φ, ψ, τ 为互不相关的原子命题，新信息 $D = \{\varphi, \varphi \to \psi, \neg\psi, \tau, \neg\varphi \vee \tau\}$，核心信念为 $A = \{\varphi, \neg\tau\}$。那么不一致核心集 $D \triangle_\perp A = \{\{\tau\}, \{\neg\varphi \vee \tau\}, \{\varphi \to \psi, \neg\psi\}\}$。根据定义 2.2容易验证，满足条件 (1)(2)(3) 的剪切方案包含：$\sigma_1(D\triangle_\perp A) = \{\tau, \neg\varphi \vee \tau, \varphi \to \psi\}$，$\sigma_2(D\triangle_\perp A) = \{\tau, \neg\varphi \vee \tau, \neg\psi\}$，和 $\sigma_3(D\triangle_\perp A) = \{\tau, \neg\varphi \vee \tau, \varphi \to \psi, \neg\psi\}$。

(3) 令 $\varphi, \psi, \alpha, \tau$ 为互不相关的原子命题，新信息 $D = \{\neg\varphi, \neg\varphi \to \psi, \neg\alpha, \neg\alpha \to \psi, \alpha \to \neg\tau\}$，核心信念集 $A = \{\neg\psi, \tau\}$。根据定义 2.1易知：不一致核心集 $D\triangle_\perp A = \{\{\neg\varphi, \neg\varphi \to \psi\}, \{\neg\alpha, \neg\alpha \to \psi\}, \{\neg\alpha \to \psi, \alpha \to \neg\tau\}\}$。根据定义 2.2容易验证，满足条件 (1)(2) 的剪切方案包含下面八个：

$\sigma_1(D\triangle_\perp A) = \{\neg\varphi, \neg\alpha, \neg\alpha \to \psi\}$,

$\sigma_2(D\triangle_\perp A) = \{\neg\varphi, \neg\alpha, \alpha \to \neg\tau\}$,

$\sigma_3(D\triangle_\perp A) = \{\neg\varphi, \neg\alpha \to \psi\}$,

$\sigma_4(D\triangle_\perp A) = \{\neg\varphi, \neg\alpha \to \psi, \alpha \to \neg\tau\}$,

$\sigma_5(D\triangle_\perp A) = \{\neg\varphi \to \psi, \neg\alpha, \neg\alpha \to \psi\}$,

$\sigma_6(D\triangle_\perp A) = \{\neg\varphi \to \psi, \neg\alpha, \alpha \to \neg\tau\}$,

$\sigma_7(D\triangle_\perp A) = \{\neg\varphi \to \psi, \neg\alpha \to \psi\}$,

$\sigma_8(D\triangle_\perp A) = \{\neg\varphi \to \psi, \neg\alpha \to \psi, \alpha \to \neg\tau\}$。

由于 $\neg\alpha \in \sigma_1(D\triangle_\perp A)$ 且 $A \cup D\backslash\sigma_1(D\triangle_\perp A) \vdash \neg\alpha$，故 $\sigma_1(D\triangle_\perp A)$ 不满足条件 (3)；由于 $\alpha \to \neg\tau \in \sigma_4(D\triangle_\perp A)$ 且 $A \cup D\backslash\sigma_4(D\triangle_\perp A) \vdash \alpha \to \neg\tau$，故 $\sigma_4(D\triangle_\perp A)$ 不满足条件 (3)；由于 $\neg\alpha \in \sigma_5(D\triangle_\perp A)$ 且 $A \cup D\backslash\sigma_5(D\triangle_\perp A) \vdash \neg\alpha$，故 $\sigma_5(D\triangle_\perp A)$ 也不满足条件 (3)；由于 $\alpha \to \neg\tau \in \sigma_8(D\triangle_\perp A)$ 且 $A \cup D\backslash\sigma_8(D\triangle_\perp A) \vdash \alpha \to \neg\tau$，故 $\sigma_8(D\triangle_\perp A)$ 不满足条件 (3)。此外，容易验证，其余的剪切方案都满足条件 (3)。

有了评价剪切函数，我们可以来定义核心评价算子。

定义 2.3　令 σ 为评价剪切函数。

(1) 由 σ 构造的核心评价算子 $\triangleleft_\sigma$ 是这样定义的：对所有 $\mathcal{L}$ 的子集 D 和一致子集 A 都有 $D \triangleleft_\sigma A = D\backslash\sigma(D\triangle_\perp A)$。

(2) 一个算子 $\triangleleft$ 是核心评价算子当且仅当存在评价剪切函数 σ 使得：对所有 $\mathcal{L}$ 的子集 D 和一致子集 A 都有 $D \triangleleft A = D \triangleleft_\sigma A$。

例子 2.5　(1) 继续例子 2.4(1)。满足条件的评价剪切方案为 $\sigma(D\triangle_\perp A) = \{\psi\}$。根据定义 2.3易知，由 σ 构造的核心评价算子的评价结果为 $D \triangleleft_\sigma A = \{\varphi\}$；也就是说，认知主体经过评价认为：$\varphi$ 是可信的，但 ψ 是不可信的。

(2) 继续例子 2.4(2)。满足条件的评价剪切方案有 $\sigma_1(D\triangle_\perp A)=\{\tau,\neg\varphi\vee\tau,\varphi\to\psi\}$，$\sigma_2(D\triangle_\perp A)=\{\tau,\neg\varphi\vee\tau,\neg\psi\}$，和 $\sigma_3(D\triangle_\perp A)=\{\tau,\neg\varphi\vee\tau,\varphi\to\psi,\neg\psi\}$。根据定义 2.3易知，由它们构造的核心评价算子的评价结果分别为：$D\triangleleft_{\sigma_1}A=\{\varphi,\neg\psi\}$，$D\triangleleft_{\sigma_2}A=\{\varphi,\varphi\to\psi\}$，$D\triangleleft_{\sigma_3}A=\{\varphi\}$。

(3) 继续例子 2.4(3)。满足条件的评价剪切方案有 $\sigma_2(D\triangle_\perp A)$，$\sigma_3(D\triangle_\perp A)$，$\sigma_6(D\triangle_\perp A)$ 和 $\sigma_7(D\triangle_\perp A)$。根据定义 2.3知，由它们构造的核心评价算子的评价结果分别为：$D\triangleleft_{\sigma_2}A=\{\neg\varphi\to\psi,\neg\alpha\to\psi\}$，$D\triangleleft_{\sigma_3}A=\{\neg\varphi\to\psi,\neg\alpha,\alpha\to\neg\tau\}$，$D\triangleleft_{\sigma_6}A=\{\neg\varphi,\neg\alpha\to\psi\}$，$D\triangleleft_{\sigma_7}A=\{\neg\varphi,\neg\alpha,\alpha\to\neg\tau\}$。

下面我们证明核心评价算子的表达定理。

定理 2.1 一个算子 $\triangleleft$ 是核心评价算子当且仅当它满足：E-Inclusion，E-Compatibility，E-Closure，E-BiUniformity 和 E-Retainment。

证明 (I) $\Longrightarrow$：令 $\triangleleft$ 为核心评价算子。我们需要证明它满足下面这些假定。

E-Inclusion: 根据定义 2.3，显然可知 $D\triangleleft A=D\backslash\sigma(D\triangle_\perp A)\subseteq D$。

E-Compatibility: 用反证法。假设 $A\cup(D\triangleleft A)\vdash\perp$，即 $A\cup(D\backslash\sigma(D\triangle_\perp A))\vdash\perp$。根据 $D\backslash\sigma(D\triangle_\perp A)\subseteq D$ 和引理 2.1可知，存在 $Y\subseteq D\backslash\sigma(D\triangle_\perp A)$ 使得 $Y\in D\triangle_\perp A$。但根据定义 2.2(2)，我们有 $\sigma(D\triangle_\perp A)\cap Y\neq\emptyset$。因此 $Y\not\subseteq D\backslash\sigma(D\triangle_\perp A)$。矛盾。

E-Closure: 令 $\tau\in Cn(A\cup(D\triangleleft A))\cap D$，即 $\tau\in Cn(A\cup(D\backslash\sigma(D\triangle_\perp A)))\cap D$。故 $A\cup(D\backslash\sigma(D\triangle_\perp A))\vdash\tau$。根据定义 2.2(3)，我们有 $\tau\notin\sigma(D\triangle_\perp A)$。由于 $\tau\in D$，$\tau\in D\backslash\sigma(D\triangle_\perp A)=D\triangleleft A$。因此，$Cn(A\cup(D\triangleleft A))\cap D\subseteq D\triangleleft A$。

E-BiUniformity: 令 D_1 和 D_2 是分别与一致集合 A_1 和 A_2 具有相同极小不一致子集的两个集合，即 $D_1\triangle_\perp A_1=D_2\triangle_\perp A_2$。根据定义 2.2知 σ 是函数，故我们有 $\sigma(D_1\triangle_\perp A_1)=\sigma(D_2\triangle_\perp A_2)$。再根据定义 2.2和定义 2.3，我们有 $D_1\backslash D_1\triangleleft A_1=D_1\backslash(D_1\backslash\sigma(D_1\triangle_\perp A_1))=\sigma(D_1\triangle_\perp A_1)=\sigma(D_2\triangle_\perp A_2)=D_2\backslash(D_2\backslash\sigma(D_2\triangle_\perp A_2))=D_2\backslash D_2\triangleleft A_2$。

E-Retainment: 令 $\tau\in D\backslash D\triangleleft A$，即 $\tau\in D\backslash(D\backslash\sigma(D\triangle_\perp A))$。那么 $\tau\in\sigma(D\triangle_\perp A)$。因此，存在 $X\in D\triangle_\perp A$ 使得 $\tau\in X$。令 $C=X\backslash\{\tau\}$。根据 $C\subset X\in D\triangle_\perp A$ 和定义 2.1，我们有 $C\cup A\nvdash\perp$。但 $C\cup A\cup\{\tau\}=X\cup A\vdash\perp$。因此，

存在 $C \subseteq D$ 使得 $C \cup A \nvdash \bot$ 并且 $C \cup A \cup \{\tau\} \vdash \bot$。

(II) $\Longleftarrow$: 令 $\triangleleft$ 为满足这些假定的算子。我们需要证明它是一个核心评价算子。根据定义 2.3，我们需要证明：存在评价剪切函数 σ 使得：对所有 $\mathcal{L}$ 的子集 D 和一致子集 A 都有 $D \triangleleft A = D \triangleleft_\sigma A = D \backslash \sigma(D \triangle_\bot A)$。

定义函数 σ 使得：对于 $\mathcal{L}$ 的所有子集 D 和一致子集 A，都有 $\sigma(D \triangle_\bot A) = D \backslash D \triangleleft A$。我们需要证明下面 (a)、(b) 和 (c) 这三个命题。

(a) σ 是良定义的函数。这就是要证明：当 $A_1, A_2, D_1, D_2 \subseteq \mathcal{L}$，并且 A_1, A_2 都是一致集时，如果 $D_1 \triangle_\bot A_1 = D_2 \triangle_\bot A_2$，那么 $\sigma(D_1 \triangle_\bot A_1) = \sigma(D_2 \triangle_\bot A_2)$。令 $D_1 \triangle_\bot A_1 = D_2 \triangle_\bot A_2$。根据 E-BiUniformity，我们有 $D_1 \backslash D_1 \triangleleft A_1 = D_2 \backslash D_2 \triangleleft A_2$，即 $\sigma(D_1 \triangle_\bot A_1) = \sigma(D_2 \triangle_\bot A_2)$。

(b) σ 是一个评价剪切函数。

条件 (1): 令 $\tau \in \sigma(D \triangle_\bot A)$，即 $\tau \in D \backslash D \triangleleft A$。根据 E-Retainment，我们知道：存在 $C \subseteq D$ 使得 $C \cup A \nvdash \bot$ 并且 $C \cup A \cup \{\tau\} \vdash \bot$。根据 $C \cup \{\tau\} \subseteq D$、$C \cup \{\tau\} \cup A \vdash \bot$ 和引理 2.1可知：存在 $Y \subseteq C \cup \{\tau\}$ 使得 $Y \in D \triangle_\bot A$。因此，$Y \cup A \vdash \bot$。假设 $\tau \notin Y$。那么根据 $Y \subseteq C$ 我们有 $C \cup A \vdash \bot$。矛盾。故 $\tau \in Y$。因此，根据 $\tau \in Y \in D \triangle_\bot A$。我们有 $\tau \in \bigcup(D \triangle_\bot A)$。

条件 (2): 令 $X \in D \triangle_\bot A$。那么 $X \cup A \vdash \bot$。假设 $\sigma(D \triangle_\bot A) \cap X = \emptyset$，即 $(D \backslash D \triangleleft A) \cap X = \emptyset$。由于 $X \subseteq D$，$X \subseteq D \triangleleft A$。根据 $X \cup A \vdash \bot$，我们有 $D \triangleleft A \cup A \vdash \bot$。这个结果与 E-Compatibility 相矛盾。故假设错误，$\sigma(D \triangle_\bot A) \cap X \neq \emptyset$。

条件 (3): 令 $\tau \in \sigma(D \triangle_\bot A)$，即 $\tau \in D \backslash D \triangleleft A$。根据 $\tau \notin D \triangleleft A$ 和 E-Closure，我们有 $\tau \notin Cn(A \cup (D \triangleleft A)) \cap D$。由于 $\tau \in D$，我们有 $A \cup (D \triangleleft A) \nvdash \tau$。根据 E-Inclusion 和上述 σ 的定义，我们有 $D \triangleleft A = D \backslash (D \backslash D \triangleleft A) = D \backslash \sigma(D \triangle_\bot A)$。因此，$A \cup D \backslash \sigma(D \triangle_\bot A) \nvdash \tau$。

(c) 对于所有 $\mathcal{L}$ 的子集 D 和一致子集 A，都有 $D \triangleleft A = D \backslash \sigma(D \triangle_\bot A)$。根据上述 σ 的定义，我们有 $D \backslash \sigma(D \triangle_\bot A) = D \backslash (D \backslash D \triangleleft A)$。再根据 E-Inclusion，即 $D \triangleleft A \subseteq D$，我们有 $D \backslash \sigma(D \triangle_\bot A) = D \triangleleft A$。 □

推论 2.1　如果算子 $\triangleleft$ 是核心评价算子，那么它满足 E-Agreement，E-Exclusion，E-Extensionality 和 E-Vacuity。

证明　由命题 2.1与定理 2.1知，这是显然的。 □

根据第 2.2节我们知道，E-BiIrrelevance 是直观成立的。然而，从表达定理 2.1可以看出，核心评价算子并不要求 E-BiIrrelevance 成立。那么是否存在核心评价算子不满足 E-BiIrrelevance 呢？答案是肯定的。通过下面这个例子可以形象地说明这一点。

例子 2.6 令 φ, ψ, τ 为三个不相关的原子命题，待评价信息 $D_1 = \{\neg\tau, \varphi, \varphi \to \neg\tau\}$，$D_2 = \{\neg\tau \wedge \psi, \varphi, \varphi \to \neg\tau\}$，核心信念集 $A = \{\tau\}$。根据定义 2.1可得：$D_1 \triangle_\perp A = \{\{\neg\tau\}, \{\varphi, \varphi \to \neg\tau\}\}$，$D_2 \triangle_\perp A = \{\{\neg\tau \wedge \psi\}, \{\varphi, \varphi \to \neg\tau\}\}$。再令 σ 满足 $\sigma(D_1 \triangle_\perp A) = \{\neg\tau, \varphi \to \neg\tau\}$ 和 $\sigma(D_2 \triangle_\perp A) = \{\neg\tau \wedge \psi, \varphi\}$。根据定义 2.2容易验证，$\sigma$ 满足条件 (1)(2)(3)，故 σ 是一个评价剪切函数。由定义 2.3可知，由 σ 构造的核心评价算子为 $\triangleleft_\sigma$ 使得 $D_1 \triangleleft_\sigma A = \{\varphi\}$ 且 $D_2 \triangleleft_\sigma A = \{\varphi \to \neg\tau\}$。下面验证 $D \triangleleft_\sigma A$ 在 D_1 和 D_2 处不满足 E-BiIrrelevance。显然 $(D_1 \cup D_2) \backslash (D_1 \cap D_2) = \{\neg\tau, \neg\tau \wedge \psi\}$。由于 $A = \{\tau\}$，故 $\{\neg\tau\} \cup A \vdash \perp$ 且 $\{\neg\tau \wedge \psi\} \cup A \vdash \perp$。又由于这里只涉及一个核心信念集 A，故 E-BiIrrelevance 的前件成立。然而，由 $D_1 \triangleleft_\sigma A = \{\varphi\}$ 且 $D_2 \triangleleft_\sigma A = \{\varphi \to \neg\tau\}$ 可知 $D_1 \triangleleft_\sigma A \neq D_2 \triangleleft_\sigma A$。故 E-BiIrrelevance 的后件不成立。因此，这是 E-BiIrrelevance 的一个反例。

那么什么样的核心评价算子满足 E-BiIrrelevance 呢？能否对评价剪切函数 σ 添加特定条件使得由其构造的核心评价算子满足 E-BiIrrelevance 呢？如果可以的话，那么在新的评价剪切函数下重新定义的核心评价算子是否具有表达定理呢？下面来探讨这个问题。

定义 2.4 令函数 σ 为评价剪切函数。σ 是合理的，当且仅当，对每个 $\mathcal{L}$ 的子集 X_1, X_2 和一致子集 A_1, A_2，如果

$$\forall\varphi \in X_1 \backslash (X_1 \cap X_2)(\{\varphi\} \cup A_1 \vdash \perp),$$

$$\forall\varphi \in X_2 \backslash (X_1 \cap X_2)(\{\varphi\} \cup A_2 \vdash \perp), \text{ 而且}$$

$$\forall X \subseteq X_1 \cap X_2 (X \cup A_1 \nvdash \perp \iff X \cup A_2 \nvdash \perp),$$

那么 $X_1 \setminus \sigma(X_1 \triangle_\perp A_1) = X_2 \setminus \sigma(X_2 \triangle_\perp A_2)$。

此定义的直观含义是，如果两个待评价信息的交集以外的新信息都被核心信念集 A_1 和 A_2 所分别反驳或拒斥，那么交集外的这些新信息都是相对于 A_1 和 A_2 不可信并且应该被放弃的，评价后保留的可信新信息只取决于交集以内的公共信息，从而最终保留下来的可信新信息应该是相同的。

定义 2.5 一个算子 $\triangleleft$ 是合理的核心评价算子当且仅当存在合理

的评价剪切函数 σ 使得：对于所有的 $\mathcal{L}$ 子集 D 和一致子集 A，都有 $D \lhd A = D \lhd_\sigma A$。

定理 2.2 算子 $\lhd$ 是合理的核心评价算子当且仅当它满足：E-Inclusion，E-Compatibility，E-Closure，E-BiIrrelevance，E-BiUniformity 和 E-Retainment。

证明 (I) $\Longrightarrow$：令算子 $\lhd$ 为合理的核心评价算子，下面证明它满足这些性质。

E-Inclusion，E-Compatibility，E-Closure，E-BiUniformity 和 E-Retainment 的证明如定理 2.1(I) 的证明。下面只证明 E-BiIrrelevance。令 $D_1, D_2, A_1, A_2 \subseteq \mathcal{L}$，并且 A_1, A_2 是一致集。再令

$$\forall\varphi \in D_1\backslash(D_1 \cap D_2)(\{\varphi\} \cup A_1 \vdash \bot),$$

$$\forall\varphi \in D_2\backslash(D_1 \cap D_2)(\{\varphi\} \cup A_2 \vdash \bot), \text{ 而且}$$

$$\forall X \subseteq D_1 \cap D_2(X \cup A_1 \nvdash \bot \Longleftrightarrow X \cup A_2 \nvdash \bot),$$

此条件记为(*)。由定义 2.5和 $\lhd$ 为合理的核心评价算子知：存在合理的评价剪切函数 σ 使得 $D_1 \lhd A_1 = D_1\backslash\sigma(D_1 \triangle_\bot A_1)$ 且 $D_2 \lhd A_2 = D_2\backslash\sigma(D_2 \triangle_\bot A_2)$。再由(*)、定义 2.4和 σ 是合理的易得 $D_1\backslash\sigma(D_1 \triangle_\bot A_1) = D_2\backslash\sigma(D_2 \triangle_\bot A_2)$。故 $D_1 \lhd A_1 = D_2 \lhd A_2$。故 E-BiIrrelevance 成立。

(II) $\Longleftarrow$：令 $\lhd$ 为满足这些性质的算子，下面证明它也是一个合理的核心评价算子。σ 的定义如定理 2.1的证明 (II)，这里只需补充证明 σ 是合理的即可。

令 $X_1, X_2, A_1, A_2 \subseteq \mathcal{L}$，并且 A_1, A_2 是一致集。再令

$$\forall\varphi \in X_1\backslash(X_1 \cap X_2)(\{\varphi\} \cup A_1 \vdash \bot),$$

$$\forall\varphi \in X_2\backslash(X_1 \cap X_2)(\{\varphi\} \cup A_2 \vdash \bot), \text{ 而且}$$

$$\forall X \subseteq X_1 \cap X_2(X \cup A_1 \nvdash \bot \Longleftrightarrow X \cup A_2 \nvdash \bot)。$$

由 E-BiIrrelevance 得 $X_1 \lhd A_1 = X_2 \lhd A_2$。再由 E-Inclusion 易得 $X_1\backslash(X_1\backslash X_1 \lhd A_1) = X_2\backslash(X_2\backslash X_2 \lhd A_2)$。再由 σ 的定义即得 $X_1 \setminus \sigma(X_1 \triangle_\bot A_1) = X_2 \setminus \sigma(X_2 \triangle_\bot A_2)$。因此，$\sigma$ 是合理的。 □

根据第 2.2节我们知道，E-Maximality 的意思是说：可信新信息 $D \lhd A$ 是与 A 一致的极大 D-子集。这个性质是直观成立的。然而，从表达定理 2.1可以看出，核心评价算子并不要求 E-Maximality 成立。那么什么样的

核心评价算子满足 E-Maximality 呢？能否对评价剪切函数 σ 添加特定条件使得由其构造的核心评价算子满足 E-Maximality 呢？

定义 2.6 令 σ 为评价剪切函数。

(1) 如果对于 $\mathcal{L}$ 的所有子集 D 和一致子集 A，σ 都满足：$\forall\tau\in\sigma(D\triangle_\perp A)(A\cup D\backslash\sigma(D\triangle_\perp A)\cup\{\tau\}\vdash\perp)$，那么我们称 σ 是极小的，记为 σ_m。

(2) 由 σ_m 构造的核心评价算子 $\triangleleft_{\sigma_m}$ 是这样定义的：对于 $\mathcal{L}$ 的所有子集 D 和一致子集 A，都有 $D\triangleleft_{\sigma_m}A=D\backslash\sigma_m(D\triangle_\perp A)$。

(3) 一个算子 $\triangleleft$ 是极大核心评价算子当且仅当存在极小评价剪切函数 σ_m 使得：对于 $\mathcal{L}$ 的所有子集 D 和一致子集 A，都有 $D\triangleleft A=D\triangleleft_{\sigma_m}A$。

命题 2.4 如果算子 $\triangleleft$ 是极大核心评价算子，那么 $\triangleleft$ 满足 E-Maximality。

证明 令算子 $\triangleleft$ 是极大核心评价算子。故存在极小评价剪切函数 σ_m 使得：对于 $\mathcal{L}$ 的所有子集 D 和一致子集 A，都有 $D\triangleleft A=D\triangleleft_{\sigma_m}A$。故 σ_m 满足：$\forall\tau\in\sigma_m(D\triangle_\perp A)\,(A\cup D\backslash\sigma_m(D\triangle_\perp A)\cup\{\tau\}\vdash\perp)$。用反证法，假设 $\triangleleft$ 不满足 E-Maximality，即存在 C 使得 $D\triangleleft A\subseteq C\subseteq D$、$A\cup C\nvdash\perp$ 且 $C\nsubseteq D\triangleleft A$。由 $C\nsubseteq D\triangleleft A$ 知存在 $\varphi\in C\backslash D\triangleleft A$。由 $\varphi\in C\subseteq D$ 和 $\varphi\notin D\triangleleft A=D\triangleleft_{\sigma_m}A=D\backslash\sigma_m(D\triangle_\perp A)$ 得 $\varphi\in\sigma_m(D\triangle_\perp A)$。由 $\forall\tau\in\sigma_m(D\triangle_\perp A)\,(A\cup D\backslash\sigma_m(D\triangle_\perp A)\cup\{\tau\}\vdash\perp)$ 得 $A\cup D\backslash\sigma_m(D\triangle_\perp A)\cup\{\varphi\}\vdash\perp$。又 $D\backslash\sigma_m(D\triangle_\perp A)=D\triangleleft_{\sigma_m}A\subseteq C$ 且 $\varphi\in C$，故 $D\backslash\sigma_m(D\triangle_\perp A)\cup\{\varphi\}\subseteq C$，故 $A\cup C\vdash\perp$。这与 $A\cup C\nvdash\perp$ 矛盾，故假设错误，不存在 C 使得 $D\triangleleft A\subseteq C\subseteq D$、$A\cup C\nvdash\perp$ 且 $C\nsubseteq D\triangleleft A$。因此，如果 $D\triangleleft A\subseteq C\subseteq D$ 且 $A\cup C\nvdash\perp$，那么 $C\subseteq D\triangleleft A$；即 $\triangleleft$ 满足 E-Maximality。 □

2.4 部分交评价

这一节将构造另一种评价算子，即部分交评价算子。由于评价算子并没有指定放弃新信息中的哪些信息，因此不能采用 Alchourrón 和 Makinson 等人在 [7,9] 中提出的保留集 $B\bigtriangledown\alpha$ 来构造。这里采用 Falappa 在 [27] 中提出的一致保留集（consistent remainder set）概念来构造部分交评价算子。这种一致保留集 $D\bigtriangledown_\top A$ 与 Zhang 等人在 [137] 中提出的保留集 $K||F$ 类似，区别在于：保留集 $K||F$ 定义在后承封闭的信念集 K 上并且不要求 F 是一致的；而一致保留集是基于信念库而非信念集的，并且它要求 A 是一致的。它的形式定义如下：

定义 2.7 ([27]) 令 $A,D\subseteq\mathcal{L}$，A 为一致集。D 的 A-一致保留集

$D \bigtriangledown_{\top} A$ 是满足下列条件的 X 的集合：

(1) $X \subseteq D$；

(2) $X \cup A$ 是一致的；

(3) 对任何满足 $X \subset Y \subseteq D$ 的 Y，都有 $Y \cup A \vdash \bot$。

这里把满足条件 (1)(2) 的集合称为 D 的 A-一致子集。根据条件 (3) 可知，满足这三个条件的是极大的 A-一致子集。由于这种 D-子集是极大的 A-一致子集，即与核心信念集 A 相一致的、极大的 D-子集，它们都可作为评价后保留下来的可信新信息，或者说是可信新信息的候选（alternatives）。因此，这里把它们称为 D 的 A-一致保留（consistent remainders），它们构成 D 的 A-一致保留集 $D \bigtriangledown_{\top} A$。

那么一致保留集有哪些性质呢？我们知道，保留集是具有如下上界性（Upper Bound Property）的。

引理2.2 ([61],第 38 页)令 $B, D \subseteq \mathcal{L}$。如果 $Z \subseteq B$ 且 $Cn(Z) \cap D = \emptyset$，那么存在 X 使得 $Z \subseteq X \in B \bigtriangledown D$。

根据保留集的上界性，我们可以证明一致保留集也具有上界性，后面表达定理的证明要用到这个性质。

引理 2.3 令 $D, A \subseteq \mathcal{L}$ 并且A 是一致的。如果 $Y \subseteq D$ 并且 $Y \cup A$ 是一致的，那么存在 X 使得 $Y \subseteq X \in D \bigtriangledown_{\top} A$。

证明 令 $Y \subseteq D$ 并且 $Y \cup A \nvdash \bot$。那么 $Y \backslash A \cup A \subseteq D \backslash A \cup A$ 并且 $Cn(Y \backslash A \cup A) \cap \{\bot\} = \emptyset$。根据保留集的上界性引理 2.2，存在 X 使得 $Y \backslash A \cup A \subseteq X \in (D \backslash A \cup A) \bigtriangledown \{\bot\}$。由于 $X \subseteq D \backslash A \cup A$，我们有 $X \backslash A \subseteq D \backslash A$。由于 $X \in (D \backslash A \cup A) \bigtriangledown \{\bot\}$，我们有 $X \nvdash \bot$。由于 $A \subseteq X$，我们有 $X = X \backslash A \cup A$。因此，$X \backslash A \cup A \nvdash \bot$。

现在我们先证明 $(X \backslash A) \cup (D \cap A) \in D \bigtriangledown_{\top} A$。用反证法。假设 $(X \backslash A) \cup (D \cap A) \notin D \bigtriangledown_{\top} A$。根据 $X \backslash A \subseteq D \backslash A$ 和 $X \backslash A \cup A \nvdash \bot$，我们有 $(X \backslash A) \cup (D \cap A) \subseteq D$ 并且 $(X \backslash A) \cup (D \cap A) \cup A = X \backslash A \cup A \nvdash \bot$。再根据 $(X \backslash A) \cup (D \cap A) \notin D \bigtriangledown_{\top} A$ 和定义 2.7可知，存在 Z 使得 $(X \backslash A) \cup (D \cap A) \subset Z \subseteq D$ 并且 $Z \cup A \nvdash \bot$。从而存在 $\psi \in Z$ 使得 $\psi \notin (X \backslash A) \cup (D \cap A)$。因此，$\psi \notin X \backslash A$ 并且 $\psi \notin D \cap A$。由于 $\psi \in Z \subseteq D$，我们有 $\psi \notin A$。因此，$\psi \notin X \backslash A \cup A$。由于 $(X \backslash A) \cup (D \cap A) \subset Z$，我们有 $X \backslash A \cup A \subseteq Z \cup A$。由于 $\psi \in Z \cup A$ 并且 $\psi \notin X \backslash A \cup A$，我们有 $X \backslash A \cup A \subset Z \cup A$。因此，$X \subset Z \cup A \subseteq D \backslash A \cup A$。由于 $X \in (D \backslash A \cup A) \bigtriangledown \{\bot\}$，我们有 $Z \cup A \vdash \bot$。矛盾。因此，假设错误，$(X \backslash A) \cup (D \cap A) \in D \bigtriangledown_{\top} A$。

再证 $Y \subseteq (X \backslash A) \cup (D \cap A)$。令 $\varphi \in Y$。如果 $\varphi \in A$，那么根据

$Y \subseteq D$ 我们有 $\varphi \in D \cap A \subseteq (X \backslash A) \cup (D \cap A)$。如果 $\varphi \notin A$，那么根据 $Y \subseteq Y \backslash A \cup A \subseteq X$ 我们有 $\varphi \in X \backslash A \subseteq (X \backslash A) \cup (D \cap A)$。因此，$\varphi \in (X \backslash A) \cup (D \cap A)$ 在两种情况下都成立。因此，$Y \subseteq (X \backslash A) \cup (D \cap A)$。 □

这个上界性的直观意思是说：D 的每一个 A-一致子集都可以扩张为 D 的 A-一致保留。除了上界性，一致保留集还具有下列边界性质。

命题 2.5 令 $A, D \subseteq \mathcal{L}$ 且 A 为一致集。

(1) $D \bigtriangledown_{\top} A \neq \emptyset$。

(2) $D \bigtriangledown_{\top} A = \{\emptyset\}$ 当且仅当 $\emptyset \in D \bigtriangledown_{\top} A$ 当且仅当 $D \neq \emptyset \Longrightarrow \forall \varphi \in D(A \vdash \neg\varphi)$。

(3) 如果 $A = \emptyset$，那么 $D \bigtriangledown_{\top} A = D \bigtriangledown \{\bot\}$。

(4) $D \bigtriangledown_{\top} A = \{D\}$ 当且仅当 $D \in D \bigtriangledown_{\top} A$ 当且仅当 $D \cup A \nvdash \bot$。

(5) 如果 $X \in D \bigtriangledown_{\top} A$，那么 $Cn(A) \cap D \subseteq X$。

证明 (1) 由于 A 是一致的，故由 $\emptyset \subseteq D$、$\emptyset \cup A \nvdash \bot$ 和上界性引理 2.3知存在 X 使得 $\emptyset \subseteq X \in D \bigtriangledown_{\top} A$。故 $D \bigtriangledown_{\top} A \neq \emptyset$。

(2) 前二者的等价性是显然的。下面只需证：$\emptyset \in D \bigtriangledown_{\top} A$ 当且仅当 $D \neq \emptyset \Longrightarrow \forall \varphi \in D(A \vdash \neg\varphi)$。

左到右方向：令 $\emptyset \in D \bigtriangledown_{\top} A$ 且 $D \neq \emptyset$，任取 $\varphi \in D$，由 $\emptyset \subset \{\varphi\} \subseteq D$ 和 $\emptyset \in D \bigtriangledown_{\top} A$ 得 $\{\varphi\} \cup A \vdash \bot$，故 $A \vdash \neg\varphi$。

右到左方向：令右边成立。用反证法。假设 $\emptyset \notin D \bigtriangledown_{\top} A$。由于 $\emptyset \subseteq D$ 且 $\emptyset \cup A \nvdash \bot$，故由定义 2.7知：存在 X 使得 $\emptyset \subset X \subseteq D$ 且 $X \cup A \nvdash \bot$。由 $\emptyset \subset X \subseteq D$ 知 $D \neq \emptyset$，由右边知：对每个 $\varphi \in D$ 都有 $A \vdash \neg\varphi$。故任取 $\tau \in X$，都有 $A \vdash \neg\tau$，故 $\{\tau\} \cup A \vdash \bot$，故 $X \cup A \vdash \bot$。产生矛盾，故假设错误，$\emptyset \in D \bigtriangledown_{\top} A$。因此，后两者的等价性也成立。

(3) 令 $A = \emptyset$，易证 $D \bigtriangledown_{\top} A = D \bigtriangledown \{\bot\}$，略。

(4) 三者的等价性是显然的，略。

(5) 令 $X \in D \bigtriangledown_{\top} A$。用反证法。假设 $Cn(A) \cap D \nsubseteq X$。故存在 $\tau \in Cn(A) \cap D$ 但 $\tau \notin X$。故 $X \subset X \cup \{\tau\} \subseteq D$。由 $X \in D \bigtriangledown_{\top} A$ 和定义 2.7知 $X \cup \{\tau\} \cup A \vdash \bot$。然而，由 $\tau \in Cn(A)$ 得 $Cn(X \cup \{\tau\} \cup A) = Cn(X \cup A)$。又 $X \in D \bigtriangledown_{\top} A$，故 $X \cup A \nvdash \bot$，故 $X \cup \{\tau\} \cup A \nvdash \bot$。产生矛盾，故假设错误，$Cn(A) \cap D \subseteq X$ 成立。 □

除了上述这些性质外，一致保留集还有下面这个等价性质，这个性质可用于表达定理的证明。

引理 2.4 令 $A_1, A_2, D_1, D_2 \subseteq \mathcal{L}$，并且 A_1, A_2 都是一致的。那么

$D_1 \bigtriangledown_{\top} A_1 = D_2 \bigtriangledown_{\top} A_2$ 当且仅当下面条件成立：

(1) $\forall \varphi \in D_1 \backslash (D_1 \cap D_2)(\{\varphi\} \cup A_1 \vdash \bot)$，

(2) $\forall \varphi \in D_2 \backslash (D_1 \cap D_2)(\{\varphi\} \cup A_2 \vdash \bot)$，

(3) $\forall X \subseteq D_1 \cap D_2 (X \cup A_1 \nvdash \bot \iff X \cup A_2 \nvdash \bot)$。

证明 $\Longrightarrow$: 令 $D_1 \bigtriangledown_{\top} A_1 = D_2 \bigtriangledown_{\top} A_2$。我们需要证明右边成立。

(1) 用反证法。假设 $\exists \psi \in D_1 \backslash (D_1 \cap D_2)(\{\psi\} \cup A_1 \nvdash \bot)$。根据 $\{\psi\} \subseteq D_1$、$\{\psi\} \cup A_1 \nvdash \bot$ 和引理 2.3可知，存在 X 使得 $\{\psi\} \subseteq X \in D_1 \bigtriangledown_{\top} A_1$。因此，$\{\psi\} \subseteq X \in D_2 \bigtriangledown_{\top} A_2$。从而 $\psi \in D_2$。故 $\psi \notin D_1 \backslash (D_1 \cap D_2)$。矛盾。

(2) 证明过程与 (1) 类似，略。

(3) 用反证法。假设 $\exists X \subseteq D_1 \cap D_2 (X \cup A_1 \nvdash \bot \not\Leftrightarrow X \cup A_2 \nvdash \bot)$。不失一般性，假设 $X \cup A_1 \nvdash \bot$ 并且 $X \cup A_2 \vdash \bot$。根据引理 2.3可知，存在 Y 使得 $X \subseteq Y \in D_1 \bigtriangledown_{\top} A_1$。因此，$X \subseteq Y \in D_2 \bigtriangledown_{\top} A_2$。从而 $Y \cup A_2 \nvdash \bot$。因此，$X \cup A_2 \nvdash \bot$。矛盾。

$\Longleftarrow$: 令右边成立。我们需要证明左边成立。不失一般性，这里只证明 $D_1 \bigtriangledown_{\top} A_1 \subseteq D_2 \bigtriangledown_{\top} A_2$。令 $Z \in D_1 \bigtriangledown_{\top} A_1$。那么 $Z \cup A_1 \nvdash \bot$ 并且 $Z \subseteq D_1$。根据条件 (1)，我们有 $Z \cap (D_1 \backslash (D_1 \cap D_2)) = \emptyset$；否则，$Z \cup A_1 \vdash \bot$，这将导致矛盾。根据 $Z \subseteq D_1$ 和 $Z \cap (D_1 \backslash (D_1 \cap D_2)) = \emptyset$ 可知，$Z \subseteq D_1 \cap D_2$。然后，根据条件 (3) 和 $Z \cup A_1 \nvdash \bot$，我们有 $Z \cup A_2 \nvdash \bot$。下面用反证法。假设 $Z \notin D_2 \bigtriangledown_{\top} A_2$。那么根据 $Z \subseteq D_2$、$Z \cup A_2 \nvdash \bot$ 和定义 2.7可知，存在 Y 使得 $Z \subset Y \subseteq D_2$ 并且 $Y \cup A_2 \nvdash \bot$。然后，根据条件 (2)，我们有 $Y \cap (D_2 \backslash (D_1 \cap D_2)) = \emptyset$；否则，$Y \cup A_2 \vdash \bot$，这将导致矛盾。根据 $Y \subseteq D_2$ 和 $Y \cap (D_2 \backslash (D_1 \cap D_2)) = \emptyset$，我们有 $Y \subseteq D_1 \cap D_2$。然后，根据 $Y \subseteq D_1 \cap D_2$、$Y \cup A_2 \nvdash \bot$ 和条件 (3)，我们有 $Y \cup A_1 \nvdash \bot$。根据 $Z \subset Y \subseteq D_1$ 和 $Y \cup A_1 \nvdash \bot$，我们有 $Z \notin D_1 \bigtriangledown_{\top} A_1$。矛盾。故假设错误，$Z \in D_2 \bigtriangledown_{\top} A_2$。 □

既然新信息 D 的每个 A-一致保留都与核心信念集 A 相一致，它们都可作为评价结果或者说是可信新信息的候选（alternatives）。根据命题 2.5(1) 可知，一致保留集 $D \bigtriangledown_{\top} A$ 不是空集。故我们可以任意选择某个 A-一致保留作为核心信念集 A 对新信息 D 的评价之后的可信新信息的集合。更一般地，我们可以将一些 A-一致保留的交集作为评价后的可信新信息集。这就是部分交评价算子的主要思想，如图 2-3所示，其 $R1$ 和 $R2$ 是 D 的 A-一致保留。因此，我们可以选择 $R1$ 和 $R2$ 的交集作为评价结果或可信新信息的集合。

更精确地说，我们有下面这个评价选择函数。

定义 2.8 令 $A, D \subseteq \mathcal{L}$ 且 A 为一致集。函数 $\gamma(D \bigtriangledown_{\top} A)$ 是评价选择函数当且仅当对每个 $D \bigtriangledown_{\top} A$，下列条件都成立：

(1) $\gamma(D \bigtriangledown_{\top} A) \subseteq D \bigtriangledown_{\top} A$，

(2) $\gamma(D \bigtriangledown_{\top} A) \neq \emptyset$。

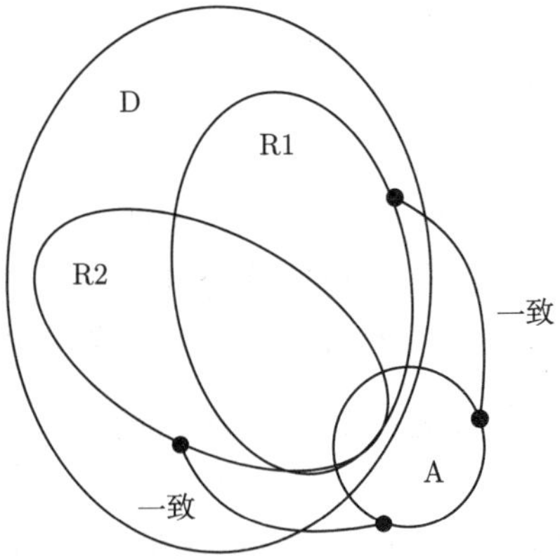

图 2-3 部分交评价

由命题 2.5(1) 知 $D \bigtriangledown_{\top} A \neq \emptyset$，故条件 (2) 显然是可行的。值得注意的是，$Cn(A) \cap D$ 是新信息 D 中 A 的逻辑后承的集合；换句话说，这一部分新信息是可以通过 A 得到辩护的可信新信息，这些信息应当被保留下来。但是上述评价选择函数的定义并没有把这个要求作为一个条件。那么基于这种评价选择函数的部分交评价是否会保留这些可信新信息呢？由命题 2.5(5) 知，每个 A-一致保留都包含了 $Cn(A) \cap D$。再根据条件 (1)(2) 可知，非空集 $\gamma(D \bigtriangledown_{\top} A)$ 中的所有 A-一致保留都包含了 $Cn(A) \cap D$，故它们的交集也必定包含 $Cn(A) \cap D$，由此可见部分交评价确实会保留这些可信新信息。

例子 2.7 令 $\varphi, \psi, \alpha, \tau$ 为互不相关的原子命题，待评价信息 $D = \{\neg\varphi, \neg\varphi \to \psi, \neg\alpha, \neg\alpha \to \psi, \alpha \to \neg\tau\}$，并且核心信念集 $A = \{\neg\psi, \tau\}$。根据定义 2.7易得 $D \bigtriangledown_{\top} A = \{\{\neg\varphi \to \psi, \neg\alpha \to \psi\}, \{\neg\varphi \to \psi, \neg\alpha, \alpha \to \neg\tau\}, \{\neg\varphi, \neg\alpha \to \psi\}, \{\neg\varphi, \neg\alpha, \alpha \to \neg\tau\}\}$。这里举三个满足定义 2.8(1)(2) 的选择方案：$\gamma_1(D \bigtriangledown_{\top} A) = \{\{\neg\varphi \to \psi, \neg\alpha \to \psi\}, \{\neg\varphi \to \psi, \neg\alpha, \alpha \to \neg\tau\}\}$，$\gamma_2(D \bigtriangledown_{\top} A) = \{\{\neg\varphi \to \psi, \neg\alpha, \alpha \to \neg\tau\}, \{\neg\varphi, \neg\alpha, \alpha \to \neg\tau\}\}$，$\gamma_3(D \bigtriangledown_{\top} A) = \{\{\neg\varphi \to \psi, \neg\alpha, \alpha \to \neg\tau\}\}$。

有了评价选择函数，下面来定义部分交评价算子。

定义 2.9 令 γ 为评价选择函数。

(1) 由 γ 构造的部分交评价算子 $\lhd_\gamma$ 是这样定义的：对 $\mathcal{L}$ 的所有子集 D 和一致子集 A 都有 $D \lhd_\gamma A = \bigcap \gamma(D \bigtriangledown_\top A)$。

(2) 一个算子 $\lhd$ 是部分交评价算子当且仅当存在评价选择函数 γ 使得：对 $\mathcal{L}$ 的所有子集 D 和一致子集 A，都有 $D \lhd A = D \lhd_\gamma A$。

例子 2.8 例子 2.7中给出了满足定义 2.8的三个评价选择函数 γ_1、γ_2 和 γ_3，由它们构造的部分交评价算子满足：$D \lhd_{\gamma_1} A = \bigcap \gamma_1(D \bigtriangledown_\top A) = \{\neg\varphi \to \psi\}$，$D \lhd_{\gamma_2} A = \bigcap \gamma_2(D \bigtriangledown_\top A) = \{\neg\alpha, \alpha \to \neg\tau\}$，$D \lhd_{\gamma_3} A = \bigcap \gamma_3(D \bigtriangledown_\top A) = \{\neg\varphi \to \psi, \neg\alpha, \alpha \to \neg\tau\}$。

下面我们证明部分交评价算子的表达定理。

定理 2.3 一个算子 $\lhd$ 是部分交评价算子当且仅当它满足：E-Inclusion，E-Compatibility，E-BiIrrelevance 和 E-Relevance。

证明 (I) $\Longrightarrow$: 令 $\lhd$ 为一个部分交评价算子。我们需要证明它满足下列假定。

E-Inclusion: 根据定义 2.7、定义 2.8和定义 2.9，显然有 $D \lhd A = \bigcap \gamma(D \bigtriangledown_\top A) \subseteq D$。

E-Compatibility: 根据定义 2.8(2)，我们有 $\gamma(D \bigtriangledown_\top A) \neq \emptyset$。由于对于所有 $X \in \gamma(D \bigtriangledown_\top A)$，我们有 $X \cup A \nvdash \bot$，并且 $\bigcap \gamma(D \bigtriangledown_\top A) \subseteq X$。那么 $A \cup \bigcap \gamma(D \bigtriangledown_\top A) \nvdash \bot$，即 $A \cup (D \lhd A) \nvdash \bot$。

E-BiIrrelevance: 令 $A_1, A_2, D_1, D_2 \subseteq \mathcal{L}$，并且 A_1, A_2 都是一致的。再令

$$\forall \varphi \in D_1 \backslash (D_1 \cap D_2)(\{\varphi\} \cup A_1 \vdash \bot),$$

$$\forall \varphi \in D_2 \backslash (D_1 \cap D_2)(\{\varphi\} \cup A_2 \vdash \bot), \text{ 并且}$$

$$\forall X \subseteq D_1 \cap D_2 (X \cup A_1 \nvdash \bot \Longleftrightarrow X \cup A_2 \nvdash \bot)。$$

根据引理 2.4，我们有 $D_1 \bigtriangledown_\top A_1 = D_2 \bigtriangledown_\top A_2$。然后根据定义 2.9，我们有 $D_1 \lhd A_1 = \bigcap \gamma(D_1 \bigtriangledown_\top A_1) = \bigcap \gamma(D_2 \bigtriangledown_\top A_2) = D_2 \lhd A_2$，即 $D_1 \lhd A_1 = D_2 \lhd A_2$。

E-Relevance: 令 $\varphi \in D \backslash D \lhd A$，即 $\varphi \in D \backslash \bigcap \gamma(D \bigtriangledown_\top A)$。根据 $\varphi \notin \bigcap \gamma(D \bigtriangledown_\top A)$ 和 $\gamma(D \bigtriangledown_\top A) \neq \emptyset$ 可知，存在 $X \in \gamma(D \bigtriangledown_\top A)$ 使得 $\varphi \notin X$。根据 $X \in \gamma(D \bigtriangledown_\top A)$，我们有 $X \subseteq D$、$X \cup A \nvdash \bot$ 并且 $D \lhd A = \bigcap \gamma(D \bigtriangledown_\top A) \subseteq X$。由于 $X \subseteq D$、$\varphi \in D$ 并且 $\varphi \notin X$，我们有 $X \subset X \cup \{\varphi\} \subseteq D$。由于 $X \in \gamma(D \bigtriangledown_\top A)$，根据定义 2.7我们

有 $X\cup\{\varphi\}\cup A\vdash\bot$。因此，存在 $X\subseteq D$ 使得 $D\triangleleft A\subseteq X$、$X\cup A\nvdash\bot$ 并且 $X\cup A\cup\{\varphi\}\vdash\bot$。

(II) $\Longleftarrow$: 令 $\triangleleft$ 为满足上述这些假定的算子。我们需要证明它是一个部分交评价算子。根据定义 2.9，我们需要证明：存在评价选择函数 γ 使得：对 $\mathcal{L}$ 的所有子集 D 和一致子集 A，都有 $D\triangleleft A=D\triangleleft_\gamma A=\bigcap\gamma(D\bigtriangledown_\top A)$。

定义函数 γ 使得：对于 $\mathcal{L}$ 的所有子集 D 和一致子集 A，$\gamma(D\bigtriangledown_\top A)=\{X\in D\bigtriangledown_\top A|D\triangleleft A\subseteq X\}$。我们需要证明下列 (a)、(b) 和 (c) 这三个命题。

(a) γ 是良定义的函数。也就是要证明：对所有的 $D_1,D_2\subseteq\mathcal{L}$ 和一致子集 $A_1,A_2\subseteq\mathcal{L}$，如果 $D_1\bigtriangledown_\top A_1=D_2\bigtriangledown_\top A_2$，那么 $\gamma(D_1\bigtriangledown_\top A_1)=\gamma(D_2\bigtriangledown_\top A_2)$。令 $D_1\bigtriangledown_\top A_1=D_2\bigtriangledown_\top A_2$。根据引理 2.4，我们有

$$\forall\varphi\in D_1\backslash(D_1\cap D_2)(\{\varphi\}\cup A_1\vdash\bot),$$

$$\forall\varphi\in D_2\backslash(D_1\cap D_2)(\{\varphi\}\cup A_2\vdash\bot),\text{ 并且}$$

$$\forall X\subseteq D_1\cap D_2(X\cup A_1\nvdash\bot\Longleftrightarrow X\cup A_2\nvdash\bot)。$$

然后，根据 E-BiIrrelevance 可知 $D_1\triangleleft A_1=D_2\triangleleft A_2$。再加上 $D_1\bigtriangledown_\top A_1=D_2\bigtriangledown_\top A_2$ 和上述函数 γ 的定义，我们有 $\gamma(D_1\bigtriangledown_\top A_1)=\gamma(D_2\bigtriangledown_\top A_2)$。

(b) γ 是一个评价选择函数。
条件 (1): 根据上述函数 γ 的定义，显然有 $\gamma(D\bigtriangledown_\top A)=\{X\in D\bigtriangledown_\top A|D\triangleleft A\subseteq X\}\subseteq D\bigtriangledown_\top A$。
条件 (2): 根据 E-Inclusion 和 E-Compatibility，我们有 $D\triangleleft A\subseteq D$ 并且 $D\triangleleft A\cup A\nvdash\bot$。根据 $D\triangleleft A\subseteq D$、$D\triangleleft A\cup A\nvdash\bot$ 和引理 2.3可知，存在 Y 使得 $D\triangleleft A\subseteq Y\in D\bigtriangledown_\top A$。根据上述函数 γ 的定义，我们有 $Y\in\gamma(D\bigtriangledown_\top A)$。因此，$\gamma(D\bigtriangledown_\top A)\neq\emptyset$。

(c) 对于 $\mathcal{L}$ 的所有子集 D 和一致子集 A，都有 $D\triangleleft A=D\triangleleft_\gamma A$。
$\subseteq$ 方向：根据 (b) 中的条件 (2) 我们知道 $\gamma(D\bigtriangledown_\top A)\neq\emptyset$。根据上述函数 γ 的定义可知：对于每个 $X\in\gamma(D\bigtriangledown_\top A)$，都有 $X\supseteq D\triangleleft A$。因此，$D\triangleleft A\subseteq\bigcap\gamma(D\bigtriangledown_\top A)=D\triangleleft_\gamma A$。
$\supseteq$ 方向：用反证法。假设 $D\triangleleft A\not\supseteq D\triangleleft_\gamma A$。那么存在 $\varphi\in D\triangleleft_\gamma A=\bigcap\gamma(D\bigtriangledown_\top A)$ 使得 $\varphi\notin D\triangleleft A$。由于 $\varphi\in\bigcap\gamma(D\bigtriangledown_\top A)$，我们有 $\forall X\in\gamma(D\bigtriangledown_\top A)(\varphi\in X)$。因此，$\varphi\in D$。根据 $\varphi\in D$、$\varphi\notin D\triangleleft A$

和 E-Relevance 可知，存在 $C \subseteq D$ 使得 $D \triangleleft A \subseteq C$，$C \cup A \nvdash \perp$ 并且 $C \cup A \cup \{\varphi\} \vdash \perp$。再根据 $C \subseteq D$，$C \cup A \nvdash \perp$ 和引理 2.3可知，存在 $Y \supseteq C$ 使得 $Y \in D \bigtriangledown_{\top} A$。根据 $D \triangleleft A \subseteq C \subseteq Y \in D \bigtriangledown_{\top} A$ 和上述函数 γ 的定义，我们有 $Y \in \gamma(D \bigtriangledown_{\top} A)$。由于 $C \subseteq Y$，$Y \cup A \nvdash \perp$ 并且 $C \cup A \cup \{\varphi\} \vdash \perp$，我们有 $\varphi \notin Y$。因此，$\varphi \notin Y \in \gamma(D \bigtriangledown_{\top} A)$。这与 $\forall X \in \gamma(D \bigtriangledown_{\top} A)(\varphi \in X)$ 相矛盾。故假设错误，$D \triangleleft A \supseteq D \triangleleft_{\gamma} A$。 □

推论 2.2 如果一个算子 $\triangleleft$ 是部分交评价算子，那么它满足 E-Closure，E-Agreement，E-Exclusion，E-Extensionality 和 E-Vacuity。

证明 由命题 2.1与定理 2.3易证，略。 □

根据第 2.2节我们知道，E-BiUniformity 是直观成立的。然而，从表达定理 2.3可以看出，部分交评价算子并不要求 E-BiUniformity 成立。那么是否存在部分交评价算子不满足 E-BiUniformity 呢？答案是肯定的。例子 2.9 就是这样一个反例。

例子 2.9 令 $\varphi, \psi, \tau, \alpha$ 为互不相关的原子命题，待评价信息 $D_1 = \{\varphi, \psi, \psi \rightarrow \neg\tau\}$，$D_2 = \{\alpha, \psi, \psi \rightarrow \neg\tau\}$，并且核心信念集 $A = \{\tau\}$。根据定义 2.1得 $D_1 \triangle_{\perp} A = \{\{\psi, \psi \rightarrow \neg\tau\}\} = D_2 \triangle_{\perp} A$。根据定义 2.7得 $D_1 \bigtriangledown_{\top} A = \{\{\varphi, \psi\}, \{\varphi, \psi \rightarrow \neg\tau\}\}$，$D_2 \bigtriangledown_{\top} A = \{\{\alpha, \psi\}, \{\alpha, \psi \rightarrow \neg\tau\}\}$。再令 γ 满足 $\gamma(D_1 \bigtriangledown_{\top} A) = \{\{\varphi, \psi\}\}$，$\gamma(D_2 \bigtriangledown_{\top} A) = \{\{\alpha, \psi \rightarrow \neg\tau\}\}$。根据定义 2.8容易验证，$\gamma$ 是满足条件 (1)(2) 的评价选择方案。由定义 2.9知，由 γ 构造的部分交评价算子为 $\triangleleft_{\gamma}$ 使得 $D_1 \triangleleft_{\gamma} A = \{\varphi, \psi\}$ 且 $D_2 \triangleleft_{\gamma} A = \{\alpha, \psi \rightarrow \neg\tau\}$。故 $D_1 \backslash D_1 \triangleleft_{\gamma} A = \{\psi \rightarrow \neg\tau\}$ 且 $D_2 \backslash D_2 \triangleleft_{\gamma} A = \{\psi\}$，故 $D_1 \backslash D_1 \triangleleft_{\gamma} A \neq D_2 \backslash D_2 \triangleleft_{\gamma} A$。再加上已证的 $D_1 \triangle_{\perp} A = D_2 \triangle_{\perp} A$ 显然可知 E-BiUniformity 不成立。

那么什么样的部分交评价算子满足 E-BiUniformity 呢？能否对评价选择函数 γ 添加特定条件使得由其构造的部分交评价算子满足 E-BiUniformity 呢？如果可以的话，那么在新的评价选择函数下重新定义的部分交评价算子是否具有表达定理呢？下面来探讨这个问题。

定义 2.10 令函数 γ 为评价选择函数。γ 是平等的，当且仅当，对每个 $\mathcal{L}$ 的子集 X_1、X_2 和一致子集 A_1, A_2，如果 $X_1 \triangle_{\perp} A_1 = X_2 \triangle_{\perp} A_2$，那么 $X_1 \backslash \bigcap \gamma(X_1 \bigtriangledown_{\top} A_1) = X_2 \backslash \bigcap \gamma(X_2 \bigtriangledown_{\top} A_2)$。

此定义从 Falappa 等人在 [27] 中提出的平等选择函数（equitable selection function）扩展而来，其直观涵义是：如果两个待评价信息的 A-不一致核心集相等，那么评价过程中通过评价选择函数而被放弃的信息也相同。

定义 2.11 一个算子 $\triangleleft$ 是平等的部分交评价算子当且仅当存在平等的评价选择函数 γ 使得：对所有的 $D \subseteq \mathcal{L}$ 都有 $D \triangleleft A = D \triangleleft_\gamma A$。

定理 2.4 一个算子 $\triangleleft$ 是平等的部分交评价算子当且仅当它满足：E-Inclusion，E-Compatibility，E-BiIrrelevance，E-BiUniformity 和 E-Relevance。

证明 (I) $\Longrightarrow$：令算子 $\triangleleft$ 是平等的部分交评价算子，下面证明它满足这些性质。

E-Inclusion，E-Compatibility，E-BiIrrelevance 和 E-Relevance 的证明如定理 2.3(I) 的证明。下面只证明 E-BiUniformity。任取 $\mathcal{L}$ 的子集 D_1、D_2 和一致子集 A_1, A_2 使得 $D_1 \triangle_\perp A_1 = D_2 \triangle_\perp A_2$。由定义 2.9和定义 2.11知：存在平等的评价选择函数 γ 使得 $D_1 \triangleleft A_1 = \bigcap \gamma(D_1 \bigtriangledown_\top A_1)$ 且 $D_2 \triangleleft A_2 = \bigcap \gamma(D_2 \bigtriangledown_\top A_2)$。再由 $D_1 \triangle_\perp A_1 = D_2 \triangle_\perp A_2$、定义 2.10和 γ 是平等的易得 $D_1 \backslash \bigcap \gamma(D_1 \bigtriangledown_\top A_1) = D_2 \backslash \bigcap \gamma(D_2 \bigtriangledown_\top A_2)$。故 $D_1 \backslash D_1 \triangleleft A_1 = D_2 \backslash D_2 \triangleleft A_2$。故 E-BiUniformity 成立。

(II) $\Longleftarrow$：令 $\triangleleft$ 为满足这些性质的算子，下面证明它也是一个平等的部分交评价算子。γ 的定义如定理 2.3的证明 (II) 中的定义，这里只需补充证明 γ 是平等的即可。

任取 $\mathcal{L}$ 的子集 X_1、X_2 和一致子集 A_1, A_2 使得 $X_1 \triangle_\perp A_1 = X_2 \triangle_\perp A_2$。由 E-BiUniformity 得 $X_1 \backslash X_1 \triangleleft A_1 = X_2 \backslash X_2 \triangleleft A_2$。再由定理 2.3（II-c）易得 $X_1 \triangleleft A_1 = \bigcap \gamma(X_1 \bigtriangledown_\top A_1)$ 且 $X_2 \triangleleft A_2 = \bigcap \gamma(X_2 \bigtriangledown_\top A_2)$。因此，$X_1 \backslash \bigcap \gamma(X_1 \bigtriangledown_\top A_1) = X_2 \backslash \bigcap \gamma(X_2 \bigtriangledown_\top A_2)$。因此 γ 是平等的。 □

那么部分交评价算子与核心评价算子有什么关系呢？我们有下面这个推论。

推论 2.3 如果算子 $\triangleleft$ 是平等的部分交评价算子，那么它也是核心评价算子，同时也是合理的核心评价算子。

证明 由命题 2.1、定理 2.1、定理 2.2和定理 2.4易证，略。 □

根据第 2.2节我们知道，E-Maximality 的意思是说：可信新信息 $D \triangleleft A$ 是与 A 一致的极大 D-子集。这个性质是直观成立的。然而，从表达定理 2.3和 2.4可以看出，（平等的）部分交评价算子并不要求 E-Maximality 成立。那么什么样的部分交评价算子满足 E-Maximality 呢？能否对（平等的）评价选择函数 γ 添加特定条件使得由其构造的部分交评价算子满足 E-Maximality 呢？为此，我们可以定义如下极大的评价选择函数和相应的极大评价算子。

定义 2.12 令 γ 为评价选择函数。

(1) 如果对于 $\mathcal{L}$ 的所有子集 D 和一致子集 A，都有 $|\gamma(D \bigtriangledown_{\top} A)| = 1$，那么我们称 γ 是极大的，记为 γ_m。

(2) 由 γ_m 构造的极大部分交评价算子 $\triangleleft_{\gamma_m}$ 是这样定义的：对于 $\mathcal{L}$ 的所有子集 D 和一致子集 A，都有 $D \triangleleft_{\gamma_m} A = \bigcap \gamma_m(D \bigtriangledown_{\top} A)$。

(3) 一个算子 $\triangleleft$ 是极大部分交评价算子当且仅当存在极大评价选择函数 γ_m 使得：对于 $\mathcal{L}$ 的所有子集 D 和一致子集 A，都有 $D \triangleleft A = D \triangleleft_{\gamma_m} A$。

例子 2.10 例子 2.7中 $\gamma_3(D \bigtriangledown_{\top} A) = \{\{\neg\varphi \to \psi, \neg\alpha, \alpha \to \neg\tau\}\}$ 就是极大的，由 γ_3 构造的极大部分交评价算子 $\triangleleft_{\gamma_m}$ 满足 $D \triangleleft_{\gamma_m} A = \bigcap \gamma_m(D \bigtriangledown_{\top} A) = \{\neg\varphi \to \psi, \neg\alpha, \alpha \to \neg\tau\}$。

命题 2.6 如果算子 $\triangleleft$ 是极大部分交评价算子，那么它满足 E-Maximality。

证明 令算子 $\triangleleft$ 是极大部分交评价算子。由定义 2.12知：存在极大评价选择函数 γ_m 使得：对于 $\mathcal{L}$ 的所有子集 D 和一致子集 A，都有 $D \triangleleft A = D \triangleleft_{\gamma_m} A = \bigcap \gamma_m(D \bigtriangledown_{\top} A)$。故存在 $X \in D \bigtriangledown_{\top} A$ 使得 $D \triangleleft A = X$。下面用反证法。假设 $\triangleleft$ 不满足 E-Maximality，即存在 C 使得 $D \triangleleft A \subseteq C \subseteq D$ 且 $A \cup C \nvdash \bot$ 但 $C \nsubseteq D \triangleleft A$。由 $C \nsubseteq D \triangleleft A$ 知存在 $\tau \in C \backslash D \triangleleft A$，再由 $D \triangleleft A \subseteq C \subseteq D$ 得 $D \triangleleft A \subset C \subseteq D$，即 $X \subset C \subseteq D$。由 $X \in D \bigtriangledown_{\top} A$、$X \subset C \subseteq D$ 和定义 2.7(3) 得 $C \cup A \vdash \bot$。这与假设的 $A \cup C \nvdash \bot$ 相矛盾，故假设错误，$\triangleleft$ 满足 E-Maximality。 □

2.5 评价算子与其他算子

2.5.1 评价算子与收缩算子

在传统 AGM 信念修正理论的已有研究中，收缩算子分为句子收缩算子（参见 [8,111]）和复合收缩算子（参见 [32,39]）两种，它们都是放弃信息的算子。评价算子从新信息中放弃不可信的信息，也可看作一种特殊的收缩算子。因此，这一节对收缩算子和评价算子进行简要的比较研究。评价算子和这两种收缩算子主要有下面这些相似之处。

(1) 两者刻画的都是某种收缩过程，或者说放弃信息的过程；

(2) 两者都需要遵循最大效用原则或者说最少放弃原则，这样认知主体才能保留或获得尽量多的有用信息；

(3) 两者都要求在放弃信息时具有合理的放弃的理由，即被放弃信息应当参与蕴涵了矛盾或待收缩信息（比如 Retainment 和 Relevance 假定）；

(4) 两者都要求收缩或评价结果具有一致性；

(5) 评价算子和复合收缩算子的两个输入参数都是命题集合。

不过，评价算子和收缩算子在很多方面是相互区分的。这里主要列举如下方面。

(1) 它们的直观涵义是非常不同的。收缩算子研究的是从信念状态中放弃不可信信念的理性收缩机制，而评价算子刻画的是依赖评价依据即核心信念集 A 对新信息 D 进行评价，进而放弃不可信新信息的理性评价机制。

(2) 收缩算子以信念库或信念集和需放弃的不可信信念作为输入参数，以新的信念库或信念集为输出结果。然而，评价算子以新信息 D 和核心信念集 A 作为输入参数，以 D 中可信新信息 $D \triangleleft A$ 为输出。

(3) 收缩算子指定了需要被放弃的不可信信息，而评价算子并未指定需被放弃的不可信信息，反而是一种确定需保留可信新信息和需放弃不可信新信息的算子。

(4) 评价算子的右参数 A 作为评价依据必须具有一致性，而收缩算子的两个输入参数都不作这种一致性要求。

(5) 由于收缩算子的右参数是指定要放弃的不可信信念，因此会有收缩的弱成功性或失败性（[39]）。然而，评价算子中与收缩算子的弱成功性类似的性质是 E-Compatibility，但这不是一种弱成功性，评价结果是无条件与评价依据 A 相一致的。

(6) 收缩算子是基于或者说定义在特定的信念集或信念库上的，因此 Extensionality 和 Uniformity 这种信念收缩的等价性假定只考虑收缩算子右参数满足某种等价条件的情况。评价算子则并不基于特定的新信息或核心信念集，因此 E-BiIrrelevance 和 E-BiUniformity 这种信息评价的等价性假定需要同时考虑评价算子左右两个参数满足某种等价条件的情况。

(7) 收缩算子和评价算子刻画了信念改变过程的不同阶段。前者是传统意义上的 AGM 信念修正算子，后者并不是这种意义上的信念修正算子，而是与信念修正密切相关的决策算子，认知主体正是通过这种决策算子区分可信新信息和不可信新信息，从而引发上述传统意义上的信念修正过程，进而引发信念收缩过程。因此，信念改变分两个阶段：评价阶段和修正阶段，这两个阶段都会发生信念改变。在评价完成的瞬间，认知主体就已经确定是否相信新信息以及相信哪些新信息，但并没有对信念状态进行进一步修正，对信念状态的修正过程是由传统的 AGM 信念修正算子（膨胀算子或收缩算子）和信念更新算子来完成的。因此，可以说，收缩算子、膨胀算子、更新算子和评价算子是相互区别的基本算子，各自刻画的是不同的基本信念改变过程。

综上所述，我们把评价算子看成一种与收缩算子不同的新算子。它和传统的信念修正算子如膨胀、收缩和修正一样自然，它们分别对应信念改变过程的不同阶段。

2.5.2 评价算子与集合收缩

从第 1.1.4.3节可知，集合收缩 $K \ominus F$ 的右参数 F 并不是要放弃的旧信念，而是认知主体要添加进信念状态的新信息。也就是说，F 是认知主体所相信的新信念。为了将它们一致地添加进信念集中，认知主体应当对信念集 K 进行信念收缩，使得收缩结果（在 F 一致的情况下）与新信息 F 保持一致。而这种信念收缩正是由集合收缩算子 $\ominus$ 来完成的（[137]）。由此可见，集合收缩并不是传统 AGM 信念修正理论意义上的收缩算子，它并不指定需要放弃的旧信念。因此，集合收缩与评价算子是有相似之处的，这里有必要对它们进行比较研究。首先来看评价算子和集合收缩的相似之处。

(1) 这两种算子的左右参数都是命题集合，都是从左参数中放弃新信息，因此都是一种宽泛意义上的收缩算子。这里的宽泛意义是相对于上述传统 AGM 收缩算子而言的。

(2) 两者都是改变算子左边的参数使其与右边参数相一致。在评价算子 $\triangleleft$ 方面，$D \triangleleft A$ 放弃新信息 D 中的不可信新信息，使得保留下来的可信新信息 $D \triangleleft A$ 与核心信念集 A 是一致的。在集合收缩方面，$K \ominus F$ 放弃信念集 K 中的不可信旧信念，使得保留下来的信念 $K \ominus F$（在 F 一致的情况下）与 F 一致。

(3) 集合收缩和评价算子都以最大效用原则或最少放弃原则作为公理性刻画的指导原则。

(4) 评价算子 $\triangleleft$ 满足 E-Closure 即 $Cn(A \cup D \triangleleft A) \cap D \subseteq D \triangleleft A$。集合收缩 $K \ominus F$ 也类似地满足 $Cn(F \cup K \ominus F) \cap K \subseteq K \ominus F$。

证明思路：只需证明：满足集合收缩的基本假定的算子满足此性质。由 [137] 中定理 3.13（基本假定与部分交集合收缩之间的表达定理）可知，只需证明部分交集合收缩满足此性质即可。根据 [137] 中定义 3.12 可知：

(i) 在 F 不一致的情况下，显然有 $Cn(F \cup K \ominus F) \cap K \subseteq K \ominus F$。

(ii) 在 F 一致的情况下，用反证法。假设存在 $\varphi \in K$ 使得 $F \cup K \ominus F \vdash \varphi$ 但 $\varphi \notin K \ominus F$。由 $\varphi \notin K \ominus F = \bigcap S(K||F)$[①] 易知存在 $X \in S(K||F)$ 使得 $\varphi \notin X$，故 $X \subset X \cup \{\varphi\} \subseteq K$，故 $X \cup \{\varphi\} \cup F \vdash \bot$。由 $X \in S(K||F)$ 和 $K \ominus F = \bigcap S(K||F)$ 知 $K \ominus F \subseteq X$。又由 $F \cup K \ominus F \vdash \varphi$ 易证 $F \cup X \vdash \varphi$。由 $X \cup \{\varphi\} \cup F \vdash \bot$ 得 $X \cup F \vdash \bot$。这与 $X \in K||F$ 矛盾，故假设错误，$Cn(F \cup K \ominus F) \cap K \subseteq K \ominus F$ 成立。

不过，评价算子和集合收缩在诸多方面也相互区别。下面列举一些它们之间主要的差异。

(1) 评价算子的直观思想与集合收缩是决然不同的。评价算子 $D \triangleleft A$ 是依据评价依据即核心信念集 A 中的信息对新信息 D 进行评价，从而获得 D 中的可信新信息。然而，集合收缩 $K \ominus F$ 只是由可信新信息 F 所引发的信念修正 $K \otimes F$ 过程的一个阶段；在这个阶段中，认知主体对信念集 K 进行收缩，其目的是使得收缩后的结果集 $K \ominus F$ 与可信新信息 F 相一致，进而可以将 F 一致地添加进来，进而形成一致的新信念集。

(2) 在评价算子中，待评价新信息 D 和评价结果集 $D \triangleleft A$ 都不是逻辑后承封闭的信念集。然而，在集合收缩中，旧信念集 K 和集合收缩的结果集 $K \ominus F$ 都是后承封闭的信念集。

(3) 评价算子的右参数是认知主体的核心信念集 A，它作为评价依据必须是一致的；但是集合收缩的右参数 F 是集合修正中要添加的可信新信息，且并不被要求为一致集。

(4) 评价算子 $\triangleleft$ 满足 E-Compatibility 即 $A \cup D \triangleleft A$ 是一致的。也就是说，评价结果 $D \triangleleft A$ 与评价依据 A 是相容的而非相互矛盾的。这是一种强一致性。然而，由（$\ominus$4）知，集合收缩只要求 $K \ominus F$ 在 F 一致时 $K \ominus F \cup F$ 是一致的。也就是说，在 F 不一致时，$K \ominus F$ 和 F 可能是不相容的。可见，这只是一种弱一致性。

(5) 集合收缩是基于或者说定义在特定的信念集上的，因此（$\ominus$6）和（$\ominus 6_S$）这种集合收缩的等价性假定只考虑收缩算子右参数满足某种等价条件的情况。评价算子则并不基于特定的新信息或核心信念集，因此 E-BiIrrelevance 和 E-BiUniformity 这种信息评价的等价性假定需要同时考虑评价算子左右两个参数满足某种等价条件的情况。

① 函数 S 是集合收缩的选择函数。

从上面对评价算子与收缩算子和集合收缩算子的比较可以看出，虽然评价算子与后两者有相似之处，但它们不管是在直观涵义上还是在具体技术细节上都是相互区分的。因此，虽然可以把它们共同归属于广义的收缩算子这一概念，但它们确实是不同的收缩算子。

2.5.3 评价算子与优先复合修正

上面第 2.5.1节已经说明评价算子是一种特殊的收缩算子，它从新信息中放弃不可信新信息使其结果与核心信念集 A 保持一致。那么这样一种特殊的收缩算子与优先复合修正算子 $\otimes$（$\otimes$ 的公理性假定见第 1.1.4.4节）有什么关系呢？它们之间是否具有某种类似于 Generalized-Harper-Identity（即 $K \ominus D = (K \otimes D) \cap K$，见第 1.1.4.3节）的可互定义性质？直观而言，我们似乎可以利用优先复合修正算子 $\otimes$ 来定义评价算子，如下所示。

定义 2.13 令 $A, D \subseteq \mathcal{L}$，$A$ 为一致集且 $\otimes$ 是基于 D 的优先复合修正算子。由 $\otimes$ 构造的生成算子 $\triangleleft_{\otimes}$ 定义为：$D \triangleleft_{\otimes} A = D \otimes A \cap D$。

那么这个生成算子是否满足上面第 2.3节和第 2.4节的两种评价算子的公理性假定呢？我们需要依赖于优先复合修正算子的公理性假定来论证这个生成算子是否满足评价算子的公理性假定。根据 [27] 可知，优先复合修正算子有优先复合核心修正算子和优先复合部分交修正算子这两种，而且它们分别对应不同的公理性假定的组合。

定理 2.5 ([27]) (1) 一个算子 $\otimes$ 是基于信念库 B 的优先复合核心修正算子当且仅当它满足 PB-Inclusion，PB-Consistency，PB-Weak-Success，PB-Vacuity1，PB-Uniformity1 和 PB-Core-Retainment。

(2) 一个算子 $\otimes$ 是基于信念库 B 的优先复合部分交修正算子当且仅当它满足 PB-Inclusion，PB-Consistency，PB-Weak-Success，PB-Vacuity1，PB-Uniformity2 和 PB-Relevance。

(3) 如果一个算子 $\otimes$ 是基于信念库 B 的优先复合部分交修正算子，那么 $\otimes$ 也是基于 B 的优先复合核心修正算子。

基于这个表达定理，我们可以证明下面这个命题。

命题 2.7 令 $A, D \subseteq \mathcal{L}$，$A$ 为一致集。如果算子 $\otimes$ 是基于 D 的优先复合部分交修正算子，那么基于 $\otimes$ 的生成算子 $\triangleleft_{\otimes}$ 满足 E-Inclusion，E-Compatibility，E-Closure，E-Retainment 和 E-Relevance。

证明 令算子 $\otimes$ 是基于 D 的优先复合部分交修正算子，下面证明 $\triangleleft_{\otimes}$ 满足这些性质。

E-Inclusion: 由定义 2.13显然可得 $D \triangleleft_{\otimes} A = D \otimes A \cap D \subseteq D$。

E-Compatibility: 即证 $A\cup(D\otimes A\cap D)\nvdash\bot$。由 $A\nvdash\bot$ 和 $\otimes$ 的 PB-Weak-Success 得 $A\subseteq D\otimes A$，故 $A\cup(D\otimes A\cap D)\subseteq D\otimes A$，又由 $A\nvdash\bot$ 和 $\otimes$ 的 PB-Consistency 得 $D\otimes A\nvdash\bot$，故 $A\cup(D\otimes A\cap D)\nvdash\bot$。

E-Closure: 即证 $Cn(A\cup D\lhd_{\otimes}A)\cap D\subseteq D\lhd_{\otimes}A$。用反证法。假设 $Cn(A\cup D\lhd_{\otimes}A)\cap D\nsubseteq D\lhd_{\otimes}A$。故存在 $\tau\in D\backslash D\lhd_{\otimes}A$ 使得 $A\cup D\lhd_{\otimes}A\vdash\tau$。由 $\tau\in D\backslash D\lhd_{\otimes}A=D\backslash(D\otimes A\cap D)$ 得 $\tau\in D\backslash D\otimes A$。再由 $\otimes$ 的 PB-Relevance 知：存在 $C\subseteq D\cup A$ 使得 $D\otimes A\subseteq C$ 且 $C\cup A\nvdash\bot$，但 $C\cup A\cup\{\tau\}\vdash\bot$。由 $\otimes$ 的 PB-Weak-Success 得 $A\subseteq D\otimes A$。又由于 $D\lhd_{\otimes}A=D\otimes A\cap D\subseteq D\otimes A$，故 $A\cup D\lhd_{\otimes}A\subseteq D\otimes A$。再由 $A\cup D\lhd_{\otimes}A\vdash\tau$ 得 $D\otimes A\vdash\tau$。再由 $D\otimes A\subseteq C$ 得 $C\vdash\tau$，故 $Cn(C\cup A)=Cn(C\cup A\cup\{\tau\})$。这与 $C\cup A\nvdash\bot$ 且 $C\cup A\cup\{\tau\}\vdash\bot$ 相矛盾，故假设错误，故 E-Closure 成立。

E-Retainment: 令 $\tau\in D\backslash D\lhd_{\otimes}A$。故 $\tau\in D\backslash D\otimes A$，由 $\otimes$ 的 PB-Relevance 知：存在 $C\subseteq D\cup A$ 使得 $D\otimes A\subseteq C$ 且 $C\cup A\nvdash\bot$，但 $C\cup A\cup\{\tau\}\vdash\bot$。令 $C'=C\backslash A$。显然，由 $C\subseteq D\cup A$ 得 $C'\subseteq D$。再由 $C\cup A\nvdash\bot$ 和 $C\cup A\cup\{\tau\}\vdash\bot$ 得 $C'\cup A\nvdash\bot$ 且 $C'\cup A\cup\{\tau\}\vdash\bot$。故 E-Retainment 成立。

E-Relevance: 令 $\tau\in D\backslash D\lhd_{\otimes}A$。故 $\tau\in D\backslash D\otimes A$，由 $\otimes$ 的 PB-Relevance 知：存在 $C\subseteq D\cup A$ 使得 $D\otimes A\subseteq C$ 且 $C\cup A\nvdash\bot$，但 $C\cup A\cup\{\tau\}\vdash\bot$。令 $C'=C\cap D$。显然 $C'\subseteq D$。由 $D\otimes A\subseteq C$ 得 $D\lhd_{\otimes}A=D\otimes A\cap D\subseteq C\cap D=C'$，即 $D\lhd_{\otimes}A\subseteq C'$。由 $C\cup A\nvdash\bot$ 得 $C'\cup A=(C\cap D)\cup A\nvdash\bot$。又由 $C\subseteq D\cup A$ 得 $C\backslash A\subseteq D$，故 $C\backslash A\subseteq C\cap D=C'$。故 $C\cup A\cup\{\tau\}=C\backslash A\cup A\cup\{\tau\}\subseteq C'\cup A\cup\{\tau\}$。再由 $C\cup A\cup\{\tau\}\vdash\bot$ 得 $C'\cup A\cup\{\tau\}\vdash\bot$。故存在 $C'\subseteq D$ 使得 $D\lhd_{\otimes}A\subseteq C'$ 且 $C'\cup A\nvdash\bot$ 但 $C'\cup A\cup\{\tau\}\vdash\bot$。因此，E-Relevance 成立。 □

不幸的是，这个生成算子 $\lhd_{\otimes}$ 并不满足 E-BiIrrelevance 和 E-

BiUniformity。要使它满足这两个假定，我们必须为优先复合修正算子 $\otimes$ 分别增加如下两个公理性假定。

(1) **BiIrrelevance:** 给定两个一致的集合 A_1 和 A_2，如果

$$\forall\varphi \in D_1\backslash(D_1 \cap D_2)(\{\varphi\} \cup A_1 \vdash \bot),$$

$$\forall\varphi \in D_2\backslash(D_1 \cap D_2)(\{\varphi\} \cup A_2 \vdash \bot), \text{ 并且}$$

$$\forall X \subseteq D_1 \cap D_2(X \cup A_1 \nvdash \bot \iff X \cup A_2 \nvdash \bot),$$

那么 $D_1 \otimes A_1 \cap D_1 = D_2 \otimes A_2 \cap D_2$。

(2) **BiUniformity:** 给定两个一致的集合 A_1 和 A_2，如果 D_1 和 D_2 是两个分别与 A_1 和 A_2 具有相同的极小不一致子集的集合，那么 $D_1\backslash(D_1 \otimes A_1 \cap D_1) = D_2\backslash(D_2 \otimes A_2 \cap D_2)$。

显然，上述两个假定都是基于不同信念库和新信息的两个优先复合修正之间相互关系的要求。然而，在 [27] 中，每个优先复合修正算子是基于或定义在特定信念库上的，而不是基于或定义在不同信念库上的。因此，它并没有任何基于不同信念库的两个修正之间相互关系的假定。它只有基于不同新信息的两个修正之间的相互关系的假定，即 Uniformity1 和 Uniformity2。因此，上面这两个假定实际上对于 [27] 中的优先复合修正来说是不可定义的，除非该信念库在其理论框架中并不是固定的。与优先复合修正不同，评价算子须具有 E-BiUniformity 和 E-BiIrrelevance 这两种性质，而这两种性质是基于不同新信息和不同核心信念集的两个评价之间的相互关系的假定。因此，定义 2.13中由优先复合修正定义的生成算子 $\lhd_{\otimes}$ 既不是核心评价也不是部分交评价。这表明，我们无法利用这种优先复合修正算子来定义评价算子。

第三章　评价复合修正

3.1　理性评价与评价复合修正

在日常生活中，信念修正过程一般分为新信息评价和信念状态修正两个阶段。在新信息评价阶段，认知主体依据核心信念对新信息进行评价，得到由可信新信息和不可信新信息构成的二元评价结果。对于这种新信息评价过程，上一章已进行了系统的研究。在信念状态修正阶段，认知主体会根据这种二元评价结果来修正信念状态，即在放弃不可信新信息的同时将可信新信息一致地添加进新信念库。这里把这种复合修正过程称为评价复合修正（evaluative multiple revision）。

对于这种复合修正，可能有人会认为：既然评价算子须满足 E-Compatibility，那么那些可信新信息必定与核心信念集相一致，进而我们只需将可信新信息添加进信念库即可，无需考虑新信念库的一致性问题；既然那些不可信新信息对于认知主体而言是不可信的，那么认知主体只需要将这些新信息弃之不顾或置之不理即可，无需改变自己的信念状态；因此这个信念状态修正阶段看起来是空洞的（trivial），没有必要进行研究。实则不然。一方面，虽然那些可信新信息与核心信念集相一致，但认知主体的信念库除了核心信念以外还有其他普通信念，这些信念可能会和核心信念一起与那些可信新信息构成矛盾，因此必须考虑新信念库的一致性问题。另一方面，评价结果中的那些不可信新信息也可能是一些旧信念（包括核心信念和其他普通信念）和可信新信息的逻辑后承，因此对那些不可信新信息的信念收缩也是必要的。我们可以通过例子 3.1 来更形象地阐明这种评价复合修正的必要性。

例子 3.1　假设认知主体的信念库包含核心信念 $\psi \to \varphi$、普通信念 ψ 和 $\varphi \to \neg\tau$，新信息则包含 $\varphi \to \tau$ 和 τ，并且假定评价结果为：$\varphi \to \tau$ 是可信新信息，而 τ 是不可信新信息。在这种情形下，一方面，认知主体不能简单地把可信新信息 $\varphi \to \tau$ 添加进来，因为这会造成矛盾。因此，认知主体在添加 $\varphi \to \tau$ 时还需删除普通信念 ψ 或 $\varphi \to \neg\tau$。另一方面，认知主体也不能简单地对不可信新信息 τ 弃之不顾且不改变信念状态，因为可信新信息 $\varphi \to \tau$ 与旧信念一起蕴涵 τ。因此，认知主体在放弃 τ 时还需删除普通信念 ψ。

因此，这一章将采用 AGM 信念修正理论研究范式对这种评价复合修正进行系统的研究。如图 3-1所示，其中虚线方框内的是本章将要探讨的主要内容。

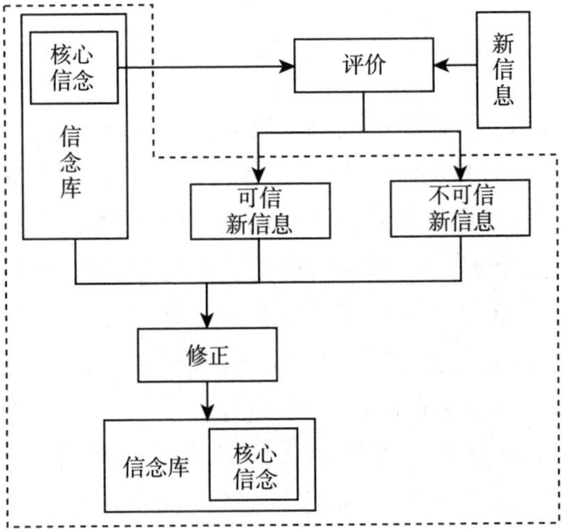

图 3-1　信念修正过程

下面第 3.2 节将对评价复合修正算子进行公理化刻画，并证明了一些公理化假定的相互关系。第 3.3 节和第 3.4 节分别基于评价核心集和评价保留集概念构造核心评价复合修正和部分交评价复合修正，并分别证明它们与一些公理化假定之间的表达定理。第 3.5 节将对评价复合修正算子与其他相关工作进行比较研究。

3.2　评价复合修正的公理

从例子 2.1的分析和图 3-1可知，评价复合修正过程包括三个构成要素：信念状态、评价结果和评价复合修正算子。由于信念状态包含核心信念，故我们不能像传统 AGM 信念修正理论那样把信念状态简单地表征为一个逻辑后承封闭的信念集（[6,48]）或不要求封闭的信念库（[52,55]）。这里把信念状态表征为一个由信念库和核心信念集构成的二元组，如下定义所示。

定义 3.1 一个信念状态 $S = (B, A)$ 由两个满足下列条件的命题集构成：

(1) $A \subseteq B \subseteq \mathcal{L}$,

(2) A 是一致的，并且

(3) A 对于 B 是逻辑封闭的，即 $Cn(A) \cap B \subseteq A$。

这里将所有信念状态的集合记为 $\mathcal{B} = \{(B, A)|(B, A \subseteq \mathcal{L}) \wedge (Cn(A) \cap B = A) \wedge (A \nvdash \bot)\}$。对于每个 $(B, A) \in \mathcal{B}$，B 称为信念库，A 称为核心信念集。这里不要求信念库是一致的或逻辑后承封闭的，以便容纳那些暂时不合逻辑的信仰状态。但是，作为评价依据的核心信念的集合必须是一致的；否则，根据命题逻辑，所有的新信息都是这些评价依据的逻辑后承，也就是说所有的新信息都将获得这些评价依据的辩护，这将导致认知主体认为所有的新信息都是可信的，这将是极其不理性的评价。此外，由于核心信念更稳定并且不太可能改变，故我们可以合理地假设，它们比其他普通信念更合乎逻辑。因此，这里要求这个核心信念集是一致的，并且对于信念库是逻辑封闭的。

从上一章我们知道，评价过程会将新信息区分为可信新信息和不可信新信息。它们一起构成评价复合修正的新信息。因此，我们不能像句子修正（[6,8]）或复合修正（[27,137]）那样把新信息简单地表征为单一命题或命题集合。这里把评价结果表征为一个由可信新信息和不可信新信息构成的二元组，如定义 3.2 所示。

定义 3.2 令 $(B, A) \in \mathcal{B}$。一个 A-评价 $C|D$ 是由两个 $\mathcal{L}$ 中命题集 C 和 D 构成的二元组，其中 C 和 D 满足下列条件：

(1) $C \cup D \neq \emptyset$,

(2) $A \cup D \nvdash \bot$，并且

(3) $Cn(A \cup D) \cap C = \emptyset$。

一般地，对于每个 $C|D \in \mathcal{A}$，C 是不可信新信息的集合，称为弃集（Out-set）；D 是可信新信息的集合，称为信集（In-set）。如果 $C|D = \{\varphi\}|\{\psi\}$，那么简记为 $\varphi|\psi$。本书用 $\mathcal{A}$ 表示所有 A-评价的集合，即 $\mathcal{A} = \{C|D : (C, D \subseteq \mathcal{L}) \wedge (C \cup D \neq \emptyset) \wedge (Cn(A \cup D) \cap (C \cup \{\bot\}) = \emptyset)\}$①。上述定义的第一个条件要求待评价的新信息为非空集。第二个条件要求信集与核心信念集一致。最后一个条件要求核心信念集和信集不能蕴涵弃集中的任何元素。这一要求的原因在于，核心信念集和信集的并集的逻辑后承对认

① 注意，$\mathcal{A}$ 是一个可变的集合，它依赖于核心信念集 A。这也是为什么这里称 $\mathcal{A}$ 为所有 A-评价的集合的原因。

知主体来说也是可信的。因此，这些可信的逻辑后承不能是不可信新信息。容易验证，最后两个条件可以被统一刻画为 $Cn(A \cup D) \cap (C \cup \{\bot\}) = \emptyset$。

评价复合修正算子则用 $\triangleright$ 表示，故评价复合修正可记为：$(B, A) \triangleright (C|D)$。它的定义域为 $\mathcal{EV} = \{(A, B, C, D)|((B, A) \in \mathcal{B}) \wedge (C|D \in \mathcal{A})\}$，值域为信念状态集合 $\mathcal{B}$，即 $B \triangleright_A (C|D)$：$\mathcal{EV} \longmapsto \mathcal{B}$。它将一个信念状态 (B, A) 和一个 A-评价 $C|D$ 映射到一个新的信念状态。由此可见，与传统 AGM 信念修正理论不同，评价复合修正算子的信念状态和新信息都采用由两个命题集构成的二元组来表征，这种双重二元结构是评价复合修正的主要特征。需要特别注意的是，由于评价复合修正的输出结果 $B \triangleright_A (C|D)$ 作为信念状态也是个二元组，故为方便起见，本章在关系表达式和集合运算中，如无特别说明，一般用 $B \triangleright_A (C|D)$ 表示评价复合修正后的新信念状态的第一个参数：信念库，用 $A \triangleright_B (C|D)$ 表示评价复合修正后的新信念状态的第二个参数：核心信念集。

那么怎样的评价复合修正才是理性的呢？我们应当像传统信念修正理论那样给出评价复合修正的理性原则。第一，与传统信念修正理论的最大效用原则类似，评价复合修正应当遵循最大效用原则或者说最少放弃原则；也就是说，信息是宝贵的，理性的认知主体在信念修正时应当尽量多地获得新信息和保留旧信念。第二，它应该满足一致性原则，即信念状态在修正后应该是一致的，尽管它在修正之前可能是不一致的。第三，任何被放弃的旧信念都必须有被放弃的充足理由，即这些旧信念参与阻碍了信集的添加或弃集的删除。第四，它应该满足保护性原则，这意味着核心信念在评价复合修正中应该始终被保护而不至于被放弃。这些原则是形式刻画评价复合修正的主要指导原则。

下面根据 AGM 信念修正理论的研究范式只把评价复合修正算子当作黑盒子来刻画它的逻辑性质，进而提出下面这些假定作为评价复合修正算子的公理性刻画。

EV-BelState: $(B, A) \triangleright (C, D) \in \mathcal{B}$

EV-Consistency: $B \triangleright_A (C|D) \nvdash \bot$

EV-CoreInvariance: $A \triangleright_B (C|D) = Cn(A) \cap (B \cup D)$

EV-Inclusion: $B \triangleright_A (C|D) \subseteq B \cup D$

EV-OutSuccess: $Cn(B \triangleright_A (C|D)) \cap C = \emptyset$

EV-InSuccess: $D \subseteq B \triangleright_A (C|D)$

EV-Protection: $A \subseteq B \triangleright_A (C|D)$

EV-Closure: $Cn(B \triangleright_A (C|D)) \cap B \subseteq B \triangleright_A (C|D)$

EV-Vacuity: $Cn(B \cup D) \cap (C \cup \{\bot\}) = \emptyset \Longrightarrow B \cup D \subseteq B \rhd_A (C|D)$

EV-Uniformity: 如果 $\forall X \subseteq B$，$Cn(X \cup A \cup D_1) \cap (C_1 \cup \{\bot\}) \neq \emptyset \Longleftrightarrow Cn(X \cup A \cup D_2) \cap (C_2 \cup \{\bot\}) \neq \emptyset$，那么 $B \backslash (B \rhd_A (C_1|D_1)) = B \backslash (B \rhd_A (C_2|D_2))$。

EV-Retainment: 如果 $\varphi \in B \backslash B \rhd_A (C|D)$，那么存在 $X \subseteq B$ 使得

$$Cn(X \cup A \cup D) \cap (C \cup \{\bot\}) = \emptyset$$

$$Cn(X \cup \{\varphi\} \cup A \cup D) \cap (C \cup \{\bot\}) \neq \emptyset。$$

EV-Relevance: 如果 $\varphi \in B \backslash B \rhd_A (C|D)$，那么存在 $X \subseteq B$ 使得 $B \rhd_A (C|D) \cap B \subseteq X$ 并且

$$Cn(X \cup A \cup D) \cap (C \cup \{\bot\}) = \emptyset$$

$$Cn(X \cup \{\varphi\} \cup A \cup D) \cap (C \cup \{\bot\}) \neq \emptyset。$$

EV-BelState 要求评价复合修正的修正结果仍然是一个信念状态。EV-Consistency 要求新的信念库是一致的。虽然本书并不要求所有的信念状态都是一致的，但是经过修正后的信念状态应当是相对稳定的，因此应当具有一致性。EV-CoreInvariance 是说，评价复合修正前后的核心信念集应该保持某种不变性。更准确地说，由于信集 D 可能包含核心信念集 A 的某些逻辑后承，因此新信念状态中的核心信念集不仅应该包含 A，还应该包含这些逻辑后承。根据 $(B, A) \in \mathcal{B}$ 和 EV-CoreInvariance，可以得出 $Cn(A \rhd_B (C|D)) = Cn(A)$。换句话说，评价复合修正前后的两个核心信念集在逻辑上是等价的。EV-Inclusion 是说：评价复合修正过程不会将 $B \cup D$ 以外的不相关信息添加进新信念库当中。新信念库中的信念要么来自信念库 B，要么来自信集 D。EV-OutSuccess 的直观意思是说：评价复合修正应当放弃或收缩弃集中的所有不可信新信息，即新信念库不能蕴涵这些不可信新信息。EV-InSuccess 要求信集中的所有可信新信息都应该被添加进新信念库中。EV-OutSuccess 和 EV-InSuccess 都是评价复合修正过程的成功性假定。只有当它们都被满足时，评价复合修正才算是成功的。EV-Protection 意味着核心信念集在评价复合修正过程中应该受到保护而非被放弃。EV-Closure 的直观涵义是说，如果修正后的新信念库的一个逻辑后承已然在原来的信念库中，那么这个逻辑后承在修正后

应当保留下来；或者简单点说，原信念库中的可信新信息都应当被保留下来。EV-Vacuity 的意思是说，如果原信念库与信集相一致，并且它们一起并不蕴涵任何弃集中的不可信新信息，那么认知主体可以在接受这个信集的同时不放弃任何原来的信念。EV-Uniformity 的直观意思是说，在对 $C|D$ 的修正过程中，被放弃的信念仅仅依赖于那些阻碍对 $C|D$ 的修正的 B 子集，即它们阻碍了 C 的删除或 D 的添加；换句话说，如果阻碍对 $C_1|D_1$ 的修正的 B 子集和阻碍对 $C_2|D_2$ 的修正的 B 子集是同一批集合，那么认知主体在对它们的修正过程中所放弃的旧信念应当是相同的。EV-Retainment 说的是，如果某信念在评价复合修正过程之后被放弃，那么它一定在某种意义上是有害的，即它与一些无害的集合一起阻碍了评价复合修正。一个无害集是信念库的一个子集，它不会阻碍信集的添加或弃集的删除。最后，EV-Relevance 是 EV-Retainment 的更强版本，它要求 EV-Retentment 中的无害集必须包含修正后被保留的所有旧信念。

值得注意的是，上述假定并不都是独立的，以下命题证明了它们之间的相互关系。

命题 3.1　(1) EV-CoreInvariance + EV-BelState $\Longrightarrow$ EV-Protection

(2) EV-Retainment $\Longrightarrow$ EV-Protection

(3) EV-InSuccess + EV-Retainment $\Longrightarrow$ EV-Vacuity

(4) EV-Inclusion + EV-InSuccess + EV-Relevance $\Longrightarrow$ EV-Closure

证明　(1) 令 EV-CoreInvariance 和 EV-BelState 成立，需证 EV-Protection。由于 $A \subseteq B$，我们有 $A \subseteq Cn(A) \cap (B \cup D)$。根据 EV-CoreInvariance，我们有 $A \subseteq A \rhd_B (C|D)$。根据 EV-BelState 和定义 3.1，$A \rhd_B (C|D) \subseteq B \rhd_A (C|D)$。因此，$A \subseteq B \rhd_A (C|D)$。

(2) 令 EV-Retainment 成立，需证 EV-Protection。用反证法。假设 $A \nsubseteq B \rhd_A (C|D)$。那么存在 $\varphi \in A$ 使得 $\varphi \notin B \rhd_A (C|D)$。由于 $(B, A) \in \mathcal{B}$，我们有 $A \subseteq B$。因此，$\varphi \in B \backslash B \rhd_A (C|D)$。根据 EV-Retainment，存在 $X \subseteq B$ 使得 $Cn(X \cup A \cup D) \cap (C \cup \{\bot\}) = \emptyset$，并且 $Cn(X \cup \{\varphi\} \cup A \cup D) \cap (C \cup \{\bot\}) \neq \emptyset$。因此，我们有 $A \cup D \nvdash \varphi$，这与 $\varphi \in A$ 相矛盾。故假设错误，$A \subseteq B \rhd_A (C|D)$。

(3) 令 EV-InSuccess 和 EV-Retainment 都成立，需证 EV-Vacuity。用反证法。假设 $Cn(B \cup D) \cap (C \cup \{\bot\}) = \emptyset$ 但 $B \cup D \nsubseteq B \rhd_A (C|D)$。根据 EV-InSuccess，可推导出 $B \nsubseteq B \rhd_A (C|D)$，故存在 $\varphi \in B \backslash B \rhd_A (C|D)$。根据 EV-Retainment 可得：存在 $X \subseteq B$ 使得 $Cn(X \cup A \cup D) \cap (C \cup \{\bot\}) = \emptyset$ 并且 $Cn(X \cup \{\varphi\} \cup A \cup D) \cap (C \cup \{\bot\}) \neq \emptyset$。由于 $\varphi \in B$ 并且 $X \subseteq B$，我

们有 $X\cup\{\varphi\}\cup A\cup D\subseteq B\cup D$。因此，$Cn(X\cup\{\varphi\}\cup A\cup D)\cap(C\cup\{\bot\})\subseteq Cn(B\cup D)\cap(C\cup\{\bot\})=\emptyset$。矛盾。故假设错误，EV-Vacuity 成立。

(4) 令 EV-Inclusion、EV-InSuccess 和 EV-Relevance 成立，需证 EV-Closure。用反证法。假设 $Cn(B\rhd_A(C|D))\cap B\not\subseteq B\rhd_A(C|D)$。那么存在 $\varphi\in B\backslash B\rhd_A(C|D)$ 使得 $B\rhd_A(C|D)\vdash\varphi$。根据 $\varphi\in B\backslash B\rhd_A(C|D)$ 和 EV-Relevance 可得：存在 $X\subseteq B$ 使得 $B\rhd_A(C|D)\cap B\subseteq X$，$Cn(X\cup A\cup D)\cap(C\cup\{\bot\})=\emptyset$，并且 $Cn(X\cup\{\varphi\}\cup A\cup D)\cap(C\cup\{\bot\})\neq\emptyset$。从而 $X\cup A\cup D\nvdash\varphi$，进而 $(B\rhd_A(C|D)\cap B)\cup A\cup D\nvdash\varphi$。根据 EV-Relevance，显然有 EV-Retainment。再根据 (2)，EV-Protection 成立。那么根据 EV-Inclusion 和 EV-InSuccess 我们可以证明 $(B\rhd_A(C|D)\cap B)\cup A\cup D=B\rhd_A(C|D)$。因此 $B\rhd_A(C|D)\nvdash\varphi$。矛盾。□

3.3 核心评价复合修正

虽然评价复合修正算子与核心包收缩算子（见第 1.1.4.2节）类似有复合收缩成分，但该算子还要求同时添加信集里的信息，因此这里不能采用包核心集（$B\bigtriangleup_P D$，定义 1.15）来构造核心评价复合修正（kernel evaluative multiple revision）。类似的，虽然评价复合修正算子与优先复合核心修正算子（见第 1.1.4.4节，[27]）类似，都有将新信息添加进信念库的复合修正功能，但该算子还要求同时放弃弃集里的信息，因此这里不能采用不一致核心集（$B\bigtriangleup_\bot D$，定义 2.1）来构造核心评价复合修正。这里提出一种新的核心集概念，即评价核心集（evaluative kernel set），来构造核心评价复合修正，如下定义所示：

定义 3.3 令 $(B,A)\in\mathcal{B}$ 且 $C|D\in\mathcal{A}$。(B,A) 的 $C|D$-评价核心集，记为 $B\blacktriangle_\bot^A(C|D)$，由满足下列条件的所有 X 构成：

(1) $X\subseteq B$，

(2) $Cn(X\cup A\cup D)\cap(C\cup\{\bot\})\neq\emptyset$，并且

(3) 如果 $Y\subset X$，那么 $Cn(Y\cup A\cup D)\cap(C\cup\{\bot\})=\emptyset$。

这里把满足条件 (1)(2) 的集合称为 (B,A) 上的 $C|D$-障碍（obstacles）。直观地，它们是那些会阻碍信集 D 的添加或弃集 C 的删除的 B 子集。根据条件 (3) 可知，满足这三个条件的集合是极小障碍。这里把它们称为 (B,A) 上的 $C|D$-评价核心（evaluative kernels），它们构成了 (B,A) 上的 $C|D$-评价核心集 $B\blacktriangle_\bot^A(C|D)$。从直观上说，由于每个 $C|D$-评价核心都阻碍了信集 D 的添加或弃集 C 的删除，故每个 $C|D$-评价核心中都包

含了不可信的旧信念。通过下面两个例子，我们能更形象地理解这一点。

例子 3.2　(1) 令 $B=\{\alpha,\alpha\to\neg\varphi,\beta,\beta\to\neg\psi\}$，$A=\{\alpha\to\neg\varphi,\beta,\beta\to\neg\psi\}$，并且 $C|D=\psi|\varphi$。容易验证，$(B,A)\in\mathcal{B}$ 并且 $C|D\in\mathcal{A}$。根据定义 3.3，$B\blacktriangle_{\perp}^{A}(C|D)=\{\{\alpha\}\}$。

(2) 令 $B=\{\alpha,\beta,\beta\to\neg\psi,\neg\varphi\to\neg\alpha\}$，$A=\{\beta,\neg\varphi\to\neg\alpha\}$，$C|D=\varphi|\psi$。容易验证，$(B,A)\in\mathcal{B}$ 并且 $C|D\in\mathcal{A}$。根据定义 3.3，$B\blacktriangle_{\perp}^{A}(C|D)=\{\{\alpha\},\{\beta\to\neg\psi\}\}$。

那么评价核心集有哪些性质呢？下面这个引理表明评价核心集有下界性，后面表达定理的证明要用到这个性质。

引理 3.1　令 $(B,A)\in\mathcal{B}$ 并且 $C|D\in\mathcal{A}$。如果 $X\subseteq B$ 并且 $Cn(X\cup A\cup D)\cap(C\cup\{\perp\})\neq\emptyset$，那么存在 $Y\subseteq X$ 使得 $Y\in B\blacktriangle_{\perp}^{A}(C|D)$。

证明　令 $X\subseteq B$ 并且 $Cn(X\cup A\cup D)\cap(C\cup\{\perp\})\neq\emptyset$。由于 $C|D\in\mathcal{A}$，我们有 $A\cup D\nvdash\perp$ 和 $Cn(A\cup D)\cap C=\emptyset$。用反证法。假设

$$(*)\ \ \forall Y\subseteq X, Y\notin B\blacktriangle_{\perp}^{A}(C|D)$$

由于 $Cn(X\cup A\cup D)\cap(C\cup\{\perp\})\neq\emptyset$，令 $\phi\in Cn(X\cup A\cup D)\cap(C\cup\{\perp\})$。根据紧致性，存在一个有穷集 $Z\subseteq X$ 使得 $Z\cup A\cup D\vdash\phi$。现在假设 $Z=\emptyset$，那么 $A\cup D\vdash\phi$。由于 $\phi\in C\cup\{\perp\}$ 并且 $Cn(A\cup D)\cap C=\emptyset$，我们有 $\phi\notin C$。那么 ϕ 就是 $\perp$，所以 $A\cup D\vdash\perp$。矛盾！因此，$Z\neq\emptyset$。所以存在一个非空的有穷集 $Z\subseteq X$ 使得 $Z\cup A\cup D\vdash\phi$。由 (*) 可知 $Z\notin B\blacktriangle_{\perp}^{A}(C|D)$。从 $Z\subseteq B$ 和 $\phi\in Cn(Z\cup A\cup D)\cap(C\cup\{\perp\})\neq\emptyset$，我们可以推导出：存在至少一个其基数为 $|Z|-1$ 的 Z 的真子集 Z_0 使得 $Cn(Z_0\cup A\cup D)\cap(C\cup\{\perp\})\neq\emptyset$；否则，$Z\in B\blacktriangle_{\perp}^{A}(C|D)$，并且这将导致矛盾。根据 (*) 我们有 $Z_0\notin B\blacktriangle_{\perp}^{A}(C|D)$。由于 $Z_0\subseteq B$ 并且 $Cn(Z_0\cup A\cup D)\cap(C\cup\{\perp\})\neq\emptyset$，类似的，如果 $|Z_0|\geqslant 1$，那么存在至少一个其基数为 $|Z_0|-1$ 的 Z_0 的真子集 Z_1 使得 $Cn(Z_1\cup A\cup D)\cap(C\cup\{\perp\})\neq\emptyset$；否则，$Z_0\in B\blacktriangle_{\perp}^{A}(C|D)$，并且这将导致矛盾。如此类推，我们可以在有穷步到达 Z 的子集 $\emptyset$。由于 $\emptyset$ 是每个基数为 1 的 Z 子集的唯一真子集，那么 $Cn(A\cup D)\cap(C\cup\{\perp\})\neq\emptyset$。任意选择 $\psi\in Cn(A\cup D)\cap(C\cup\{\perp\})$。由于 $Cn(A\cup D)\cap C=\emptyset$，$\psi$ 就是 $\perp$，进而 $A\cup D\vdash\perp$。矛盾！故假设错误，存在 $Y\subseteq X$ 使得 $Y\in B\blacktriangle_{\perp}^{A}(C|D)$。 □

这个下界性的直观意思是说：每个阻碍信集 D 的添加或弃集 C 的删除的信念集都可以收缩到一个评价核心。除了下界性，评价核心集还有下面这些性质。

命题 3.2　令 $(B,A)\in\mathcal{B}$，$\{C|D,C_1|D_1,C_2|D_2\}\subseteq\mathcal{A}$。那么

(1) $\emptyset \notin B\blacktriangle^A_\perp(C|D)$

(2) $B\blacktriangle^A_\perp(C|D)=\emptyset \Longleftrightarrow Cn(B\cup D)\cap(C\cup\{\perp\})=\emptyset$

(3) $X\in B\blacktriangle^A_\perp(C|D)\Longrightarrow X\cap Cn(A\cup D)=\emptyset$

(4) $B\blacktriangle^A_\perp(C_1|D_1)=B\blacktriangle^A_\perp(C_2|D_2)$，当且仅当，所有的 $X\subseteq B$ 都有

$$Cn(X\cup A\cup D_1)\cap(C_1\cup\{\perp\})\neq\emptyset \Longleftrightarrow Cn(X\cup A\cup D_2)\cap(C_2\cup\{\perp\})\neq\emptyset$$

证明 (1) 用反证法。假设 $\emptyset\in B\blacktriangle^A_\perp(C|D)$。那么根据定义 3.3，我们有 $Cn(A\cup D)\cap(C\cup\{\perp\})\neq\emptyset$。然而，根据定义 3.2和 $C|D\in\mathcal{A}$ 可知 $Cn(A\cup D)\cap(C\cup\{\perp\})=\emptyset$。矛盾。故假设错误，$\emptyset\notin B\blacktriangle^A_\perp(C|D)$。

(2) ($\Longleftarrow$)：令 $Cn(B\cup D)\cap(C\cup\{\perp\})=\emptyset$。由于 $(B,A)\in\mathcal{B}$，故 $A\subseteq B$。故对所有的 $X\subseteq B$ 都有 $Cn(X\cup A\cup D)\cap(C\cup\{\perp\})=\emptyset$。因此，根据定义 3.3(2) 可知：对所有的 $X\subseteq B$ 都有 $X\notin B\blacktriangle^A_\perp(C|D)$，从而 $B\blacktriangle^A_\perp(C|D)=\emptyset$。

($\Longrightarrow$)：这里证明它的逆否命题。假设 $Cn(B\cup D)\cap(C\cup\{\perp\})\neq\emptyset$。由于 $(B,A)\in\mathcal{B}$，故 $A\subseteq B$。故 $Cn(B\cup A\cup D)\cap(C\cup\{\perp\})\neq\emptyset$。又由于 $B\subseteq B$，根据下界性引理 3.1可知：存在 $Y\subseteq B$ 使得 $Y\in B\blacktriangle^A_\perp(C|D)$。因此 $B\blacktriangle^A_\perp(C|D)\neq\emptyset$。

(3) 令 $X\in B\blacktriangle^A_\perp(C|D)$。用反证法。假设 $X\cap Cn(A\cup D)\neq\emptyset$。那么存在 $\psi\in X\cap Cn(A\cup D)$。由于 $X\in B\blacktriangle^A_\perp(C|D)$ 并且 $\psi\in X$，我们有 $Cn(X\cup A\cup D)\cap(C\cup\{\perp\})\neq\emptyset$ 并且 $Cn(X\backslash\{\psi\}\cup A\cup D)\cap(C\cup\{\perp\})=\emptyset$。然而，从 $\psi\in X\cap Cn(A\cup D)$ 可得 $Cn(X\backslash\{\psi\}\cup A\cup D)\cap(C\cup\{\perp\})=Cn(X\cup A\cup D)\cap(C\cup\{\perp\})\neq\emptyset$。矛盾。故假设错误，$X\cap Cn(A\cup D)=\emptyset$。

(4) ($\Longrightarrow$)：令左边成立，即 $B\blacktriangle^A_\perp(C_1|D_1)=B\blacktriangle^A_\perp(C_2|D_2)$。用反证法。假设右边不成立。那么，不失一般性，假设存在 $X\subseteq B$ 使得 $Cn(X\cup A\cup D_1)\cap(C_1\cup\{\perp\})\neq\emptyset$ 但是 $Cn(X\cup A\cup D_2)\cap(C_2\cup\{\perp\})=\emptyset$。根据下界性引理 3.1可得：存在 $Y\subseteq X$ 使得 $Y\in B\blacktriangle^A_\perp(C_1|D_1)$。从左边可得：$Y\in B\blacktriangle^A_\perp(C_2|D_2)$。故 $\emptyset\neq Cn(Y\cup A\cup D_2)\cap(C_2\cup\{\perp\})\subseteq Cn(X\cup A\cup D_2)\cap(C_2\cup\{\perp\})\neq\emptyset$。矛盾。故假设错误，右边成立。

($\Longleftarrow$)：令右边成立。根据对称性，我们只需证 $B\blacktriangle^A_\perp(C_1|D_1)\subseteq B\blacktriangle^A_\perp(C_2|D_2)$。假设 $X\in B\blacktriangle^A_\perp(C_1|D_1)$。那么 $Cn(X\cup A\cup D_1)\cap(C_1\cup\{\perp\})\neq\emptyset$。根据右边，我们有 $Cn(X\cup A\cup D_2)\cap(C_2\cup\{\perp\})\neq\emptyset$。假设存在 $Y\subset X$ 使得 $Cn(Y\cup A\cup D_2)\cap(C_2\cup\{\perp\})\neq\emptyset$。那么从右边可得 $Cn(Y\cup A\cup D_1)\cap(C_1\cup\{\perp\})\neq\emptyset$。因此 $X\notin B\blacktriangle^A_\perp(C_1|D_1)$。矛盾。因此，如果 $Y\subset X$，那么 $Cn(Y\cup A\cup D_2)\cap(C_2\cup\{\perp\})=\emptyset$。这意味着 $X\in B\blacktriangle^A_\perp(C_2|D_2)$。因

此，我们有 $B\blacktriangle_{\perp}^{A}(C_1|D_1) \subseteq B\blacktriangle_{\perp}^{A}(C_2|D_2)$。 □

命题 (1) 说的是空集不是一个评价核心。命题 (2) 是说：评价核心集为空意味着修正过程没有任何障碍。命题 (3) 表明，每个评价核心都不包含核心信念与信集的任何逻辑后承，这意味着核心信念和信集这些可信信息的逻辑后承都不会被放弃。命题 (4) 的直观意思是说：$C_1|D_1$-障碍与 $C_2|D_2$-障碍相同意味着它们的评价核心相同。

既然每个 $C|D$-评价核心会阻碍信集 D 的添加或弃集 C 的删除，信念库 B 中不可信的旧信念隐藏在 $C|D$-评价核心之中。我们需要从每个 $C|D$-评价核心中放弃不可信的旧信念。此外，为了保证评价复合修正后保留下来的信念不再阻碍信集 D 的添加或弃集 C 的删除，我们也必须破坏每一个 $C|D$-评价核心。根据命题 3.2(1) 可知所有每个 $C|D$-评价核心都是非空的。因此，为了保证评价复合修正的成功，认知主体必须从每个 $C|D$-评价核心中放弃至少一个不可信旧信念，以便那些保留下来的信念不再阻碍信集 D 的添加或弃集 C 的删除。这就是核心评价复合修正算子的主要思想，我们可以用下图来形象地阐明，其中 K_1 是一个阻碍弃集 C 的删除的核心，K_2 是一个阻碍信集 D 的添加的核心。我们需要删除 K_1 中的一些元素 Z_1，也要删除 K_2 中的一些元素，这样我们才能修正成功。

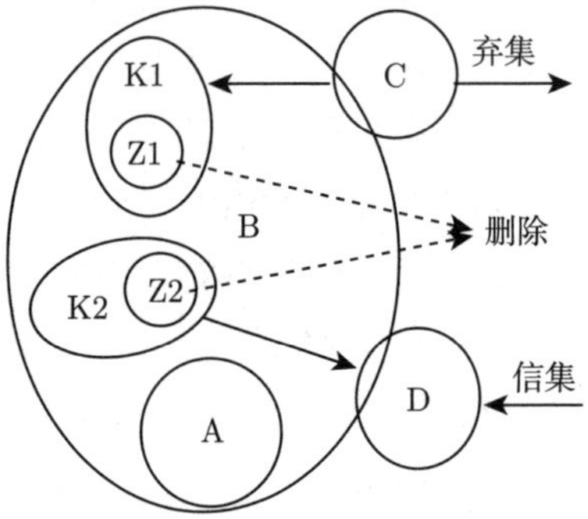

图 3-2　核心评价复合修正

更精确地说，我们有下面这个统一剪切函数。

定义 3.4　令 $(B, A) \in \mathcal{B}$，$C|D \in \mathcal{A}$。一个函数 ρ 是一个统一剪切函数（unified incision function），当且仅当，对于每个评价核心集 $B\blacktriangle_{\perp}^{A}(C|D))$ 都有

(1) $\rho(B\blacktriangle_{\perp}^{A}(C|D)) \subseteq \bigcup(B\blacktriangle_{\perp}^{A}(C|D))$；

(2) 如果 $X \in B\blacktriangle_{\perp}^{A}(C|D)$，那么 $\rho(B\blacktriangle_{\perp}^{A}(C|D)) \cap X \neq \emptyset$；并且

(3) 如果 $\psi \in \rho(B\blacktriangle_{\perp}^{A}(C|D))$ 那么 $B\backslash\rho(B\blacktriangle_{\perp}^{A}(C|D)) \cup D \nvdash \psi$。

上述定义的条件 (1) 说的是统一剪切函数只从评价核心中剪切元素。我们知道，核心信念集和信集里的信息都是可信的信息，这些可信信息的逻辑后承自然也是可信的，不应该在修正过程中被剪切掉。由命题 3.2(3) 知，$B\blacktriangle^A_\perp(C|D)$ 里的所有评价核心都不包含 $A\cup D$ 的逻辑后承。因此，根据这个条件 (1) 可知，统一剪切函数不会删除这些可信的信息。也就是说，下面命题成立。

命题 3.3 令 $(B,A)\in\mathcal{B}$ 且 $C|D\in\mathcal{A}$，$\rho(B\blacktriangle^A_\perp(C|D))$ 为统一剪切函数。那么 $\rho(B\blacktriangle^A_\perp(C|D))\cap Cn(A\cup D)=\emptyset$。

由命题 3.2(1) 知 $B\blacktriangle^A_\perp(C|D)$ 里的评价核心都是非空的，故条件 (2) 中"$\rho(B\blacktriangle^A_\perp(C|D))\cap X\neq\emptyset$"是可行的，条件 (2) 可以剪切每个评价核心。此外，这里还要注意条件 (1)(2)(3) 的一致性问题。这里只需考虑 $\forall C|D\in\mathcal{A}\left(\rho(B\blacktriangle^A_\perp(C|D))=\bigcup(B\blacktriangle^A_\perp(C|D))\right)$ 的极端情况是否满足这三个条件即可。下面这个命题表明答案是肯定的。

命题 3.4 令 $(B,A)\in\mathcal{B}$。如果函数 ρ 满足：对于所有的 $C|D\in\mathcal{A}$ 都有 $\rho(B\blacktriangle^A_\perp(C|D))=\bigcup(B\blacktriangle^A_\perp(C|D))$，那么它是一个统一剪切函数。

证明 令 $C|D\in\mathcal{A}$，并且函数 ρ 满足：对于所有的 $C|D\in\mathcal{A}$ 都有 $\rho(B\blacktriangle^A_\perp(C|D))=\bigcup(B\blacktriangle^A_\perp(C|D))$。我们需要证明 $\rho(B\blacktriangle^A_\perp(C|D))$ 满足定义 3.4(1)，(2) 和 (3)。

(1) 从 ρ 的定义显然可知，ρ 满足定义 3.4(1)。

(2) 令 $X\in B\blacktriangle^A_\perp(C|D)$。根据命题 3.2(1) 可得 $X\neq\emptyset$。而且根据 ρ 的定义我们有 $\rho(B\blacktriangle^A_\perp(C|D))\cap X=X\neq\emptyset$。故 ρ 满足定义 3.4(2)。

(3) 令 $\psi\in\rho(B\blacktriangle^A_\perp(C|D))$。那么存在 $X\in B\blacktriangle^A_\perp(C|D)$ 使得 $\psi\in X$。因此，根据定义 3.3可知：$Cn(X\cup A\cup D)\cap(C\cup\{\perp\})\neq\emptyset$ 但是 $Cn(X\backslash\{\psi\}\cup A\cup D)\cap(C\cup\{\perp\})=\emptyset$。用反证法。假设 $B\backslash\rho(B\blacktriangle^A_\perp(C|D))\cup D\vdash\psi$。那么 $Cn((B\backslash\rho(B\blacktriangle^A_\perp(C|D)))\cup(X\backslash\{\psi\})\cup A\cup D)\cap(C\cup\{\perp\})\neq\emptyset$。根据 $(B\backslash\rho(B\blacktriangle^A_\perp(C|D)))\cup(X\backslash\{\psi\})\subseteq B$ 和下界性引理 3.1可知：存在 $Y\subseteq(B\backslash\rho(B\blacktriangle^A_\perp(C|D)))\cup(X\backslash\{\psi\})$ 使得 $Y\in B\blacktriangle^A_\perp(C|D)$。根据 ρ 的定义，我们有 $Y\subseteq\rho(B\blacktriangle^A_\perp(C|D))$。那么 $Y\cap(B\backslash\rho(B\blacktriangle^A_\perp(C|D)))=\emptyset$，进而我们有 $Y\subseteq X\backslash\{\psi\}$。而且由于 $Cn(X\backslash\{\psi\}\cup A\cup D)\cap(C\cup\{\perp\})=\emptyset$，我们有 $Cn(Y\cup A\cup D)\cap(C\cup\{\perp\})=\emptyset$。这与 $Y\in B\blacktriangle^A_\perp(C|D)$ 相矛盾。故假设错误，$B\backslash\rho(B\blacktriangle^A_\perp(C|D))\cup D\nvdash\psi$。因此，$\rho$ 满足定义 3.4(3)。 □

例子 3.3 (1) 继续例子 3.2(1)。由于 $B\blacktriangle^A_\perp(C|D)=\{\{\alpha\}\}$，那么对于每个统一剪切函数 ρ 我们有 $\rho(B\blacktriangle^A_\perp(C|D))=\{\alpha\}$。

(2) 继续例子 3.2(2)。由于 $B\blacktriangle^A_\perp(C|D)=\{\{\alpha\},\{\beta\to\neg\psi\}\}$，那么对

于每个统一剪切函数 ρ 我们有 $\rho(B\blacktriangle_{\perp}^{A}(C|D))=\{\alpha,\beta\to\neg\psi\}$。

有了统一剪切函数，我们可以来定义核心评价复合修正算子。

定义 3.5 令 $(B,A)\in\mathcal{B}$ 并且 ρ 为统一剪切函数。

(1) 由 ρ 构造的核心评价复合修正算子，记为 $\rhd^{\rho}$，定义为：$\forall(C|D)\in\mathcal{A}((B,A)\rhd^{\rho}(C|D)=(B',A'))$，其中 $B'=B\backslash\rho(B\blacktriangle_{\perp}^{A}(C|D))\cup D$ 并且 $A'=Cn(A)\cap B'$。

(2) 一个算子 $\rhd$ 是一个核心评价复合修正算子当且仅当存在一个统一剪切函数 ρ 使得 $(B,A)\rhd(C|D)=(B,A)\rhd^{\rho}(C|D)$。

为了方便，下面我们将 $(B,A)\rhd^{\rho}(C|D)$ 的第一项和第二项分别记为 $B\rhd_{A}^{\rho}(C|D)$ 和 $A\rhd_{B}^{\rho}(C|D)$。下面这个例子可以阐明核心评价复合修正算子的修正过程。

例子 3.4 (1) 继续例子 3.3(1)。对于每个统一剪切函数 ρ，我们有 $\rho(B\blacktriangle_{\perp}^{A}(C|D))=\{\alpha\}$。根据定义 3.5可知，$B\rhd_{A}^{\rho}(C|D)=\{\varphi,\alpha\to\neg\varphi,\beta,\beta\to\neg\psi\}$ 并且 $A\rhd_{B}^{\rho}(C|D)=\{\alpha\to\neg\varphi,\beta,\beta\to\neg\psi\}$。

(2) 继续例子 3.3(2)。对于每个统一剪切函数 ρ，我们有 $\rho(B\blacktriangle_{\perp}^{A}(C|D))=\{\alpha,\beta\to\neg\psi\}$。根据定义 3.5可知，$B\rhd_{A}^{\rho}(C|D)=\{\beta,\psi,\neg\varphi\to\neg\alpha\}$ 并且 $A\rhd_{B}^{\rho}(C|D)=\{\beta,\neg\varphi\to\neg\alpha\}$。

现在我们可以证明下面这个表达定理。

定理 3.1 一个算子 $\rhd$ 是一个核心评价复合修正算子当且仅当它满足 EV-BelState，EV-Consistency，EV-CoreInvariance，EV-Inclusion，EV-InSuccess，EV-OutSuccess，EV-Closure，EV-Uniformity 和 EV-Retainment。

证明 (I) $\Longrightarrow$: 令 $\rhd$ 为一个核心评价复合修正算子。这里证明它满足下面这些性质。

EV-BelState: 根据定义 3.1和 3.5易知，我们需要证明 $Cn(A')\cap B'=A'$，即 $Cn(Cn(A)\cap B')\cap B'=Cn(A)\cap B'$。这是很容易验证的。

EV-Consistency: 用反证法。假设 $B\rhd_{A}(C|D)\vdash\perp$，即 $B\backslash\rho(B\blacktriangle_{\perp}^{A}(C|D))\cup D\vdash\perp$。故 $Cn(B\backslash\rho(B\blacktriangle_{\perp}^{A}(C|D))\cup D)\cap(C\cup\{\perp\})\neq\emptyset$，进而 $Cn(B\backslash\rho(B\blacktriangle_{\perp}^{A}(C|D))\cup A\cup D)\cap(C\cup\{\perp\})\neq\emptyset$。由于 $B\backslash\rho(B\blacktriangle_{\perp}^{A}(C|D))\subseteq B$，根据引理 3.1，存在 $Y\subseteq B\backslash\rho(B\blacktriangle_{\perp}^{A}(C|D))$ 使得 $Y\in B\blacktriangle_{\perp}^{A}(C|D)$。根据 $Y\in B\blacktriangle_{\perp}^{A}(C|D)$ 和定义 3.4(2)，我们有 $Y\cap\rho(B\blacktriangle_{\perp}^{A}(C|D))\neq\emptyset$。因此，$Y\nsubseteq B\backslash\rho(B\blacktriangle_{\perp}^{A}$

$(C|D))$。矛盾。故假设错误，$B \rhd_A (C|D) \nvdash \bot$。

EV-CoreInvariance: 根据定义 3.5可知，我们需要证明 $Cn(A) \cap B' = Cn(A) \cap (B \cup D)$。方向 $\subseteq$ 是显然的。对于方向 $\supseteq$，这里用反证法。假设 $Cn(A) \cap B' \not\supseteq Cn(A) \cap (B \cup D)$。那么存在 $\varphi \in Cn(A) \cap (B \cup D)$ 使得 $\varphi \notin B' = B \backslash \rho(B \blacktriangle_{\bot}^{A} (C|D)) \cup D$。因此 $\varphi \in \rho(B \blacktriangle_{\bot}^{A} (C|D))$，并且存在 $X \in B \blacktriangle_{\bot}^{A} (C|D)$ 使得 $\varphi \in X$。根据命题 3.2(3) 可得 $X \cap Cn(A \cup D) = \emptyset$。又 $\varphi \in X$，故 $A \cup D \nvdash \varphi$。这与 $\varphi \in Cn(A)$ 相矛盾。

EV-Inclusion: 根据定义 3.5可知，EV-Inclusion 显然成立。

EV-InSuccess: 根据定义 3.5可知，EV-InSuccess 显然成立。

EV-OutSuccess: 用反证法。假设 $Cn(B \rhd_A (C|D)) \cap C \neq \emptyset$。故 $Cn(B \backslash \rho(B \blacktriangle_{\bot}^{A} (C|D)) \cup D) \cap (C \cup \{\bot\}) \neq \emptyset$，进而 $Cn(B \backslash \rho(B \blacktriangle_{\bot}^{A} (C|D)) \cup A \cup D) \cap (C \cup \{\bot\}) \neq \emptyset$。由于 $B \backslash \rho(B \blacktriangle_{\bot}^{A} (C|D)) \subseteq B$，根据引理 3.1可知：存在 $Y \subseteq B \backslash \rho(B \blacktriangle_{\bot}^{A} (C|D))$ 使得 $Y \in B \blacktriangle_{\bot}^{A} (C|D)$。由于 $Y \subseteq B \backslash \rho(B \blacktriangle_{\bot}^{A} (C|D))$，$Y \cap \rho(B \blacktriangle_{\bot}^{A} (C|D)) = \emptyset$。但是根据 $Y \in B \blacktriangle_{\bot}^{A} (C|D)$ 和定义 3.4(2)，$Y \cap \rho(B \blacktriangle_{\bot}^{A} (C|D)) \neq \emptyset$。矛盾。故假设错误，EV-OutSuccess 成立。

EV-Closure: 用反证法。假设 $Cn(B \rhd_A (C|D)) \cap B \not\subseteq B \rhd_A (C|D)$。那么存在 $\psi \in B \backslash B \rhd_A (C|D)$ 使得 $B \rhd_A (C|D) \vdash \psi$。由于 $\psi \in B \backslash B \rhd_A (C|D)$，那么 $\psi \in B \backslash (B \backslash \rho(B \blacktriangle_{\bot}^{A} (C|D)) \cup D)$。假设 $\psi \notin \rho(B \blacktriangle_{\bot}^{A} (C|D))$。那么我们有 $\psi \in B \backslash \rho(B \blacktriangle_{\bot}^{A} (C|D)) \subseteq B \backslash \rho(B \blacktriangle_{\bot}^{A} (C|D)) \cup D$。矛盾。因此 $\psi \in \rho(B \blacktriangle_{\bot}^{A} (C|D))$。根据定义 3.4(3) 我们有 $B \backslash \rho(B \blacktriangle_{\bot}^{A} (C|D)) \cup D \nvdash \psi$，亦即 $B \rhd_A (C|D) \nvdash \psi$。矛盾。故假设错误，EV-Closure 成立。

EV-Uniformity: 令 $C_1|D_1$ 和 $C_2|D_2$ 都是 A-评价，并且 $\forall X \subseteq B$，$Cn(X \cup A \cup D_1) \cap (C_1 \cup \{\bot\}) \neq \emptyset \iff Cn(X \cup A \cup D_2) \cap (C_2 \cup \{\bot\}) \neq \emptyset$。根据命题 3.2(4) 可得 $B \blacktriangle_{\bot}^{A} (C_1|D_1) = B \blacktriangle_{\bot}^{A} (C_2|D_2)$。因此 $\rho(B \blacktriangle_{\bot}^{A} (C_1|D_1)) = \rho(B \blacktriangle_{\bot}^{A} (C_2|D_2))$。

现在我们先证明下面这个命题：

$(*)$ $\forall C|D \in \mathcal{A}, (B \rhd_A (C|D)) \cap B = B \backslash \rho(B \blacktriangle_{\bot}^{A} (C|D))$

根据定义 3.4和定义 3.5，容易证明 $(B \triangleright_A (C|D)) \cap B = B \backslash \rho(B \blacktriangle_{\perp}^{A}(C|D)) \cup (D \cap B)$。因此，要想证明 $(*)$，我们只需要证明 $D \cap B \subseteq B \backslash \rho(B \blacktriangle_{\perp}^{A}(C|D))$。令 $\varphi \in D \cap B$。用反证法。假设 $\varphi \notin B \backslash \rho(B \blacktriangle_{\perp}^{A}(C|D))$。由于 $\varphi \in B$，$\varphi \in \rho(B \blacktriangle_{\perp}^{A}(C|D))$。因此，存在 $X \in B \blacktriangle_{\perp}^{A}(C|D)$ 使得 $\varphi \in X$。根据命题 3.2(3)，我们有 $\varphi \notin Cn(A \cup D)$。因此，$A \cup D \nvdash \varphi$，这与 $\varphi \in D$ 相矛盾。故假设错误，$\varphi \in B \backslash \rho(B \blacktriangle_{\perp}^{A}(C|D))$。故 $D \cap B \subseteq B \backslash \rho(B \blacktriangle_{\perp}^{A}(C|D))$。故 $(*)$ 成立。

根据 $(*)$、定义 3.4和 $\rho(B \blacktriangle_{\perp}^{A}(C_1|D_1)) = \rho(B \blacktriangle_{\perp}^{A}(C_2|D_2))$，我们有 $B \backslash (B \triangleright_A (C_1|D_1)) = B \backslash (B \triangleright_A (C_1|D_1) \cap B) = B \backslash (B \backslash \rho(B \blacktriangle_{\perp}^{A}(C_1|D_1))) = \rho(B \blacktriangle_{\perp}^{A}(C_1|D_1)) = \rho(B \blacktriangle_{\perp}^{A}(C_2|D_2)) = B \backslash (B \backslash \rho(B \blacktriangle_{\perp}^{A}(C_2|D_2))) = B \backslash (B \triangleright_A (C_2|D_2) \cap B) = B \backslash (B \triangleright_A (C_2|D_2))$。因此 $B \backslash (B \triangleright_A (C_1|D_1)) = B \backslash (B \triangleright_A (C_2|D_2))$。故 EV-Uniformity 成立。

EV-Retainment: 令 $\varphi \in B \backslash B \triangleright_A (C|D)$。那么 $\varphi \notin B \backslash \rho(B \blacktriangle_{\perp}^{A}(C|D)) \cup D$ 并且 $\varphi \in B$。故 $\varphi \in \rho(B \blacktriangle_{\perp}^{A}(C|D))$。根据定义 3.4(1) 可知：存在 $Y \in B \blacktriangle_{\perp}^{A}(C|D)$ 使得 $\varphi \in Y$。令 $X = Y \backslash \{\varphi\}$。由于 $\varphi \in Y$，$X \subset Y$。因此，$Cn(X \cup A \cup D) \cap (C \cup \{\perp\}) = \emptyset$。由于 $X \cup \{\varphi\} = Y \in B \blacktriangle_{\perp}^{A}(C|D)$，$Cn(X \cup \{\varphi\} \cup A \cup D) \cap (C \cup \{\perp\}) \neq \emptyset$。这就是说，存在 $X \subseteq B$ 使得 $Cn(X \cup A \cup D) \cap (C \cup \{\perp\}) = \emptyset$ 并且 $Cn(X \cup \{\varphi\} \cup A \cup D) \cap (C \cup \{\perp\}) \neq \emptyset$。因此，EV-Retainment 成立。

(II) $\Longrightarrow$: 令 $\triangleright$ 为满足上述这些性质的算子。下面证明它是一个核心评价复合修正算子。根据定义 3.5可知，我们需要证明：存在一个统一剪切函数 ρ 使得 $(B, A) \triangleright (C|D) = (B, A) \triangleright^{\rho} (C|D) = (B \triangleright_A^{\rho} (C|D), A \triangleright_B^{\rho} (C|D))$，其中 $B \triangleright_A^{\rho} (C|D) = B \backslash \rho(B \blacktriangle_{\perp}^{A}(C|D)) \cup D$，并且 $A \triangleright_B^{\rho} (C|D) = Cn(A) \cap B \triangleright_A^{\rho} (C|D)$。

定义函数 ρ 使得：对于所有 $C|D \in \mathcal{A}$ 都有 $\rho(B \blacktriangle_{\perp}^{A}(C|D)) = B \backslash (B \triangleright_A (C|D))$。下面先证明 ρ 是一个统一剪切函数。

(a) ρ 是良定义的函数。

也就是要证明：如果 $B \blacktriangle_{\perp}^{A}(C_1|D_1) = B \blacktriangle_{\perp}^{A}(C_2|D_2)$，那么 $\rho(B \blacktriangle_{\perp}^{A}$

$(C_1|D_1)) = \rho(B\blacktriangle^A_\perp(C_2|D_2))$。令 $B\blacktriangle^A_\perp(C_1|D_1) = B\blacktriangle^A_\perp(C_2|D_2)$。根据命题 3.2(4) 可得：$\forall X \subseteq B, Cn(X \cup A \cup D_1) \cap (C_1 \cup \{\perp\}) \neq \emptyset \Longleftrightarrow Cn(X \cup A \cup D_2) \cap (C_2 \cup \{\perp\}) \neq \emptyset$。故根据 EV-Uniformity，我们有 $B\backslash(B \rhd_A (C_1|D_1)) = B\backslash(B \rhd_A (C_2|D_2))$。因此 $\rho(B\blacktriangle^A_\perp(C_1|D_1)) = \rho(B\blacktriangle^A_\perp(C_2|D_2))$。

(b) ρ 满足定义 3.4(1)。

也就是要证明 $\rho(B\blacktriangle^A_\perp(C|D)) \subseteq \bigcup(B\blacktriangle^A_\perp(C|D))$。令 $\varphi \in \rho(B\blacktriangle^A_\perp(C|D))$，亦即 $\varphi \in B\backslash(B\rhd_A (C|D))$。根据 EV-Retainment 可知：存在 $X \subseteq B$ 使得 $Cn(X\cup A\cup D)\cap(C\cup\{\perp\}) = \emptyset$,并且 $Cn(X\cup\{\varphi\}\cup A\cup D)\cap(C\cup\{\perp\}) \neq \emptyset$。根据 $X\cup\{\varphi\} \subseteq B$,$Cn(X\cup\{\varphi\}\cup A\cup D)\cap(C\cup\{\perp\}) \neq \emptyset$ 和引理 3.1,我们可以推导出:存在 $Y \subseteq X\cup\{\varphi\}$ 使得 $Y \in B\blacktriangle^A_\perp(C|D)$。由于 $Y \subseteq X \cup \{\varphi\}$、$Cn(X \cup A \cup D) \cap (C \cup \{\perp\}) = \emptyset$ 并且 $Cn(Y \cup A \cup D) \cap (C \cup \{\perp\}) \neq \emptyset$，我们有 $\varphi \in Y$。因此 $\varphi \in \bigcup(B\blacktriangle^A_\perp(C|D))$。故 $\rho(B\blacktriangle^A_\perp(C|D)) \subseteq \bigcup(B\blacktriangle^A_\perp(C|D))$。

(c) ρ 满足定义 3.4(2)。

也就是要证明：$X \in B\blacktriangle^A_\perp(C|D) \Rightarrow \rho(B\blacktriangle^A_\perp(C|D)) \cap X \neq \emptyset$。令 $X \in B\blacktriangle^A_\perp(C|D)$。用反证法。假设 $\rho(B\blacktriangle^A_\perp(C|D)) \cap X = \emptyset$，亦即 $(B\backslash(B \rhd_A (C|D))) \cap X = \emptyset$。由于 $X \subseteq B$，$X \subseteq B \rhd_A (C|D)$。由于 $X \in B\blacktriangle^A_\perp(C|D)$，$Cn(X \cup A \cup D) \cap (C \cup \{\perp\}) \neq \emptyset$。由于 $X \subseteq B \rhd_A (C|D)$，$Cn(B \rhd_A (C|D) \cup A \cup D) \cap (C \cup \{\perp\}) \neq \emptyset$。根据 EV-Retaiment 和命题 3.1(2),我们有 $A \subseteq B\rhd_A(C|D)$。根据 EV-InSuccess 可得 $Cn(B \rhd_A (C|D)) \cap (C \cup \{\perp\}) \neq \emptyset$。因此，$B \rhd_A (C|D) \vdash \perp$ 或者 $Cn(B \rhd_A (C|D)) \cap C \neq \emptyset$。但是根据 EV-OutSuccess 我们有 $Cn(B \rhd_A (C|D)) \cap C = \emptyset$，并且根据 EV-Consistency 我们有 $B \rhd_A (C|D) \nvdash \perp$。矛盾。故假设错误，$\rho(B\blacktriangle^A_\perp(C|D)) \cap X \neq \emptyset$。因此，$X \in B\blacktriangle^A_\perp(C|D) \Rightarrow \rho(B\blacktriangle^A_\perp(C|D)) \cap X \neq \emptyset$。

(d) ρ 满足定义 3.4(3)。

也就是要证明：$\psi \in \rho(B\blacktriangle^A_\perp(C|D)) \Rightarrow B\backslash\rho(B\blacktriangle^A_\perp(C|D)) \cup D \nvdash \psi$。令 $\psi \in \rho(B\blacktriangle^A_\perp(C|D))$，亦即 $\psi \in B\backslash B \rhd_A (C|D)$。用反证法。假设 $B\backslash\rho(B\blacktriangle^A_\perp(C|D)) \cup D \vdash \psi$，亦即 $B\backslash(B\backslash B \rhd_A (C|D)) \cup D \vdash \psi$。由于 $B\backslash B\rhd_A(C|D) = B\backslash(B\rhd_A(C|D)\cap B)$,$(B\rhd_A(C|D)\cap B)\cup D \vdash \psi$。根据 EV-Inclusion 和 EV-InSuccess，我们有 $(B \rhd_A (C|D) \cap B) \cup D = B \rhd_A (C|D)$。因此 $B\rhd_A(C|D) \vdash \psi$。根据 EV-Closure 和 $\psi \in B\backslash B\rhd_A(C|D)$ 可得:$\psi \notin Cn(B\rhd_A(C|D))$。矛盾。故假设错误,$B\backslash\rho(B\blacktriangle^A_\perp(C|D))\cup D \nvdash$

ψ。因此，$\psi \in \rho(B\blacktriangle^{A}_{\perp}(C|D)) \Rightarrow B\backslash\rho(B\blacktriangle^{A}_{\perp}(C|D)) \cup D \nvdash \psi$。

可见，ρ 是一个统一剪切函数。现令 $\triangleright^{\rho}$ 是一个由 ρ 构造的核心评价复合修正算子。这里证明 $(B, A) \triangleright (C|D) = (B, A) \triangleright^{\rho} (C|D)$。

(a) $B \triangleright_A (C|D) = B \triangleright^{\rho}_A (C|D)$。

根据定义，我们有 $B\triangleright^{\rho}_A(C|D) = B\backslash\rho(B\blacktriangle^{A}_{\perp}(C|D)) \cup D = B\backslash(B\backslash(B \triangleright_A (C|D))) \cup D = B\backslash(B\backslash(B \triangleright_A (C|D) \cap B)) \cup D = (B \triangleright_A (C|D) \cap B) \cup D$。故我们只需要证明：$B \triangleright_A (C|D) = (B \triangleright_A (C|D) \cap B) \cup D$。

方向 $\supseteq$：根据 EV-InSuccess 我们有 $D \subseteq B \triangleright_A (C|D)$。因此 $B \triangleright_A (C|D) \supseteq (B \triangleright_A (C|D) \cap B) \cup D$。

方向 $\subseteq$：令 $\varphi \in B \triangleright_A (C|D)$。根据 EV-Inclusion 我们有 $B \triangleright_A (C|D) \subseteq B \cup D$。因此 $\varphi \in B \cup D$。所以我们有 $\varphi \in (B \triangleright_A (C|D) \cap B) \cup D$。

(b) $A \triangleright_B (C|D) = A \triangleright^{\rho}_B (C|D)$。

根据 EV-CoreInvariance 和定义 3.5可知，我们只需要证明 $Cn(A) \cap (B \cup D) = Cn(A) \cap B'$。方向 $\supseteq$ 是显然的。对于方向 $\subseteq$，这里用反证法。假设 $Cn(A) \cap (B \cup D) \nsubseteq Cn(A) \cap B'$。那么存在 $\varphi \in Cn(A) \cap (B \cup D)$ 使得 $\varphi \notin B' = B\backslash\rho(B\blacktriangle^{A}_{\perp}(C|D)) \cup D$。故 $\varphi \in B$ 并且 $\varphi \in \rho(B\blacktriangle^{A}_{\perp}(C|D)) = B\backslash(B \triangleright_A (C|D))$。根据 EV-Retainment 我们有 $A \cup D \nvdash \varphi$。这与 $\varphi \in Cn(A)$ 相矛盾。故假设错误，$Cn(A) \cap (B \cup D) \subseteq Cn(A) \cap B'$。因此，我们有 $Cn(A) \cap (B \cup D) = Cn(A) \cap B'$。

(c) $(B \triangleright^{\rho}_A (C|D), A \triangleright^{\rho}_B (C|D)) \in \mathcal{B}$。

根据 $B \triangleright_A (C|D) = B \triangleright^{\rho}_A (C|D)$、$A \triangleright_B (C|D) = A \triangleright^{\rho}_B (C|D)$ 和 EV-BelState，这是显然的。 □

从命题 3.1和定理 3.1，我们有如下推论。

推论 3.1 如果 $\triangleright$ 是一个核心评价复合修正算子，那么它满足 EV-Protection 和 EV-Vacuity。

3.4 部分交评价复合修正

这一节将构造另一种评价复合修正算子，即部分交评价复合修正（partial meet evaluative multiple revision）算子。虽然评价复合修正算子与部分交包收缩算子（见第 1.1.4.1节）类似有复合收缩功能，但该算子还要求同时添加信集里的信息，因此这里不能采用包保留集（$K \bigtriangledown_P D$，定义 1.12）来构造部分交评价复合修正算子。类似的，虽然评价复合修正算子与优先复合核心修正算子（见第 1.1.4.4节，[27]）类似，都有将新信息添加进信念库的复合修正成分，但该算子还要求同时放弃弃集里的信息，因此这里不能采用一致保留集（$B \bigtriangledown_{\top} D$，定义 2.7）来构造部分交评价复合修正。这里提出一种新的保留集概念，即评价保留集（evaluative remainder set），来构造部分交评价复合修正，如下定义所示：

定义 3.6 令 $(B, A) \in \mathcal{B}$ 并且 $C|D \in \mathcal{A}$。(B, A) 的 $C|D$-评价保留集，记为 $B \blacktriangledown_{\top}^{A}(C|D)$，是满足下列条件的 X 的集合：

(1) $X \subseteq B$，

(2) $Cn(X \cup A \cup D) \cap (C \cup \{\bot\}) = \emptyset$，

(3) 如果 $X \subset Y \subseteq B$，那么 $Cn(Y \cup A \cup D) \cap (C \cup \{\bot\}) \neq \emptyset$。

这里把满足条件 (1)(2) 的集合称为 (B, A) 上的 $C|D$-通道（passages）。直观地说，它们是那些不会阻碍信集 D 的添加或弃集 C 的删除的 B 的子集。根据条件 (3) 可知，满足这三个条件的集合是极大通道。由于这种极大通道是不会阻碍信集 D 的添加或弃集 C 的删除的极大 B 子集，它们都可作为评价复合修正后保留下来的旧信念的集合。因此，这里把它们称为 (B, A) 上的 $C|D$-评价保留（evaluative remainders），它们构成了 (B, A) 上的 $C|D$-评价保留集 $B \blacktriangledown_{\top}^{A}(C|D)$。通过下面两个例子，我们能更形象地理解评价保留集概念。

例子 3.5 (1) 继续例子 3.2(1)。由于 $B = \{\alpha, \alpha \to \neg\varphi, \beta, \beta \to \neg\psi\}$，$A = \{\alpha \to \neg\varphi, \beta, \beta \to \neg\psi\}$，并且 $C|D = \psi|\varphi$，根据定义 3.6，$B \blacktriangledown_{\top}^{A}(C|D) = \{\{\alpha \to \neg\varphi, \beta, \beta \to \neg\psi\}\}$。

(2) 继续例子 3.2(2)。由于 $B = \{\alpha, \beta, \beta \to \neg\psi, \neg\varphi \to \neg\alpha\}$，$A = \{\beta, \neg\varphi \to \neg\alpha\}$ 并且 $C|D = \varphi|\psi$，根据定义 3.6，$B \blacktriangledown_{\top}^{A}(C|D) = \{\{\beta, \neg\varphi \to \neg\alpha\}\}$。

那么评价保留集有哪些性质呢？下面这个引理表明了评价保留集具有上界性，后面表达定理的证明要用到这个性质。

引理 3.2 令 $(B, A) \in \mathcal{B}$ 并且 $C|D \in \mathcal{A}$。如果 $X \subseteq B$ 并且 $Cn(X \cup A \cup D) \cap (C \cup \{\bot\}) = \emptyset$，那么存在 $Y \supseteq X$ 使得 $Y \in B \blacktriangledown_{\top}^{A}(C|D)$。

证明 令 $X \subseteq B$ 且 $Cn(X \cup A \cup D) \cap (C \cup \{\bot\}) = \emptyset$。记 $T = A \cup D$。故 $X \backslash T \cup T \subseteq B \backslash T \cup T$ 且 $Cn(X \backslash T \cup T) \cap (C \cup \{\bot\}) = \emptyset$。由保留集的上界性引理 2.2可知：存在 Z 使得 $X \backslash T \cup T \subseteq Z \in (B \backslash T \cup T) \bigtriangledown (C \cup \{\bot\})$。由于 $Z \subseteq B \backslash T \cup T$，故 $Z \backslash T \subseteq B \backslash T$。由 $Z \in (B \backslash T \cup T) \bigtriangledown (C \cup \{\bot\})$ 得 $Cn(Z) \cap (C \cup \{\bot\}) = \emptyset$，由 $T \subseteq Z$ 得 $Z = Z \backslash T \cup T$，故 $Cn(Z \backslash T \cup T) \cap (C \cup \{\bot\}) = \emptyset$。下面证明 $X \subseteq (Z \backslash T) \cup (B \cap T) \in B \blacktriangledown_{\top}^{A}(C|D)$。

先证 $(Z\backslash T)\cup(B\cap T)\in B\blacktriangledown^A_\top(C|D)$。用反证法。假设 $(Z\backslash T)\cup(B\cap T)\notin B\blacktriangledown^A_\top(C|D)$。由 $Z\backslash T\subseteq B\backslash T$ 易得 $(Z\backslash T)\cup(B\cap T)\subseteq B$。由 $Cn(Z\backslash T\cup T)\cap(C\cup\{\bot\})=\emptyset$ 得 $Cn((Z\backslash T)\cup(B\cap T)\cup T)\cap(C\cup\{\bot\})=Cn(Z\backslash T\cup T)\cap(C\cup\{\bot\})=\emptyset$。故由假设和定义 3.6知：存在 Y 使得 $(Z\backslash T)\cup(B\cap T)\subset Y\subseteq B$ 且 $Cn(Y\cup T)\cap(C\cup\{\bot\})=\emptyset$。故存在 $\psi\in Y$ 但 $\psi\notin(Z\backslash T)\cup(B\cap T)$，故 $\psi\notin Z\backslash T$ 且 $\psi\notin B\cap T$，又 $\psi\in Y\subseteq B$，故 $\psi\notin T$，故 $\psi\notin Z\backslash T\cup T$。由 $(Z\backslash T)\cup(B\cap T)\subset Y$ 得 $Z\backslash T\cup T\subseteq Y\cup T$。再由 $\psi\in Y\cup T$ 和 $\psi\notin Z\backslash T\cup T$ 得 $Z\backslash T\cup T\subset Y\cup T$，故 $Z\subset Y\cup T\subseteq B\backslash T\cup T$，再由 $Z\in(B\backslash T\cup T)\bigtriangledown(C\cup\{\bot\})$ 得 $Cn(Y\cup T)\cap(C\cup\{\bot\})\neq\emptyset$，产生矛盾，故假设错误，$(Z\backslash T)\cup(B\cap T)\in B\blacktriangledown^A_\top(C|D)$。

再证 $X\subseteq(Z\backslash T)\cup(B\cap T)$。令 $\varphi\in X$，分两种情况。当 $\varphi\in T$ 时，$\varphi\in B\cap T\subseteq(Z\backslash T)\cup(B\cap T)$ 显然成立；当 $\varphi\notin T$ 时，由 $X\subseteq X\backslash T\cup T\subseteq Z$ 得 $\varphi\in Z$，又 $\varphi\notin T$，故 $\varphi\in Z\backslash T\subseteq(Z\backslash T)\cup(B\cap T)$。两种情况都有 $\varphi\in(Z\backslash T)\cup(B\cap T)$，故 $X\subseteq(Z\backslash T)\cup(B\cap T)$。

由 $X\subseteq(Z\backslash T)\cup(B\cap T)$ 和 $(Z\backslash T)\cup(B\cap T)\in B\blacktriangledown^A_\top(C|D)$ 知存在 $W\supseteq X$ 使得 $W\in B\blacktriangledown^A_\top(C|D)$。 □

这个上界性的直观意思是说：每个不阻碍信集 D 的添加和弃集 C 的删除的信念集都可以扩张到一个评价保留。除了上界性，评价保留集还具有下列边界性质。

命题 3.5 令 $(B,A)\in\mathcal{B}$ 并且 $\{C|D,C_1|D_1,C_2|D_2\}\subseteq\mathcal{A}$。那么我们有下列命题。

(1) $B\blacktriangledown^A_\top(C|D)\neq\emptyset$

(2) $B\in B\blacktriangledown^A_\top(C|D)\Longleftrightarrow Cn(B\cup D)\cap(C\cup\{\bot\})=\emptyset$

(3) $X\in B\blacktriangledown^A_\top(C|D)\Longrightarrow Cn(A\cup D)\cap B\subseteq X$

(4) $B\blacktriangledown^A_\top(C_1|D_1)=B\blacktriangledown^A_\top(C_2|D_2)$，当且仅当，对于所有 $X\subseteq B$ 都有

$$Cn(X\cup A\cup D_1)\cap(C_1\cup\{\bot\})\neq\emptyset\Longleftrightarrow Cn(X\cup A\cup D_2)\cap(C_2\cup\{\bot\})\neq\emptyset。$$

证明 (1) 由于 $(B,A)\in\mathcal{B}$ 并且 $C|D\in\mathcal{A}$，我们有 $A\subseteq B$，并且 $Cn(A\cup D)\cap(C\cup\{\bot\})=\emptyset$。根据上界性引理 3.2可知：存在 $Y\supseteq A$ 使得 $Y\in B\blacktriangledown^A_\top(C|D)$。因此 $B\blacktriangledown^A_\top(C|D)\neq\emptyset$。

(2) 从定义 3.6显然可得。

(3) 令 $X\in B\blacktriangledown^A_\top(C|D)$。用反证法。假设 $Cn(A\cup D)\cap B\nsubseteq X$。那么存在 $\varphi\in Cn(A\cup D)\cap B$ 使得 $\varphi\notin X$。由于 $X\in B\blacktriangledown^A_\top(C|D)$，我们有 $Cn(X\cup A\cup D)\cap(C\cup\{\bot\})=\emptyset$。由于 $\varphi\notin X$ 并且 $\varphi\in B$，我们有 $X\subset X\cup\{\varphi\}\subseteq B$。

那么根据 $X \in B\blacktriangledown^{A}_{\top}(C|D)$ 可得：$Cn(X\cup\{\varphi\}\cup A\cup D)\cap(C\cup\{\bot\})\neq\emptyset$。然而，根据 $\varphi\in Cn(A\cup D)$ 我们有 $Cn(X\cup\{\varphi\}\cup A\cup D)=Cn(X\cup A\cup D)$。因此 $Cn(X\cup\{\varphi\}\cup A\cup D)\cap(C\cup\{\bot\})=Cn(X\cup A\cup D)\cap(C\cup\{\bot\})=\emptyset$。矛盾。故假设错误，$Cn(A\cup D)\cap B\subseteq X$。

(4) $\Longrightarrow$: 令左边成立。用反证法。假设右边不成立。不失一般性，假设 $Cn(X\cup A\cup D_1)\cap(C_1\cup\{\bot\})\neq\emptyset$ 但是 $Cn(X\cup A\cup D_2)\cap(C_2\cup\{\bot\})=\emptyset$。根据 $X\subseteq B$、$Cn(X\cup A\cup D_2)\cap(C_2\cup\{\bot\})=\emptyset$ 和引理 3.2可知：存在 $Y\supseteq X$ 使得 $Y\in B\blacktriangledown^{A}_{\top}(C_2|D_2)$。根据左边我们有 $Y\in B\blacktriangledown^{A}_{\top}(C_1|D_1)$。那么 $Cn(Y\cup A\cup D_1)\cap(C_1\cup\{\bot\})=\emptyset$。由于 $Y\supseteq X$，$Cn(X\cup A\cup D_1)\cap(C_1\cup\{\bot\})=\emptyset$。矛盾。故假设错误，右边成立。

$\Longleftarrow$: 令右边成立。根据对称性，我们只需证 $B\blacktriangledown^{A}_{\top}(C_1|D_1)\subseteq B\blacktriangledown^{A}_{\top}(C_2|D_2)$。令 $X\in B\blacktriangledown^{A}_{\top}(C_1|D_1)$，那么 $X\subseteq B$ 并且 $Cn(X\cup A\cup D_1)\cap(C_1\cup\{\bot\})=\emptyset$。根据右边我们有 $Cn(X\cup A\cup D_2)\cap(C_2\cup\{\bot\})=\emptyset$。假设存在 Y 使得 $X\subset Y\subseteq B$ 并且 $Cn(Y\cup A\cup D_2)\cap(C_2\cup\{\bot\})=\emptyset$。那么根据右边我们有 $Cn(Y\cup A\cup D_1)\cap(C_1\cup\{\bot\})=\emptyset$，进而 $X\notin B\blacktriangledown^{A}_{\top}(C_1|D_1)$。这将导致矛盾。因此，并不存在$Y$ 使得 $X\subset Y\subseteq B$ 并且 $Cn(Y\cup A\cup D_2)\cap(C_2\cup\{\bot\})=\emptyset$。因此，如果 $X\subset Y\subseteq B$ 那么 $Cn(Y\cup A\cup D_2)\cap(C_2\cup\{\bot\})\neq\emptyset$。因此，$X\in B\blacktriangledown^{A}_{\top}(C_2|D_2)$，进而 $B\blacktriangledown^{A}_{\top}(C_1|D_1)\subseteq B\blacktriangledown^{A}_{\top}(C_2|D_2)$。故左边成立。 □

命题 (1) 说的是评价保留集始终为非空。命题 (2) 是说：B 是 (B,A) 的通道，意味着它是 (B,A) 的评价保留。命题 (3) 的意思是说，所有由核心信念和信集所蕴涵的原有信念都是可信的，每个评价保留都包含了它们。命题 (4) 的直观意思是说：$C_1|D_1$-通道与 $C_2|D_2$-通道相同意味着它们的评价保留相同。

既然每个 $C|D$-评价保留都不会阻碍信集 D 的添加和弃集 C 的删除，而且它们都是极大的，故它们都可作为评价复合修正后保留下来的原有信念的集合。又由命题 3.5(1) 知 $B\blacktriangledown^{A}_{\top}(C|D)\neq\emptyset$。因此，我们可以从评价保留集中任意挑选一个评价保留作为评价复合修正后信念库 B 中保留下来的原有信念的集合。但是这样的评价保留可能并不唯一。因此，更一般地，我们可以从 $B\blacktriangledown^{A}_{\top}(C|D)$ 中挑选出一部分评价保留进行交运算，把这个交集与信集 D 的并集作为评价复合修正后的新信念库。这就是部分交评价复合修正算子的主要思想，如图 3-3 所示，其中 R_1 和 R_2 是不会阻碍信集 D 的添加和弃集 C 的删除的评价保留。因此，我们可以选择 R_1 和 R_2 的交集作为评价复合修正后得以保留的原有信念的集合。

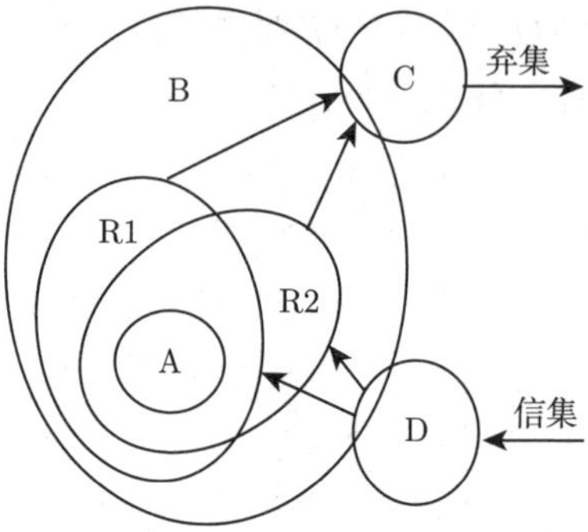

图 3-3　部分交评价复合修正

更精确地说，我们可以给出下面这个统一选择函数。

定义 3.7　令 $(B, A) \in \mathcal{B}$。一个函数 γ 是统一选择函数（unified selection function），当且仅当，对于每个评价保留集 $B\blacktriangledown^{A}_{\top}(C|D)$ 都有

(1) $\gamma(B\blacktriangledown^{A}_{\top}(C|D)) \subseteq B\blacktriangledown^{A}_{\top}(C|D)$，而且

(2) $\gamma(B\blacktriangledown^{A}_{\top}(C|D)) \neq \emptyset$。

上述定义的条件 (1) 说的是统一选择函数只从评价保留集中挑选评价保留进行交运算。由命题 3.5(1) 知 $B\blacktriangledown^{A}_{\top}(C|D)$ 是非空的，故定义 3.7的条件 (2) 是可行的。值得注意的是，核心信念集 A 和信集 D 里的信息都是可信的信息，这些可信信息的逻辑后承 $Cn(A \cup D) \cap B$ 自然也是可信的，不应该在修正过程中被删除掉。但是上述统一选择函数的定义并没有把这个要求作为一个条件。那么基于这种统一选择函数的部分交评价复合修正是否会保留这些可信新信息呢？由命题 3.2(3) 可知，$B\blacktriangledown^{A}_{\top}(C|D)$ 里的每个评价保留都包含 $Cn(A \cup D) \cap B$。再根据上述定义的条件 (1)(2) 可知，统一选择函数所挑选的评价保留都包含这些可信的信息，故它们的交集必定也是如此，由此可见部分交评价复合修正确实会保留这些可信新信息。也就是说，下面命题成立。

命题 3.6　令 $(B, A) \in \mathcal{B}$ 且 $C|D \in \mathcal{A}$，$\gamma(B\blacktriangledown^{A}_{\top}(C|D))$ 为统一选择函数。那么 $Cn(A \cup D) \cap B \subseteq \bigcap\gamma(B\blacktriangledown^{A}_{\top}(C|D))$。

例子 3.6　(1) 继续例子 3.5(1)。对于每个统一选择函数 γ，我们有 $\gamma(B\blacktriangledown^{A}_{\top}(C|D)) = \{\{\alpha \to \neg\varphi, \beta, \beta \to \neg\psi\}\}$。

(2) 继续例子 3.5(2)。对于每个统一选择函数 γ，我们有 $\gamma(B\blacktriangledown^{A}_{\top}(C|D)) = \{\{\beta, \neg\varphi \to \neg\alpha\}\}$。

现在我们可以利用统一选择函数来构造部分交评价复合修正算子。

定义 3.8　令 $(B, A) \in \mathcal{B}$ 并且 γ 是统一选择函数。

(1) 由 γ 构造的部分交评价复合修正算子，记为 $\triangleright^{\gamma}$，定义为：$\forall(C|D) \in \mathcal{A}((B, A) \triangleright_A^{\gamma} (C|D) = (B', A'))$，其中 $B' = \bigcap\gamma(B\blacktriangledown_{\top}^{A}(C|D)) \cup D$ 并且 $A' = Cn(A) \cap B'$。

(2) 一个算子 $\triangleright$ 是部分交评价复合修正算子当且仅当存在一个统一选择函数 γ 使得 $(B, A) \triangleright (C|D) = (B, A) \triangleright^{\gamma} (C|D)$。

为了方便，这里将 $(B, A) \triangleright^{\gamma} (C|D)$ 的第一项和第二项分别记为 $B \triangleright_A^{\gamma} (C|D)$ 和 $A \triangleright_B^{\gamma} (C|D)$。下面通过一个例子来阐明这种部分交评价复合修正算子。

例子 3.7 (1) 继续例子 3.6(1)。对于每个统一选择函数 γ，我们有 $B \triangleright_A^{\gamma} (C|D) = \{\alpha \to \neg\varphi, \beta, \beta \to \neg\psi, \varphi\}$ 并且 $A \triangleright_A^{\gamma} (C|D) = \{\alpha \to \neg\varphi, \beta, \beta \to \neg\psi\}$。

(2) 继续例子 3.6(2)。对于每个统一选择函数 γ，我们有 $B \triangleright_A^{\gamma} (C|D) = \{\beta, \neg\varphi \to \neg\alpha, \psi\}$ 并且 $A \triangleright_B^{\gamma} (C|D) = \{\beta, \neg\varphi \to \neg\alpha\}$。

下面我们证明部分交评价复合修正算子的表达定理。

定理 3.2 一个算子 $\triangleright$ 是一个部分交评价复合修正算子当且仅当它满足 EV-BelState，EV-Consistency，EV-CoreInvariance，EV-Inclusion，EV-InSuccess，EV-OutSuccess，EV-Uniformity 和 EV-Relevance。

证明 (I) $\Longrightarrow$: 令 $\triangleright$ 为一个部分交评价复合修正算子。这里证明它满足下面这些性质。

EV-BelState: 根据定义 3.1和 3.5易知，我们需要证明 $Cn(A') \cap B' = A'$，即 $Cn(Cn(A) \cap B') \cap B' = Cn(A) \cap B'$。这是很容易验证的。

EV-Consistency: 用反证法。假设 $B \triangleright_A (C|D) \vdash \bot$，亦即 $\bigcap\gamma(B\blacktriangledown_{\top}^{A}(C|D)) \cup D \vdash \bot$。根据定义 3.7我们有 $\gamma(B\blacktriangledown_{\top}^{A}(C|D)) \neq \emptyset$。任意选择 $X \in \gamma(B\blacktriangledown_{\top}^{A}(C|D))$。那么 $\bigcap\gamma(B\blacktriangledown_{\top}^{A}(C|D)) \subseteq X$。根据 $\bigcap\gamma(B\blacktriangledown_{\top}^{A}(C|D)) \cup D \vdash \bot$ 可得 $X \cup D \vdash \bot$。那么我们有 $Cn(X \cup A \cup D) \cap (C \cup \{\bot\}) \neq \emptyset$。然而，根据 $X \in \gamma(B\blacktriangledown_{\top}^{A}(C|D))$，我们有 $X \in B\blacktriangledown_{\top}^{A}(C|D)$。而这蕴涵 $Cn(X \cup A \cup D) \cap (C \cup \{\bot\}) = \emptyset$。矛盾。故假设错误，$B \triangleright_A (C|D) \nvdash \bot$。

EV-CoreInvariance: 根据定义 3.8可知，我们需要证明 $Cn(A) \cap B' = Cn(A) \cap (B \cup D)$。方向 $\subseteq$ 是显然的。对于方向 $\supseteq$，这里用反证法。假设 $Cn(A) \cap B' \not\supseteq Cn(A) \cap (B \cup D)$。那么存在 $\varphi \in Cn(A) \cap (B \cup D)$ 使得 $\varphi \notin B' = \bigcap\gamma(B\blacktriangledown_{\top}^{A}(C|D)) \cup$

D。那么 $\varphi \in B$。根据 $\varphi \notin \bigcap \gamma(B \blacktriangledown_{\top}^{A}(C|D))$ 和定义 3.7(2) 可知：存在 $X \in \gamma(B \blacktriangledown_{\top}^{A}(C|D))$ 使得 $\varphi \notin X$。根据命题 3.5(3) 可得 $\varphi \notin Cn(A \cup D) \cap B$。由于 $\varphi \in B$，$\varphi \notin Cn(A \cup D)$。这与 $\varphi \in Cn(A)$ 相矛盾。故方向 $\supseteq$ 也成立。

EV-Inclusion: 根据定义 3.6可知，对于每个 $X \in B \blacktriangledown_{\top}^{A}(C|D)$，都有 $X \subseteq B$。因此 $\bigcap \gamma(B \blacktriangledown_{\top}^{A}(C|D)) \subseteq B$，进而 $B \rhd_A (C|D) = \bigcap \gamma(B \blacktriangledown_{\top}^{A}(C|D)) \cup D \subseteq B \cup D$。

EV-InSuccess: 根据定义 3.8直接可得。

EV-OutSuccess: 用反证法。假设 $Cn(B \rhd_A (C|D)) \cap C \neq \emptyset$。令 $\varphi \in Cn(B \rhd_A (C|D)) \cap C$。那么 $\varphi \in C$ 并且 $B \rhd_A (C|D) = \bigcap \gamma(B \blacktriangledown_{\top}^{A}(C|D)) \cup D \vdash \varphi$。根据定义 3.7 可得：$\gamma(B \blacktriangledown_{\top}^{A}(C|D)) \neq \emptyset$。任意选择 $X \in \gamma(B \blacktriangledown_{\top}^{A}(C|D))$。那么 $\bigcap \gamma(B \blacktriangledown_{\top}^{A}(C|D)) \subseteq X$。根据 $\bigcap \gamma(B \blacktriangledown_{\top}^{A}(C|D)) \cup D \vdash \varphi$ 可得 $X \cup D \vdash \varphi$。那么 $\varphi \in Cn(X \cup A \cup D) \cap (C \cup \{\bot\})$。因此 $Cn(X \cup A \cup D) \cap (C \cup \{\bot\}) \neq \emptyset$。然而，根据 $X \in \gamma(B \blacktriangledown_{\top}^{A}(C|D))$ 我们有 $X \in B \blacktriangledown_{\top}^{A}(C|D)$。因此 $Cn(X \cup A \cup D) \cap (C \cup \{\bot\}) = \emptyset$。矛盾。

EV-Uniformity: 令 $\{C_1|D_1, C_2|D_2\} \subseteq \mathcal{A}$ 并且 $\forall X \subseteq B, Cn(X \cup A \cup D_1) \cap (C_1 \cup \{\bot\}) \neq \emptyset \iff Cn(X \cup A \cup D_2) \cap (C_2 \cup \{\bot\}) \neq \emptyset$。根据命题 3.5(4)，我们有 $B \blacktriangledown_{\top}^{A}(C_1|D_1) = B \blacktriangledown_{\top}^{A}(C_2|D_2)$。故 $\gamma(B \blacktriangledown_{\top}^{A}(C_1|D_1)) = \gamma(B \blacktriangledown_{\top}^{A}(C_2|D_2))$，并且 $\bigcap \gamma(B \blacktriangledown_{\top}^{A}(C_1|D_1)) = \bigcap \gamma(B \blacktriangledown_{\top}^{A}(C_2|D_2))$。

现在我们先证明下面这个命题：

$$(*) \quad \forall C|D \in \mathcal{A}, B \cap B \rhd_A (C|D) = \bigcap \gamma(B \blacktriangledown_{\top}^{A}(C|D))$$

根据 $B \rhd_A (C|D)$ 的定义，$B \cap B \rhd_A (C|D) = B \cap \left(\bigcap \gamma(B \blacktriangledown_{\top}^{A}(C|D)) \cup D\right) = \bigcap \gamma(B \blacktriangledown_{\top}^{A}(C|D)) \cup (D \cap B)$。因此，如果我们想证明 $B \cap B \rhd_A (C|D) = \bigcap \gamma(B \blacktriangledown_{\top}^{A}(C|D))$，我们只需要证明 $D \cap B \subseteq \cap \gamma(B \blacktriangledown_{\top}^{A}(C|D))$。用反证法。假设 $D \cap B \nsubseteq \bigcap \gamma(B \blacktriangledown_{\top}^{A}(C|D))$。那么存在 $\varphi \in D \cap B$ 使得 $\varphi \notin \bigcap \gamma(B \blacktriangledown_{\top}^{A}(C|D))$。根据定义 3.7(2)，我们有 $\gamma(B \blacktriangledown_{\top}^{A}(C|D)) \neq \emptyset$。根据 $\varphi \notin \bigcap \gamma(B \blacktriangledown_{\top}^{A}(C|D))$ 和 $\gamma(B \blacktriangledown_{\top}^{A}(C|D)) \neq \emptyset$ 可知：存在 $X \in \gamma(B \blacktriangledown_{\top}^{A}(C|D))$

使得 $\varphi\notin X$。根据命题 3.5(3) 可得 $\varphi\notin Cn(A\cup D)\cap B$。而这与 $\varphi\in D\cap B$ 相矛盾。故 $D\cap B\subseteq\bigcap\gamma(B\blacktriangledown^{A}_{\top}(C|D))$。因此 (*) 成立。

根据 (*) 可知：$B\backslash(B\rhd_A(C_1|D_1))=B\backslash(B\cap B\rhd_A(C_1|D_1))=B\backslash\bigcap\gamma(B\blacktriangledown^{A}_{\top}(C_1|D_1))$。根据 $\bigcap\gamma(B\blacktriangledown^{A}_{\top}(C_1|D_1))=\bigcap\gamma(B\blacktriangledown^{A}_{\top}(C_2|D_2))$，我们有 $B\backslash\bigcap\gamma(B\blacktriangledown^{A}_{\top}(C_1|D_1))=B\backslash\bigcap\gamma(B\blacktriangledown^{A}_{\top}(C_2|D_2))$。那么根据 $(*)$ 我们也有 $B\backslash\bigcap\gamma(B\blacktriangledown^{A}_{\top}(C_2|D_2))=B\backslash(B\cap B\rhd_A(C_2|D_2))=B\backslash(B\rhd_A(C_2|D_2))$。因此，$B\backslash(B\rhd_A(C_1|D_1))=B\backslash(B\rhd_A(C_2|D_2))$。故 EV-Uniformity 成立。

EV-Relevance: 令 $\psi\in B\backslash B\rhd_A(C|D)$，亦即 $\psi\in B$ 并且 $\psi\notin\bigcap\gamma(B\blacktriangledown^{A}_{\top}(C|D))\cup D$。根据 $\psi\notin\bigcap\gamma(B\blacktriangledown^{A}_{\top}(C|D))$ 和 $\gamma(B\blacktriangledown^{A}_{\top}(C|D))\neq\emptyset$ 可知：存在 $X\in\gamma(B\blacktriangledown^{A}_{\top}(C|D))$ 使得 $\psi\notin X$。根据 $X\in\gamma(B\blacktriangledown^{A}_{\top}(C|D))$，我们有 $\bigcap\gamma(B\blacktriangledown^{A}_{\top}(C|D))\subseteq X$。根据 $(*)$，我们有 $B\cap B\rhd_A(C|D)=\bigcap\gamma(B\blacktriangledown^{A}_{\top}(C|D))$。那么 $B\cap B\rhd_A(C|D)\subseteq X$。由于 $X\in B\blacktriangledown^{A}_{\top}(C|D)$，$Cn(X\cup A\cup D)\cap(C\cup\{\bot\})=\emptyset$。根据 $\psi\notin X$、$X\subseteq B$ 和 $\psi\in B$ 可知：$X\subset X\cup\{\psi\}\subseteq B$。那么根据 $X\in B\blacktriangledown^{A}_{\top}(C|D)$ 可得 $Cn(X\cup\{\psi\}\cup A\cup D)\cap(C\cup\{\bot\})\neq\emptyset$。这就是说，存在 $X\subseteq B$ 使得 $B\rhd_A(C|D)\cap B\subseteq X$ 并且 $Cn(X\cup A\cup D)\cap(C\cup\{\bot\})=\emptyset$，但是 $Cn(X\cup\{\psi\}\cup A\cup D)\cap(C\cup\{\bot\})\neq\emptyset$。故 EV-Relevance 成立。

(II) $\Longleftarrow$: 令 $\rhd$ 为满足上述这些性质的算子。这里证明 $\rhd$ 是一个部分交评价复合修正算子。根据定义 3.8可知，我们需要证明：存在一个统一选择函数 γ 使得 $(B,A)\rhd(C|D)=(B,A)\rhd^{\gamma}(C|D)=(B\rhd^{\gamma}_{A}(C|D),A\rhd^{\gamma}_{B}(C|D))$，其中 $B\rhd^{\gamma}_{A}(C|D)=\bigcap\gamma(B\blacktriangledown^{A}_{\top}(C|D))\cup D$，并且 $A\rhd^{\gamma}_{B}(C|D)=Cn(A)\cap B\rhd^{\gamma}_{A}(C|D)$。

定义函数 γ 使得：对所有 $C|D\in\mathcal{A}$ 都有 $\gamma(B\blacktriangledown^{A}_{\top}(C|D))=\{X\in B\blacktriangledown^{A}_{\top}(C|D)|B\cap B\rhd_A(C|D)\subseteq X\}$。下面先证明 γ 是一个统一选择函数。

(a) γ 是良定义的函数。

这就是要证明：如果 $B\blacktriangledown^{A}_{\top}(C_1|D_1)=B\blacktriangledown^{A}_{\top}(C_2|D_2)$，那么 $\gamma(B\blacktriangledown^{A}_{\top}(C_1|D_1))=\gamma(B\blacktriangledown^{A}_{\top}(C_2|D_2))$。令 $B\blacktriangledown^{A}_{\top}(C_1|D_1)=B\blacktriangledown^{A}_{\top}(C_2|D_2)$。根据命题 3.5(4)，我们有 $\forall X\subseteq B,Cn(X\cup A\cup D_1)\cap(C_1\cup\{\bot\})\neq\emptyset\Longleftrightarrow Cn(X\cup A\cup D_2)\cap(C_2\cup\{\bot\})\neq\emptyset$。根据 EV-Uniformity 可得

$B\backslash(B\triangleright_A(C_1|D_1)) = B\backslash(B\triangleright_A(C_2|D_2))$。那么 $B\backslash(B\cap B\triangleright_A(C_1|D_1)) = B\backslash(B\cap B\triangleright_A(C_2|D_2))$，进而 $B\backslash(B\backslash(B\cap B\triangleright_A(C_1|D_1))) = B\backslash(B\backslash(B\cap B\triangleright_A(C_2|D_2)))$。因此，$B\cap B\triangleright_A(C_1|D_1) = B\cap B\triangleright_A(C_2|D_2)$。因此，根据函数 γ 的定义，我们有 $\gamma(B\blacktriangledown^A_\top(C_1|D_1)) = \gamma(B\blacktriangledown^A_\top(C_2|D_2))$。故 γ 是良定义的函数。

(b) γ 满足定义 3.7(1)。

根据函数 γ 的定义，我们显然有 $\gamma(B\blacktriangledown^A_\top(C|D)) \subseteq B\blacktriangledown^A_\top(C|D)$。

(c) γ 满足定义 3.7(2)。

也就是要证明 $\gamma(B\blacktriangledown^A_\top(C|D)) \neq \emptyset$。根据 EV-OutSuccess 我们有 $Cn(B\triangleright_A(C|D)) \cap C = \emptyset$。根据 EV-Consistency 我们有 $Cn(B\triangleright_A(C|D)) \cap \{\bot\} = \emptyset$。那么 $Cn(B\triangleright_A(C|D)) \cap (C\cup\{\bot\}) = \emptyset$，进而根据 EV-InSuccess 我们有 $Cn(B\cap B\triangleright_A(C|D)\cup D) \cap (C\cup\{\bot\}) = \emptyset$。根据 EV-Relevance 和命题 3.1(2)，我们有 $A \subseteq B\triangleright_A(C|D)$。故 $(B\cap B\triangleright_A(C|D))\cup A\cup D = (B\cap B\triangleright_A(C|D))\cup D$，进而 $Cn((B\cap B\triangleright_A(C|D))\cup A\cup D)\cap(C\cup\{\bot\}) = \emptyset$。根据 $B\cap B\triangleright_A(C|D) \subseteq B$ 和引理 3.2可知：存在 $Y \supseteq B\cap B\triangleright_A(C|D)$ 使得 $Y \in B\blacktriangledown^A_\top(C|D)$。根据 γ 的定义，我们有 $Y \in \{X \in B\blacktriangledown^A_\top(C|D) | B\cap B\triangleright_A(C|D) \subseteq X\} = \gamma(B\blacktriangledown^A_\top(C|D))$。因此 $\gamma(B\blacktriangledown^A_\top(C|D)) \neq \emptyset$。

因此，函数 γ 是一个统一选择函数。现在令 $\triangleright^\gamma$ 是由 γ 构造的部分交评价复合修正算子。这里证明 $(B,A)\triangleright(C|D) = (B,A)\triangleright^\gamma(C|D)$。

(a) $B\triangleright_A(C|D) = B\triangleright^\gamma_A(C|D)$。

$\subseteq$ 方向：用反证法。假设 $B\triangleright_A(C|D) \not\subseteq B\triangleright^\gamma_A(C|D)$。那么存在 $\varphi \in B\triangleright_A(C|D)$ 使得 $\varphi \notin \bigcap\gamma(B\blacktriangledown^A_\top(C|D))\cup D$。因此，$\varphi \notin D$ 并且 $\varphi \notin \bigcap\gamma(B\blacktriangledown^A_\top(C|D))$。根据 $\gamma(B\blacktriangledown^A_\top(C|D)) \neq \emptyset$ 和 $\varphi \notin \bigcap\gamma(B\blacktriangledown^A_\top(C|D))$ 可知：存在 $X \in \gamma(B\blacktriangledown^A_\top(C|D))$ 使得 $\varphi \notin X$。根据 γ 的定义，我们有 $B\cap B\triangleright_A(C|D) \subseteq X$。那么 $\varphi \notin B\cap B\triangleright_A(C|D)$。由于 $\varphi \in B\triangleright_A(C|D)$，我们有 $\varphi \notin B$。根据 $\varphi \notin D$ 和 $\varphi \notin B$，我们有 $\varphi \notin B\cup D$。然而，根据 $\varphi \in B\triangleright_A(C|D)$ 和 EV-Inclusion，我们有 $\varphi \in B\cup D$。矛盾。故 $\subseteq$ 方向成立。

$\supseteq$ 方向：用反证法。假设 $B\triangleright_A(C|D) \not\supseteq B\triangleright^\gamma_A(C|D)$。那么存在 $\varphi \in B\triangleright^\gamma_A(C|D)$ 使得 $\varphi \notin B\triangleright_A(C|D)$。根据 EV-InSuccess 我们有 $\varphi \notin D$。由于 $\varphi \in \bigcap\gamma(B\blacktriangledown^A_\top(C|D))\cup D$，$\varphi \in \bigcap\gamma(B\blacktriangledown^A_\top(C|D))$。因此，对于所有 $X \in \gamma(B\blacktriangledown^A_\top(C|D))$，都有 $\varphi \in X$。这里把这个结果记为(\$)。由于 $\varphi \in \bigcap\gamma(B\blacktriangledown^A_\top(C|D))$，$\varphi \in B$。故 $\varphi \in B\backslash B\triangleright_A(C|D)$。根

据 EV-Relevance 可知：存在 $Y \subseteq B$ 使得 $B \triangleright_A (C|D) \cap B \subseteq Y$ 并且 $Cn(Y \cup A \cup D) \cap (C \cup \{\bot\}) = \emptyset$，但是 $Cn(Y \cup \{\varphi\} \cup A \cup D) \cap (C \cup \{\bot\}) \neq \emptyset$。根据 $Y \subseteq B$、$Cn(Y \cup A \cup D) \cap (C \cup \{\bot\}) = \emptyset$ 和引理 3.2可知：存在 $Z \supseteq Y$ 使得 $Z \in B \blacktriangledown^A_\top (C|D)$。由于 $Z \in B \blacktriangledown^A_\top (C|D)$，$Cn(Z \cup A \cup D) \cap (C \cup \{\bot\}) = \emptyset$。现在假设 $\varphi \in Z$。那么根据 $\varphi \in Z$ 和 $Z \supseteq Y$ 我们有 $Y \cup \{\varphi\} \subseteq Z$。根据 $Cn(Y \cup \{\varphi\} \cup A \cup D) \cap (C \cup \{\bot\}) \neq \emptyset$ 可知：$Cn(Z \cup A \cup D) \cap (C \cup \{\bot\}) \neq \emptyset$。矛盾。因此 $\varphi \notin Z$。根据 γ 的定义、$\varphi \notin Z \in B \blacktriangledown^A_\top (C|D)$ 和 $B \triangleright_A (C|D) \cap B \subseteq Y \subseteq Z$ 可知：$Z \in \gamma(B \blacktriangledown^A_\top (C|D))$ 并且 $\varphi \notin Z$；也就是说：存在 $Z \in \gamma(B \blacktriangledown^A_\top (C|D))$ 使得 $\varphi \notin Z$。这与 ($) 相矛盾。故假设错误，$\supseteq$ 方向也成立。

(b) $A \triangleright_B (C|D) = A \triangleright^\gamma_B (C|D)$。

根据 EV-CoreInvariance 我们只需要证明 $Cn(A) \cap (B \cup D) = Cn(A) \cap B \triangleright^\gamma_A (C|D)$。方向 $\supseteq$ 是显然的。对于方向 $\subseteq$，这里用反证法。假设 $Cn(A) \cap (B \cup D) \not\subseteq Cn(A) \cap B \triangleright^\gamma_A (C|D)$。那么存在 $\varphi \in Cn(A) \cap (B \cup D)$ 使得 $\varphi \notin \bigcap \gamma(B \blacktriangledown^A_\top (C|D)) \cup D$。因此 $\varphi \in B$。根据 $\varphi \notin \bigcap \gamma(B \blacktriangledown^A_\top (C|D))$ 和 $\gamma(B \blacktriangledown^A_\top (C|D)) \neq \emptyset$ 可知：存在 $X \in \gamma(B \blacktriangledown^A_\top (C|D))$ 使得 $\varphi \notin X$。根据 γ 的定义，我们有 $B \cap B \triangleright_A (C|D) \subseteq X$。因此 $\varphi \notin B \cap B \triangleright_A (C|D)$。由于 $\varphi \in B$，$\varphi \notin B \triangleright_A (C|D)$。故 $\varphi \in B \backslash (B \triangleright_A (C|D))$。然而，根据 EV-Relevance 我们有 $A \cup D \nvdash \varphi$。这与 $\varphi \in Cn(A)$ 相矛盾。故假设错误，方向 $\subseteq$ 也成立。

(c) $(B \triangleright^\gamma_A (C|D), A \triangleright^\gamma_B (C|D)) \in \mathcal{B}$。

根据 $B \triangleright_A (C|D) = B \triangleright^\gamma_A (C|D)$、$A \triangleright_B (C|D) = A \triangleright^\gamma_B (C|D)$ 和 EV-BelState 可知，这是显然的。 □

从命题 3.1和定理 3.2，我们有下列推论。

推论 3.2 如果 $\triangleright$ 是一个部分交评价复合修正算子，那么它满足 EV-Protection，EV-Closure，和 EV-Vacuity。

从定理 3.1和定理 3.2，我们有下列推论。

推论 3.3 如果 $\triangleright$ 是一个部分交评价复合修正算子，那么它也是一个核心评价复合修正算子。

3.5 评价复合修正与其他算子

3.5.1 评价复合修正与置换算子

我们知道，评价复合修正算子在删除弃集中不可信新信息的同时添加

信集的可信新信息。Hansson 在 [63] 中提出的置换算子（replacement）与此类似，只不过置换算子的直观涵义是将信念集 K 中的原有信念 φ 置换为新信念 ψ，记为 $K|^{\varphi}_{\psi}$。下面是置换算子的公理性假定。

R-Closure: $K|^{\varphi}_{\psi} = Cn(K|^{\varphi}_{\psi})$

R-Extensionality: 如果 $\vdash \varphi_1 \leftrightarrow \varphi_2$ 并且 $\vdash \psi_1 \leftrightarrow \psi_2$, 那么 $K|^{\varphi_1}_{\psi_1} = K|^{\varphi_2}_{\psi_2}$。

R-Contractive Success: 如果 $\psi \nvdash \varphi$，那么 $\varphi \notin Cn(K|^{\varphi}_{\psi})$。

R-Revision Success: $\psi \in K|^{\varphi}_{\psi}$

R-Inclusion: $K|^{\varphi}_{\psi} \subseteq Cn(K \cup \psi)$

R-Vacuity: 如果 $\varphi \notin K$ 并且 $\psi \in K$，那么 $K|^{\varphi}_{\psi} = K$。

R-Failure: 如果 $\vdash \varphi$，那么 $K \subseteq K|^{\varphi}_{\psi}$。

R-Expansion: 如果 $\vdash \varphi$，那么 $K|^{\varphi}_{\psi} = Cn(K \cup \psi)$。

R-Consistency: 如果存在集合X 使得 $X \nvdash \varphi$ 并且 $X \vdash \psi$，那么 $K|^{\varphi}_{\psi}$ 是一致的。

R-Recovery: 如果 $\varphi \in K$，那么 $K|^{\varphi}_{\top}|^{\top}_{\varphi} = K$。

R-Condensed Recovery: 如果 $\varphi \in K$，那么 $K|^{\varphi}_{\varphi} = K$。

R-Contractive Uniformity: 如果 $\forall X \ni \psi, X \vdash \varphi_1 \iff X \vdash \varphi_2$，那么 $K|^{\varphi_1}_{\psi} = K|^{\varphi_2}_{\psi}$。

R-Decomposition: 如果对于每个X，$X \vdash \varphi \iff X \cup \{\psi\} \vdash \varphi$，那么 $K|^{\varphi}_{\psi} = K|^{\varphi}_{\top}|^{\top}_{\psi}$。

R-Conjunctive Overlap: $K|^{\varphi_1}_{\psi} \cap K|^{\varphi_2}_{\psi} \subseteq K|^{\varphi_1 \wedge \varphi_2}_{\psi}$

R-Conjunctive Inclusion: 如果 $K|^{\varphi_1 \wedge \varphi_2}_{\psi} \nvdash \varphi_1$，那么 $K|^{\varphi_1 \wedge \varphi_2}_{\psi} \subseteq K|^{\varphi_1}_{\psi}$。

Hansson 已经证明：标准的 AGM 收缩、膨胀和修正可以分别通过置换 $K|^{\psi}_{\top}$、$K|^{\top}_{\psi}$ 和 $K|^{\bot}_{\psi}$ 来定义。

由于置换算子与评价复合修正算子都在放弃信息的同时添加新信念，故下面对它们进行简要的比较研究。置换算子和评价复合修正算子主要有下面三个相似之处。

(1) 这两个算子都包含收缩和修正这两个子操作。置换 $K|^{\varphi}_{\psi}$ 在删除 φ 的同时添加 ψ，评价复合修正 $B \triangleright_A (C|D)$ 则在删除弃集 C 的同时添加信集 D。

(2) 这两个算子都包含子集假定（Inclusion）。置换算子满足 R-Inclusion，即 $K|^{\varphi}_{\psi} \subseteq Cn(K \cup \psi)$，这与评价复合修正算子的 EV-Inclusion

即 $B \triangleright_A (C|D) \subseteq B \cup D$ 非常相似。

(3) 这两个算子在收缩和修正这两个子操作上都有成功性假定。评价复合修正的收缩成功性是 EV-OutSuccess，修正成功性是 EV-InSuccess。对于置换算子，这两个成功性假定分别是 R-Contractive Success 和 R-Revision Success。值得注意的是，R-Contractive Success 不是无条件的，而是需要满足 $\psi \nvdash \varphi$ 这个条件的。类似的，评价复合修正要求新信息是一个满足 $Cn(A \cup D) \cap (C \cup \{\perp\}) = \emptyset$ 的评价结果。这两个条件都要求不可信的信息（φ 和弃集 C）不应包含可信信息（ψ 和信集 D）的逻辑后承。

不过，置换算子和评价复合修正算子在许多方面也非常不同。下面列举一些差异的地方。

(1) 这两个算子的信念状态的表征方式是不同的。在置换算子方面，信念状态由一个信念集表示，该信念集是逻辑后承封闭的；而在评价复合修正中，信念状态由一个二元组 (B, A) 表示，其中信念库 B 不要求是逻辑后承封闭的。

(2) 评价复合修正将核心信念与信念状态中的其他信念区分开来。它要求在信念修正过程中保护核心信念，而这在置换算子中是没有考虑的。

(3) 这两个算子的新信息的类型是不同的。在置换算子中，要删除和添加的新信息都由单个句子表示。因此，置换算子是句子修正。但是在评价复合修正中新信息由两个句子集表示，它们都可以是无穷集。因此，评价复合修正是复合修正而非句子修正。

(4) 在置换算子中，新信息是任意给定的。它不要求要删除的信息与要添加的信息之间有任何关系。但是在评价复合修正中，新信息是一个评价结果，这要求要删除的信息和要添加的信息满足一些特定条件，如定义 3.2。

(5) 置换算子中的一致性假定（即 R-Consistency）是有条件的。但评价复合修正的 EV-Consistency 是无条件的。

(6) 置换算子具有失败性假定（即 R-Failure）和恢复性假定（即 R-Recovery）。在评价复合修正中没有类似的假定。

3.5.2 评价复合修正与核心包收缩

在 [32] 中，Fermé 等人提出了一种核心包收缩（kernel package contraction，见第 1.1.4.2节）。核心包收缩 $B \ominus C$ 从信念库 B 中放弃 C 中的所有信息，使得 C 中的所有信息都不被新信念库所蕴涵。这种复合收缩类似于评价复合修正中对弃集的收缩操作。这一小节将证明：核心包收

缩算子 $\ominus$ 是一个可由评价复合修正算子 $\triangleright$ 定义的特例。要证明它们的这种关系，这里先通过下面定义将复合收缩算子从评价复合修正算子 $\triangleright$ 中分离出来。

定义 3.9 令 $(B, A) \in \mathcal{B}$，$A = Cn(\emptyset) \cap B$，并且 $\triangleright$ 是一个评价复合修正算子。由 $\triangleright$ 生成的收缩算子，记为 $\ominus_{\triangleright}$，按如下方式定义：对于所有的 $C \in \mathcal{P}(\mathcal{L}) \backslash \{\emptyset\}$，都有

$$B \ominus_{\triangleright} C = \begin{cases} B \triangleright_A (C|\emptyset) & \text{如果} Cn(\emptyset) \cap C = \emptyset \\ B & \text{否则} \end{cases}$$

容易验证，如果 $Cn(\emptyset) \cap C = \emptyset$，那么 $C|\emptyset \in \mathcal{A}$。因此，$\ominus_{\triangleright}$ 是良定义的。下面我们可以证明 $\ominus_{\triangleright}$ 和 $\triangleright$ 之间的联系。

定理 3.3 令 $(B, A) \in \mathcal{B}$，$A = Cn(\emptyset) \cap B$，并且 $\triangleright$ 是一个评价复合修正算子。

(1) 如果 $\triangleright$ 是一个核心评价复合修正算子，那么 $\ominus_{\triangleright}$ 是一个核心包收缩算子。

(2) 如果 $\triangleright$ 是一个部分交评价复合修正算子，那么 $\ominus_{\triangleright}$ 是一个核心包收缩算子。

证明 (1) 令 $\triangleright$ 为一个核心评价复合修正算子。根据定理 1.5(1)，我们只需要证明 $\ominus_{\triangleright}$ 满足下面这些公理性假定。

P-Inclusion: 如果 $Cn(\emptyset) \cap C \neq \emptyset$，根据定义 3.9显然有 $B \ominus_{\triangleright} C \subseteq B$。如果 $Cn(\emptyset) \cap C = \emptyset$，根据定义 3.9 可得 $B \ominus_{\triangleright} C = B \triangleright_A (C|\emptyset)$。根据 EV-Inclusion 我们有 $B \triangleright_A (C|\emptyset) \subseteq B \cup \emptyset = B$。因此 $B \ominus_{\triangleright} C \subseteq B$。

P-Success: 令 $Cn(\emptyset) \cap C = \emptyset$。根据定义 3.9，我们有 $B \ominus_{\triangleright} C = B \triangleright_A (C|\emptyset)$。根据 EV-OutSuccess 我们有 $Cn(B \triangleright_A (C|\emptyset)) \cap C = \emptyset$，进而 $Cn(B \ominus_{\triangleright} C) \cap C = \emptyset$。

P-Uniformity: 假设 $\forall X \subseteq B, Cn(X) \cap C_1 \neq \emptyset \Longleftrightarrow Cn(X) \cap C_2 \neq \emptyset$（记为 $(*)$）。因此 $Cn(\emptyset) \cap C_1 = \emptyset \Longleftrightarrow Cn(\emptyset) \cap C_2 = \emptyset$。我们需要在下面两种情况下证明 $B \ominus_{\triangleright} C_1 = B \ominus_{\triangleright} C_2$。

$Cn(\emptyset) \cap C_1 \neq \emptyset \wedge Cn(\emptyset) \cap C_2 \neq \emptyset$: 根据定义 3.9显然有 $B \ominus_{\triangleright} C_1 = B = B \ominus_{\triangleright} C_2$。

$Cn(\emptyset) \cap C_1 = \emptyset \wedge Cn(\emptyset) \cap C_2 = \emptyset$: 根据定义 3.9，我们有 $B \ominus_{\triangleright} C_1 = B \triangleright_A (C_1|\emptyset)$ 并且 $B \ominus_{\triangleright} C_2 = B \triangleright_A$

$(C_2|\emptyset)$。假设 $\forall X \subseteq B, Cn(X \cup A) \cap (C_1 \cup \{\bot\}) \neq \emptyset \iff Cn(X \cup A) \cap (C_2 \cup \{\bot\}) \neq \emptyset$ 并不成立。那么存在 $X \subseteq B$ 使得 $Cn(X \cup A) \cap (C_1 \cup \{\bot\}) \neq \emptyset \not\Leftrightarrow Cn(X \cup A) \cap (C_2 \cup \{\bot\}) \neq \emptyset$。不失一般性，假设 $Cn(X \cup A) \cap (C_1 \cup \{\bot\}) \neq \emptyset$ 但 $Cn(X \cup A) \cap (C_2 \cup \{\bot\}) = \emptyset$。那么存在 $\varphi \in Cn(X \cup A) \cap (C_1 \cup \{\bot\})$。因此，要么 $\varphi \in C_1$ 要么 φ 就是 $\bot$。如果 $\varphi \in C_1$，那么根据 $(*)$ 和 $A = Cn(\emptyset) \cap B$ 可知：我们有 $Cn(X) \cap C_2 \neq \emptyset$，进而 $Cn(X \cup A) \cap (C_2 \cup \{\bot\}) \neq \emptyset$。而这会导致矛盾。如果 φ 就是 $\bot$ 那么 $X \vdash \bot$。因此，$Cn(X \cup A) \cap (C_2 \cup \{\bot\}) \neq \emptyset$，同样产生矛盾。因此，假设错误，$\forall X \subseteq B, Cn(X \cup A) \cap (C_1 \cup \{\bot\}) \neq \emptyset \iff Cn(X \cup A) \cap (C_2 \cup \{\bot\}) \neq \emptyset$。由于 EV-Uniformity 成立，$B \backslash (B \rhd_A (C_1|\emptyset)) = B \backslash (B \rhd_A (C_2|\emptyset))$。由于 $B \ominus_{\rhd} C_1 = B \rhd_A (C_1|\emptyset)$ 并且 $B \ominus_{\rhd} C_2 = B \rhd_A (C_2|\emptyset)$，我们有 $B \backslash (B \ominus_{\rhd} C_1) = B \backslash (B \ominus_{\rhd} C_2)$。再根据上面证明的 P-Inclusion 可知：$B \supseteq B \ominus_{\rhd} C_1$ 并且 $B \supseteq B \ominus_{\rhd} C_2$。因此 $B \ominus_{\rhd} C_1 = B \ominus_{\rhd} C_2$。从而 P-Uniformity 成立。

P-Core-Retainment: 令 $\varphi \in B \backslash B \ominus_{\rhd} C$。那么 $B \ominus_{\rhd} C \neq B$。根据定义 3.9可得 $Cn(\emptyset) \cap C = \emptyset$。因此 $B \ominus_{\rhd} C = B \rhd_A (C|\emptyset)$，进而 $\varphi \in B \backslash (B \rhd_A (C|\emptyset))$。根据 EV-Retainment 可知：存在 $X \subseteq B$ 使得 $Cn(X \cup A \cup \emptyset) \cap (C \cup \{\bot\}) = \emptyset$ 并且 $Cn(X \cup \{\varphi\} \cup A \cup \emptyset) \cap (C \cup \{\bot\}) \neq \emptyset$。根据 $A = Cn(\emptyset) \cap B$ 可知：$Cn(X \cup \emptyset) \cap (C \cup \{\bot\}) = \emptyset$ 并且 $Cn(X \cup \{\varphi\} \cup \emptyset) \cap (C \cup \{\bot\}) \neq \emptyset$。由于 $Cn(X \cup \emptyset) \cap (C \cup \{\bot\}) = \emptyset$，我们有 $Cn(X) \cap C = \emptyset$。由于 $Cn(X \cup \{\varphi\} \cup \emptyset) \cap (C \cup \{\bot\}) \neq \emptyset$，存在 $\psi \in Cn(X \cup \{\varphi\}) \cap (C \cup \{\bot\})$。因此，要么 $\psi \in C$ 要么 ψ 就是 $\bot$。当 $\psi \in C$ 时，显然有 $Cn(X \cup \{\varphi\}) \cap C \neq \emptyset$。当 ψ 就是 $\bot$ 时，$\bot \in Cn(X \cup \{\varphi\})$。因此 $Cn(X \cup \{\varphi\}) \cap C = \mathcal{L} \cap C = C \neq \emptyset$。因此，存在 $X \subseteq B$ 使得 $Cn(X) \cap C = \emptyset$ 并且 $Cn(X \cup \{\varphi\}) \cap C \neq \emptyset$。因此，P-Core-Retainment 成立。

(2) 根据推论 3.3和 (1) 直接可得。 □

3.5.3　评价复合修正与优先复合修正

在 [27] 中，Falappa 等人提出了一种将新信息 D 一致地添加到信念库 B 之中的优先复合修正算子（见第 1.1.4.4节）。他们分别基于不一致核心集和一致保留集构造了两种优先复合修正算子，即优先复合核心修正和优先复合部分交修正，并证明了它们的表达定理。

定理 3.4 ([27])　(1) 一个算子 $\otimes$ 是优先复合核心修正算子当且仅当它满足 PB-Inclusion，PB-Consistency，PB-Weak-Success，PB-Vacuity1，PB-Uniformity1 和 PB-Core-Retainment。

(2) 一个算子 $\otimes$ 是优先复合部分交修正算子当且仅当它满足 PB-Inclusion，PB-Consistency，PB-Weak-Success，PB-Vacuity1，PB-Uniformity1 和 PB-Relevance。

这种复合修正类似于评价复合修正中对信集的修正操作。这一小节将证明：优先复合修正算子 $\otimes$ 是一个可由评价复合修正算子 $\triangleright$ 定义的特例。要证明它们的关系，这里通过下面定义将纯修正算子从评价复合修正算子 $\triangleright$ 分离出来。

定义 3.10　令 $(B, A) \in \mathcal{B}$，$A = Cn(\emptyset) \cap B$，并且 $\triangleright$ 为评价复合修正算子。由 $\triangleright$ 生成的修正算子，记为 $\otimes_{\triangleright}$，定义如下：对于所有 $D \in \mathcal{P}(\mathcal{L})\backslash\{\emptyset\}$，

$$B \otimes_{\triangleright} D = \begin{cases} B \triangleright_A (\emptyset|D) & \text{如果 } D \nvdash \bot \\ B & \text{否则} \end{cases}$$

注意，根据定义 3.2，我们可以推导出：如果 $D \nvdash \bot$，那么 $\emptyset|D \in \mathcal{A}$。因此，$\otimes_{\triangleright}$ 是良定义的。下面我们可以证明 $\otimes_{\triangleright}$ 和 $\triangleright$ 之间的联系。

定理 3.5　令 $(B, A) \in \mathcal{B}$，$A = Cn(\emptyset) \cap B$，并且 $\triangleright$ 是一个评价复合修正算子。

(1) 如果 $\triangleright$ 是一个核心评价复合修正算子，那么 $\otimes_{\triangleright}$ 是一个优先复合核心修正算子。

(2) 如果 $\triangleright$ 是一个部分交评价复合修正算子，那么 $\otimes_{\triangleright}$ 是一个优先复合部分交修正算子。

证明　(1) 令 $\triangleright$ 为一个核心评价复合修正算子。根据定理 3.4(1)，我们只需证明 $\otimes_{\triangleright}$ 满足下面这些公理性假定。

PB-Inclusion:　根据定义 3.10可知：当 $D \vdash \bot$ 时，$B \otimes_{\triangleright} D = B \subseteq B \cup D$。而且当 $D \nvdash \bot$ 时，根据 EV-Inclusion 可得：$B \otimes_{\triangleright} D = B \triangleright_A (\emptyset|D) \subseteq B \cup D$。

PB-Consistency: 令D 为一致集。根据定义 3.10和 EV-Consistency 我们有 $B \otimes_{\triangleright} D = B \triangleright_A (\emptyset|D) \nvdash \bot$。

PB-Weak-Success: 令D 为一致集。根据定义 3.10和 EV-InSuccess 我们有 $D \subseteq B \triangleright_A (\emptyset|D) = B \otimes_{\triangleright} D$。

PB-Vacuity1: 令 $D \vdash \bot$。根据定义 3.10我们有 $B \otimes_{\triangleright} D = B$。

PB-Uniformity1: 令 D_1 和 D_2 为一致集。假设 $\forall X \subseteq B, X \cup D_1 \vdash \bot \iff X \cup D_2 \vdash \bot$。那么 $\forall X \subseteq B, Cn(X \cup D_1) \cap (\emptyset \cup \{\bot\}) \neq \emptyset \iff Cn(X \cup D_2) \cap (\emptyset \cup \{\bot\}) \neq \emptyset$。根据 $A = Cn(\emptyset) \cap B$ 可知:$\forall X \subseteq B, Cn(X \cup A \cup D_1) \cap (\emptyset \cup \{\bot\}) \neq \emptyset \iff Cn(X \cup A \cup D_2) \cap (\emptyset \cup \{\bot\}) \neq \emptyset$。根据定义 3.2、$D_1 \nvdash \bot$ 和 $D_2 \nvdash \bot$，我们有 $\{\emptyset|D_1, \emptyset|D_2\} \subseteq \mathcal{A}$。由于 EV-Uniformity 成立，$B \backslash (B \triangleright_A (\emptyset|D_1)) = B \backslash (B \triangleright_A (\emptyset|D_2))$。根据定义 3.10、$D_1 \nvdash \bot$ 和 $D_2 \nvdash \bot$ 可知: $B \otimes_{\triangleright} D_1 = B \triangleright_A (\emptyset|D_1)$ 并且 $B \otimes_{\triangleright} D_2 = B \triangleright_A (\emptyset|D_2)$。因此，$B \backslash (B \otimes_{\triangleright} D_1) = B \backslash (B \otimes_{\triangleright} D_2)$。故 PB-Uniformity1 成立。

PB-Core-Retainment: 令 $\varphi \in B \backslash B \otimes_{\triangleright} D$。那么 $B \otimes_{\triangleright} D \neq B$。因此根据定义 3.10，我们有 $D \nvdash \bot$。那么 $B \otimes_{\triangleright} D = B \triangleright_A (\emptyset|D)$，并且 $\varphi \in B \backslash B \triangleright_A (\emptyset|D)$。根据 EV-Retainment 可知：存在 $X \subseteq B$ 使得 $Cn(X \cup A \cup D) \cap \{\bot\} = \emptyset$ 并且 $Cn(X \cup \{\varphi\} \cup A \cup D) \cap \{\bot\} \neq \emptyset$。再根据 $A = Cn(\emptyset) \cap B$ 可知：存在 $X \subseteq B \cup D$ 使得 $X \cup D \nvdash \bot$ 并且 $X \cup \{\varphi\} \cup D \vdash \bot$。故 PB-Core-Retainment 成立。

(2) 令 $\triangleright$ 为一个部分交评价复合修正算子。根据推论 3.3和 (1)，我们只需要证明 $\otimes_{\triangleright}$ 满足 PB-Relevance。令 $\varphi \in B \backslash B \otimes_{\triangleright} D$。那么 $B \otimes_{\triangleright} D \neq B$。根据定义 3.10我们有 $D \nvdash \bot$。因此，$B \otimes_{\triangleright} D = B \triangleright_A (\emptyset|D)$，并且 $\varphi \in B \backslash B \triangleright_A (\emptyset|D)$。根据 EV-Relevance 可知: 存在 $X \subseteq B$ 使得 $B \triangleright_A (\emptyset|D) \cap B \subseteq X$ 并且 $Cn(X \cup A \cup D) \cap \{\bot\} = \emptyset$，但是 $Cn(X \cup \{\varphi\} \cup A \cup D) \cap \{\bot\} \neq \emptyset$。再根据 $A = Cn(\emptyset) \cap B$ 可知:$Cn(X \cup D) \cap \{\bot\} = \emptyset$ 并且 $Cn(X \cup \{\varphi\} \cup D) \cap \{\bot\} \neq \emptyset$。现在令 $Y = X \cup D$。显然有 $Y \subseteq B \cup D$。根据 $B \otimes_{\triangleright} D = B \triangleright_A (\emptyset|D)$ 和 $B \triangleright_A (\emptyset|D) \cap B \subseteq X$ 可得: $(B \otimes_{\triangleright} D \cap B) \cup D \subseteq Y$。任意选择 $\psi \in B \otimes_{\triangleright} D$。那么根据 (1) 中已证明的 PB-Inclusion 可知：要么 $\psi \in B$ 要么 $\psi \in D$。在这两种情况下，显然都有 $\psi \in (B \otimes_{\triangleright} D \cap B) \cup D$。因此 $B \otimes_{\triangleright} D \subseteq$

$(B \otimes_{\triangleright} D \cap B) \cup D \subseteq Y$。由于 $Cn(X \cup D) \cap \{\bot\} = \emptyset$，$Y \cup D = X \cup D \nvdash \bot$。由于 $Cn(X \cup \{\varphi\} \cup D) \cap \{\bot\} \neq \emptyset$，$Y \cup \{\varphi\} \cup D = X \cup \{\varphi\} \cup D \vdash \bot$。因此，存在 $Y \subseteq B \cup D$ 使得 $B \otimes_{\triangleright} D \subseteq Y$ 并且 $Y \cup D \nvdash \bot$，但是 $Y \cup \{\varphi\} \cup D \vdash \bot$。 □

第四章　代谢修正

在日常生活中，人们在接收到一些新信息时往往会首先根据他的评价标准对新信息进行评价，以确定哪些新信息是可信的，哪些新信息是不可信的；之后，他将基于这种二元评价结果和核心信念对他的信念状态进行修正。第二章和第三章分别研究了这种理性评价活动和由评价结果引发的评价复合修正活动，提出了评价算子和评价复合修正算子，并证明了它们的表达定理。这两种算子一起实现了决策-修正模式的信念修正过程。不过，在接收到一些新信息时，认知主体往往会由于有限理性的缘故而不能及时有效地发现新信息中的不可信信息或者与旧信念之间相矛盾的信息。在这种情形下，他通常会先把这些新信息全部接受为新信念，然后他可能会在后续的认知实践中发现一些潜藏的信念冲突，并利用他的核心信念或评价标准来发现和删除不可信信息，以恢复信念状态的一致性。这种信念修正过程是膨胀-巩固模式的信念修正过程。本章将采用 AGM 信念修正理论研究范式对它进行研究。

4.1　代谢修正与核心信念

我们知道，动物躯体由大量具有不同结构的大分子构成，这些大分子之间有复杂的生理关系。动物对食物的新陈代谢过程为躯体提供“建筑材料”，也为躯体的健康排斥有毒物质。有毒物质具有破坏动物躯体健康状况的特点，使得躯体丧失稳定性，进入一个不稳定、不协调的状态。为了避免有毒物质的这种破坏性作用，动物具有两种对待食物的方式。第一种模式是决策模式，动物主动根据自己的生存经验对食物进行评价性决策：若食物无毒则进食；若食物有毒但可除去毒物则在除去毒物后进食；若食物有毒而且不可除去毒物则舍弃。另一种模式是代谢模式，如果动物根据它的有限理性认为食物是可食用的，那么它就会先吃掉食物；之后，动物会通过内在新陈代谢的生物机制排泄一些有毒成分或废物。

与此类似，认知主体的信念状态由大量具有不同形式结构的命题构成，这些命题之间有复杂的逻辑关系。认知主体对新信息的认知实践为信念体系提供“建筑材料”，也为保持信念体系的一致性而放弃导致信念冲突的部分信息。这些信息被认知主体认为是假的。如果认知主体接受假信息，那么信念体系就会变得不一致，稳定性就会被打破，从而进入一个需要恢复一致性的过渡期。为了避免假信息的这种负面作用，认知主体通常也具有两种对待新信息的模式。第一种模式是决策-修正模式，认知主体根据自己的核心信念对新信息进行评价：若新信息与核心信念集一致则接受新信息；若新信息中有一部分与核心信念集不一致则有选择地接受那些与核心信念集相一致的部分可信信息；若所有新信息都与核心信念集相冲突则不改变信念体系。另一种模式是膨胀-巩固模式，由于理性能力的有限性，认知主体往往不能立即从新信息中明确地区分出不可信的、与旧信念相矛盾的新信息，故他们往往会先把新信息都添加进信念库中来，然后再在后续认知实践中进一步发现信念体系中潜藏的不一致性，进而利用他的评价标准将不可信的信息排除出去。

由此可以看出“心”“身”的动态改变模式是非常相似的。动物对食物的选择依据是生存经验，认知主体对新信息的评价依据是核心信念，在这一模式上两者可以说是相同的。动物躯体的新陈代谢模式和认知主体信念修正的膨胀-巩固模式也相似，两者都是先往旧事物中添加新事物，然后再利用某种机制进行“巩固”的过程。这种“巩固”通过内部机制对潜藏在新旧事物中的“有毒物质”进行清除。这种内在的排异机制具有两种重要性质：不变性和塑形性。动物躯体的新陈代谢功能作为排异机制是躯体所固有的生物功能，这种功能本身具有本能意义上的不变性；而且这种排异机制是有选择的排异机制，它不会随意地排斥营养成分和有毒物质，而是有选择的排除有毒物质以避免有毒物质所引起的病态变化，从而保持生物在健康状态下的稳定结构，从而起到一定的塑形的作用。认知主体的膨胀-巩固模式与这种新陈代谢类似，认知主体在信念巩固阶段并不是随心所欲地放弃一些信息，而是有选择地放弃引起不一致现象的部分信息。也就是说，认知主体内部有一定的选择机制。而这个选择机制必然会依赖于某些原则，这些选择机制和原则也具有不变性和塑形性。不变性是指在信念动态中认知主体的这些选择机制和原则是不变的，而不是动态变化的，它们的不变性也导致了认知主体的相对稳定的个别性。塑形性是指选择机制的选择性和原则立场的排异性会塑造一定形态的信念状态；也就是说，信念状态的动态变化不是任意方向都是可达的，选择机制和原则使得某些改变方向是不可达的。比如，如果认知主体知道或坚信某个命题，那么放弃这个命题的信念状态对于这样的认知主体而言就是不可达的。这种塑形作用使得认知主体的信念状态具有自己独特的形态特征，即使信息动态千变万化，但认知主体依旧保持他们的独特性。文化传统对社会成员的根深蒂固的影响正是由于这种塑形作用。不同的文化传统塑造了不同类型的社会成员，而不同类型的社会成员构成了不同的社会群体。

基于动物新陈代谢机制和膨胀-巩固模式信念修正过程之间的这种相似性，这里把这种信念修正过程称为代谢修正。这种先膨胀后巩固的代谢修正活动是非常常见的，先来看一些代谢修正的例子。

例子 4.1 (1) 在一宗谋杀案中，钱德勒的妻子被杀。侦探约翰逊先询问了钱德勒，暂时相信了他的陈述 B。由于 B 的主要内容（用 A 表示）被所有证人和物证支持，约翰逊对 A 有着强烈的信念。然后，他询问钱德勒的邻居马丁夫人，钱德勒妻子最好的朋友。他也暂时相信了她的描述 D，因为他没有在这些描述中发现任何不可信的信息。然而，两天后，约翰逊突然发现，在一个细节上，B 和 D 之间存在着一个不起眼的矛盾。他认为，由于 A 是有说服力的，不可信信息必定“隐藏”在那些与 A 不一致的信息中。最后，他借助自己对 A 的真信念发现了案件真相 A。

(2) 索菲亚是一位生物学研究生，她相信著名的理论 B，尤其是它的核心部分 A。有一天，她的同学汤姆根据一些新数据提出了一个假设 D。索菲亚认为 D 是直观的，没有任何不可信的信息，并且与 B 并不矛盾。因此她相信了汤姆的假设 D。但在她随后的研究中，她发现 D 其实是和 B 不一致的。然后，她基于核心信念 A 构思了两个竞争性候选理论，她认为可信信息必定“隐藏”在这两个竞争性理论中。在这两个候选理论的帮助下，索菲亚最终形成了一个新的理论 B'，它保留了 D 和 B 的一些信息和 A 的全部信息。

(3) 传说有个傻子学做生意，他去工匠那里买矛和盾到市场上卖。工匠对傻子说：“我这里生产的矛是世界上最锋利的矛，可以刺穿所有的盾；我这里生产的盾是世界上最坚固的盾，可以抵挡所有的矛。”傻子信以为真，就在市场上也照着工匠的话叫卖。后来一个围观者跟傻子说：“那用你的矛去刺你的盾如何呢？”傻子哑口无言。

这些例子表明：当认知主体接收到一些新信息时，如果他因自己的有限理性而无法及时有效地发现不可信的新信息或旧信念与新信息中潜藏的矛盾，那么他往往会把所有新信息接受为新信念。然而，这种添加可能会导致潜藏的信念冲突，进而导致不稳定的信念状态。在后续的认知实践中，他可能会发现一些信念冲突，进而发现并放弃不可信的信息，以消解信念冲突。那么他是如何发现并放弃不可信的新信息的呢？在例子 4.1(1) 中，钱德勒借助他对 A 的真信念来定位不可信信息。在例子 4.1(2) 中，索菲亚则基于核心信念集 A 来构思一些竞争性理论，并以此来发现可信的信息。在例子 4.1(3) 中，虽然没有明显的核心信念，但傻子的无言以对表明他也坚持认为矛盾的信念是不正确的，否则围观者的反驳言论对他而言并不是一个需要避免的情形；换句话说，傻子在此例子中所坚持的核心信念是重言式。有人可能觉得例子(3) 是一种极端的、不理性的例子，在生活中是很少见的。事实并非如此。类似的例子层出不穷，人们常常对于别人采用一种评价标准，而对自己采用另一种评价标准，这就是人们常说的双标。在没有他人提醒他们的时候，他们常常是不知道自己双标的；一旦他们被其他人评判为双标，他们往往会哑口无言或心生愤怒。从这些例子可知，对认知主体而言可靠的核心信念在代谢修正活动中起到了关键的认知角色。一方面，核心信念对于认知主体而言是可靠的信念甚至是知识，认知主体不会轻易修正它们，因此核心信念在代谢修正过程中具有不变性。另一方面，认知主体会利用核心信念来定位不可信的信息或构思可信的候选信念状态/理论体系，因此核心信念在代谢修正中起到排异和塑形的作用。在核心信念的这种认知作用下，那些与核心信念集不一致的旧信念或新信息会被认知主体重新评价为不可信的信息，进而被认知主体所放弃，从而恢复信念状态的一致性，信念状态得到巩固。整个代谢修正过程如图 4-1 所示。

本章将采用 AGM 信念修正理论的研究范式来刻画这种代谢修正过程。第 4.2 节将对代谢修正算子进行公理性刻画，并且证明这些公理性假定之间的相互关系。第 4.3-4.6 节分别基于核心集、不一致核心集、保留集和一致保留集构造保护型核心代谢修正、排斥型核心代谢修正、保护型部分交代谢修正和排斥型部分交代谢修正这四种代谢修正算子，并且分别证明这些代谢修正算子的表达定理。第 4.7 节对膨胀-巩固模式的代谢修正与决策-修正模式的理性评价和评价复合修正之间的关系进行研究，第 4.8 节则对代谢修正算子与其他相关算子进行比较研究。

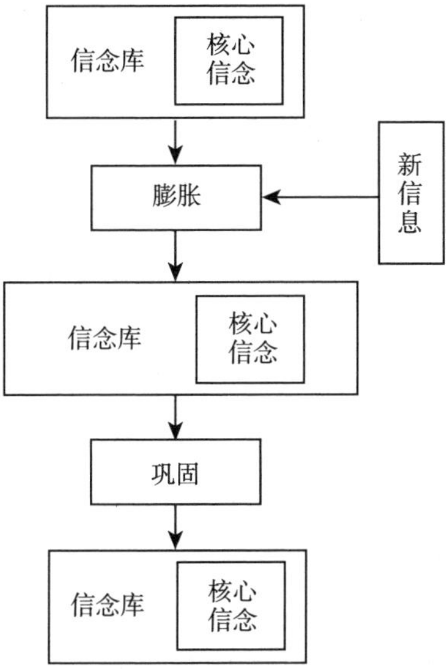

图 4-1 代谢修正过程

4.2 代谢修正的公理

从上述例子的分析和图 4-1可知，代谢修正过程包括三个构成要素：信念状态、新信息和代谢修正算子。由于要研究核心信念在代谢修正活动中的认知作用，我们不能像传统 AGM 信念修正理论那样把信念状态简单地表征为一个逻辑后承封闭的信念集（[6,48]）或不要求封闭的信念库（[52,55]）。这里把信念状态表征为一个由信念库 B 和核心信念集 A 构成的二元组，如定义 3.1 所示，记为 (B,A)。新信息则用命题集 D 表示。代谢修正算子则记为 $\diamond$，它将信念状态 (B,A) 和新信息 D 映射到一个新的信念状态 $(B,A)\diamond D$ 上。值得注意的是，由于代谢修正算子的输出结果 $(B,A)\diamond D$ 作为新信念状态也是个二元组，故为方便起见，本章在关系表达式和集合运算中，如无特别说明，一般用 $B\diamond_A D$ 表示代谢修正后的新信念状态的第一个参数：信念库，用 $A\diamond_B D$ 表示代谢修正后的新信念状态的第二个参数：核心信念集。

在给出代谢修正的公理性假定之前，我们应当确定一些指导信念修正的理性原则。

(1) 极大效用原则（最小改变原则/最少放弃原则）。为了避免丢失宝贵的信息，认知主体应该尽可能多地保留旧信念和接受新信息。

(2) 一致性原则。认知主体不能随心所欲地保留旧信念或接受新信息；

否则，有可能会导致信念冲突。因此，新信念库在代谢修正的巩固过程之后应当具有一致性。

(3) 保护性原则。一个信念状态（或理论）的核心信念 (或理论硬核）应当在代谢修正过程中受到保护而不会被放弃。

下面根据 AGM 信念修正理论的研究范式只把代谢修正算子当作黑盒子来刻画它的性质，进而提出下面这些假定作为代谢修正算子的公理性刻画。对于所有的集合 $D, D_1\ D_2 \subseteq \mathcal{L}$，

M-BelState：$(B, A) \diamond D \in \mathcal{B}$

M-CoreInvariance：$A \diamond_B D = Cn(A) \cap (B \cup D)$

M-Inclusion：$B \diamond_A D \subseteq B \cup D$

M-Protection：$A \subseteq B \diamond_A D$

M-Consistency：$B \diamond_A D$ 是一致的。

M-RelClosure：$Cn(B \diamond_A D) \cap (B \cup D) \subseteq B \diamond_A D$

M-Vacuity：如果 $B \cup D \nvdash \bot$，那么 $B \cup D \subseteq B \diamond_A D$。

M-Reversion：如果 $B \cup D_1$ 和 $B \cup D_2$ 有相同的极小不一致子集,那么 $(B \cup D_1) \backslash B \diamond_A D_1 = (B \cup D_2) \backslash B \diamond_A D_2$。

M-Uniformity：如果 $B \cup D_1$ 并且 $B \cup D_2$ 具有相同的、与 A 不一致的极小子集，那么 $(B \cup D_1) \backslash B \diamond_A D_1 = (B \cup D_2) \backslash B \diamond_A D_2$。

M-Irrelevance：如果 $\forall \varphi \in ((B \cup D_1) \cup (B \cup D_2)) \backslash ((B \cup D_1) \cap (B \cup D_2))$ 都有 $\varphi \vdash \bot$,那么 $B \diamond_A D_1 = B \diamond_A D_2$。

M-ExIrrelevance：如果对于所有的 $\psi \in ((B \cup D_1) \cup (B \cup D_2)) \backslash ((B \cup D_1) \cap (B \cup D_2))$ 都有 $A \cup \{\psi\} \vdash \bot$，那么 $B \diamond_A D_1 = B \diamond_A D_2$。

M-Retainment：如果 $\psi \in (B \cup D) \backslash B \diamond_A D$，那么 $A \nvdash \psi$ 并且存在 $C \subseteq B \cup D$ 使得 $C \nvdash \bot$ 但 $C \cup \{\psi\} \vdash \bot$。

M-ExRetainment：如果 $\psi \in (B \cup D) \backslash B \diamond_A D$,那么存在 $C \subseteq B \cup D$ 使得 $C \cup A \nvdash \bot$ 并且 $C \cup \{\psi\} \cup A \vdash \bot$。

M-Relevance：如果 $\psi \in (B \cup D) \backslash B \diamond_A D$，那么 $A \nvdash \psi$ 并且存在 $C \subseteq B \cup D$ 使得 $B \diamond_A D \subseteq C$ 且 $C \nvdash \bot$ 但 $C \cup \{\psi\} \vdash \bot$。

M-ExRelevance：如果 $\psi \in (B \cup D) \backslash B \diamond_A D$，那么存在 $C \subseteq B \cup D$ 使得 $B \diamond_A D \subseteq C$，$C \cup A \nvdash \bot$，并且 $C \cup \{\psi\} \cup A \vdash \bot$。

M-BelState 说的是代谢修正的结果 $(B, A) \diamond D$ 仍然是一个信念状态。M-CoreInvariance 是说：代谢修正前后的核心信念集应当保持某种不变性。更准确地说，由于新信息 D 可能包含核心信念集 A 的某些逻辑后承，因此新信念状态中的核心信念集不仅应该包含 A，还应该包含这些逻辑后承。根据 $(B, A) \in \mathcal{B}$ 和 M-CoreInvariance，容易证明 $Cn(A \diamond_B D) = Cn(A)$。这意味着代谢修正前后的两个核心信念集是逻辑等价的。M-Inclusion 要求新信念库中的每个信念必须要么来自旧信念库要么来自新信息。M-Protection 是说认知主体不会放弃核心信念或理论硬核。M-Consistency 要求巩固后的新信念库应当是一致的。M-RelClosure 的意思是说：如果 $B \cup D$ 中的某个命题是新信念库 $B \diamond_A D$ 的一个逻辑后承，那么这个命题像 $B \diamond_A D$ 中的信念那样对于该主体而言也是可信的。M-Vacuity 是说：如果信念膨胀的结果 $B \cup D$ 中不存在信念冲突，那么该认知主体没有必要巩固他的信念状态以恢复一致性；因此，认知主体没有必要从膨胀结果 $B \cup D$ 中放弃任何信息。M-Reversion、M-Uniformity、M-Irrelevance 和 M-ExIrrelevance 这四个性质都是对由不同新信息引起的代谢修正过程所作的等价性要求。其中 M-Reversion 的直观意思是说：如果信念库 B 与两新信息的并集 $B \cup D_1$ 和 $B \cup D_2$ 具有相同的极小不一致集，而不可信信息潜藏在这些极小不一致集中，那么认知主体在代谢修正过程中应当同等对待这些极小不一致集，即这两个并集 $B \cup D_1$ 和 $B \cup D_2$ 在修正过程中被放弃的不可信信息相同。M-Uniformity 的直观意思是说：不可信信息隐藏在那些与核心信念集 A 不一致的极小 $B \cup D$ 子集之中；如果信念库 B 与两新信息的并集 $B \cup D_1$ 和 $B \cup D_2$ 具有相同的与 A 不一致的极小子集，那么该认知主体应当同等地对待这些子集，即这两个并集 $B \cup D_1$ 和 $B \cup D_2$ 在修正过程中被放弃的不可信信息应当相同。M-Irrelevance 的直观意思是说：如果信念库 B 与两新信息的并集的交集外信息都是矛盾式，那么这些交集外信息都是不可信信息，它们都应当在代谢修正过程中被放弃；因此，代谢修正后保留下来的可信信息只与该交集相关，从而这两个代谢修正的最终结果集应该相等。M-ExIrrelevance 与 M-Irrelevance 类似，但稍微有点复杂。直观而言，如果 $\{\psi\} \cup A \vdash \bot$，那么 ψ 对于 A 而言是不可信的，并且会被认知主体所反驳或排斥。因此，如果对于所有的 $\psi \in ((B \cup D_1) \cup (B \cup D_2)) \backslash ((B \cup D_1) \cap (B \cup D_2))$ 都有 $A \cup \{\psi\} \vdash \bot$，那么所有这些 ψ 都是不可信的，进而可信信息的集合 $B \diamond_A D_1$ 与 $(B \cup D_1) \backslash ((B \cup D_1) \cap (B \cup D_2))$ 是无关的。类似的，可信信息的集合 $B \diamond_A D_2$ 与 $(B \cup D_2) \backslash ((B \cup D_1) \cap (B \cup D_2))$ 也是无关的。因此，代谢修正后保留下来的可信信息 $B \diamond_A D_1$ 和 $B \diamond_A D_2$ 只与该交集 $(B \cup D_1) \cap (B \cup D_2)$ 相关，从而这两个代谢修正的最终结果集 $B \diamond_A D_1$ 和 $B \diamond_A D_2$ 应该是相同的。总而言之，M-ExIrrelevance 要求：如果信念库 B 与两个新信息的并集的交集外信息都是被核心信念集 A 所反驳的，那么这些交集外信息都是认知主体所不相信的，故应当在代谢修正过程中被放弃，因此代谢修正后保留下来的可信信息只与该交集相关，从而这两个代谢修正的最终结果集应该相等。M-Retainment、M-ExRetainment、M-Relevance 和 M-ExRelevance 这四个性质都要求放弃信息需要一定的理由。其中 M-Retainment 要求被放弃的信息不能是核心信念集 A 所赞同的信息，而且它们参与了信念冲突。M-ExRetainment 则要求被放弃的信息参与了与核心信念集 A 之间的冲突。M-Relevance 是 M-Retainment 的加强版本，它的直观意思是说：在从 $B \cup D$ 收缩到 $B \diamond_A D$ 的过程中，如果旧信念 ψ 被放弃了，那么放弃的理由应该是 ψ 参与了某个信念冲突。M-ExRelevance 则是 M-ExRetainment 的加强版本，它的直观意思是说：在从 $B \cup D$ 收缩到 $B \diamond_A D$ 的过程中，如果旧信念 ψ 被放弃了，那么放弃的理由应该是 ψ 参与了某个与核心信念集的信念冲突。

值得注意的是，上述公理性假定并非都是独立的，以下命题证明了它们之间的相互关系。

命题 4.1

(1) *M-Retainment* $\Longrightarrow$ *M-Protection*

(2) *M-ExRetainment* $\Longrightarrow$ *M-Protection*

(3) *M-ExRelevance* $\Longrightarrow$ *M-ExRetainment*

(4) *M-ExIrrelevance* $\Longrightarrow$ *M-Irrelevance*

(5) *M-ExRetainment* $\Longrightarrow$ *M-Retainment*

(6) *M-Relevance* $\Longrightarrow$ *M-ExRetainment*

(7) *M-ExRelevance* $\Longleftrightarrow$ *M-Relevance*

(8) *M-Retainment* $\Longrightarrow$ *M-Vacuity*

(9) *M-ExRetainment* $\Longrightarrow$ *M-Vacuity*

(10) *M-Relevance* $\Longrightarrow$ *M-RelClosure*

(11) *M-ExRelevance* $\Longrightarrow$ *M-RelClosure*

(12) *M-BelState* + *M-CoreInvariance* $\Longrightarrow$ *M-Protection*

(13) *M-CoreInvariance* + *M-Inclusion* + *M-ExRetainment* $\Longrightarrow$ *M-BelState*

证明 (1) 令 $\diamond$ 满足 M-Retainment 且 $\tau \in A$。由 $(B, A) \in \mathcal{B}$ 得

$A \subseteq B \subseteq B \cup D$，$\tau \in B \cup D$。用反证法。假设 $\tau \notin B \diamond_A D$。故$\tau \in (B \cup D) \backslash B \diamond_A D$。由 M-Retainment 得 $A \nvdash \tau$。这与 $\tau \in A$ 矛盾，故假设错误，$\tau \in B \diamond_A D$，故 M-Protection 即 $A \subseteq B \diamond_A D$ 成立。

(2) 令 $\diamond$ 满足 M-ExRetainment 并且 $\tau \in A$。根据 $(B, A) \in \mathcal{B}$ 我们有 $A \subseteq B \subseteq B \cup D$。故 $\tau \in B \cup D$。用反证法。假设 $\tau \notin B \diamond_A D$。故$\tau \in (B \cup D) \backslash B \diamond_A D$。根据 M-ExRetainment 可知：存在 $C \subseteq B \cup D$ 使得 $C \cup A \nvdash \bot$ 但是 $C \cup \{\tau\} \cup A \vdash \bot$。由于 $C \cup A \nvdash \bot$ 并且 $C \cup \{\tau\} \cup A \vdash \bot$，我们有 $A \nvdash \tau$。矛盾。因此，假设错误，故 $A \subseteq B \diamond_A D$。

(3) 这是显然的。

(4) 这是显然的。

(5) 令 $\diamond$ 满足 M-ExRetainment，且 M-Retainment 的前件成立，即 $\varphi \in (B \cup D) \backslash B \diamond_A D$。故存在 $C \subseteq B \cup D$ 使得 $C \cup A \nvdash \bot$，但 $C \cup \{\varphi\} \cup A \vdash \bot$。由 $C \cup A \nvdash \bot$ 和 $C \cup \{\varphi\} \cup A \vdash \bot$ 易得 $A \nvdash \varphi$。再令 $C' = C \cup A$。又由 $(B, A) \in \mathcal{B}$ 得 $A \subseteq B \subseteq B \cup D$，故 $C' = C \cup A \subseteq B \cup D$。再由 $C \cup A \nvdash \bot$ 和 $C \cup \{\varphi\} \cup A \vdash \bot$ 得 $C' \nvdash \bot$ 且 $C' \cup \{\varphi\} \vdash \bot$。故 M-Retainment 的后件成立。因此 M-Retainment 成立。

(6) 令 $\diamond$ 满足 M-Relevance 且 $\varphi \in (B \cup D) \backslash B \diamond_A D$。故存在 $C \subseteq B \cup D$ 使得 $B \diamond_A D \subseteq C$ 且 $C \nvdash \bot$，但 $C \cup \{\varphi\} \vdash \bot$。由 M-Relevance 得 M-Retainment 成立，再由 (1) 得 M-Protection 成立，故 $A \subseteq B \diamond_A D \subseteq C$。令 $C' = C \backslash A$，故 $C = C' \cup A$，显然有 $C' \subseteq C \subseteq B \cup D$、$C' \cup A = C \nvdash \bot$ 并且 $C' \cup \{\varphi\} \cup A = C \cup \{\varphi\} \vdash \bot$，即 M-ExRetainment 的后件成立。因此 M-ExRetainment 成立。

(7) $\Longrightarrow$：令 $\diamond$ 满足 M-ExRelevance 并且 $\varphi \in (B \cup D) \backslash B \diamond_A D$。故存在 $C \subseteq B \cup D$ 使得 $B \diamond_A D \subseteq C$ 且 $C \cup A \nvdash \bot$，但 $C \cup \{\varphi\} \cup A \vdash \bot$。由 $C \cup A \nvdash \bot$ 和 $C \cup \{\varphi\} \cup A \vdash \bot$ 易得 $A \nvdash \varphi$。由 M-ExRelevance 易得 M-ExRetainment 成立，再由 (2) 得 M-Protection 成立，故 $A \subseteq B \diamond_A D \subseteq C$。故 $C = C \cup A \nvdash \bot$ 且 $C \cup \{\varphi\} = C \cup \{\varphi\} \cup A \vdash \bot$，故存在 $C \subseteq B \cup D$ 使得 $B \diamond_A D \subseteq C$ 且 $C \nvdash \bot$ 但 $C \cup \{\varphi\} \vdash \bot$，即 M-Relevance 后件成立。因此 M-Relevance 成立。

$\Longleftarrow$：令 $\diamond$ 满足 M-Relevance 并且 $\varphi \in (B \cup D) \backslash B \diamond_A D$。故 $A \nvdash \varphi$ 且存在 $C \subseteq B \cup D$ 使得 $B \diamond_A D \subseteq C$ 且 $C \nvdash \bot$，但 $C \cup \{\varphi\} \vdash \bot$。由 M-Relevance 易得 M-Retainment，再由 (1) 得 M-Protection 成立，即 $A \subseteq B \diamond_A D$。又 $B \diamond_A D \subseteq C$，故 $A \subseteq C$。故 $C \cup A = C \nvdash \bot$ 并且 $C \cup \{\varphi\} \cup A = C \cup \{\varphi\} \vdash \bot$。因此 M-ExRelevance 成立。

(8) 令 $\diamond$ 满足 M-Retainment 和 $B\cup D\nvdash\bot$。用反证法。假设 $B\cup D\nsubseteq B\diamond_A D$，故存在$\psi\in(B\cup D)\backslash B\diamond_A D$。由 M-Retainment 知 $A\nvdash\psi$ 并且存在 $C\subseteq B\cup D$ 使得 $C\nvdash\bot$，但 $C\cup\{\psi\}\vdash\bot$。由于 $C\cup\{\psi\}\subseteq B\cup D$，故 $B\cup D\vdash\bot$。产生矛盾，故假设错误，$B\cup D\subseteq B\diamond_A D$ 成立。故 M-Vacuity 成立。

(9) 令 $\diamond$ 满足 M-ExRetainment 并且 $B\cup D\nvdash\bot$。用反证法。假设 $B\cup D\nsubseteq B\diamond_A D$。故存在 $\psi\in(B\cup D)\backslash B\diamond_A D$。根据 M-ExRetainment 可知：存在 $C\subseteq B\cup D$ 使得 $C\cup A\nvdash\bot$ 并且 $C\cup\{\psi\}\cup A\vdash\bot$。由于 $C\cup\{\psi\}\cup A\subseteq B\cup D$，我们有 $B\cup D\vdash\bot$。矛盾。因此，M-Vacuity 成立。

(10) 令 $\diamond$ 满足 M-Relevance。用反证法。假设 $Cn(B\diamond_A D)\cap(B\cup D)\nsubseteq B\diamond_A D$，故存在 $\psi\in(B\cup D)\backslash B\diamond_A D$ 使得 $B\diamond_A D\vdash\psi$。由 $\psi\in(B\cup D)\backslash B\diamond_A D$ 和 M-Relevance 知：存在 $C\subseteq B\cup D$ 使得 $B\diamond_A D\subseteq C$ 且 $C\nvdash\bot$ 但 $C\cup\{\psi\}\vdash\bot$。由于 $B\diamond_A D\subseteq C$ 且 $B\diamond_A D\vdash\psi$，故 $C\vdash\psi$，故 $Cn(C)=Cn(C\cup\{\psi\})$。这与 $C\nvdash\bot$ 且 $C\cup\{\psi\}\vdash\bot$ 产生矛盾，故假设错误，M-RelClosure 成立。

(11) 令 $\diamond$ 满足 M-ExRelevance。用反证法。假设 $Cn(B\diamond_A D)\cap(B\cup D)\nsubseteq B\diamond_A D$。故存在 $\psi\in(B\cup D)\backslash B\diamond_A D$ 使得 $B\diamond_A D\vdash\psi$。根据 $\psi\in(B\cup D)\backslash B\diamond_A D$ 和 M-ExRelevance 可知：存在 $C\subseteq B\cup D$ 使得 $B\diamond_A D\subseteq C$ 并且 $C\cup A\nvdash\bot$，但是 $C\cup\{\psi\}\cup A\vdash\bot$。由于 $B\diamond_A D\subseteq C$ 并且 $B\diamond_A D\vdash\psi$，我们有 $C\vdash\psi$。故 $Cn(C\cup A)=Cn(C\cup\{\psi\}\cup A)$。故由 $C\cup\{\psi\}\cup A\vdash\bot$ 可得 $C\cup A\vdash\bot$。矛盾。因此，M-RelClosure 成立。

(12) 令 M-BelState 和 M-CoreInvariance 成立。用反证法。假设 M-Protection 不成立，即 $A\nsubseteq B\diamond_A D$。故存在 $\varphi\in A$ 使得 $\varphi\notin B\diamond_A D$。由于 $(B,A)\diamond D\in\mathcal{B}$，故 $A\diamond_B D\subseteq B\diamond_A D$。故 $\varphi\notin A\diamond_B D$。由 M-CoreInvariance 可知 $\varphi\notin Cn(A)\cap(B\cup D)$。故 $\varphi\notin B\cup D$。由于 $(B,A)\in\mathcal{B}$，故 $A\subseteq B$。故 $\varphi\notin A$。矛盾。故假设错误，故 $A\subseteq B\diamond_A D$。

(13) 令 $\diamond$ 满足 M-CoreInvariance、M-Inclusion 和 M-ExRetainment。根据定义 3.1，我们需要证明 $A\diamond_B D\nvdash\bot$、$A\diamond_B D\subseteq B\diamond_A D$ 和 $Cn(A\diamond_B D)\cap B\diamond_A D\subseteq A\diamond_B D$。

(1) $A\diamond_B D\nvdash\bot$：根据 $(B,A)\in\mathcal{B}$ 我们有 $A\nvdash\bot$。由于 $\diamond$ 满足 M-CoreInvariance，$A\diamond_B D=Cn(A)\cap(B\cup D)\nvdash\bot$。

(2) $A\diamond_B D\subseteq B\diamond_A D$：用反证法。假设 $A\diamond_B D\nsubseteq B\diamond_A D$。故存在 $\psi\in A\diamond_B D$ 使得 $\psi\notin B\diamond_A D$。故 $\psi\in Cn(A)\cap(B\cup D)$。故 $\psi\in(B\cup D)\backslash B\diamond_A D$。根据 M-ExRetainment 可知：存在

$C \subseteq B \cup D$ 使得 $C \cup A \nvdash \bot$ 并且 $C \cup \{\psi\} \cup A \vdash \bot$。由于 $C \cup \{\psi\} \cup A \vdash \bot$ 并且 $\psi \in Cn(A)$，我们有 $C \cup A \vdash \bot$。矛盾。因此，$A \diamond_B D \subseteq B \diamond_A D$。

(3) $Cn(A \diamond_B D) \cap B \diamond_A D \subseteq A \diamond_B D$：用反证法。假设 $Cn(A \diamond_B D) \cap B \diamond_A D \nsubseteq A \diamond_B D$。故存在 $\varphi \in Cn(A \diamond_B D) \cap B \diamond_A D$ 使得 $\varphi \notin A \diamond_B D$。由于 $\varphi \in Cn(A \diamond_B D)$，$Cn(A) \cap (B \cup D) \vdash \varphi$。故 $A \vdash \varphi$。由于 $\varphi \notin Cn(A) \cap (B \cup D)$，$\varphi \notin B \cup D$。根据 M-Inclusion 我们有 $\varphi \notin B \diamond_A D$。矛盾。因此，$Cn(A \diamond_B D) \cap B \diamond_A D \subseteq A \diamond_B D$。

因此，$\diamond$ 也满足 M-BelState。 □

4.3 保护型核心代谢修正

由于代谢修正算子是先膨胀后巩固的信念修正算子，认知主体在信念巩固过程中要恢复信念状态的一致性。为了实现这个目的，一种可行方案是先找到信念库中的所有极小不一致集，然后破坏所有极小不一致集，即从每个极小不一致集中删除至少一个命题。形式地讲，我们需要采用 Hansson 在 [58] 中提出的核心集概念（$B \triangle \varphi$，定义 1.2）来给出信念库 B 和新信息 D 的并集 $B \cup D$ 中的所有 $\bot$-核心（$\bot$-kernel），然后构造剪切函数从每个 $\bot$-核心中都删除至少一个命题，以保证新信念库的一致性。与此同时，这个代谢修正过程还需要保护核心信念免于被放弃。因此，这个剪切函数应当具有保护核心信念集的功能。这里称这种代谢修正算子为保护型核心代谢修正算子。如图 4-2所示，其中 K_1 和 K_2 都是 $\bot$-核心。在这个图中，存在四个互不相交的区域 $A, K_1 \backslash Cn(A), K_2 \backslash Cn(A)$ 和 $(B \cup D) \backslash (A \cup K_1 \cup K_2)$。直观而言，核心信念集 A 中的命题比其他区域的命题更加可信。那些在 $(B \cup D) \backslash (A \cup K_1 \cup K_2)$ 中的命题与核心信念相比则没那么可信。$K_1 \backslash Cn(A)$ 和 $K_2 \backslash Cn(A)$ 中的命题的信念度则比其他两个区域的命题的信念度更低，因为这两个 $\bot$-核心必定包含一些不可信信息。因此，认知主体可以合理地保留前两个区域的信息，并且剪切 $K_1 \backslash Cn(A)$ 和 $K_2 \backslash Cn(A)$ 中的部分不可信旧信念（如 Z_1 和 Z_2）来完成保护型核心代谢修正。

更精确地说，我们有下面这个保护型剪切函数。

定义 4.1 令 $(B, A) \in \mathcal{B}$ 并且 $D \subseteq \mathcal{L}$。函数 $\theta((B \cup D) \triangle \bot)$ 是保护型剪切函数，当且仅当，对于每个 $\bot$-核心集 $(B \cup D) \triangle \bot$ 都有：

(1) $\theta((B \cup D) \triangle \bot) \subseteq \bigcup((B \cup D) \triangle \bot)$；

(2) 如果 $X \in (B \cup D) \triangle \perp$，那么 $\theta((B \cup D) \triangle \perp) \cap X \neq \emptyset$，并且 $\theta((B \cup D) \triangle \perp) \cap X \subseteq X \backslash Cn(A)$。

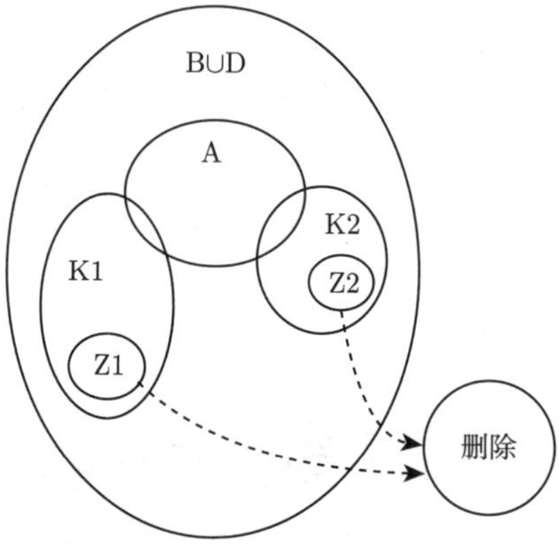

图 4-2　保护型核心代谢修正

这里主要有两点值得注意：(a) 根据定义 1.2，显然有 $\emptyset \notin (B \cup D) \triangle \perp$，故条件 (2) 中的“$\theta((B \cup D) \triangle \perp) \cap X \neq \emptyset$”是可行的。(b) 条件 (2) 中的“$\theta((B \cup D) \triangle \perp) \cap X \subseteq X \backslash Cn(A)$”要求剪切函数将剪切范围限制在 $X \backslash Cn(A)$ 之内，这是为了保护 $\perp$-核心里面的核心信念集 A 的逻辑后承。但这要求 $X \backslash Cn(A) \neq \emptyset$。这一点是由条件 $(B, A) \in \mathcal{B}$ 所保证的。由定义 3.1 知 $A \nvdash \perp$，由 $X \in (B \cup D) \triangle \perp$ 知 $X \vdash \perp$，如果 $X \backslash Cn(A) = \emptyset$，那么 $X \subseteq Cn(A)$，这意味着 $A \vdash \perp$，导致矛盾，故 $X \backslash Cn(A) \neq \emptyset$ 成立。

例子 4.2　令 φ 和 ψ 为不相关的原子命题，信念库 $B = \{\varphi, \psi\}$，核心信念集 $A = \{\varphi\}$，新信息 $D = \{\neg\varphi, \varphi \to \psi, \neg\varphi \to \neg\psi, \psi\}$。根据定义 3.1 容易验证 $(B, A) \in \mathcal{B}$，根据定义 1.2 得 $(B \cup D) \triangle \perp = \{\{\varphi, \neg\varphi\}, \{\neg\varphi, \neg\varphi \to \neg\psi, \psi\}\}$。令 $\theta((B \cup D) \triangle \perp) = \{\neg\varphi, \psi\}$。根据定义 4.1，容易验证 θ 满足条件 (1) 和 (2)。另外，B 中的 φ 和 D 中的 $\neg\varphi \to \neg\psi$ 是核心信念集 A 的逻辑后承，从定义 4.1(2) 可知它们不会被 θ 所剪切掉。

有了保护型剪切函数，我们可以来定义保护型核心代谢修正算子。

定义 4.2　令 $(B, A) \in \mathcal{B}$，并且 θ 是保护型剪切函数。

(1) 由 θ 构造的保护型核心代谢修正算子 $\diamond^\theta$ 定义为：对所有的 $D \subseteq \mathcal{L}$，$(B, A) \diamond^\theta D = (B', A')$，其中 $B' = (B \cup D) \backslash \theta((B \cup D) \triangle \perp)$，$A' = Cn(A) \cap B'$。

(2) 一个算子 $\diamond$ 是保护型核心代谢修正算子，当且仅当，存在保护型剪切函数 θ 使得：对所有的 $D \subseteq \mathcal{L}$ 都有 $(B, A) \diamond D = (B, A) \diamond^\theta D$。

为了方便，下面我们将 $(B, A) \diamond^\theta D$ 的第一项和第二项分别记为 $B \diamond^\theta_A D$

和 $A \diamond_B^\theta D$。例子 4.3 可以阐明保护型核心代谢修正算子的修正过程。

例子 4.3 继续例子 4.2。由于 $\theta((B \cup D) \vartriangle \bot) = \{\neg\varphi, \psi\}$，故根据定义 4.2知 $(B, A) \diamond^\theta D = (B', A')$，其中 $B' = (B \cup D) \backslash \theta((B \cup D) \vartriangle \bot) = \{\varphi, \varphi \to \psi, \neg\varphi \to \neg\psi\}$，$A' = Cn(A) \cap B' = \{\varphi, \neg\varphi \to \neg\psi\}$。

定理 4.1 一个算子 $\diamond$ 是保护型核心代谢修正算子，当且仅当，它满足性质：M-BelState，M-CoreInvariance，M-Inclusion，M-Consistency，M-Reversion 和 M-Retainment。

证明 (I) $\Longrightarrow$：令算子 $\diamond$ 为保护型核心代谢修正算子。这里证明它满足下面这些性质。

M-BelState: 由 $(B, A) \in \mathcal{B}$ 和定义 4.2知 $A' \nvdash \bot$，再由定义 3.1 知只需证明 $Cn(A') \cap B' = A'$，由定义 4.2知只需证 $Cn(Cn(A) \cap B') \cap B' = Cn(A) \cap B'$，易证，略。

M-CoreInvariance: 由定义 4.2知 $A \diamond_B D = A' = Cn(A) \cap B'$，故只要证明 $Cn(A) \cap B' = Cn(A) \cap (B \cup D)$ 即可。$Cn(A) \cap B' \subseteq Cn(A) \cap (B \cup D)$ 是显然的。假设 $Cn(A) \cap B' \not\supseteq Cn(A) \cap (B \cup D)$，故存在 $\tau \in Cn(A) \cap (B \cup D)$ 使得 $\tau \notin B' = (B \cup D) \backslash \theta((B \cup D) \vartriangle \bot)$，故 $\tau \in \theta((B \cup D) \vartriangle \bot)$。再由定义 4.1知存在 $X \in (B \cup D) \vartriangle \bot$ 使得 $\tau \in X$，并且 $\tau \in X \backslash Cn(A)$，故 $\tau \notin Cn(A)$，产生矛盾，故假设错误，$Cn(A) \cap B' \supseteq Cn(A) \cap (B \cup D)$。因此，$Cn(A) \cap B' = Cn(A) \cap (B \cup D)$ 成立，故 M-CoreInvariance 成立。

M-Inclusion: 由定义 4.2易知$B \diamond_A D = (B \cup D) \backslash \theta((B \cup D) \vartriangle \bot) \subseteq B \cup D$。

M-Consistency: 假设 $B \diamond_A D \vdash \bot$，即 $(B \cup D) \backslash \theta((B \cup D) \vartriangle \bot) \vdash \bot$，根据紧致性易知：存在 $X \subseteq (B \cup D) \backslash \theta((B \cup D) \vartriangle \bot)$ 使得 $X \in (B \cup D) \vartriangle \bot$。由 $X \subseteq (B \cup D) \backslash \theta((B \cup D) \vartriangle \bot)$ 得 $X \cap \theta((B \cup D) \vartriangle \bot) = \emptyset$。而由 $X \in (B \cup D) \vartriangle \bot$ 和定义 4.1(2) 得 $\theta((B \cup D) \vartriangle \bot) \cap X \neq \emptyset$，产生矛盾，故假设错误，$B \diamond_A D$ 是一致的。

M-Reversion: 令 $B \cup D_1$ 和 $B \cup D_2$ 有相同的极小不一致子集，即 $(B \cup D_1) \vartriangle \bot = (B \cup D_2) \vartriangle \bot$。故 $\theta((B \cup D_1) \vartriangle \bot) = \theta((B \cup D_2) \vartriangle \bot)$。由于对任意的 D 都有$B \diamond_A D = (B \cup D) \backslash \theta((B \cup D) \vartriangle \bot)$，故$(B \cup D_1) \backslash B \diamond_A D_1 = (B \cup D_1) \backslash ((B \cup D_1) \backslash \theta((B \cup D_1) \vartriangle \bot)) = \theta((B \cup D_1) \vartriangle \bot) = \theta((B \cup D_2) \vartriangle$

$\bot) = (B\cup D_2)\backslash((B\cup D_2)\backslash\theta((B\cup D_2)\vartriangle\bot)) = (B\cup D_2)\backslash B\diamond_A D_2$，故$(B\cup D_1)\backslash B\diamond_A D_1 = (B\cup D_2)\backslash B\diamond_A D_2$，即 M-Reversion 成立。

M-Retainment: 令 $\psi\in(B\cup D)\backslash B\diamond_A D$。由 $\psi\in B\cup D$ 和 $\psi\notin B\diamond_A D = (B\cup D)\backslash\theta((B\cup D)\vartriangle\bot)$ 知 $\psi\in\theta((B\cup D)\vartriangle\bot)$，故存在 $X\in(B\cup D)\vartriangle\bot$ 使得 $\psi\in X$。根据定义 4.1(2) 得 $\psi\in\theta((B\cup D)\vartriangle\bot)\cap X\subseteq X\backslash Cn(A)$。故 $A\nvdash\psi$。令 $C = X\backslash\{\psi\}$，显然 $C\subseteq B\cup D$。由 $\psi\in X$ 得 $C = X\backslash\{\psi\}\subset X$，再由 $X\in(B\cup D)\vartriangle\bot$ 知 $X\backslash\{\psi\}$ 是一致的，即 C 是一致的。而 $C\cup\{\psi\}$ 即为 X，显然是不一致的。因此 M-Retainment 成立。

(II) $\Longleftarrow$: 令算子 $\diamond$ 为满足上述这些性质的算子，下面证明它是保护型核心代谢修正算子。根据定义 4.2可知，我们需要证明：存在保护型剪切函数 θ 使得：对所有的 $D\subseteq\mathcal{L}$ 都有 $(B,A)\diamond D = (B,A)\diamond^\theta D = (B\diamond_A^\theta D, A\diamond_B^\theta D)$，其中 $B\diamond_A^\theta D = (B\cup D)\backslash\theta((B\cup D)\vartriangle\bot)$，$A\diamond_B^\theta D = Cn(A)\cap B\diamond_A^\theta D$。

定义函数 θ 使得：对任意 $D\subseteq\mathcal{L}$ 都有 $\theta((B\cup D)\vartriangle\bot) = (B\cup D)\backslash B\diamond_A D$。下面先证 θ 是一个保护型剪切函数。

(a) θ 是一个良定义的函数。

也就是要证明：对任意的 $D_1, D_2\subseteq\mathcal{L}$，如果 $(B\cup D_1)\vartriangle\bot = (B\cup D_2)\vartriangle\bot$，那么 $\theta((B\cup D_1)\vartriangle\bot) = \theta((B\cup D_2)\vartriangle\bot)$。令 $(B\cup D_1)\vartriangle\bot = (B\cup D_2)\vartriangle\bot$，即 $B\cup D_1$ 和 $B\cup D_2$ 有同样的不一致子集。由 M-Reversion 得 $(B\cup D_1)\backslash B\diamond_A D_1 = (B\cup D_2)\backslash B\diamond_A D_2$，因此 $\theta((B\cup D_1)\vartriangle\bot) = \theta((B\cup D_2)\vartriangle\bot)$。

(b) θ 是保护型剪切函数：

(1) 用反证法，假设 $\theta((B\cup D)\vartriangle\bot)\nsubseteq\bigcup((B\cup D)\vartriangle\bot)$。那么存在 $\tau\in\theta((B\cup D)\vartriangle\bot)\backslash\bigcup((B\cup D)\vartriangle\bot)$，即 $\tau\in(B\cup D)\backslash B\diamond_A D$ 并且 $\tau\notin\bigcup((B\cup D)\vartriangle\bot)$。由 $\tau\in(B\cup D)\backslash B\diamond_A D$ 和 M-Retainment 知：存在 $C\subseteq B\cup D$ 使得 $C\nvdash\bot$ 并且 $C\cup\{\tau\}\vdash\bot$。由 $C\cup\{\tau\}\vdash\bot$ 和紧致性可知：存在 $Y\subseteq C\cup\{\tau\}$ 使得 $Y\in(B\cup D)\vartriangle\bot$，再由 $Y\vdash\bot$、$C\nvdash\bot$ 和 $Y\subseteq C\cup\{\tau\}$ 得 $\tau\in Y$。由 $Y\in(B\cup D)\vartriangle\bot$ 知 $(B\cup D)\vartriangle\bot\neq\emptyset$，再由 $\tau\notin\bigcup((B\cup D)\vartriangle\bot)$ 知每个 $X\in(B\cup D)\vartriangle\bot$ 都有 $\tau\notin X$，然而 Y 却是一个反例，产生矛盾。故假设错误，$\theta((B\cup D)\vartriangle\bot)\subseteq\bigcup((B\cup D)\vartriangle\bot)$ 成立。因此，θ 满足定

义 4.1(1)。

(2) 令 $X \in (B\cup D)\triangle\bot$。故 $X\vdash\bot$。首先，我们假设 $\theta((B\cup D)\triangle\bot)\cap X=\emptyset$，即 $(B\cup D)\backslash B\diamond_A D\cap X=\emptyset$。再由 $X\subseteq B\cup D$ 得 $X\subseteq B\diamond_A D$。故 $B\diamond_A D\vdash\bot$。这与 M-Consistency 矛盾，故假设错误，$\theta((B\cup D)\triangle\bot)\cap X\neq\emptyset$。然后，我们再假设 $\theta((B\cup D)\triangle\bot)\cap X\not\subseteq X\backslash Cn(A)$。那么存在 $\tau\in\theta((B\cup D)\triangle\bot)\cap X$ 并且 $\tau\notin X\backslash Cn(A)$，即 $\tau\in(B\cup D)\backslash B\diamond_A D$、$\tau\in X$ 且 $A\vdash\tau$。而由 $\tau\in(B\cup D)\backslash B\diamond_A D$ 和 M-Retainment 得 $A\nvdash\tau$，产生矛盾，故假设错误，$\theta((B\cup D)\triangle\bot)\cap X\subseteq X\backslash Cn(A)$ 成立。因此，θ 满足定义 4.1(2)。

由 (a)(b) 可知，θ 是保护型剪切函数。现令 $\diamond^\theta$ 是一个由 θ 构造的保护型核心代谢修正算子。下面证明：

(c) 对任意的 $D\subseteq\mathcal{L}$ 都有 $(B,A)\diamond D=(B,A)\diamond^\theta D$。

也就是要证明：$B\diamond_A D=B\diamond^\theta_A D$、$A\diamond_B D=A\diamond^\theta_B D$ 和 $(B,A)\diamond^\theta D\in\mathcal{B}$。

(i) $B\diamond_A D=B\diamond^\theta_A D$：由 $\diamond^\theta$ 的定义知 $B\diamond^\theta_A D=(B\cup D)\backslash\theta((B\cup D)\triangle\bot)=(B\cup D)\backslash((B\cup D)\backslash B\diamond_A D)$。由 M-Inclusion 即 $B\diamond_A D\subseteq B\cup D$ 得 $(B\cup D)\backslash((B\cup D)\backslash B\diamond_A D)=B\diamond_A D$，从而 $B\diamond^\theta_A D=B\diamond_A D$。

(ii) $A\diamond_B D=A\diamond^\theta_B D$：由 M-CoreInvariance 和 $\diamond^\theta$ 的定义知即证 $Cn(A)\cap(B\cup D)=Cn(A)\cap B\diamond^\theta_A D$。$\supseteq$ 方向是显然的。对于 $\subseteq$ 方向，这里用反证法。假设 $Cn(A)\cap(B\cup D)\not\subseteq Cn(A)\cap B\diamond^\theta_A D$，故存在 $\tau\in Cn(A)\cap(B\cup D)$ 使得 $\tau\notin B\diamond^\theta_A D=(B\cup D)\backslash\theta((B\cup D)\triangle\bot)$。故 $\tau\in\theta((B\cup D)\triangle\bot)=(B\cup D)\backslash B\diamond_A D$。再由 M-Retainment 得 $A\nvdash\tau$，这与 $\tau\in Cn(A)$ 产生矛盾，故假设错误，$\subseteq$ 方向亦成立。因此 $A\diamond_B D=A\diamond^\theta_B D$。

(iii) $(B,A)\diamond^\theta D\in\mathcal{B}$：由 $B\diamond_A D=B\diamond^\theta_A D$、$A\diamond_B D=A\diamond^\theta_B D$ 和 M-BelState 即得。 □

由命题 4.1和上面定理 4.1易得下面推论。

推论 4.1 如果算子 $\diamond$ 是保护型核心代谢修正算子，那么它也满足 M-Vacuity 和 M-Protection。

在第 4.2节中已经指出，M-RelClosure 的直观意思是说：如果 $B\cup D$ 中的某个命题是新信念库 $B\diamond_A D$ 的一个逻辑后承，那么这个命题像 $B\diamond_A D$ 中的信念那样对于该主体而言也是可信的。因此，如果 $B\diamond_A D$ 的部分逻辑后承已然在膨胀后的并集 $B\cup D$ 当中，那么这些逻辑后承就应当保留下来。这是很直观、很合理的，但是从表达定理 4.1可以看出，保护型核心代谢修正算子并不要求 M-RelClosure 成立。我们甚至可以找到不满足 M-RelClosure 的保护型核心代谢修正算子，如下面这个例子。

例子 4.4 继续例子 4.3。由于 $\theta((B\cup D)\bigtriangleup\bot)=\{\neg\varphi,\psi\}$，故根据定义 4.2知由 θ 构造的保护型核心代谢修正算子满足 $B\diamond^{\theta}_{A}D=\{\varphi,\varphi\to\psi,\neg\varphi\to\neg\psi\}$。又 $B\cup D=\{\varphi,\neg\varphi,\varphi\to\psi,\neg\varphi\to\neg\psi,\psi\}$。故 $\psi\in Cn(B\diamond^{\theta}_{A}D)\cap(B\cup D)$，但是 $\psi\notin B\diamond^{\theta}_{A}D$，故 $Cn(B\diamond^{\theta}_{A}D)\cap(B\cup D)\nsubseteq B\diamond^{\theta}_{A}D$，即虽然 $\diamond^{\theta}$ 是保护型核心代谢修正算子，但它并不满足 M-RelClosure。

那么什么样的保护型核心代谢修正算子满足 M-RelClosure 呢？能否对保护型剪切函数 θ 添加特定条件使得由其构造的代谢修正算子满足 M-RelClosure 呢？如果可以的话，那么在新的剪切函数下重新定义的保护型核心代谢修正算子是否具有表达定理呢？本节剩余的部分表明答案是肯定的。

定义 4.3 令 $(B,A)\in\mathcal{B}$，并且 θ 为保护型剪切函数。θ 是分离的，当且仅当，对任意的 $D\subseteq\mathcal{L}$ 都满足：如果 $\tau\in\theta((B\cup D)\bigtriangleup\bot)$，那么 $(B\cup D)\backslash\theta((B\cup D)\bigtriangleup\bot)\nvdash\tau$。

上述定义的直观意思是说：剪切函数 θ 剪切掉的命题是认知主体在巩固过程中认为不可相信的，而剪切后保留下来信息是认知主体所相信的，如果剪切后保留下来的信息仍可蕴涵被剪切的命题，即 $(B\cup D)\backslash\theta((B\cup D)\bigtriangleup\bot)\vdash\tau$，那么这是不符合理性的。这个条件并不是无意义的，确实存在满足定义 4.1(1)(2) 却不满足分离性的例子。

例子 4.5 令 φ,ψ 为两个不相关的原子命题，信念库 $B=\{\varphi,\varphi\to\neg\psi,\psi\}$，核心信念集 $A=\emptyset$，新信息 $D=\{\varphi\wedge\psi\}$。由定义 1.2 易得 $(B\cup D)\bigtriangleup\bot=\{\{\varphi,\varphi\to\neg\psi,\psi\},\{\varphi\to\neg\psi,\varphi\wedge\psi\}\}$，容易验证下面两个剪切方案满足定义 4.1(1)(2)：$\theta_1((B\cup D)\bigtriangleup\bot)=\{\varphi,\varphi\to\neg\psi\}$，$\theta_2((B\cup D)\bigtriangleup\bot)=\{\varphi\to\neg\psi\}$。其中 θ_2 满足分离性但 θ_1 则不满足分离性。

定义 4.4 令 $(B,A)\in\mathcal{B}$。一个算子 $\diamond$ 是分离保护型核心代谢修正算子，当且仅当，存在一个分离保护型剪切函数 θ 使得：对所有的 $D\subseteq\mathcal{L}$ 都有 $(B,A)\diamond D=(B,A)\diamond^{\theta}D$。

例子 4.6 继续例子 4.5。由于 $\theta_2((B\cup D)\bigtriangleup\bot)=\{\varphi\to\neg\psi\}$ 满足分离性，故由其构造的分离保护型核心代谢修正算子对新信息 D 的修正结果为：$(B,A)\diamond^{\theta_2}D=(B',A')$，其中 $B'=(B\cup D)\backslash\theta_2((B\cup D)\bigtriangleup\bot)=\{\varphi,\psi,\varphi\wedge\psi\}, A'=Cn(A)\cap B'=\emptyset$。又由于 $\theta_1((B\cup D)\bigtriangleup\bot)=\{\varphi,\varphi\to\neg\psi\}$

不满足分离性，故由其构造的保护型核心代谢修正算子对新信息 D 的修正结果为：$(B,A)\diamond^{\theta_1} D=(B',A')$，其中 $B'=(B\cup D)\backslash\theta_1((B\cup D)\bigtriangleup\perp)=\{\psi,\varphi\wedge\psi\}$，$A'=Cn(A)\cap B'=\emptyset$。

定理 4.2 一个算子 $\diamond$ 是分离保护型核心代谢修正算子，当且仅当，它满足性质：M-BelState，M-CoreInvariance，M-Inclusion，M-Consistency，M-RelClosure，M-Reversion 和 M-Retainment。

证明 (I) $\Longrightarrow$：令算子 $\diamond$ 为分离保护型核心代谢修正算子，我们需要证明它满足这些性质。M-BelState，M-CoreInvariance，M-Inclusion，M-Consistency，M-Reversion 和 M-Retainment 这六个性质的证明如定理 4.1(I)，下面只需证明 M-RelClosure 即可。由定义 4.4知：存在分离保护型剪切函数 θ 使得对所有的 $D\subseteq\mathcal{L}$ 都有 $B\diamond_A D=B\diamond_A^\theta D$。用反证法。假设 $Cn(B\diamond_A D)\cap(B\cup D)\nsubseteq B\diamond_A D$，故存在 $\tau\in Cn(B\diamond_A D)\cap(B\cup D)$ 但 $\tau\notin B\diamond_A D$。由 $\tau\notin B\diamond_A D$ 和 $B\diamond_A D=B\diamond_A^\theta D=(B\cup D)\backslash\theta((B\cup D)\bigtriangleup\perp)$ 得 $\tau\notin(B\cup D)\backslash\theta((B\cup D)\bigtriangleup\perp)$，再由 $\tau\in B\cup D$ 得 $\tau\in\theta((B\cup D)\bigtriangleup\perp)$。由于保护型剪切函数 θ 是分离的，故由定义 4.3和 $\tau\in\theta((B\cup D)\bigtriangleup\perp)$ 得 $(B\cup D)\backslash\theta((B\cup D)\bigtriangleup\perp)\nvdash\tau$，即 $\tau\notin Cn((B\cup D)\backslash\theta((B\cup D)\bigtriangleup\perp))=Cn(B\diamond_A^\theta D)=Cn(B\diamond_A D)$，即 $\tau\notin Cn(B\diamond_A D)$。产生矛盾，故假设错误，M-RelClosure 成立。

(II) $\Longleftarrow$：令算子 $\diamond$ 为满足这些性质的算子，下证它是分离保护型核心代谢修正算子。θ 和 $\diamond^\theta$ 的定义如定理 4.1(II) 的证明，这里只需补充证明保护型剪切函数 θ 是分离的即可。令 $\tau\in\theta((B\cup D)\bigtriangleup\perp)$，即 $\tau\in(B\cup D)\backslash B\diamond_A D$。再由 M-RelClosure 即 $Cn(B\diamond_A D)\cap(B\cup D)\subseteq B\diamond_A D$ 得 $B\diamond_A D\nvdash\tau$。由 θ 的定义和 M-Inclusion 得 $(B\cup D)\backslash\theta((B\cup D)\bigtriangleup\perp)=(B\cup D)\backslash((B\cup D)\backslash B\diamond_A D)=B\diamond_A D$。故由 $B\diamond_A D\nvdash\tau$ 得 $(B\cup D)\backslash\theta((B\cup D)\bigtriangleup\perp)\nvdash\tau$。因此，再根据定义 4.3知保护型剪切函数 θ 是分离的。 □

4.4 排斥型核心代谢修正

由于认知主体在信念巩固过程中要恢复信念状态的一致性，故他需要找到并放弃那些不可信的旧信念。根据例子 4.1，我们知道不可信旧信念隐藏在那些与认知主体的核心信念不一致的旧信念之中。因此，这里采用 Falappa 等人在 [27] 中提出的不一致核心集概念（定义 2.1）来给出信念库 B 和新信息 D 的并集 $B\cup D$ 中的所有 A-不一致核心，然后破坏每个

A-不一致核心，即构造剪切函数从每个 A-不一致核心中都删除至少一个命题，以保证新信念库的一致性。由于每个 A-不一致核心都是与核心信念集 A 相矛盾的集合，故核心信念集 A 具有排斥或定位不可信信息的功能，因此这里把这种代谢修正算子称为排斥型核心代谢修正算子。

那么这种排斥型核心代谢修正算子与上一节的保护型核心代谢修正算子有什么区别呢？这里需要先阐明 A-不一致核心集与上一节的 $\perp$-核心集之间的区别。如果 $B\cup D$ 中的元素 φ 出现在某个 A-不一致核心之内，那么我们称 φ 是受牵连的，故不一致核心集的牵连范围为 $\bigcup((B\cup D)\triangle_\perp A)$；类似的，如果 $B\cup D$ 中的元素 φ 出现在某个 $\perp$-核心之内，那么我们也称 φ 是受牵连的，故 $\perp$-核心集的牵连范围为 $\bigcup((B\cup D)\triangle\perp)$。下列命题表明了这两者的关系。

命题 4.2 令 $(B,A)\in\mathcal{B}$ 且 $D\subseteq\mathcal{L}$。那么 $\bigcup((B\cup D)\triangle_\perp A)\subseteq\bigcup((B\cup D)\triangle\perp)$。

证明 令 $\tau\in\bigcup((B\cup D)\triangle_\perp A)$。故存在 $X\in(B\cup D)\triangle_\perp A$ 使得 $\tau\in X$。由 $X\in(B\cup D)\triangle_\perp A$ 得 $X\subseteq B\cup D$ 且 $X\cup A\vdash\perp$。再由 $X\subseteq B\cup D$、$(B,A)\in\mathcal{B}$ 和紧致性易知：存在 $Z\subseteq X\cup A\subseteq B\cup D$ 使得 $Z\in(B\cup D)\triangle\perp$。由 $Z\in(B\cup D)\triangle\perp$ 知 $Z\vdash\perp$，故 $Z\backslash A\cup A\vdash\perp$。假设 $\tau\notin Z$。由 $Z\subseteq X\cup A$ 得 $Z\backslash A\subseteq X$，再由 $\tau\in X$ 和 $\tau\notin Z$ 得 $Z\backslash A\subset X$，故由 $X\in(B\cup D)\triangle_\perp A$ 得 $Z\backslash A\cup A\nvdash\perp$。这与已证的 $Z\backslash A\cup A\vdash\perp$ 产生矛盾，故假设错误，$\tau\in Z$ 成立。再由 $\tau\in Z$ 和 $Z\in(B\cup D)\triangle\perp$ 得 $\tau\in\bigcup((B\cup D)\triangle\perp)$。因此，$\bigcup((B\cup D)\triangle_\perp A)\subseteq\bigcup((B\cup D)\triangle\perp)$ 成立。 □

从这个命题可以看出：A-不一致核心集的牵连范围包含在 $\perp$-核心集的牵连范围之中，也就是说如果认知主体采用基于 A-不一致核心集的信念修正方案，那么他在修正过程中考虑的牵连范围至多不超过基于 $\perp$-核心集的修正方案的牵连范围。那么这个命题的反向即 $\bigcup((B\cup D)\triangle_\perp A)\supseteq\bigcup((B\cup D)\triangle\perp)$ 是否成立呢？下面这个例子是一个反例。

例子 4.7 令 φ，ψ 为不相关的原子命题，$B\cup D=\{\neg\psi,\varphi,\varphi\to\psi,\psi\to\neg\varphi\}$，核心信念集 $A=\{\varphi\to\psi,\psi\to\neg\varphi\}$。由定义 2.1 得 $(B\cup D)\triangle_\perp A=\{\{\varphi\}\}$，由定义 1.2 得 $(B\cup D)\triangle\perp=\{\{\neg\psi,\varphi,\varphi\to\psi\},\{\varphi,\varphi\to\psi,\psi\to\neg\varphi\}\}$。显然，$\bigcup((B\cup D)\triangle_\perp A)=\{\varphi\}$ 且 $\bigcup((B\cup D)\triangle\perp)=\{\neg\psi,\varphi,\varphi\to\psi,\psi\to\neg\varphi\}$，可见 $\bigcup((B\cup D)\triangle_\perp A)\subseteq\bigcup((B\cup D)\triangle\perp)$ 但 $\bigcup((B\cup D)\triangle_\perp A)\not\supseteq\bigcup((B\cup D)\triangle\perp)$。

此外，它们还有下面这个区别。

命题 4.3 令 $A \subseteq B, A \subseteq C$ 且 $A \nvdash \bot$。如果 $B \triangle \bot = C \triangle \bot$，那么 $B \triangle_{\bot} A = C \triangle_{\bot} A$；反之则不一定成立。

证明 (1) 令 $B \triangle \bot = C \triangle \bot$。根据对称性可知，我们只需证明 $B \triangle_{\bot} A \subseteq C \triangle_{\bot} A$。令 $X \in B \triangle_{\bot} A$。故 $X \cup A \vdash \bot$。由紧致性可知：存在有穷集合 $W \subseteq X \cup A$ 使得 $W \vdash \bot$。由 $X \subseteq B$ 和 $A \subseteq B$ 得 $X \cup A \subseteq B$，故 $W \subseteq B$。再根据 W 的有穷性和 $W \vdash \bot$ 易知：存在 $Y \subseteq W$ 使得 $Y \in B \triangle \bot$。假设 $X \nsubseteq Y$，那么存在 $\tau \in X \backslash Y$。由 $Y \in B \triangle \bot$ 得 $Y \cup A \vdash \bot$，故 $Y \backslash A \cup A \vdash \bot$。由 $Y \subseteq W \subseteq X \cup A$ 得 $Y \backslash A \subseteq X$。再由 $\tau \in X \backslash Y$ 得 $Y \backslash A \subset X$。又 $Y \backslash A \cup A \vdash \bot$，故由定义 2.1(3) 得 $X \notin B \triangle_{\bot} A$，产生矛盾。故假设错误，$X \subseteq Y$。再由 $Y \in B \triangle \bot = C \triangle \bot$ 得 $X \subseteq C$。用反证法。假设 $X \notin C \triangle_{\bot} A$。由已证的 $X \subseteq C$ 和 $X \cup A \vdash \bot$ 可知：存在 $Z \subset X$ 使得 $Z \cup A \vdash \bot$。这与 $X \in B \triangle_{\bot} A$ 相矛盾，故假设错误，$X \in C \triangle_{\bot} A$ 成立，故 $B \triangle_{\bot} A \subseteq C \triangle_{\bot} A$ 成立。

(2) 反向的不成立性只需举出一个 $B \triangle_{\bot} A = C \triangle_{\bot} A$ 而 $B \triangle \bot \neq C \triangle \bot$ 的例子即可。

令 φ，ψ 为不相关的原子命题，$B = \{\varphi, \varphi \rightarrow \psi, \psi \rightarrow \neg\varphi\}$，$C = \{\neg\psi, \varphi, \varphi \rightarrow \psi, \psi \rightarrow \neg\varphi\}$，$A = \{\varphi \rightarrow \psi, \psi \rightarrow \neg\varphi\}$。由定义 2.1 易得 $B \triangle_{\bot} A = C \triangle_{\bot} A = \{\{\varphi\}\}$，而由定义 1.2 易得 $B \triangle \bot = \{\{\varphi, \varphi \rightarrow \psi, \psi \rightarrow \neg\varphi\}\} \neq C \triangle \bot = \{\{\neg\psi, \varphi, \varphi \rightarrow \psi\}, \{\varphi, \varphi \rightarrow \psi, \psi \rightarrow \neg\varphi\}\}$。 □

根据这个命题 4.3，我们可以证明下面这个命题。

命题 4.4 如果 $\diamond$ 满足 M-Uniformity，那么 $\diamond$ 也满足 M-Reversion。

证明 令 $\diamond$ 满足 M-Uniformity 且 $B \cup D_1$ 和 $B \cup D_2$ 有相同的极小不一致子集，即 $(B \cup D_1) \triangle \bot = (B \cup D_2) \triangle \bot$。由命题 4.3知 $(B \cup D_1) \triangle_{\bot} A = (B \cup D_2) \triangle_{\bot} A$。再由 M-Uniformity 得 $(B \cup D_1) \backslash B \diamond_A D_1 = (B \cup D_2) \backslash B \diamond_A D_2$，即 M-Reversion 的后件成立。故 M-Reversion 成立。 □

如上所述，每个 A-不一致核心都与核心信念集 A 相矛盾，故这些 A-不一致核心必定隐藏着不可信的旧信念。因此，要想消解信念冲突以巩固信念状态，认知主体必须从每个 A-不一致核心中放弃至少一个不可信旧信念，进而那些保留下来的信念应当与核心信念集 A 相一致。如图 4-3所示，其中 K_1 和 K_2 分别是被 A_1 和 A_2 排斥的 A-不一致核心[①]。在这个图中，存在四个互不相交的区域 A, K_1, K_2 和 $(B \cup D) \backslash (A \cup K_1 \cup K_2)$。直观而言，核心信念集 A 中的命题比其他区域的命题更加可信。那些在

① 如果 $X \cup Y \vdash \bot$，那么我们说 X 排斥 Y。

$(B\cup D)\backslash(A\cup K_1\cup K_2)$ 中的命题与核心信念相比则没那么可信。K_1 和 K_2 中的命题的信念度则比其他两个区域的命题的信念度更低，因为这两个 A-不一致核心必定包含一些与核心信念集 A 相冲突的不可信信息。因此，认知主体可以合理地保留前两个区域的信息，并且剪切 K_1 和 K_2 中的部分不可信旧信念（如 Z_1 和 Z_2）来完成排斥型核心代谢修正。

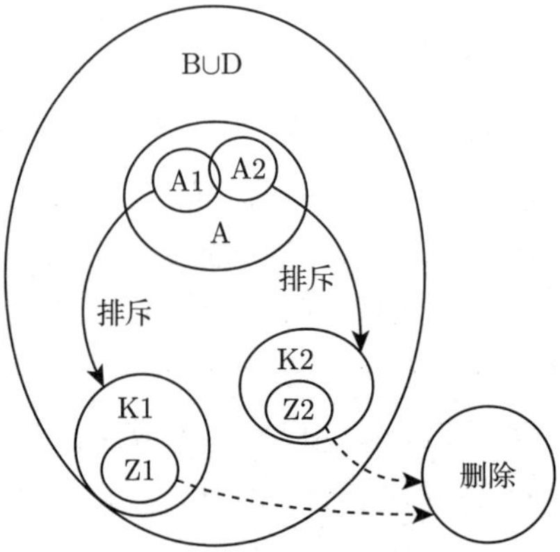

图 4-3 排斥型核心代谢修正

更精确地，我们有下面这个排斥型剪切函数的定义。

定义 4.5 令 $(B,A)\in\mathcal{B}$。一个函数 θ 是排斥型剪切函数，当且仅当，对于每个 $(B\cup D)\bigtriangleup_{\perp}A$，都有

(1) $\theta((B\cup D)\bigtriangleup_{\perp}A)\subseteq\bigcup((B\cup D)\bigtriangleup_{\perp}A)$，

(2) 如果 $X\in(B\cup D)\bigtriangleup_{\perp}A$，那么 $\theta((B\cup D)\bigtriangleup_{\perp}A)\cap X\neq\emptyset$，并且

(3) 如果 $\tau\in\theta((B\cup D)\bigtriangleup_{\perp}A)$，那么 $(B\cup D)\backslash\theta((B\cup D)\bigtriangleup_{\perp}A)\nvdash\tau$。

条件 (1) 说的是排斥型剪切函数只能剪切 A-不一致核心中的元素。条件 (2) 要求每个 A-不一致核心必须被摧毁。根据 $A\nvdash\perp$ 和定义 2.1 可知 $\emptyset\notin(B\cup D)\bigtriangleup_{\perp}A$。因此，条件 $\theta((B\cup D)\bigtriangleup_{\perp}A)\cap X\neq\emptyset$ 是可行的。值得注意的是，核心信念集 A 在 $B\cup D$ 中的逻辑后承 $Cn(A)\cap(B\cup D)$ 都是核心信念，不应该在修正过程中被删除掉。但是上述排斥型剪切函数的定义并没有把这个要求作为一个条件。那么基于这种剪切函数的排斥型代谢修正算子是否会保护这些核心信念呢？由命题 2.2(5) 可知，那些 A-不一致核心并不包含 A 的逻辑后承。因此，不管排斥型剪切函数如何剪切，它绝不会把任何 A 的逻辑后承删除掉。条件 (3) 的直观意思是指：那些被排斥型剪切函数 θ 所剪切的信念是不可信的，而那些保留下来的信念是可信的；因此，那些被保留下来的可信信念不能蕴涵任何被剪切掉的不可信旧信念；否则，这种代谢修正是不理性的。如下面这个例子所阐明的，

这个条件并不蕴涵在条件 (1) 和 (2) 中。

例子 4.8 令信念库 $B\cup D=\{\neg\varphi,\neg\varphi\to\psi,\neg\alpha,\neg\alpha\to\psi,\alpha\to\neg\tau,\neg\psi,\tau\}$，并且核心信念集 $A=\{\neg\psi,\tau\}$，其中 φ,ψ,α,τ 是互不相关的命题。根据定义 2.1 可知：$(B\cup D)\triangle_{\perp}A=\{\{\neg\varphi,\neg\varphi\to\psi\},\{\neg\alpha,\neg\alpha\to\psi\}\ \{\neg\alpha\to\psi,\alpha\to\neg\tau\}\}$。容易验证剪切方案 $\theta_1((B\cup D)\triangle_{\perp}A)=\{\neg\varphi\to\psi,\neg\alpha,\alpha\to\neg\tau\}$ 满足定义 4.5(1)(2)(3)。但是剪切方案 $\theta_2((B\cup D)\triangle_{\perp}A)=\{\neg\varphi\to\psi,\neg\alpha\to\psi,\alpha\to\neg\tau\}$ 只满足定义 4.5(1)(2)，而不满足 (3)，因为 $\alpha\to\neg\tau\in\theta_2((B\cup D)\triangle_{\perp}A)$ 而 $(B\cup D)\backslash\theta_2((B\cup D)\triangle_{\perp}A)=\{\neg\varphi,\neg\alpha,\neg\psi,\tau\}\vdash\alpha\to\neg\tau$。

此外，这里还要注意定义 4.5(1)(2)(3) 的一致性问题。这里只需考虑 $\forall D\subseteq\mathcal{L}(\theta((B\cup D)\triangle_{\perp}A)=\bigcup((B\cup D)\triangle_{\perp}A))$ 的极端情况是否满足这三个条件即可。下面这个命题表明答案是肯定的。

命题 4.5 令 $(B,A)\in\mathcal{B}$。如果函数 θ 定义为：$\forall D\subseteq\mathcal{L}(\theta((B\cup D)\triangle_{\perp}A)=\bigcup((B\cup D)\triangle_{\perp}A))$，那么 θ 是一个排斥型剪切函数。

证明 这里我们需要证明：对于所有 $D\subseteq\mathcal{L}$，$\theta((B\cup D)\triangle_{\perp}A)$ 满足定义 4.5(1)(2)(3)。

(1) 根据 θ 的定义，显然有 $\theta((B\cup D)\triangle_{\perp}A)\subseteq\bigcup((B\cup D)\triangle_{\perp}A)$。故 θ 满足定义 4.5(1)。

(2) 令 $X\in(B\cup D)\triangle_{\perp}A$。故 $X\cup A\vdash\perp$。根据 $(B,A)\in\mathcal{B}$，我们有 $A\nvdash\perp$。由于 $X\cup A\vdash\perp$ 并且 $A\nvdash\perp$，我们有 $X\neq\emptyset$。再根据 $X\in(B\cup D)\triangle_{\perp}A$ 可知：$X\subseteq\bigcup((B\cup D)\triangle_{\perp}A)=\theta((B\cup D)\triangle_{\perp}A)$。故 $\theta((B\cup D)\triangle_{\perp}A)\cap X=X\neq\emptyset$。因此，$\theta$ 满足定义 4.5(2)。

(3) 令 $\tau\in\theta((B\cup D)\triangle_{\perp}A)$，即 $\tau\in\bigcup((B\cup D)\triangle_{\perp}A)$。用反证法。假设 $(B\cup D)\backslash\theta((B\cup D)\triangle_{\perp}A)\vdash\tau$。根据紧致性可知：存在一个有穷集 $Y\subseteq(B\cup D)\backslash\theta((B\cup D)\triangle_{\perp}A)$ 使得 $Y\vdash\tau$。由于 $\tau\in\bigcup((B\cup D)\triangle_{\perp}A)$，存在 $X\in(B\cup D)\triangle_{\perp}A$ 使得 $\tau\in X$。根据 $X\in(B\cup D)\triangle_{\perp}A$ 我们有 $X\cup A\vdash\perp$。因此，根据 $Y\vdash\tau$、$\tau\in X$ 和 $X\cup A\vdash\perp$，我们有 $X\backslash\{\tau\}\cup Y\cup A\vdash\perp$。由于 $Y\subseteq B\cup D$ 并且 $X\subseteq B\cup D$，我们有 $X\backslash\{\tau\}\cup Y\subseteq B\cup D$。根据 $X\backslash\{\tau\}\cup Y\subseteq B\cup D$、$X\backslash\{\tau\}\cup Y\cup A\vdash\perp$ 和下界性引理 2.1，我们知道：存在 $Z\subseteq X\backslash\{\tau\}\cup Y$ 使得 $Z\in(B\cup D)\triangle_{\perp}A$。根据 $Z\in(B\cup D)\triangle_{\perp}A$ 和 θ 的定义，我们有 $Z\subseteq\bigcup((B\cup D)\triangle_{\perp}A)=\theta((B\cup D)\triangle_{\perp}A)$。假设 $Z\cap Y=\emptyset$。根据 $Z\subseteq X\backslash\{\tau\}\cup Y$ 我们有 $Z\subseteq X\backslash\{\tau\}$。根据 $Z\in(B\cup D)\triangle_{\perp}A$，我们有 $Z\cup A\vdash\perp$。根据 $Z\subseteq X\backslash\{\tau\}$，我们有 $X\backslash\{\tau\}\cup A\vdash\perp$。但是根据 $\tau\in X$ 我们有 $X\backslash\{\tau\}\subset X$，而且根据 $X\in(B\cup D)\triangle_{\perp}A$ 可知

$X\backslash\{\tau\} \cup A \nvdash \bot$。矛盾。因此，假设 $Z \cap Y = \emptyset$ 错误，$Z \cap Y \neq \emptyset$。故存在 $\psi \in Z \cap Y$。由于 $\psi \in Z \cap Y$ 并且 $Z \subseteq \theta((B \cup D) \triangle_\bot A)$，我们有 $\psi \in \theta((B\cup D)\triangle_\bot A)$。但是根据 $\psi \in Z\cap Y$ 和 $Y \subseteq (B\cup D)\backslash\theta((B\cup D)\triangle_\bot A)$ 可知：$\psi \in (B\cup D)\backslash\theta((B\cup D)\triangle_\bot A)$。故 $\psi \notin \theta((B\cup D)\triangle_\bot A)$。矛盾。因此，假设 $(B \cup D)\backslash\theta((B \cup D) \triangle_\bot A) \vdash \tau$ 错误，$(B \cup D)\backslash\theta((B \cup D) \triangle_\bot A) \nvdash \tau$，进而 θ 满足定义 4.5(3)。 □

排斥型剪切函数和保护型剪切函数在剪切范围上有什么差异呢？由定义 4.5条件 (1) 知排斥型剪切函数的剪切范围是 $\bigcup((B \cup D) \triangle_\bot A)$，与 A-不一致核心集的牵连范围相同。而由定义 4.1条件 (1) 知保护型剪切函数的剪切范围在 $\bigcup((B \cup D) \triangle \bot)$ 之内，由条件 (2) 知剪切范围进一步被限定在非 A 逻辑后承之中，即其剪切范围为 $\bigcup((B \cup D) \triangle \bot)\backslash Cn(A)$。那么这两个范围有什么关系呢？这里证明了下面这个关系命题。

命题 4.6 令 $(B, A) \in \mathcal{B}$ 且 $D \subseteq \mathcal{L}$。那么 $\bigcup((B \cup D) \triangle_\bot A) \subseteq \bigcup((B \cup D) \triangle \bot)\backslash Cn(A)$。

证明 令 $\tau \in \bigcup((B \cup D) \triangle_\bot A)$。故存在 $X \in (B \cup D) \triangle_\bot A$ 使得 $\tau \in X$。由 $X \in (B\cup D)\triangle_\bot A$ 得 $X\cup A \vdash \bot$。再由 $X \subseteq B\cup D$、$(B, A) \in \mathcal{B}$ 和紧致性易知：存在 $Z \subseteq X \cup A \subseteq B \cup D$ 使得 $Z \in (B \cup D) \triangle \bot$。假设 $\tau \notin Z$。由 $Z \in (B\cup D)\triangle \bot$ 知 $Z \vdash \bot$，故 $Z\backslash A\cup A \vdash \bot$。由 $Z \subseteq X\cup A$ 得 $Z\backslash A \subseteq X$，再由 $\tau \in X$ 和 $\tau \notin Z$ 得 $Z\backslash A \subset X$，故由 $X \in (B \cup D) \triangle_\bot A$ 得 $Z\backslash A\cup A \nvdash \bot$。产生矛盾，故假设 $\tau \notin Z$ 错误，$\tau \in Z$ 成立。再由 $\tau \in Z$ 和 $Z \in (B\cup D)\triangle\bot$ 得 $\tau \in \bigcup((B\cup D)\triangle\bot)$。假设 $A \vdash \tau$，故 $Cn(X\cup A) = Cn(X\backslash\{\tau\} \cup A)$。由 $\tau \in X$ 得 $X\backslash\{\tau\} \subset X$，再由 $X \in (B \cup D) \triangle_\bot A$ 得 $X\backslash\{\tau\} \cup A \nvdash \bot$，故由 $Cn(X \cup A) = Cn(X\backslash\{\tau\} \cup A)$ 得 $X \cup A \nvdash \bot$。这与已证的 $X \cup A \vdash \bot$ 产生矛盾，故假设 $A \vdash \tau$ 错误，$\tau \notin Cn(A)$ 成立。由 $\tau \in \bigcup((B \cup D) \triangle \bot)$ 和 $\tau \notin Cn(A)$ 得 $\tau \in \bigcup((B \cup D) \triangle \bot)\backslash Cn(A)$。因此，$\bigcup((B \cup D) \triangle_\bot A) \subseteq \bigcup((B \cup D) \triangle \bot)\backslash Cn(A)$ 成立。 □

由此命题可看出两者的差异在于：对于固定的信念状态 (B, A)，排斥型剪切函数的剪切范围包含在保护型剪切函数的剪切范围之内。排斥型剪切函数所剪切的元素是 A-不一致核心集的并集的元素，而保护型剪切函数可能会剪切 $\bot$-核心集的并集以内、A-不一致核心集的并集内外的非 A 逻辑后承。另外，上述命题的另一个方向则不一定成立，即存在 $D \subseteq \mathcal{L}$ 使得 $\bigcup((B \cup D) \triangle_\bot A) \not\supseteq \bigcup((B \cup D) \triangle \bot)\backslash Cn(A)$。下面的例子是一个反例。

例子 4.9 继续例子 4.7。由于核心信念集 $A = \{\varphi \to \psi, \psi \to \neg\varphi\}$，$(B \cup D) \triangle_\bot A = \{\{\varphi\}\}$ 且 $(B \cup D) \triangle \bot = \{\{\neg\psi, \varphi, \varphi \to \psi\}, \{\varphi, \varphi \to$

$\psi, \psi \to \neg\varphi\}\}$。故排斥型剪切函数的剪切范围为 $\bigcup((B \cup D) \bigtriangleup_{\perp} A) = \{\varphi\}$，而保护型剪切函数的剪切范围为 $\bigcup((B \cup D) \bigtriangleup \perp) \backslash Cn(A) = \{\neg\psi, \varphi\}$。因此 $\bigcup((B \cup D) \bigtriangleup_{\perp} A) \subseteq \bigcup((B \cup D) \bigtriangleup \perp) \backslash Cn(A)$ 但是 $\bigcup((B \cup D) \bigtriangleup_{\perp} A) \not\supseteq \bigcup((B \cup D) \bigtriangleup \perp) \backslash Cn(A)$。从这里也可看出，与核心信念集 A 的保护机制相比，其排斥机制对剪切范围具有更多的限制。

现在我们可以用排斥型剪切函数来构造排斥型核心代谢修正算子。

定义 4.6 令 $(B, A) \in \mathcal{B}$ 并且 θ 是排斥型剪切函数。

(1) 由 θ 构造的排斥型核心代谢修正算子，记为 $\diamond^{\theta}$，定义为：对于所有的 $D \subseteq \mathcal{L}$ 都有 $(B, A) \diamond^{\theta} D = (B', A')$，其中 $B' = (B \cup D) \backslash \theta((B \cup D) \bigtriangleup_{\perp} A)$ 并且 $A' = Cn(A) \cap B'$。

(2) 一个算子 $\diamond$ 是排斥型核心代谢修正算子，当且仅当，存在一个排斥型剪切函数 θ 使得：对于所有的 $D \subseteq \mathcal{L}$ 都有 $(B, A) \diamond D = (B, A) \diamond^{\theta} D$。

例子 4.10 (1) 继续例子 4.8。由于 $B \cup D = \{\neg\varphi, \neg\varphi \to \psi, \neg\alpha, \neg\alpha \to \psi, \alpha \to \neg\tau, \neg\psi, \tau\}$，$A = \{\neg\psi, \tau\}$，并且 $\theta_1((B \cup D) \bigtriangleup_{\perp} A) = \{\neg\varphi \to \psi, \neg\alpha, \alpha \to \neg\tau\}$，由 θ_1 构造的排斥型核心代谢修正的结果是：$(B, A) \diamond^{\theta_1} D = (B', A')$，其中 $B' = (B \cup D) \backslash \theta_1((B \cup D) \bigtriangleup_{\perp} A) = \{\neg\varphi, \neg\alpha \to \psi, \neg\psi, \tau\}$，并且 $A' = Cn(A) \cap B' = \{\neg\psi, \tau\}$。

(2) 令 φ, ψ 为两个独立的原子命题，信念库 $B = \{\neg\psi, \varphi \to \psi, \psi \to \neg\varphi\}$，核心信念集 $A = \{\varphi \to \psi, \psi \to \neg\varphi\}$，并且新信息 $D = \{\varphi\}$。根据定义 2.1 我们有 $(B \cup D) \bigtriangleup_{\perp} A = \{\{\varphi\}\}$。根据定义 4.5(1)(2)(3) 容易验证：$\theta((B \cup D) \bigtriangleup_{\perp} A) = \{\varphi\}$ 是满足所有那些条件的唯一的剪切方案。因此，由 θ 生成的排斥型核心代谢修正的结果是：$(B, A) \diamond^{\theta} D = (B', A')$，其中 $B' = (B \cup D) \backslash \theta((B \cup D) \bigtriangleup_{\perp} A) = \{\neg\psi, \varphi \to \psi, \psi \to \neg\varphi\}$，并且 $A' = Cn(A) \cap B' = \{\varphi \to \psi, \psi \to \neg\varphi\}$。

现在我们来证明排斥型核心代谢修正算子的表达定理。

定理 4.3 一个算子 $\diamond$ 是排斥型核心代谢修正算子，当且仅当，它满足下列性质：M-CoreInvariance，M-Inclusion，M-Consistency，M-RelClosure，M-Uniformity 和 M-ExRetainment。

证明 (I) $\Longrightarrow$：令 $\diamond$ 为排斥型核心代谢修正算子。我们需要证明它满足下列性质。

M-BelState: 由 $(B, A) \in \mathcal{B}$ 和定义 4.6知 $A' \nvdash \perp$，再由定义 3.1 知只需证明 $Cn(A') \cap B' = A'$，由定义 4.6知只需证 $Cn(Cn(A) \cap B') \cap B' = Cn(A) \cap B'$，易证，略。

M-CoreInvariance: 根据定义 4.6，我们有 $A \diamond_B D = A' = Cn(A) \cap B'$。故

我们需要证明 $Cn(A)\cap B' = Cn(A)\cap(B\cup D)$。显然有 $Cn(A)\cap B' \subseteq Cn(A)\cap(B\cup D)$。对于方向 $\supseteq$，这里采用反证法。假设 $Cn(A)\cap B' \not\supseteq Cn(A)\cap(B\cup D)$。故存在 $\tau \in Cn(A)\cap(B\cup D)$ 使得 $\tau \notin B' = (B\cup D)\backslash\theta((B\cup D)\triangle_\perp A)$。故 $\tau\in\theta((B\cup D)\triangle_\perp A)$。根据定义 4.5，我们知道：存在 $X\in(B\cup D)\triangle_\perp A$ 使得 $\tau\in X$。故 $X\backslash\{\tau\}\subset X$。由于 $X\in(B\cup D)\triangle_\perp A$，我们有 $X\cup A\vdash\perp$ 并且 $X\backslash\{\tau\}\cup A\nvdash\perp$。但是根据 $\tau\in Cn(A)$ 我们有 $Cn(X\backslash\{\tau\}\cup A) = Cn(X\cup A)$。矛盾。因此，假设错误，$Cn(A)\cap B' \supseteq Cn(A)\cap(B\cup D)$。

M-Inclusion：根据定义 4.6，显然有 $B\diamond_A D = (B\cup D)\backslash\theta((B\cup D)\triangle_\perp A)\subseteq B\cup D$。

M-Consistency：用反证法。假设 $B\diamond_A D\vdash\perp$。故 $B\diamond_A D\cup A\vdash\perp$。根据 $B\diamond_A D\subseteq B\cup D$ 和下界性引理 2.1 可知：存在 $Y\subseteq B\diamond_A D$ 使得 $Y\in(B\cup D)\triangle_\perp A$。由于 $Y\subseteq B\diamond_A D$，我们有 $Y\subseteq(B\cup D)\backslash\theta((B\cup D)\triangle_\perp A)$。故 $Y\cap\theta((B\cup D)\triangle_\perp A)=\emptyset$。但是根据 $Y\in(B\cup D)\triangle_\perp A$ 和定义 4.5(2)，我们有 $\theta((B\cup D)\triangle_\perp A)\cap Y\neq\emptyset$。矛盾。故假设错误，$B\diamond_A D\nvdash\perp$。

M-RelClosure：用反证法。假设 $Cn(B\diamond_A D)\cap(B\cup D)\not\subseteq B\diamond_A D$。故存在 $\psi\in(B\cup D)\backslash B\diamond_A D$ 使得 $B\diamond_A D\vdash\psi$。由于 $\psi\in(B\cup D)\backslash B\diamond_A D = (B\cup D)\backslash((B\cup D)\backslash\theta((B\cup D)\triangle_\perp A))$，我们有 $\psi\in\theta((B\cup D)\triangle_\perp A)$。根据定义 4.5(3)，我们有 $(B\cup D)\backslash\theta((B\cup D)\triangle_\perp A)\nvdash\psi$。然而，根据 $B\diamond_A D\vdash\psi$，我们有 $(B\cup D)\backslash\theta((B\cup D)\triangle_\perp A)\vdash\psi$。矛盾。故假设错误，$Cn(B\diamond_A D)\cap(B\cup D)\subseteq B\diamond_A D$。

M-Uniformity：令 $B\cup D_1$ 和 $B\cup D_2$ 有相同的、与 A 不一致的极小子集，即 $(B\cup D_1)\triangle_\perp A = (B\cup D_2)\triangle_\perp A$。故 $\theta((B\cup D_1)\triangle_\perp A) = \theta((B\cup D_2)\triangle_\perp A)$。因此，$(B\cup D_1)\backslash B\diamond_A D_1 = (B\cup D_1)\backslash((B\cup D_1)\backslash\theta((B\cup D_1)\triangle_\perp A)) = \theta((B\cup D_1)\triangle_\perp A) = \theta((B\cup D_2)\triangle_\perp A) = (B\cup D_2)\backslash((B\cup D_2)\backslash\theta((B\cup D_2)\triangle_\perp A)) = (B\cup D_2)\backslash B\diamond_A D_2$。故 $(B\cup D_1)\backslash B\diamond_A D_1 = (B\cup D_2)\backslash B\diamond_A D_2$。因此，M-Uniformity 成立。

M-ExRetainment： 令 $\psi \in (B \cup D) \backslash B \diamond_A D$。故 $\psi \in (B \cup D) \backslash ((B \cup D) \backslash \theta((B \cup D) \triangle_\perp A)) = \theta((B \cup D) \triangle_\perp A)$。因此，存在 $Y \in (B \cup D) \triangle_\perp A$ 使得 $\psi \in Y$。故 $Y \cup A \vdash \perp$。令 $C = Y \backslash \{\psi\}$。故 $C \subset Y \subseteq B \cup D$。根据 $Y \in (B \cup D) \triangle_\perp A$ 和 $C \subset Y$，我们有 $C \cup A \nvdash \perp$ 并且 $C \cup \{\psi\} \cup A = Y \cup A \vdash \perp$。因此，存在 $C \subseteq B \cup D$ 使得 $C \cup A \nvdash \perp$ 并且 $C \cup \{\psi\} \cup A \vdash \perp$。故 M-ExRetainment 成立。

(II) $\Longrightarrow$：令 $\diamond$ 为满足上述这些性质的算子，下面证明它是排斥型核心代谢修正算子。根据定义 4.6可知，我们需要证明：存在排斥型剪切函数 θ 使得：对所有的 $D \subseteq \mathcal{L}$ 都有 $(B, A) \diamond D = (B, A) \diamond^\theta D = (B \diamond_A^\theta D, A \diamond_B^\theta D)$，其中 $B \diamond_A^\theta D = (B \cup D) \backslash \theta((B \cup D) \triangle_\perp A)$，$A \diamond_B^\theta D = Cn(A) \cap B \diamond_A^\theta D$。

定义函数 θ 使得：对于所有的 $D \subseteq \mathcal{L}$，$\theta((B \cup D) \triangle_\perp A) = (B \cup D) \backslash B \diamond_A D$。下面先证明 θ 是排斥型剪切函数。

(a) θ 是良定义的函数。

这就是要证明：对于所有的 $D_1, D_2 \subseteq \mathcal{L}$，如果 $(B \cup D_1) \triangle_\perp A = (B \cup D_2) \triangle_\perp A$，那么 $\theta((B \cup D_1) \triangle_\perp A) = \theta((B \cup D_2) \triangle_\perp A)$。令 $(B \cup D_1) \triangle_\perp A = (B \cup D_2) \triangle_\perp A$。根据 M-Uniformity，我们有 $(B \cup D_1) \backslash B \diamond_A D_1 = (B \cup D_2) \backslash B \diamond_A D_2$，即 $\theta((B \cup D_1) \triangle_\perp A) = \theta((B \cup D_2) \triangle_\perp A)$。

(b) θ 是排斥型剪切函数。

(1) 令 $\tau \in \theta((B \cup D) \triangle_\perp A)$，即 $\tau \in (B \cup D) \backslash B \diamond_A D$。根据 M-ExRetainment 可知：存在 $C \subseteq B \cup D$ 使得 $C \cup A \nvdash \perp$ 并且 $C \cup \{\tau\} \cup A \vdash \perp$。根据 $C \cup \{\tau\} \subseteq B \cup D$，$C \cup \{\tau\} \cup A \vdash \perp$ 和下界性 2.1 可知：存在 $Y \subseteq C \cup \{\tau\}$ 使得 $Y \in (B \cup D) \triangle_\perp A$。故 $Y \cup A \vdash \perp$。根据 $Y \subseteq C \cup \{\tau\}$、$C \cup A \nvdash \perp$ 和 $Y \cup A \vdash \perp$，我们有 $\tau \in Y$。由于 $\tau \in Y \in (B \cup D) \triangle_\perp A$，我们有 $\tau \in \bigcup((B \cup D) \triangle_\perp A)$。故 θ 满足定义 4.5(1)。

(2) 令 $X \in (B \cup D) \triangle_\perp A$。用反证法。假设 $\theta((B \cup D) \triangle_\perp A) \cap X = \emptyset$，即 $((B \cup D) \backslash B \diamond_A D) \cap X = \emptyset$。根据 $X \subseteq B \cup D$ 我们有 $X \subseteq B \diamond_A D$。由于 $X \cup A \vdash \perp$，$B \diamond_A D \cup A \vdash \perp$。根据 M-ExRetainment 和命题 4.1(2) 可知 M-Protection，即 $A \subseteq B \diamond_A D$，成立。故 $B \diamond_A D \vdash \perp$。这与 M-Consistency 相矛盾。因此，$\theta((B \cup D) \triangle_\perp A) \cap X \neq \emptyset$，故 θ 满足定义

4.5(2)。

(3) 令 $\tau \in \theta((B \cup D) \triangle_{\perp} A)$，即 $\tau \in (B \cup D) \backslash B \diamond_A D$。根据 M-RelClosure 我们有 $B \diamond_A D \nvdash \tau$。再根据 M-Inclusion 我们有 $(B \cup D) \backslash ((B \cup D) \backslash B \diamond_A D) \nvdash \tau$，即 $(B \cup D) \backslash \theta((B \cup D) \triangle_{\perp} A) \nvdash \tau$。故 θ 满足定义 4.5(3)。

由 (a)(b) 可知，θ 是一个排斥型剪切函数。现令 $\diamond^{\theta}$ 是一个由 θ 构造的排斥型核心代谢修正算子。下面证明：

(c) 对于所有的 $D \subseteq \mathcal{L}$ 都有 $(B, A) \diamond D = (B, A) \diamond^{\theta} D$。

这就是要证明：$B \diamond_A D = B \diamond_A^{\theta} D$，$A \diamond_B D = A \diamond_B^{\theta} D$，并且 $(B, A) \diamond^{\theta} D \in \mathcal{B}$。

(i) $B \diamond_A D = B \diamond_A^{\theta} D$：根据 $\diamond^{\theta}$ 的定义可知 $B \diamond_A^{\theta} D = (B \cup D) \backslash \theta((B \cup D) \triangle_{\perp} A) = (B \cup D) \backslash ((B \cup D) \backslash B \diamond_A D)$。根据 M-Inclusion，我们有 $B \diamond_A D \subseteq B \cup D$。故 $B \diamond_A^{\theta} D = (B \cup D) \backslash ((B \cup D) \backslash B \diamond_A D) = B \diamond_A D$。

(ii) $A \diamond_B D = A \diamond_B^{\theta} D$：根据 M-CoreInvariance 和 $\diamond^{\theta}$ 的定义，我们需要证明 $Cn(A) \cap (B \cup D) = Cn(A) \cap B \diamond_A^{\theta} D$。方向 $\supseteq$ 是显然的。对于方向 $\subseteq$，这里用反证法。假设 $Cn(A) \cap (B \cup D) \nsubseteq Cn(A) \cap B \diamond_A^{\theta} D$。故存在 $\tau \in Cn(A) \cap (B \cup D)$ 使得 $\tau \notin B \diamond_A^{\theta} D = (B \cup D) \backslash \theta((B \cup D) \triangle_{\perp} A)$。因此，$\tau \in \theta((B \cup D) \triangle_{\perp} A) = (B \cup D) \backslash B \diamond_A D$。根据 M-ExRetainment 可知：存在 $C \subseteq B \cup D$ 使得 $C \cup A \nvdash \perp$ 并且 $C \cup \{\tau\} \cup A \vdash \perp$。故 $A \nvdash \tau$。这与 $\tau \in Cn(A)$ 相矛盾。因此，假设错误，$Cn(A) \cap (B \cup D) \subseteq Cn(A) \cap B \diamond_A^{\theta} D$。故 $A \diamond_B D = A \diamond_B^{\theta} D$。

(iii) $(B, A) \diamond^{\theta} D \in \mathcal{B}$：根据 M-CoreInvariance、M-Inclusion、M-ExRetainment 和命题 4.1(13) 可知 $\diamond$ 满足 M-BelState。由于 $B \diamond_A D = B \diamond_A^{\theta} D$ 并且 $A \diamond_B D = A \diamond_B^{\theta} D$，我们有 $(B, A) \diamond^{\theta} D \in \mathcal{B}$。 □

根据命题 4.1和定理 4.3，容易证明下面这个推论。

推论 4.2 如果一个算子 $\diamond$ 是排斥型核心代谢修正算子，那么它也满足：M-BelState，M-Protection，M-Vacuity 和 M-Retainment。

那么排斥型核心代谢算子与保护型核心代谢算子之间有什么关系呢？这里有下面推论。

推论 4.3 如果算子 $\diamond$ 是排斥型核心代谢修正算子，那么它也是分离保护型核心代谢修正算子。

证明 令算子 $\diamond$ 是排斥型核心代谢修正算子。由定理 4.3知 $\diamond$ 满足 M-Uniformity。再由命题 4.4知 $\diamond$ 也满足 M-Reversion。再由命题 4.1(5)(13)、定理 4.2和定理 4.3即证。 □

4.5 保护型部分交代谢修正

由于代谢修正算子是先膨胀后巩固的信念修正算子，认知主体在信念巩固过程中要恢复信念状态的一致性。为了实现这个目的，一种可行方案是先找到信念库中的所有极大一致集或者说候选信念库，然后选择部分极大一致集进行交运算，并把交运算的结果作为保留下来的可信信念。形式地讲，我们需要采用 AGM 三人在 [6] 中提出的保留集概念（定义 1.1）来给出信念库 B 和新信息 D 的并集 $B \cup D$ 中的所有 $\perp$-保留（$\perp$-remainder），然后构造选择函数挑选出部分 $\perp$-保留来进行交运算，以保证新信念库的一致性。与此同时，这个代谢修正过程还需要保护核心信念免于被放弃。因此，这个选择函数只能挑选那些包含核心信念集 A 的逻辑后承的 $\perp$-保留。这里把这种代谢修正算子为保护型部分交代谢修正算子。如图 4-4所示，其中 K_1 和 K_2 是包含核心信念集 A 的逻辑后承的 $\perp$-保留，K_3 也是 $\perp$-保留，但它并不是完全包含核心信念集 A 的逻辑后承。因此，认知主体可以通过挑选 K_1 和 K_2，而非 K_3，进行交运算来完成保护型部分交代谢修正。

在定义选择函数之前，这里先证明下面关于 $\perp$-保留集的引理，它在表达定理中会利用到。

引理 4.1 令 $M, N \subseteq \mathcal{L}$，下列条件等价：

(1) $M \bigtriangledown \perp = N \bigtriangledown \perp$;

(2) $\forall \varphi \in (M \cup N) \backslash (M \cap N)$ 都有 $\varphi \vdash \perp$。

证明 (1) $\Longrightarrow$ (2): 令 (1) 成立。用反证法。假设存在 $\varphi \in (M \cup N) \backslash (M \cap N)$ 使得 $\varphi \nvdash \perp$。这里分两种情况导出矛盾：

$\varphi \in M \backslash N$：由 $\{\varphi\} \subseteq M$、$\{\varphi\} \nvdash \perp$ 和上界性引理 2.2 可知：存在 X 使得 $\{\varphi\} \subseteq X \in M \bigtriangledown \perp$，故由 (1) 得 $\{\varphi\} \subseteq X \in N \bigtriangledown \perp$，故 $\varphi \in N$，产生矛盾。

$\varphi \in N \backslash M$：由对称性知可类似地导出矛盾，略。

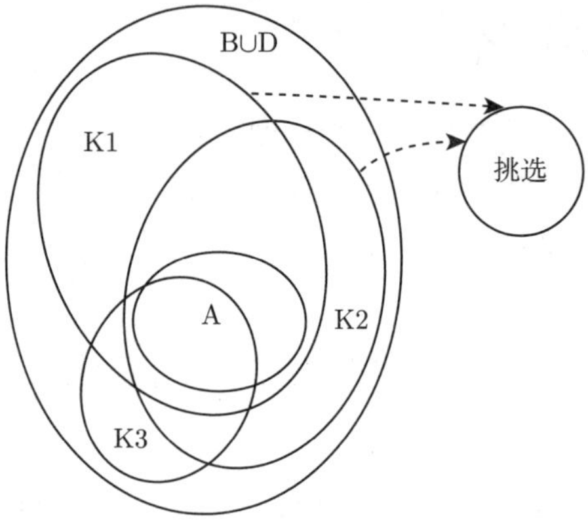

图 4-4　保护型部分交代谢修正

由于在这两种情况下都导出矛盾，故假设错误，因此 (2) 成立。

(2) $\Longrightarrow$ (1): 令 (2) 成立。根据对称性，下面只证明 $M \bigtriangledown \perp \subseteq N \bigtriangledown \perp$。令 $X \in M \bigtriangledown \perp$。故 $X \subseteq M$ 且 $X \nvdash \perp$。假设 $X \nsubseteq M \cap N$，故 $X \nsubseteq N$，故存在 $\tau \in X \backslash N$，故 $\tau \in (M \cup N) \backslash (M \cap N)$，由 (2) 得 $\tau \vdash \perp$，故由 $\tau \in X$ 得 $X \vdash \perp$，这与 $X \in M \bigtriangledown \perp$ 相矛盾，故假设 $X \nsubseteq M \cap N$ 错误，$X \subseteq M \cap N \subseteq N$ 成立。下证 $X \in N \bigtriangledown \perp$。用反证法。假设 $X \notin N \bigtriangledown \perp$。由已证的 $X \subseteq N$、$X \nvdash \perp$ 和定义 1.1 可知：存在 $Y \subseteq N$ 使得 $X \subset Y$ 且 $Y \nvdash \perp$。假设 $Y \nsubseteq M \cap N$，故由 $Y \subseteq N$ 得 $Y \nsubseteq M$，故存在 $\tau \in Y \backslash M$，故 $\tau \in (M \cup N) \backslash (M \cap N)$，由 (2) 得 $\tau \vdash \perp$，故由 $\tau \in Y$ 得 $Y \vdash \perp$，产生矛盾，故假设 $Y \nsubseteq M \cap N$ 错误，$Y \subseteq M \cap N \subseteq M$ 成立。由 $X \subset Y \subseteq M$ 和 $Y \nvdash \perp$ 得 $X \notin M \bigtriangledown \perp$，产生矛盾，故假设 $X \notin N \bigtriangledown \perp$ 错误，$X \in N \bigtriangledown \perp$ 成立，从而 $M \bigtriangledown \perp \subseteq N \bigtriangledown \perp$。 □

如前所述，可能存在一些并不完全包含核心信念集 A 的逻辑后承的 $\perp$-保留。因此，为了在代谢修正中保护核心信念，这里需要构造一种具有保护功能的选择函数，从 $\perp$-保留集中选取那些完全包含核心信念集 A 的逻辑后承的 $\perp$-保留进行部分交运算，最后再把交运算结果集作为新信念库。因此，我们有下面这个保护型剪切函数。

定义 4.7　令 $(B, A) \in \mathcal{B}$。函数 $\Upsilon((B \cup D) \bigtriangledown \perp)$ 是保护型选择函数，当且仅当，对任意的 $(B \cup D) \bigtriangledown \perp$，下列条件都成立：

(1) $\Upsilon((B \cup D) \bigtriangledown \perp) \subseteq (B \cup D) \bigtriangledown \perp$;

(2) $\Upsilon((B \cup D) \bigtriangledown \perp) \neq \emptyset$;

(3) 每个 $X \in \Upsilon((B \cup D) \bigtriangledown \perp)$ 都有 $Cn(A) \cap (B \cup D) \subseteq X$ 成立。

这里值得注意的有下面五点。第一，由 $\emptyset \subseteq B \cup D$、$Cn(\emptyset) \cap \{\perp\} = \emptyset$ 和引理 2.2 的上界性知：存在 X 使得 $\emptyset \subseteq X \in (B \cup D) \bigtriangledown \perp$，故

$(B \cup D) \triangledown \bot \neq \emptyset$，因此，条件 (2) 是可行的。第二，条件 (3) 的直观意思是说：$B \cup D$ 中的所有核心信念集 A 的逻辑后承，即 $Cn(A) \cap (B \cup D)$，都是认知主体所坚信的，它们应当受到认知主体的保护以免于被放弃，因此选择函数 Υ 只能挑选那些完全包含它们的 $\bot$-保留。第三，是否存在满足条件 (3) 的 $\bot$-保留呢？下面这个命题说明答案是肯定的。

命题 4.7 令 $(B, A) \in \mathcal{B}$ 且 $D \subseteq \mathcal{L}$。那么存在 $X \in (B \cup D) \triangledown \bot$ 使得 $Cn(A) \cap (B \cup D) \subseteq X$ 成立。

证明 由 $(B, A) \in \mathcal{B}$ 知 $Cn(A) \cap \{\bot\} = \emptyset$。由于 $Cn(A) \cap (B \cup D) \subseteq Cn(A)$，故 $Cn(Cn(A) \cap (B \cup D)) \cap \{\bot\} \subseteq Cn(A) \cap \{\bot\}$，从而 $Cn(Cn(A) \cap (B \cup D)) \cap \{\bot\} = \emptyset$。由 $Cn(A) \cap (B \cup D) \subseteq B \cup D$、$Cn(Cn(A) \cap (B \cup D)) \cap \{\bot\} = \emptyset$ 和上界性引理 2.2 可知：存在 X 使得 $Cn(A) \cap (B \cup D) \subseteq X \in (B \cup D) \triangledown \bot$，即结论成立。 □

第四，排斥型剪切函数的定义 4.5(3) 的直观涵义是说：被放弃的不可信信念不能是被保留下来的可信信念的逻辑后承；这个条件是一个符合理性的要求，但上述定义 4.7中并没有给出类似的条件，即“如果 $\tau \in (B \cup D) \backslash \bigcap \Upsilon((B \cup D) \triangledown \bot)$，那么 $\bigcap \Upsilon((B \cup D) \triangledown \bot) \nvdash \tau$”；不过，可以证明定义 4.7是满足这个条件的。

命题 4.8 令 $(B, A) \in \mathcal{B}$、$D \subseteq \mathcal{L}$ 且 $\Upsilon((B \cup D) \triangledown \bot)$ 是保护型选择函数。如果 $\tau \in (B \cup D) \backslash \bigcap \Upsilon((B \cup D) \triangledown \bot)$，那么 $\bigcap \Upsilon((B \cup D) \triangledown \bot) \nvdash \tau$。

证明 用反证法。假设存在 $\tau \in (B \cup D) \backslash \bigcap \Upsilon((B \cup D) \triangledown \bot)$ 使得 $\bigcap \Upsilon((B \cup D) \triangledown \bot) \vdash \tau$。由定义 4.7(2) 得 $\Upsilon((B \cup D) \triangledown \bot) \neq \emptyset$，再由 $\tau \notin \bigcap \Upsilon((B \cup D) \triangledown \bot)$ 可知：存在 $X \in \Upsilon((B \cup D) \triangledown \bot)$ 使得 $\tau \notin X$。由 $X \in \Upsilon((B \cup D) \triangledown \bot)$ 和 $\tau \in B \cup D$ 易得 $X \nvdash \bot$ 且 $X \cup \{\tau\} \subseteq B \cup D$。由 $\tau \notin X$ 得 $X \subset X \cup \{\tau\}$。由 $\bigcap \Upsilon((B \cup D) \triangledown \bot) \vdash \tau$ 得 $\forall Y \in \Upsilon((B \cup D) \triangledown \bot)$ 都有 $Y \vdash \tau$。再由 $X \in \Upsilon((B \cup D) \triangledown \bot)$ 得 $X \vdash \tau$。由 $X \vdash \tau$ 得 $Cn(X) = Cn(X \cup \{\tau\})$。再由 $X \nvdash \bot$ 得 $X \cup \{\tau\} \nvdash \bot$。综上所述，存在 $Z = X \cup \{\tau\}$ 使得 $X \subset Z \subseteq B \cup D$ 且 $Z \nvdash \bot$，故由定义 1.1 得 $X \notin (B \cup D) \triangledown \bot$。这与 $X \in \Upsilon((B \cup D) \triangledown \bot)$ 产生矛盾，故假设错误，不存在 $\tau \in (B \cup D) \backslash \bigcap \Upsilon((B \cup D) \triangledown \bot)$ 使得 $\cap \Upsilon((B \cup D) \triangledown \bot) \vdash \tau$，故该命题成立。 □

第五，定义 4.7要求 $\Upsilon((B \cup D) \triangledown \bot)$ 是函数，也就是说对每个 $D_1, D_2 \subseteq \mathcal{L}$，它必须满足下面这个条件：

$$(\#)(B \cup D_1) \triangledown \bot = (B \cup D_2) \triangledown \bot \Longrightarrow \Upsilon((B \cup D_1) \triangledown \bot) = \Upsilon((B \cup D_2) \triangledown \bot)。$$

那么条件 (#) 是否与条件 (1)(2)(3) 相一致呢？下面命题表明答案是肯定的。

命题 4.9　令 $(B,A)\in\mathcal{B}$。如果选择函数 Υ 定义为 $\forall D\subseteq\mathcal{L}(\Upsilon((B\cup D)\bigtriangledown\bot)=\{X\in(B\cup D)\bigtriangledown\bot|Cn(A)\cap(B\cup D)\subseteq X\})$，那么 Υ 满足定义 4.7(1)(2)(3) 和 (#)，从而是保护型选择函数。

证明　令选择函数 Υ 按上面命题所述这样定义，这里需要证明 Υ 满足定义 4.7(1)(2)(3) 和 (#)。

(1) 由 Υ 的定义知 $\Upsilon((B\cup D)\bigtriangledown\bot)\subseteq(B\cup D)\bigtriangledown\bot$ 显然成立。故 Υ 满足定义 4.7(1)。

(2) 由命题 4.7和 Υ 的定义易知，Υ 满足定义 4.7(2)。

(3) 由命题 4.7和 Υ 的定义易知，Υ 满足定义 4.7(3)。

(#) 令 $(B\cup D_1)\bigtriangledown\bot=(B\cup D_2)\bigtriangledown\bot$。由引理 4.1得 $\forall\varphi\in((B\cup D_1)\cup(B\cup D_2))\backslash((B\cup D_1)\cap(B\cup D_2))$ 都有 $\varphi\vdash\bot$。假设 $Cn(A)\cap(B\cup D_1)\neq Cn(A)\cap(B\cup D_2)$。故存在 $\psi\in Cn(A)\cap(B\cup D_1)$ 使得 $\psi\notin B\cup D_2$，或者存在 $\psi\in Cn(A)\cap(B\cup D_2)$ 使得 $\psi\notin B\cup D_1$。当前者成立时，$\psi\in(B\cup D_1)\backslash(B\cup D_2)$，故 $\psi\vdash\bot$，再由 $\psi\in Cn(A)$ 得 $A\vdash\bot$，这与 $(B,A)\in\mathcal{B}$ 相矛盾；当后者成立时，可类似地导出矛盾。由于这两种情况都导出矛盾，故假设错误，$Cn(A)\cap(B\cup D_1)=Cn(A)\cap(B\cup D_2)$ 成立。从而，由 Υ 的定义和 $(B\cup D_1)\bigtriangledown\bot=(B\cup D_2)\bigtriangledown\bot$ 得 $\Upsilon((B\cup D_1)\bigtriangledown\bot)=\{X\in(B\cup D_1)\bigtriangledown\bot|Cn(A)\cap(B\cup D_1)\subseteq X\}=\{X\in(B\cup D_2)\bigtriangledown\bot|Cn(A)\cap(B\cup D_2)\subseteq X\}=\Upsilon((B\cup D_2)\bigtriangledown\bot)$。即 $\Upsilon((B\cup D_1)\bigtriangledown\bot)=\Upsilon((B\cup D_2)\bigtriangledown\bot)$，故 Υ 满足条件 (#)。 □

例子 4.11　令 φ 和 ψ 为不相关的原子命题，信念库 $B=\{\varphi,\psi\}$，核心信念集 $A=\{\varphi\}$，新信息 $D=\{\neg\varphi,\varphi\to\psi,\neg\varphi\to\neg\psi,\psi\}$。根据定义 3.1 容易验证 $(B,A)\in\mathcal{B}$，根据定义 1.1 易得 $(B\cup D)\bigtriangledown\bot=\{\{\varphi,\varphi\to\psi,\neg\varphi\to\neg\psi,\psi\},\{\neg\varphi,\varphi\to\psi,\neg\varphi\to\neg\psi\},\{\neg\varphi,\varphi\to\psi,\psi\}\}$。其中一种选择方案为 $\Upsilon_1((B\cup D)\bigtriangledown\bot)=\{\{\varphi,\varphi\to\psi,\neg\varphi\to\neg\psi,\psi\}\}$，根据定义 4.7容易验证 Υ_1 满足条件 (1)(2)(3)，故 Υ_1 是保护型选择函数。另外，B 中的 φ 和 D 中的 $\neg\varphi\to\neg\psi$ 是核心信念集 A 的逻辑后承，故受到保护型选择函数 Υ_1 的保护。另一种选择方案为 $\Upsilon_2((B\cup D)\bigtriangledown\bot)=\{\{\neg\varphi,\varphi\to\psi,\psi\}\}$，根据定义 4.7容易验证 Υ_2 满足条件 (1)(2) 但不满足 (3)，因为 D 中的 $\neg\varphi\to\neg\psi$ 是核心信念集 A 的逻辑后承，故 $\neg\varphi\to\neg\psi\in Cn(A)\cap(B\cup D)$，但是 $\neg\varphi\to\neg\psi\notin\{\neg\varphi,\varphi\to\psi,\psi\}\in\Upsilon_2((B\cup D)\bigtriangledown\bot)$，故 Υ_2 不是保护型选择函数。

有了保护型选择函数，下面来定义保护型部分交代谢修正算子。

定义 4.8　令 $(B, A) \in \mathcal{B}$，并且 Υ 是保护型选择函数。

(1) 由 Υ 构造的保护型部分交代谢修正算子 $\diamond^{\Upsilon}$ 是这样定义的：对所有的 $D \subseteq \mathcal{L}$ 都有 $(B, A) \diamond^{\Upsilon} D = (B', A')$，其中 $B' = \cap\Upsilon((B \cup D) \bigtriangledown \bot)$，$A' = Cn(A) \cap B'$。

(2) 一个算子 $\diamond$ 是保护型部分交代谢修正算子，当且仅当，存在保护型选择函数 Υ 使得：对所有的 $D \subseteq \mathcal{L}$ 都有 $(B, A) \diamond D = (B, A) \diamond^{\Upsilon} D$。

例子 4.12　继续例子 4.11。由于 $A = \{\varphi\}$ 且 $\Upsilon_1((B \cup D) \bigtriangledown \bot) = \{\{\varphi, \varphi \to \psi, \neg\varphi \to \neg\psi, \psi\}\}$，故由其构造的保护型部分交代谢修正算子对新信息 D 的修正结果为 $(B, A) \diamond^{\Upsilon_1} D = (B', A')$，其中 $B' = \bigcap\Upsilon_1((B \cup D) \bigtriangledown \bot) = \{\varphi, \varphi \to \psi, \neg\varphi \to \neg\psi, \psi\}$，$A' = Cn(A) \cap B' = \{\varphi, \neg\varphi \to \neg\psi\}$。

定理 4.4　一个算子 $\diamond$ 是保护型部分交代谢修正算子，当且仅当，它满足性质：M-BelState，M-CoreInvariance，M-Inclusion，M-Consistency，M-Irrelevance 和 M-Relevance。

证明　(I) $\Longrightarrow$：令算子 $\diamond$ 为保护型部分交代谢修正算子，下面证明它满足这些性质。

M-BelState:　由 $(B, A) \in \mathcal{B}$ 和定义 4.8知 $A' \nvdash \bot$，再由定义 3.1知只需证明 $Cn(A') \cap B' = A'$，由定义 4.8知只需证 $Cn(Cn(A) \cap B') \cap B' = Cn(A) \cap B'$，易证，略。

M-CoreInvariance:　由定义 4.8知 $A \diamond_B D = A' = Cn(A) \cap B'$，故只要证明 $Cn(A) \cap B' = Cn(A) \cap (B \cup D)$ 即可。$Cn(A) \cap B' \subseteq Cn(A) \cap (B \cup D)$ 是显然的。对于方向 $\supseteq$，这里用反证法。假设 $Cn(A) \cap B' \not\supseteq Cn(A) \cap (B \cup D)$，故存在 $\tau \in Cn(A) \cap (B \cup D)$ 使得 $\tau \notin B' = \cap\Upsilon((B \cup D) \bigtriangledown \bot)$。由定义 4.7得 $\Upsilon((B \cup D) \bigtriangledown \bot) \neq \emptyset$，再由 $\tau \notin \bigcap\Upsilon((B \cup D) \bigtriangledown \bot)$ 知存在 $X \in \Upsilon((B \cup D) \bigtriangledown \bot)$ 使得 $\tau \notin X$。再由定义 4.7得 $\tau \notin Cn(A) \cap (B \cup D)$，产生矛盾，故假设错误，$Cn(A) \cap B' \supseteq Cn(A) \cap (B \cup D)$。因此，$Cn(A) \cap B' = Cn(A) \cap (B \cup D)$ 成立，故 M-CoreInvariance 成立。

M-Inclusion:　由定义 4.8易知 $B \diamond_A D = \bigcap\Upsilon((B \cup D) \bigtriangledown \bot) \subseteq B \cup D$。

M-Consistency:　用反证法。假设 $B \diamond_A D \vdash \bot$，即 $\bigcap\Upsilon((B \cup D) \bigtriangledown \bot) \vdash \bot$。由定义 4.7得 $\Upsilon((B \cup D) \bigtriangledown \bot) \neq \emptyset$，从而每个 $X \in \Upsilon((B \cup D) \bigtriangledown \bot)$，都有 $X \vdash \bot$ 成立，这与

$X \in (B \cup D) \triangledown \bot$ 矛盾，故假设错误，$B \diamond_A D \nvdash \bot$ 成立，即 M-Consistency 成立。

M-Irrelevance: 令 $\forall \varphi \in ((B \cup D_1) \cup (B \cup D_2)) \backslash ((B \cup D_1) \cap (B \cup D_2))$ 都有 $\varphi \vdash \bot$。由引理 4.1得 $(B \cup D_1) \triangledown \bot = (B \cup D_2) \triangledown \bot$。由 Υ 的定义得 $\Upsilon((B \cup D_1) \triangledown \bot) = \Upsilon((B \cup D_2) \triangledown \bot)$。故 $B \diamond_A D_1 = \bigcap \Upsilon((B \cup D_1) \triangledown \bot) = \bigcap \Upsilon((B \cup D_2) \triangledown \bot) = B \diamond_A D_2$，即 $B \diamond_A D_1 = B \diamond_A D_2$。故 M-Irrelevance 成立。

M-Relevance: 令 $\psi \in (B \cup D) \backslash B \diamond_A D$。故 $\psi \in B \cup D$ 且 $\psi \notin B \diamond_A D = \bigcap \Upsilon((B \cup D) \triangledown \bot)$。又由定义 4.7(2) 得 $\Upsilon((B \cup D) \triangledown \bot) \neq \emptyset$，故存在 $X \in \Upsilon((B \cup D) \triangledown \bot)$ 使得 $\psi \notin X$，并由 $\psi \in B \cup D$ 和定义 4.7(3) 知 $\psi \notin Cn(A)$，即 $A \nvdash \psi$。令 $C = X$，由 $X \in \Upsilon((B \cup D) \triangledown \bot)$ 得 $\bigcap \Upsilon((B \cup D) \triangledown \bot) \subseteq X$，即 $B \diamond_A D \subseteq C$。由 $C \in (B \cup D) \triangledown \bot$ 得 $C \nvdash \bot$，并且由 $\psi \notin X = C$ 和 $\psi \in B \cup D$ 得 $C \subset C \cup \{\psi\} \subseteq B \cup D$，故由定义 1.1 和 $C \in (B \cup D) \triangledown \bot$ 得 $C \cup \{\psi\} \vdash \bot$。因此 M-Relevance 成立。

(II)$\Longleftarrow$：令 $\diamond$ 为满足这些性质的算子，下面证明它是保护型部分交代谢修正算子。根据定义 4.8可知，我们需要证明：存在保护型选择函数 Υ 使得: 对所有的 $D \subseteq \mathcal{L}$ 都有 $(B, A) \diamond D = (B, A) \diamond^{\Upsilon} D = (B \diamond^{\Upsilon}_A D, A \diamond^{\Upsilon}_B D)$，其中 $B \diamond^{\Upsilon}_A D = \bigcap \Upsilon((B \cup D) \triangledown \bot)$，$A \diamond^{\Upsilon}_B D = Cn(A) \cap B \diamond^{\Upsilon}_A D$。

定义函数 Υ 使得：对任意的 $D \subseteq \mathcal{L}$ 都有 $\Upsilon((B \cup D) \triangledown \bot) = \{X \in (B \cup D) \triangledown \bot | B \diamond_A D \subseteq X\}$。下面先证 Υ 是保护型选择函数。

(a) Υ 是良定义的函数。

令 $(B \cup D_1) \triangledown \bot = (B \cup D_2) \triangledown \bot$，这里要证 $\Upsilon((B \cup D_1) \triangledown \bot) = \Upsilon((B \cup D_2) \triangledown \bot)$。由引理 4.1和 $(B \cup D_1) \triangledown \bot = (B \cup D_2) \triangledown \bot$ 得 $\forall \varphi \in ((B \cup D_1) \cup (B \cup D_2)) \backslash ((B \cup D_1) \cap (B \cup D_2))$ 都有 $\varphi \vdash \bot$。再由 M-Irrelevance 得 $B \diamond_A D_1 = B \diamond_A D_2$。因此，$\Upsilon((B \cup D_1) \triangledown \bot) = \{X \in (B \cup D_1) \triangledown \bot | B \diamond_A D_1 \subseteq X\} = \{X \in (B \cup D_1) \triangledown \bot | B \diamond_A D_2 \subseteq X\} = \{X \in (B \cup D_2) \triangledown \bot | B \diamond_A D_2 \subseteq X\} = \Upsilon((B \cup D_2) \triangledown \bot)$。

(b) Υ 是保护型选择函数：

(1) 根据 $\Upsilon((B \cup D) \triangledown \bot)$ 的定义，显然有 $\Upsilon((B \cup D) \triangledown \bot) \subseteq (B \cup D) \triangledown \bot$。故 Υ 满足定义 4.7(1)。

(2) 由 M-Consistency 得 $B \diamond_A D \nvdash \bot$，由 M-Inclusion 得 $B \diamond_A D \subseteq B \cup D$。由这两个条件和上界性引理 2.2 可知：存在 Y 使得 $B \diamond_A D \subseteq Y \in (B \cup D) \bigtriangledown \bot$，故由 $\Upsilon((B \cup D) \bigtriangledown \bot)$ 的定义知 $Y \in \Upsilon((B \cup D) \bigtriangledown \bot) \neq \emptyset$。因此，$\Upsilon$ 满足定义 4.7(2)。

(3) 用反证法。假设存在 $X \in \Upsilon((B \cup D) \bigtriangledown \bot)$ 使得 $Cn(A) \cap (B \cup D) \nsubseteq X$ 成立。故存在 $\tau \in Cn(A) \cap (B \cup D)$ 但 $\tau \notin X$，再由 $X \in \Upsilon((B \cup D) \bigtriangledown \bot) = \{X \in (B \cup D) \bigtriangledown \bot | B \diamond_A D \subseteq X\}$ 得 $\tau \notin B \diamond_A D$。由 $\tau \in B \cup D$、$\tau \notin B \diamond_A D$ 和 M-Relevance 得 $A \nvdash \tau$，这与 $\tau \in Cn(A)$ 矛盾，故假设错误，每个 $X \in \Upsilon((B \cup D) \bigtriangledown \bot)$ 都有 $Cn(A) \cap (B \cup D) \subseteq X$ 成立。因此，Υ 满足定义 4.7(3)。

由 (a)(b) 可知，Υ 是一个保护型选择函数。现令 $\diamond^{\Upsilon}$ 是一个由 Υ 构造的保护型部分交代谢修正算子。下面证明：

(c) 对任意的 $D \subseteq \mathcal{L}$ 都有 $(B, A) \diamond D = (B, A) \diamond^{\Upsilon} D$。

也就是要证明 $B \diamond_A D = B \diamond_A^{\Upsilon} D$、$A \diamond_B D = A \diamond_B^{\Upsilon} D$ 和 $(B, A) \diamond^{\Upsilon} D \in \mathcal{B}$。

(i) $B \diamond_A D = B \diamond_A^{\Upsilon} D$：由 $\Upsilon((B \cup D) \bigtriangledown \bot)$ 的定义可知：每个 $X \in \Upsilon((B \cup D) \bigtriangledown \bot)$ 都有 $B \diamond_A D \subseteq X$。又由 (b) 知 $\Upsilon((B \cup D) \bigtriangledown \bot) \neq \emptyset$，故 $B \diamond_A D \subseteq \bigcap \Upsilon((B \cup D) \bigtriangledown \bot) = B \diamond_A^{\Upsilon} D$。对于方向 $\supseteq$，这里用反证法。假设 $B \diamond_A D \nsupseteq B \diamond_A^{\Upsilon} D$，那么存在 $\varphi \in B \diamond_A^{\Upsilon} D$ 但 $\varphi \notin B \diamond_A D$。由 $\varphi \in B \diamond_A^{\Upsilon} D$ 得 $\varphi \in \bigcap \Upsilon((B \cup D) \bigtriangledown \bot)$，故 $\forall X((X \in \Upsilon((B \cup D) \bigtriangledown \bot)) \Longrightarrow (\varphi \in X))$。由 $\varphi \in \bigcap \Upsilon((B \cup D) \bigtriangledown \bot)$ 得 $\varphi \in B \cup D$。由 $\varphi \notin B \diamond_A D$、$\varphi \in B \cup D$ 和 M-Relevance 知：存在 $C \subseteq B \cup D$ 使得 $B \diamond_A D \subseteq C$ 且 $C \nvdash \bot$ 但 $C \cup \{\varphi\} \vdash \bot$。由 $C \subseteq B \cup D$、$C \nvdash \bot$ 和上界性引理 2.2 可知：存在 $Y \supseteq C$ 使得 $Y \in (B \cup D) \bigtriangledown \bot$。由 $B \diamond_A D \subseteq C$ 和 $Y \supseteq C$ 得 $B \diamond_A D \subseteq Y$。再由 $Y \in (B \cup D) \bigtriangledown \bot$ 可知 $Y \in \Upsilon((B \cup D) \bigtriangledown \bot)$。在此前提下，再假设 $\varphi \in Y$，再由 $Y \supseteq C$ 可得 $C \cup \{\varphi\} \subseteq Y$，由于 $C \cup \{\varphi\} \vdash \bot$，故 $Y \vdash \bot$，这与 $Y \in (B \cup D) \bigtriangledown \bot$ 矛盾，故假设 $\varphi \in Y$ 错误，$\varphi \notin Y$ 成立。而由 $\varphi \notin Y$ 和 $Y \in \Upsilon((B \cup D) \bigtriangledown \bot)$ 可得 $\exists X((X \in \Upsilon((B \cup D) \bigtriangledown \bot)) \wedge (\varphi \notin X))$，这与上面的 $\forall X((X \in \Upsilon((B \cup D) \bigtriangledown \bot)) \Longrightarrow (\varphi \in X))$ 相矛盾，故假设 $B \diamond_A D \nsupseteq B \diamond_A^{\Upsilon} D$ 错误，$B \diamond_A D \supseteq B \diamond_A^{\Upsilon} D$ 成立。因此，由

$B \diamond_A D \subseteq B \diamond^\Upsilon_A D$ 和 $B \diamond_A D \supseteq B \diamond^\Upsilon_A D$ 得 $B \diamond_A D = B \diamond^\Upsilon_A D$。

(ii) $A \diamond_B D = A \diamond^\Upsilon_B D$：由 M-CoreInvariance 和 $\diamond^\Upsilon$ 的定义知即证 $Cn(A) \cap (B \cup D) = Cn(A) \cap B \diamond^\Upsilon_A D$。方向 $\supseteq$ 是显然的。对于方向 $\subseteq$，这里用反证法。假设 $Cn(A) \cap (B \cup D) \nsubseteq Cn(A) \cap B \diamond^\Upsilon_A D$，故存在 $\tau \in Cn(A) \cap (B \cup D)$ 使得 $\tau \notin B \diamond^\Upsilon_A D = \bigcap \Upsilon((B \cup D) \bigtriangledown \bot)$。再由 (b) 中已证的 $\Upsilon((B \cup D) \bigtriangledown \bot) \neq \emptyset$ 可知：存在 $X \in \Upsilon((B \cup D) \bigtriangledown \bot)$ 使得 $\tau \notin X$。再由 $X \in \Upsilon((B \cup D) \bigtriangledown \bot)$ 得 $\tau \notin B \diamond_A D$。由 $\tau \in (B \cup D) \backslash B \diamond_A D$ 和 M-Relevance 得 $A \nvdash \tau$，这与 $\tau \in Cn(A)$ 相矛盾，故假设错误，$\subseteq$ 方向亦成立。因此 $A \diamond_B D = A \diamond^\Upsilon_B D$。

(iii) $(B, A) \diamond^\Upsilon D \in \mathcal{B}$：由 $B \diamond_A D = B \diamond^\Upsilon_A D$、$A \diamond_B D = A \diamond^\Upsilon_B D$ 和 M-BelState 可知，这是显然的。 □

由命题 4.1和定理 4.4易得下面推论。

推论 4.4 如果算子 $\diamond$ 是保护型部分交代谢修正算子，那么它也满足 *M-Vacuity, M-Protection, M-RelClosure, M-Retainment, M-ExRetainment* 和 *M-ExRelevance*。

4.6 排斥型部分交代谢修正

由于代谢修正算子不仅要恢复信念状态的一致性，还要同时保护核心信念免于放弃，故代谢修正后的新信念库应当是包含核心信念的一致集。因此，这种代谢修正过程可以先找到信念库中与核心信念相一致的所有极大子集或者说候选信念库或候选理论，这种候选信念库必定是包含核心信念的，然后选择部分候选信念库进行交运算，并把交运算的结果作为保留下来的可信信念。形式地讲，我们需要采用 Falappa 在 [27] 中提出的一致保留集（定义 2.7）概念来给出信念库 B 和新信息 D 的并集 $B \cup D$ 中的所有 A-一致保留，然后构造选择函数挑选出部分 A-一致保留来进行交运算，以保证新信念库的一致性，并同时保护核心信念。由于每个 A-一致保留都包含 $B \cup D$ 中的核心信念，其他的极大一致集或 $\bot$-保留被排除在 A-一致保留集之外。这里把这种代谢修正算子为排斥型部分交代谢修正算子。

那么这种排斥型部分交代谢修正算子与上一节的保护型部分交代谢修正算子有什么区别呢？这里需要先阐明 A-一致保留集与上一节的 $\bot$-保

留集之间的区别。在命题 4.2中，我们证明了 A-不一致核心集和 $\bot$-核心集的牵连范围满足“$\bigcup((B\cup D)\bigtriangleup_{\bot} A)\subseteq\cup((B\cup D)\bigtriangleup\bot)$”。那么 A-一致保留集和 $\bot$-保留集的牵连范围满足什么样的关系呢？如果 $B\cup D$ 中的元素 φ 被排斥在某个 A-一致保留之外，那么我们称 φ 是受牵连的，故 A-一致保留集的牵连范围为 $\bigcup\{(B\cup D)\backslash X|X\in(B\cup D)\bigtriangledown_{\top} A\}$；类似的，如果 $B\cup D$ 中的元素 φ 被排斥在某个 $\bot$-保留之外，那么我们也称 φ 是受牵连的，故 $\bot$-保留集的牵连范围为 $\bigcup\{(B\cup D)\backslash X|X\in(B\cup D)\bigtriangledown\bot\}$。下列命题表明了这两者的关系。

命题 4.10 令 $(B,A)\in\mathcal{B}$ 且 $D\subseteq\mathcal{L}$，下列命题成立：

(1) $\bigcup\{(B\cup D)\backslash X|X\in(B\cup D)\bigtriangledown_{\top} A\}\subseteq\bigcup((B\cup D)\bigtriangleup_{\bot} A)$，

(2) $\bigcup\{(B\cup D)\backslash X|X\in(B\cup D)\bigtriangledown\bot\}=\bigcup((B\cup D)\bigtriangleup\bot)$，

(3) $\bigcup\{(B\cup D)\backslash X|X\in(B\cup D)\bigtriangledown_{\top} A\}\subseteq\bigcup\{(B\cup D)\backslash X|X\in(B\cup D)\bigtriangledown\bot\}$。

证明 (1) 令 $\psi\in\bigcup\{(B\cup D)\backslash X|X\in(B\cup D)\bigtriangledown_{\top} A\}$，故存在 $X\in(B\cup D)\bigtriangledown_{\top} A$ 使得 $\psi\in(B\cup D)\backslash X$。由 $X\in(B\cup D)\bigtriangledown_{\top} A$ 得 $X\cup A\nvdash\bot$，由 $\psi\notin X$ 和 $\psi\in B\cup D$ 得 $X\subset X\cup\{\psi\}\subseteq B\cup D$。再由 $X\in(B\cup D)\bigtriangledown_{\top} A$ 得 $X\cup\{\psi\}\cup A\vdash\bot$。由 $X\cup\{\psi\}\subseteq B\cup D$、$X\cup\{\psi\}\cup A\vdash\bot$ 和不一致核心集的下界性引理 2.1 可知：存在 $Y\subseteq X\cup\{\psi\}$ 使得 $Y\in(B\cup D)\bigtriangleup_{\bot}A$。假设 $\psi\notin Y$，故由 $Y\subseteq X\cup\{\psi\}$ 得 $Y\subseteq X$。再由 $Y\in(B\cup D)\bigtriangleup_{\bot}A$ 得 $Y\cup A\vdash\bot$，故由 $Y\subseteq X$ 和 $Y\cup A\vdash\bot$ 得 $X\cup A\vdash\bot$，产生矛盾，故假设错误，$\psi\in Y$ 成立。由 $\psi\in Y\in(B\cup D)\bigtriangleup_{\bot}A$ 得 $\psi\in\bigcup((B\cup D)\bigtriangleup_{\bot} A)$，故 (1) 成立。

(2) $\subseteq$ 方向：令 $\psi\in\bigcup\{(B\cup D)\backslash X|X\in(B\cup D)\bigtriangledown\bot\}$，故存在 $X\in(B\cup D)\bigtriangledown\bot$ 使得 $\psi\in(B\cup D)\backslash X$。由 $X\in(B\cup D)\bigtriangledown\bot$ 得 $X\nvdash\bot$，由 $\psi\notin X$ 和 $\psi\in B\cup D$ 得 $X\subset X\cup\{\psi\}\subseteq B\cup D$，再由 $X\in(B\cup D)\bigtriangledown\bot$ 得 $X\cup\{\psi\}\vdash\bot$。由 $X\cup\{\psi\}\subseteq B\cup D$、$X\cup\{\psi\}\vdash\bot$ 和紧致性易知：存在 $Y\subseteq X\cup\{\psi\}$ 使得 $Y\in(B\cup D)\bigtriangleup\bot$。假设 $\psi\notin Y$，故由 $Y\subseteq X\cup\{\psi\}$ 得 $Y\subseteq X$。再由 $Y\in(B\cup D)\bigtriangleup\bot$ 得 $Y\vdash\bot$，故由 $Y\subseteq X$ 和 $Y\vdash\bot$ 得 $X\vdash\bot$，产生矛盾，故假设错误，$\psi\in Y$ 成立。由 $\psi\in Y\in(B\cup D)\bigtriangleup\bot$ 得 $\psi\in\bigcup((B\cup D)\bigtriangleup\bot)$，故 $\subseteq$ 方向成立。

$\supseteq$ 方向：令 $\psi\in\bigcup((B\cup D)\bigtriangleup\bot)$，故存在 $X\in(B\cup D)\bigtriangleup\bot$ 使得 $\psi\in X$。由 $X\in(B\cup D)\bigtriangleup\bot$ 得 $X\vdash\bot$。记 $M=(B\cup D)\backslash X$ 且 $N=X\backslash\{\psi\}$。显然由 $\psi\in X$ 得 $N\subset X$，再由 $X\in(B\cup D)\bigtriangleup\bot$ 得 $N\nvdash\bot$。由 $\emptyset\subseteq M$、$\emptyset\cup N\nvdash\bot$ 和上界性引理 2.3 可知：存在 Y 使得

$\emptyset \subseteq Y \in M \bigtriangledown_{\top} N$。由 $Y \in M \bigtriangledown_{\top} N$ 得 $Y \cup N \nvdash \bot$ 且 $Y \subseteq M$。由 $\psi \in X$、$M = (B \cup D) \backslash X$ 和 $N = X \backslash \{\psi\}$ 易得 $\psi \notin M \cup N$。由 $Y \subseteq M$ 和 $\psi \notin M \cup N$ 得 $\psi \notin Y \cup N$。由 $Y \subseteq M \subseteq B \cup D$ 和 $N \subseteq X \subseteq B \cup D$ 得 $Y \cup N \subseteq B \cup D$。下面证明 $Y \cup N \in (B \cup D) \bigtriangledown \bot$。用反证法。假设 $Y \cup N \notin (B \cup D) \bigtriangledown \bot$。由已证的 $Y \cup N \subseteq B \cup D$ 和 $Y \cup N \nvdash \bot$ 可知：存在 W 使得 $Y \cup N \subset W \subseteq B \cup D$ 且 $W \nvdash \bot$。由 $Y \cup N \subset W \subseteq B \cup D$ 可知：存在 $\varphi \in (B \cup D) \backslash (Y \cup N)$ 使得 $\varphi \in W$。由于 $B \cup D = M \cup N \cup \{\psi\} = Y \cup M \backslash Y \cup N \cup \{\psi\}$，故$\varphi \in (B \cup D) \backslash (Y \cup N) = (M \backslash Y \cup \{\psi\}) \backslash (Y \cup N)$。下面分两种情况导出矛盾：

(a) 当 $\varphi \in \{\psi\} \backslash (Y \cup N)$ 时，由 $\psi \notin Y \cup N$ 知 φ 就是 ψ，再由 $\varphi \in W$ 和 $Y \cup N \subset W$ 得 $Y \cup N \cup \{\varphi\} \subseteq W$，即 $Y \cup N \cup \{\psi\} \subseteq W$，又 $N \cup \{\psi\} = X$，故由 $X \vdash \bot$ 得 $N \cup \{\psi\} \vdash \bot$，故 $W \vdash \bot$，产生矛盾。

(b) 当 $\varphi \in (M \backslash Y) \backslash (Y \cup N)$ 时，由 $\varphi \in M \backslash Y$ 和 $Y \subseteq M$ 得 $Y \subset Y \cup \{\varphi\} \subseteq M$。故由 $Y \in M \bigtriangledown_{\top} N$ 得 $Y \cup \{\varphi\} \cup N \vdash \bot$。又由 $\varphi \in W$ 和 $Y \cup N \subset W$ 得 $Y \cup N \cup \{\varphi\} \subseteq W$，故 $W \vdash \bot$，同样产生矛盾。

由于这两种情况都导致矛盾，故假设错误，$Y \cup N \in (B \cup D) \bigtriangledown \bot$。再由 $\psi \in B \cup D$、$\psi \notin Y \cup N$ 和 $Y \cup N \in (B \cup D) \bigtriangledown \bot$ 得 $\psi \in \bigcup\{(B \cup D) \backslash X | X \in (B \cup D) \bigtriangledown \bot\}$。因此，$\supseteq$ 方向也成立。故由这两个方向知 (2) 成立。

(3) 由证明 (1)、证明 (2) 和命题 4.2易得，证略。 □

从命题 4.10(3) 可以看出，A-一致保留集的牵连范围包含在保留集的牵连范围之中。也就是说，如果认知主体采用基于 A-一致保留集的信念修正方案，那么他在修正过程中考虑的牵连范围至多不超过基于 $\bot$-保留集的修正方案的牵连范围。那么这个命题的反向即 $\bigcup\{(B \cup D) \backslash X | X \in (B \cup D) \bigtriangledown_{\top} A\} \supseteq \bigcup\{(B \cup D) \backslash X | X \in (B \cup D) \bigtriangledown \bot\}$ 是否成立呢？下面例子是一个反例。

例子 4.13 令 φ，ψ 为不相关的原子命题，$B \cup D = \{\neg\psi, \varphi, \varphi \to \psi, \psi \to \neg\varphi\}$，核心信念集 $A = \{\varphi \to \psi, \psi \to \neg\varphi\}$。由定义 2.7 得 $(B \cup D) \bigtriangledown_{\top} A = \{\{\neg\psi, \varphi \to \psi, \psi \to \neg\varphi\}\}$，由定义 1.1 得 $(B \cup D) \bigtriangledown \bot = \{\{\neg\psi, \varphi, \psi \to \neg\varphi\}, \{\neg\psi, \varphi \to \psi, \psi \to \neg\varphi\}, \{\varphi, \varphi \to \psi\}\}$。显然，$\bigcup\{(B \cup D) \backslash X | X \in (B \cup D) \bigtriangledown_{\top} A\} = \{\varphi\}$ 且 $\bigcup\{(B \cup D) \backslash X | X \in (B \cup D) \bigtriangledown \bot\} = \{\neg\psi, \varphi, \varphi \to \psi, \psi \to \neg\varphi\}$，可见 $\bigcup\{(B \cup D) \backslash X | X \in (B \cup D) \bigtriangledown_{\top} A\} \subseteq \bigcup\{(B \cup D) \backslash X | X \in (B \cup D) \bigtriangledown \bot\}$ 但 $\bigcup\{(B \cup D) \backslash X | X \in (B \cup D) \bigtriangledown_{\top} A\} \not\supseteq$

$\bigcup\{(B\cup D)\backslash X|X\in(B\cup D)\bigtriangledown\bot\}$。

此外，这里证明了下面关于 A-一致保留集和 $\bot$-保留集的关系命题。

命题 4.11 令 $A,M,N\subseteq\mathcal{L}$ 且 $A\nvdash\bot$。

(1) 如果 $M\bigtriangledown\bot=N\bigtriangledown\bot$，那么 $M\bigtriangledown_{\top}A=N\bigtriangledown_{\top}A$；反之则不一定成立。

(2) 如果 $X\in M\bigtriangledown_{\top}A$，那么存在 $Y\in M\bigtriangledown\bot$ 使得 $X\subseteq Y$。

(3) 如果 $X\in M\bigtriangledown\bot$ 且 $Y\in M\bigtriangledown_{\top}A$，那么 $X\subset Y$ 不成立。

证明 (1) $\Longrightarrow$：令 $M\bigtriangledown\bot=N\bigtriangledown\bot$。由引理 4.1得 $\forall\varphi\in(M\cup N)\backslash(M\cap N)$ 都有 $\varphi\vdash\bot$。故 $\forall\varphi\in(M\cup N)\backslash(M\cap N)$ 都有 $\varphi\cup A\vdash\bot$。因此，我们有

(i) $\forall\varphi\in M\backslash(M\cap N)(\{\varphi\}\cup A\vdash\bot)$，

(ii) $\forall\varphi\in N\backslash(M\cap N)(\{\varphi\}\cup A\vdash\bot)$，

(iii) $\forall X\subseteq M\cap N(X\cup A\nvdash\bot\Longleftrightarrow X\cup A\nvdash\bot)$。

再由引理 2.4 得 $M\bigtriangledown_{\top}A=N\bigtriangledown_{\top}A$。

$\Longleftarrow$：只需举出一个 $M\bigtriangledown_{\top}A=N\bigtriangledown_{\top}A$ 但 $M\bigtriangledown\bot\neq N\bigtriangledown\bot$ 的例子即可。令 φ，ψ 为不相关的原子命题，$M=\{\varphi,\varphi\to\psi,\psi\to\neg\varphi\}$，$N=\{\neg\psi,\varphi,\varphi\to\psi,\psi\to\neg\varphi\}$，$A=\{\varphi,\varphi\to\psi\}$。由定义 2.7 易得 $M\bigtriangledown_{\top}A=N\bigtriangledown_{\top}A=\{\{\varphi,\varphi\to\psi\}\}$，而由定义 1.1 易得 $M\bigtriangledown\bot=\{\{\varphi,\varphi\to\psi\},\{\varphi,\psi\to\neg\varphi\},\{\varphi\to\psi,\psi\to\neg\varphi\}\}$，而 $N\bigtriangledown\bot=\{\{\varphi,\varphi\to\psi\},\{\neg\psi,\varphi,\psi\to\neg\varphi\},\{\neg\psi,\varphi\to\psi,\psi\to\neg\varphi\}\}$。可见 $M\bigtriangledown\bot\neq N\bigtriangledown\bot$。

(2) 令 $X\in M\bigtriangledown_{\top}A$，故 $X\subseteq M$ 且 $X\cup A\nvdash\bot$，故 $X\subseteq M$ 且 $X\nvdash\bot$，再由引理 2.2 可知：存在 Y 使得 $X\subseteq Y\in M\bigtriangledown\bot$。

(3) 令 $X\in M\bigtriangledown\bot$ 且 $Y\in M\bigtriangledown_{\top}A$。用反证法。假设 $X\subset Y$。由 $Y\in M\bigtriangledown_{\top}A$ 得 $Y\cup A\nvdash\bot$，故 $Y\nvdash\bot$。由 $X\subset Y\subseteq M$、$Y\nvdash\bot$ 和定义 1.1(3) 得 $X\notin M\bigtriangledown\bot$，产生矛盾，故假设错误，$X\subset Y$ 不成立。 □

如上所述，在代谢修正过程中，认知主体需要从那些非核心信念中找到并丢弃不可信信息，以解决所遇到的信念冲突或理论危机。那么他是怎么找到并丢弃那些不可信信息的呢？在这里，我构想了一种类似于投票的合理的决策方法。在许多会议中，不同的参会者会提出相互矛盾的提案，并且每个拥有否决权的投票者都必须在它们之间作出决定。如果一项提案被至少一名投票者否决，那么该提案很可能是有缺陷的。因此，只有所有投票者都赞同的那些提案才会被采纳。排斥型部分交代谢修正与此相似。根据例子 4.1(2) 可知，当遇到一些信念冲突或理论危机时，认知主体通常会发现很难判断应该相信哪些命题。因此，她会构思一些有竞争力的候选

理论。这些候选理论不仅会赞成一些命题，还会反对另一些命题。他们就像一些“投票者”，而那些命题就对应于某种“提案”。直觉上，被一些候选理论反对的命题很可能是不可信的。如果认知主体是谨慎的人，那么这些不可信信息将会在信念巩固中被放弃。因此，只有那些被所有候选理论认可的命题才会被保留下来。

请注意，候选理论不是任意形成的。既不是越多越好，也不是越少越好。尽管候选理论的形成与认知主体的主观选择有关，但是其候选资格取决于一些更客观且理性条件。首先，考虑到最大效用原则，我们需要尽可能多地保留有用的信息。其次，从一致性原则出发，我们知道每个候选理论都必须是一致的。第三，从保护性原则来看，核心信念集 A 必须是每个候选理论的子集。因此，每个候选理论都应该是与 A 一致的极大 $B\cup D$-子集，即 $B \cup D$ 的 A-一致保留；否则，它们将无法作为候选理论。然而，可能不止一种理论满足这三个条件。因此，认知主体需要选择其中一些作为“投票者”，并且保留那些被它们都认可的命题。其他不被一些候选理论认可的命题将作为不可信信息而被放弃。这是排斥型部分交代谢修正的直观。更简洁且形式地说，排斥型部分交代谢修正的主要思想在于：可信信息“隐藏”在 $B \cup D$ 的那些 A-一致保留之中，因此认知主体会先选择其中的一些 A-一致保留[①]，然后把它们的交集作为新的信念库。

这些想法如图 4-5所示，其中 C_1 和 C_2 是 $B \cup D$ 的 A-一致保留。该图中有四个互不相交的区域，即 $C_1 \cap C_2$，$(B \cup D)\backslash(C_1 \cup C_2)$，$C_1\backslash(C_1 \cap C_2)$ 和 $C_2\backslash(C_1 \cap C_2)$。直观而言，$C_1 \cap C_2$ 中的信息 (比如 A) 比其他区域的信息更加可信，因为它们被所有候选理论 (即 C_1 和 C_2) 所接受或认可。[②]类似的，$(B \cup D)\backslash(C_1 \cup C_2)$ 中的信息 (如 Z_1) 比其他区域的信息更不可信，因为它们被所有候选理论排斥或不认可。[③]居于中间的两个区域是 $C_1\backslash(C_1 \cap C_2)$ 和 $C_2\backslash(C_1 \cap C_2)$，因为它们中的信息被一个候选理论认可，同时也被另一个候选理论排斥，比如 Z_2 中的信息被 C_2 认可却被 C_1 排斥。因此，可以合理地将 C_1 和 C_2 的交集作为排斥型部分交代谢修正后的新信念库。

---

① 通过上界性引理 2.3，容易证明 $(B \cup D) \bigtriangledown_{\top} A \neq \emptyset$。因此，认知主体能够选择至少一个 A-一致保留。

② 如果 $X \vdash \varphi$，那么我们说 X 接受或认可 φ。

③ 如果 $X \vdash \neg\varphi$，那么我们说 X 排斥或不认可 φ。由于 C_1 和 C_2 都是 $B \cup D$ 的 A-一致保留，它们都与 $B \cup D$ 中的其他命题相矛盾。因此，每个 A-一致保留都排斥 $B \cup D$ 中的其他命题。

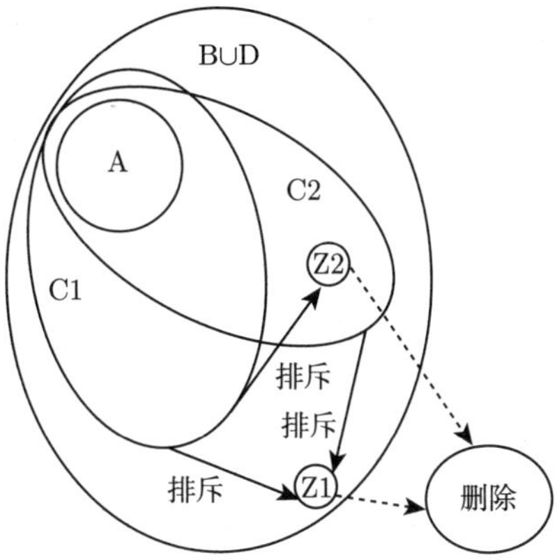

图 4-5 排斥型部分交代谢修正

更精确地说，我们可以利用下面这种排斥型选择函数来挑选候选理论。

定义 4.9 令 $(B,A)\in\mathcal{B}$。一个函数 Υ 是排斥型选择函数，当且仅当，对于每个 $(B\cup D)\bigtriangledown_{\top} A$ 都有

(1) $\Upsilon((B\cup D)\bigtriangledown_{\top} A)\subseteq(B\cup D)\bigtriangledown_{\top} A$;

(2) $\Upsilon((B\cup D)\bigtriangledown_{\top} A)\neq\emptyset$。

值得注意的有下面三点。第一，根据 $\emptyset\subseteq B\cup D$，$\emptyset\cup A\nvdash\bot$ 和上界性引理 2.3 可知：存在 X 使得 $\emptyset\subseteq X\in(B\cup D)\bigtriangledown_{\top} A$，故 $(B\cup D)\bigtriangledown_{\top} A\neq\emptyset$，进而条件 (2) 是可行的，认知主体能够从 $(B\cup D)\bigtriangledown_{\top} A$ 中选出一些元素。第二，保护型选择函数的定义 4.7(3) 的直观涵义是说：$B\cup D$ 中的核心信念集 A 的逻辑后承是认知主体所确信的，它们应当在修正过程中被保留下来，这要求排斥型选择函数所挑选的 A-一致保留都应当包含 $Cn(A)\cap(B\cup D)$；这个条件是一个符合理性的要求，但上述定义 4.9中并没有给出类似的条件，即“每个 $X\in\Upsilon((B\cup D)\bigtriangledown_{\top} A)$ 都有 $Cn(A)\cap(B\cup D)\subseteq X$ 成立”；不过，可以证明定义 4.9是满足这个条件的：由命题 2.5(5)，即“如果 $X\in D\bigtriangledown_{\top} A$，那么 $Cn(A)\cap D\subseteq X$”，可知“$\forall X\in(B\cup D)\bigtriangledown_{\top} A\,(Cn(A)\cap(B\cup D)\subseteq X)$”成立，故任意挑选的 A-一致保留都包含着 $Cn(A)\cap(B\cup D)$。第三，排斥型剪切函数的定义 4.5(3) 的直观涵义是说：被放弃的不可信信念不能是被保留下来的可信信念的逻辑后承；这个条件是一个符合理性的要求，但上述定义 4.9中并没有给出类似的条件，即“如果 $\tau\in(B\cup D)\backslash\bigcap\Upsilon((B\cup D)\bigtriangledown_{\top} A)$，那么 $\bigcap\Upsilon((B\cup D)\bigtriangledown_{\top} A)\nvdash\tau$”；不过，可以证明定义 4.9是满足这个条件的。

命题 4.12 令 $(B,A)\in\mathcal{B}$ 并且 Υ 是排斥型选择函数。如果 $\tau\in(B\cup D)\backslash\bigcap\Upsilon((B\cup D)\bigtriangledown_{\top} A)$，那么 $\bigcap\Upsilon((B\cup D)\bigtriangledown_{\top} A)\nvdash\tau$。

证明 用反证法。假设存在 $\tau \in (B\cup D)\backslash\bigcap\Upsilon((B\cup D)\bigtriangledown_{\top}A)$ 使得 $\bigcap\Upsilon((B\cup D)\bigtriangledown_{\top}A)\vdash\tau$。根据定义 4.9(2)，我们有 $\Upsilon((B\cup D)\bigtriangledown_{\top}A)\neq\emptyset$。由于 $\tau\notin\bigcap\Upsilon((B\cup D)\bigtriangledown_{\top}A)$，我们知道：存在 $X\in\Upsilon((B\cup D)\bigtriangledown_{\top}A)$ 使得 $\tau\notin X$。根据 $X\in\Upsilon((B\cup D)\bigtriangledown_{\top}A)$ 和 $\tau\in B\cup D$，我们有 $X\cup A\nvdash\bot$ 并且 $X\cup\{\tau\}\subseteq B\cup D$。由于 $\tau\notin X$，$X\subset X\cup\{\tau\}$。根据 $\bigcap\Upsilon((B\cup D)\bigtriangledown_{\top}A)\vdash\tau$ 可知：$\forall Y\in\Upsilon((B\cup D)\bigtriangledown_{\top}A)(Y\vdash\tau)$。根据 $X\in\Upsilon((B\cup D)\bigtriangledown_{\top}A)$ 我们有 $X\vdash\tau$。由于 $X\vdash\tau$，$Cn(X)=Cn(X\cup\{\tau\})$。根据 $X\cup A\nvdash\bot$ 我们有 $X\cup\{\tau\}\cup A\nvdash\bot$。因此，存在 $Z=X\cup\{\tau\}$ 使得 $X\subset Z\subseteq B\cup D$ 并且 $Z\cup A\nvdash\bot$。根据定义 2.7 我们有 $X\notin(B\cup D)\bigtriangledown_{\top}A$。这与 $X\in\Upsilon((B\cup D)\bigtriangledown_{\top}A)$ 相矛盾。故假设错误，不存在 $\tau\in(B\cup D)\backslash\bigcap\Upsilon((B\cup D)\bigtriangledown_{\top}A)$ 使得 $\bigcap\Upsilon((B\cup D)\bigtriangledown_{\top}A)\vdash\tau$，故该命题成立。 □

在命题 4.6中，我们证明了排斥型剪切函数和保护型剪切函数的剪切范围满足“$\bigcup((B\cup D)\triangle_{\bot}A)\subseteq\bigcup((B\cup D)\triangle\bot)\backslash Cn(A)$”。那么排斥型选择函数和保护型选择函数在对信息的剔除范围上有什么差异呢？由定义 4.9(1) 知排斥型选择函数的剔除范围为 $\bigcup\{(B\cup D)\backslash X|X\in(B\cup D)\bigtriangledown_{\top}A\}$，与 A-一致保留集的牵连范围相同。由定义 4.7的条件 (1) 知保护型选择函数的剔除范围在 $\bigcup\{(B\cup D)\backslash X|X\in(B\cup D)\bigtriangledown\bot\}$ 之内。再由条件 (3) 知其剔除范围与保护功能有关，只有包含 $Cn(A)\cap(B\cup D)$ 的 $\bot$-保留才可能被挑选，故只有在这些可能被挑选的保留集之外的命题才可能被剔除。因此，保护型选择函数的剔除范围进一步被限定为 $\bigcup\{(B\cup D)\backslash X|Cn(A)\cap(B\cup D)\subseteq X\in(B\cup D)\bigtriangledown\bot\}$。那么这两个剔除范围有什么关系呢？这里证明了下面这个关系命题。

命题 4.13 令 $(B,A)\in\mathcal{B}$ 且 $D\subseteq\mathcal{L}$，那么下列命题成立：

(1) $\bigcup\{(B\cup D)\backslash X|Cn(A)\cap(B\cup D)\subseteq X\in(B\cup D)\bigtriangledown\bot\}\supseteq\bigcup((B\cup D)\triangle_{\bot}A)$。

(2) $\bigcup\{(B\cup D)\backslash X|Cn(A)\cap(B\cup D)\subseteq X\in(B\cup D)\bigtriangledown\bot\}=\bigcup\{(B\cup D)\backslash X|X\in(B\cup D)\bigtriangledown_{\top}A\}$。

证明 (1) 记 $A'=Cn(A)\cap(B\cup D)$。由 $(B,A)\in\mathcal{B}$ 得 $Cn(A)\cap B=A$，故 $Cn(A)=Cn(A')$。令 $\psi\in\bigcup((B\cup D)\triangle_{\bot}A)$，故存在 $X\in(B\cup D)\triangle_{\bot}A$ 使得 $\psi\in X$。由 $X\in(B\cup D)\triangle_{\bot}A$ 得 $X\cup A\vdash\bot$，故 $X\cup A'\vdash\bot$。记 $M=(B\cup D)\backslash(X\cup A')$ 且 $N=X\backslash\{\psi\}\cup A'$。由 $\psi\in X$ 得 $X\backslash\{\psi\}\subset X$，故由 $X\in(B\cup D)\triangle_{\bot}A$ 得 $X\backslash\{\psi\}\cup A\nvdash\bot$，故 $X\backslash\{\psi\}\cup A'\nvdash\bot$，即 $N\nvdash\bot$。假设 $\psi\in Cn(A)$，故 $Cn(X\backslash\{\psi\}\cup A)=Cn(X\cup A)$，故 $X\cup A\nvdash\bot$，这与已证的 $X\cup A\vdash\bot$ 产生矛盾，故假设 $\psi\in Cn(A)$ 错误，$\psi\notin Cn(A)$

成立。由 $\emptyset \subseteq M$、$\emptyset \cup N \nvdash \bot$ 和上界性引理 2.3 可知：存在 Y 使得 $\emptyset \subseteq Y \in M \triangledown_{\top} N$。由 $Y \in M \triangledown_{\top} N$ 得 $Y \cup N \nvdash \bot$ 且 $Y \subseteq M$。由 $\psi \in X$ 和 $M = (B \cup D) \backslash (X \cup A')$ 得 $\psi \notin M$，由 $\psi \notin Cn(A) = Cn(A')$ 和 $N = X \backslash \{\psi\} \cup A'$ 易得 $\psi \notin N$。由 $\psi \notin M$ 和 $\psi \notin N$ 得 $\psi \notin M \cup N$。由 $Y \subseteq M$ 和 $\psi \notin M \cup N$ 得 $\psi \notin Y \cup N$。由 $Y \subseteq M \subseteq B \cup D$ 和 $N \subseteq X \cup A' \subseteq B \cup D$ 得 $Y \cup N \subseteq B \cup D$。下面证明 $Y \cup N \in (B \cup D) \triangledown \bot$。用反证法。假设 $Y \cup N \notin (B \cup D) \triangledown \bot$。由已证的 $Y \cup N \subseteq B \cup D$ 和 $Y \cup N \nvdash \bot$ 可知：存在 W 使得 $Y \cup N \subset W \subseteq B \cup D$ 且 $W \nvdash \bot$。由 $Y \cup N \subset W \subseteq B \cup D$ 可知：存在 $\varphi \in (B \cup D) \backslash (Y \cup N)$ 使得 $\varphi \in W$。由于 $B \cup D = M \cup N \cup \{\psi\} = Y \cup M \backslash Y \cup N \cup \{\psi\}$，故$\varphi \in (B \cup D) \backslash (Y \cup N) = (M \backslash Y \cup \{\psi\}) \backslash (Y \cup N)$。下面分两种情况导出矛盾：

(a) 当 $\varphi \in \{\psi\} \backslash (Y \cup N)$ 时，由 $\psi \notin Y \cup N$ 知 φ 就是 ψ，再由 $\varphi \in W$ 和 $Y \cup N \subset W$ 得 $Y \cup N \cup \{\varphi\} \subseteq W$，即 $Y \cup N \cup \{\psi\} \subseteq W$，又 $N \cup \{\psi\} = X \cup A'$，故由 $X \cup A' \vdash \bot$ 得 $N \cup \{\psi\} \vdash \bot$，故 $W \vdash \bot$，产生矛盾。

(b) 当 $\varphi \in (M \backslash Y) \backslash (Y \cup N)$ 时，由 $\varphi \in M \backslash Y$ 和 $Y \subseteq M$ 得 $Y \subset Y \cup \{\varphi\} \subseteq M$。故由 $Y \in M \triangledown_{\top} N$ 得 $Y \cup \{\varphi\} \cup N \vdash \bot$。又由 $\varphi \in W$ 和 $Y \cup N \subset W$ 得 $Y \cup N \cup \{\varphi\} \subseteq W$，故 $W \vdash \bot$，同样产生矛盾。

由于这两种情况都导致矛盾，故假设错误，$Y \cup N \in (B \cup D) \triangledown \bot$ 成立。由 $\psi \in B \cup D$ 和 $\psi \notin Y \cup N$ 得 $\psi \in (B \cup D) \backslash (Y \cup N)$，由 $A' = Cn(A) \cap (B \cup D) \subseteq N$ 和 $Y \cup N \in (B \cup D) \triangledown \bot$ 得 $Cn(A) \cap (B \cup D) \subseteq Y \cup N \in (B \cup D) \triangledown \bot$，因此 $\psi \in \bigcup\{(B \cup D) \backslash X | Cn(A) \cap (B \cup D) \subseteq X \in (B \cup D) \triangledown \bot\}$。因此，结论 (1) 成立。

(2) $\supseteq$ 方向：由命题 4.10(1) 得 $\bigcup\{(B \cup D) \backslash X | X \in (B \cup D) \triangledown_{\top} A\} \subseteq \bigcup((B \cup D) \vartriangle_{\bot} A)$，再由 (1) 即得。

$\subseteq$ 方向：用反证法。假设 $\subseteq$ 方向不成立，故存在 $\tau \in \bigcup\{(B \cup D) \backslash X | Cn(A) \cap (B \cup D) \subseteq X \in (B \cup D) \triangledown \bot\}$ 但 $\tau \notin \bigcup\{(B \cup D) \backslash X | X \in (B \cup D) \triangledown_{\top} A\}$。显然有 $\tau \in B \cup D$，再由 $\tau \notin \bigcup\{(B \cup D) \backslash X | X \in (B \cup D) \triangledown_{\top} A\}$ 得 $\forall Y \in (B \cup D) \triangledown_{\top} A\,(\tau \in Y)$。由 $\tau \in \bigcup\{(B \cup D) \backslash X | Cn(A) \cap (B \cup D) \subseteq X \in (B \cup D) \triangledown \bot\}$ 可知：存在 W 使得$Cn(A) \cap (B \cup D) \subseteq W \in (B \cup D) \triangledown \bot$ 且 $\tau \notin W$。记 $A' = Cn(A) \cap (B \cup D)$。由 $(B, A) \in \mathcal{B}$ 得 $Cn(A) \cap B = A$，故 $Cn(A) = Cn(A')$。故$A' \subseteq W \in (B \cup D) \triangledown \bot$，故 $W \nvdash \bot$，再由 $Cn(A) = Cn(A')$ 和 $A' \subseteq W$ 得 $W \cup A \nvdash \bot$。由 $W \subseteq B \cup D$、$W \cup A \nvdash \bot$

和上界性引理 2.3 可知：存在 Z 使得 $W \subseteq Z \in (B \cup D) \bigtriangledown_{\top} A$。假设 $\tau \in Z$，再由 $W \subseteq Z$ 得 $W \cup \{\tau\} \subseteq Z$。然而由 $\tau \notin W$ 和 $\tau \in B \cup D$ 得 $W \subset W \cup \{\tau\} \subseteq B \cup D$，再由 $W \in (B \cup D) \bigtriangledown \bot$ 得 $W \cup \{\tau\} \vdash \bot$，故由 $W \cup \{\tau\} \subseteq Z$ 得 $Z \vdash \bot$，这与 $Z \in (B \cup D) \bigtriangledown_{\top} A$ 矛盾，故假设 $\tau \in Z$ 错误，$\tau \notin Z$ 成立。由于 $\tau \notin Z \in (B \cup D) \bigtriangledown_{\top} A$ 和已证的 $\forall Y \in (B \cup D) \bigtriangledown_{\top} A (\tau \in Y)$ 产生矛盾，故假设错误，$\subseteq$ 方向也成立。由这两个方向可知 (2) 成立。 □

由命题 4.13(2) 知，排斥型选择函数的剔除范围和保护型选择函数的剔除范围是相同的。从下面这个例子可以更清楚地看出这一点。

例子 4.14 继续例子 4.13，$B \cup D = \{\neg\psi, \varphi, \varphi \to \psi, \psi \to \neg\varphi\}$，$A = \{\varphi \to \psi, \psi \to \neg\varphi\}$。由于 $(B \cup D) \bigtriangledown_{\top} A = \{\{\neg\psi, \varphi \to \psi, \psi \to \neg\varphi\}\}$，故排斥型选择函数的剔除范围 $\bigcup\{(B \cup D) \backslash X | X \in (B \cup D) \bigtriangledown_{\top} A\} = \{\varphi\}$。由于 $(B \cup D) \bigtriangledown \bot = \{\{\neg\psi, \varphi, \psi \to \neg\varphi\}, \{\neg\psi, \varphi \to \psi, \psi \to \neg\varphi\}, \{\varphi, \varphi \to \psi\}\}$，故保护型选择函数的剔除范围 $\bigcup\{(B \cup D) \backslash X | Cn(A) \cap (B \cup D) \subseteq X \in (B \cup D) \bigtriangledown \bot\} = \bigcup\{(B \cup D) \backslash \{\neg\psi, \varphi \to \psi, \psi \to \neg\varphi\}\} = \{\varphi\} = \bigcup\{(B \cup D) \backslash X | X \in (B \cup D) \bigtriangledown_{\top} A\}$。

现在我们可以利用排斥型选择函数来构造排斥型部分交代谢修正算子。

定义 4.10 令 $(B, A) \in \mathcal{B}$ 并且 Υ 是排斥型选择函数。

(1) 由 Υ 构造的排斥型部分交代谢修正算子，记为 $\diamond^{\Upsilon}$，定义为：对于所有的 $D \subseteq \mathcal{L}$ 都有 $(B, A) \diamond^{\Upsilon} D = (B', A')$，其中 $B' = \bigcap \Upsilon((B \cup D) \bigtriangledown_{\top} A)$，$A' = Cn(A) \cap B'$。

(2) 一个算子 $\diamond$ 是排斥型部分交代谢修正算子，当且仅当，存在一个排斥型选择函数 Υ 使得：对于所有的 $D \subseteq \mathcal{L}$ 都有 $(B, A) \diamond D = (B, A) \diamond^{\Upsilon} D$。

例子 4.15 令 φ, ψ 为两个原子命题，信念库 $B = \{\neg\psi, \varphi \to \psi, \psi \to \neg\varphi\}$，核心信念集 $A = \{\varphi \to \psi, \psi \to \neg\varphi\}$，并且新信息 $D = \{\varphi\}$。根据定义 2.7 我们有 $(B \cup D) \bigtriangledown_{\top} A = \{\{\neg\psi, \varphi \to \psi, \psi \to \neg\varphi\}\}$。根据定义 4.9，容易验证：$\Upsilon((B \cup D) \bigtriangledown_{\top} A) = \{\{\neg\psi, \varphi \to \psi, \psi \to \neg\varphi\}\}$ 是唯一的选择方案。因此，根据定义 4.10可知，由 Υ 构造的排斥型部分交代谢修正的结果是：$(B, A) \diamond^{\Upsilon} D = (B', A')$，其中 $B' = \bigcap \Upsilon((B \cup D) \bigtriangledown_{\top} A) = \{\neg\psi, \varphi \to \psi, \psi \to \neg\varphi\}$，并且 $A' = Cn(A) \cap B' = \{\varphi \to \psi, \psi \to \neg\varphi\}$。

下面我们来证明排斥型部分交代谢修正的表达定理。

定理 4.5 一个算子 $\diamond$ 是排斥型部分交代谢修正算子，当且仅当，它满足：*M-CoreInvariance*，*M-Inclusion*，*M-Consistency*，*M-ExIrrelevance*

和 *M-ExRelevance*。

证明 (I) $\Longrightarrow$：令 $\diamond$ 为排斥型部分交代谢修正算子。我们需要证明它满足下面这些性质。

M-BelState： 由 $(B,A)\in\mathcal{B}$ 和定义 4.10知 $A'\nvdash\bot$，再由定义 3.1 知只需证明 $Cn(A')\cap B'=A'$，由定义 4.10知只需证 $Cn(Cn(A)\cap B')\cap B'=Cn(A)\cap B'$，易证，略。

M-CoreInvariance： 根据定义 4.10我们有 $A\diamond_B D=A'=Cn(A)\cap B'$。故我们需要证明 $Cn(A)\cap B'=Cn(A)\cap(B\cup D)$。$Cn(A)\cap B'\subseteq Cn(A)\cap(B\cup D)$ 显然成立。对于方向 $\supseteq$，这里用反证法。假设 $Cn(A)\cap B'\not\supseteq Cn(A)\cap(B\cup D)$。故存在 $\tau\in Cn(A)\cap(B\cup D)$ 使得 $\tau\notin B'=\bigcap\Upsilon((B\cup D)\bigtriangledown_\top A)$。根据定义 4.9我们有 $\Upsilon((B\cup D)\bigtriangledown_\top A)\neq\emptyset$。由于 $\tau\notin\bigcap\Upsilon((B\cup D)\bigtriangledown_\top A)$，我们知道：存在 $X\in\Upsilon((B\cup D)\bigtriangledown_\top A)$ 使得 $\tau\notin X$。根据 $\tau\in B\cup D$ 和 $\tau\notin X$，我们有 $X\subset X\cup\{\tau\}\subseteq B\cup D$。由于 $X\in(B\cup D)\bigtriangledown_\top A$ 我们有 $X\cup A\nvdash\bot$ 并且 $X\cup\{\tau\}\cup A\vdash\bot$。然而，由于 $\tau\in Cn(A)$，$Cn(X\cup A)=Cn(X\cup\{\tau\}\cup A)$。矛盾。因此，假设错误，$Cn(A)\cap B'\supseteq Cn(A)\cap(B\cup D)$。

M-Inclusion： 根据定义 4.10，我们有 $B\diamond_A D=\bigcap\Upsilon((B\cup D)\bigtriangledown_\top A)\subseteq B\cup D$。

M-Consistency： 根据定义 4.9(2)，我们有 $\Upsilon((B\cup D)\bigtriangledown_\top A)\neq\emptyset$。任意选择 $X\in\Upsilon((B\cup D)\bigtriangledown_\top A)$。由于 $\bigcap\Upsilon((B\cup D)\bigtriangledown_\top A)\subseteq X$ 并且 $X\cup A\nvdash\bot$，我们有 $\bigcap\Upsilon((B\cup D)\bigtriangledown_\top A)\cup A\nvdash\bot$，即 $B\diamond_A D\cup A\nvdash\bot$。因此，$B\diamond_A D\nvdash\bot$。

M-ExIrrelevance： 令对于所有的 $\varphi\in((B\cup D_1)\cup(B\cup D_2))\backslash((B\cup D_1)\cap(B\cup D_2))$，都有 $A\cup\{\varphi\}\vdash\bot$。因此，我们有

(i) $\forall\varphi\in(B\cup D_1)\backslash((B\cup D_1)\cap(B\cup D_2))(\{\varphi\}\cup A\vdash\bot)$，

(ii) $\forall\varphi\in(B\cup D_2)\backslash((B\cup D_1)\cap(B\cup D_2))(\{\varphi\}\cup A\vdash\bot)$，

(iii) $\forall X\subseteq(B\cup D_1)\cap(B\cup D_2)(X\cup A\nvdash\bot\Longleftrightarrow X\cup A\nvdash\bot)$。

根据引理 2.4，我们有 $(B\cup D_1)\bigtriangledown_\top A=(B\cup D_2)\bigtriangledown_\top$

A。故 $\Upsilon((B\cup D_1)\bigtriangledown_{\top}A)=\Upsilon((B\cup D_2)\bigtriangledown_{\top}A)$。根据定义 4.10可知 $B\diamond_A D_1=\bigcap\Upsilon((B\cup D_1)\bigtriangledown_{\top}A)=\bigcap\Upsilon((B\cup D_2)\bigtriangledown_{\top}A)=B\diamond_A D_2$。因此，M-ExIrrelevance 成立。

M-ExRelevance： 令 $\psi\in(B\cup D)\backslash B\diamond_A D$。故 $\psi\notin B\diamond_A D=\bigcap\Upsilon((B\cup D)\bigtriangledown_{\top}A)$。根据定义 4.9(2) 可知 $\Upsilon((B\cup D)\bigtriangledown_{\top}A)\neq\emptyset$。故存在 $X\in\Upsilon((B\cup D)\bigtriangledown_{\top}A)$ 使得 $\psi\notin X$。故 $X\subset X\cup\{\psi\}$。由于 $\psi\in B\cup D$ 我们有 $X\cup\{\psi\}\subseteq B\cup D$。令 $C=X$。显然有 $C\subseteq B\cup D$。根据 $X\in(B\cup D)\bigtriangledown_{\top}A$，我们有 $C\cup A\nvdash\bot$。由于 $X\subset X\cup\{\psi\}\subseteq B\cup D$ 并且 $X\in(B\cup D)\bigtriangledown_{\top}A$，我们有 $C\cup\{\psi\}\cup A\vdash\bot$。根据 $X\in\Upsilon((B\cup D)\bigtriangledown_{\top}A)$，我们有 $B\diamond_A D=\bigcap\Upsilon((B\cup D)\bigtriangledown_{\top}A)\subseteq X=C$，即 $B\diamond_A D\subseteq C$。因此，存在 $C\subseteq B\cup D$ 使得 $B\diamond_A D\subseteq C$，$C\cup A\nvdash\bot$，并且 $C\cup\{\psi\}\cup A\vdash\bot$。因此，M-ExRelevance 成立。

(II) $\Longrightarrow$：令 $\diamond$ 为满足上述性质的算子，下面证明它是排斥型部分交代谢修正算子。根据定义 4.10可知，我们需要证明：存在排斥型选择函数 Υ 使得：对所有的 $D\subseteq\mathcal{L}$ 都有 $(B,A)\diamond D=(B,A)\diamond^{\Upsilon}D=(B\diamond_A^{\Upsilon}D,A\diamond_B^{\Upsilon}D)$，其中 $B\diamond_A^{\Upsilon}D=\bigcap\Upsilon((B\cup D)\bigtriangledown_{\top}A)$，$A\diamond_B^{\Upsilon}D=Cn(A)\cap B\diamond_A^{\Upsilon}D$。

定义函数 Υ 使得：对于所有的 $D\subseteq\mathcal{L}$，$\Upsilon((B\cup D)\bigtriangledown_{\top}A)=\{X\in(B\cup D)\bigtriangledown_{\top}A|B\diamond_A D\subseteq X\}$。下面先证明 Υ 是排斥型选择函数。

(a) Υ 是良定义的函数。

这就是要证明：如果 $(B\cup D_1)\bigtriangledown_{\top}A=(B\cup D_2)\bigtriangledown_{\top}A$，那么 $\Upsilon((B\cup D_1)\bigtriangledown_{\top}A)=\Upsilon((B\cup D_2)\bigtriangledown_{\top}A)$。令 $(B\cup D_1)\bigtriangledown_{\top}A=(B\cup D_2)\bigtriangledown_{\top}A$。根据引理 2.4 可知：

(i) $\forall\varphi\in(B\cup D_1)\backslash((B\cup D_1)\cap(B\cup D_2))(\{\varphi\}\cup A\vdash\bot)$,

(ii) $\forall\varphi\in(B\cup D_2)\backslash((B\cup D_1)\cap(B\cup D_2))(\{\varphi\}\cup A\vdash\bot)$。

因此，对于所有的 $\varphi\in((B\cup D_1)\cup(B\cup D_2))\backslash((B\cup D_1)\cap(B\cup D_2))$，都有 $A\cup\{\varphi\}\vdash\bot$。再根据 M-ExIrrelevance 我们有 $B\diamond_A D_1=B\diamond_A D_2$。根据 $(B\cup D_1)\bigtriangledown_{\top}A=(B\cup D_2)\bigtriangledown_{\top}A$ 和 $B\diamond_A D_1=B\diamond_A D_2$ 可知：$\Upsilon((B\cup D_1)\bigtriangledown_{\top}A)=\{X\in(B\cup D_1)\bigtriangledown_{\top}A|B\diamond_A D_1\subseteq X\}=\{X\in(B\cup D_2)\bigtriangledown_{\top}A|B\diamond_A D_1\subseteq X\}=\{X\in(B\cup D_2)\bigtriangledown_{\top}A|B\diamond_A D_2\subseteq X\}=\Upsilon((B\cup D_2)\bigtriangledown_{\top}A)$。因此，

$\Upsilon((B \cup D_1) \bigtriangledown_{\top} A) = \Upsilon((B \cup D_2) \bigtriangledown_{\top} A)$。

(b) Υ 是排斥型选择函数。

(1) 根据 $\Upsilon((B \cup D) \bigtriangledown_{\top} A)$ 的定义，我们显然有 $\Upsilon((B \cup D) \bigtriangledown_{\top} A) \subseteq (B \cup D) \bigtriangledown_{\top} A$。故 Υ 满足定义 4.9(1)。

(2) 根据 M-ExRelevance 和命题 4.1可知：M-Protection 即 $A \subseteq B \diamond_A D$ 成立。根据 M-Consistency 我们有 $B \diamond_A D \cup A = B \diamond_A D \nvdash \perp$。根据 M-Inclusion 我们有 $B \diamond_A D \subseteq B \cup D$。然后根据上界性引理 2.3 可知：存在 X 使得 $B \diamond_A D \subseteq X \in (B \cup D) \bigtriangledown_{\top} A$。因此，根据 Υ 的定义，我们有 $X \in \Upsilon((B \cup D) \bigtriangledown_{\top} A) \neq \emptyset$。故 Υ 满足定义 4.9(2)。

由 (a)(b) 可知，Υ 是一个排斥型选择函数。现令 $\diamond^{\Upsilon}$ 是一个由 Υ 构造的排斥型部分交代谢修正算子。下面证明：

(c) 对于所有的 $D \subseteq \mathcal{L}$ 都有 $(B, A) \diamond D = (B, A) \diamond^{\Upsilon} D$。

这就是要证明 $B \diamond_A D = B \diamond^{\Upsilon}_A D$，$A \diamond_B D = A \diamond^{\Upsilon}_B D$，且 $(B, A) \diamond^{\Upsilon} D \in \mathcal{B}$。

(i) $B \diamond_A D = B \diamond^{\Upsilon}_A D$：根据 (b) 中的条件 (2) 可知 $\Upsilon((B \cup D) \bigtriangledown_{\top} A) \neq \emptyset$。由于 $\forall Y \in \Upsilon((B \cup D) \bigtriangledown_{\top} A)(B \diamond_A D \subseteq Y)$，我们有 $B \diamond_A D \subseteq \bigcap \Upsilon((B \cup D) \bigtriangledown_{\top} A) = B \diamond^{\Upsilon}_A D$。假设 $B \diamond_A D \not\supseteq B \diamond^{\Upsilon}_A D$。故存在 $\tau \in B \diamond^{\Upsilon}_A D$ 使得 $\tau \notin B \diamond_A D$，即存在 $\tau \in \bigcap \Upsilon((B \cup D) \bigtriangledown_{\top} A)$ 使得 $\tau \notin B \diamond_A D$。故 $\tau \in (B \cup D) \backslash B \diamond_A D$。根据 M-ExRelevance 可知：存在 $C \subseteq B \cup D$ 使得 $B \diamond_A D \subseteq C$，$C \cup A \nvdash \perp$，并且 $C \cup \{\tau\} \cup A \vdash \perp$。根据 $C \subseteq B \cup D$，$C \cup A \nvdash \perp$ 和上界性引理 2.3 可知：存在 X 使得 $C \subseteq X \in (B \cup D) \bigtriangledown_{\top} A$。由于 $B \diamond_A D \subseteq C$，我们有 $B \diamond_A D \subseteq X$。因此，$X \in \Upsilon((B \cup D) \bigtriangledown_{\top} A)$。根据 $X \in (B \cup D) \bigtriangledown_{\top} A$ 我们有 $X \cup A \nvdash \perp$。由于 $X \cup A \nvdash \perp$，$C \subseteq X$ 和 $C \cup \{\tau\} \cup A \vdash \perp$，我们有 $\tau \notin X$。故存在 $X \in \Upsilon((B \cup D) \bigtriangledown_{\top} A)$ 使得 $\tau \notin X$(记为 (*))。然而，根据 $\tau \in \bigcap \Upsilon((B \cup D) \bigtriangledown_{\top} A)$ 和 $\Upsilon((B \cup D) \bigtriangledown_{\top} A) \neq \emptyset$ 可知：$\forall Y \in \Upsilon((B \cup D) \bigtriangledown_{\top} A)(\tau \in Y)$。这与 (*) 相矛盾。因此，假设错误，$B \diamond_A D \supseteq B \diamond^{\Upsilon}_A D$。

(ii) $A \diamond_B D = A \diamond^{\Upsilon}_B D$：根据 M-CoreInvariance 和 $\diamond^{\Upsilon}$ 的定义，这就是要证明 $Cn(A) \cap (B \cup D) = Cn(A) \cap B \diamond^{\Upsilon}_A D$。方向 $\supseteq$ 是显然的。对于方向 $\subseteq$，这里用反证法。假设 $Cn(A) \cap (B \cup D) \nsubseteq$

$Cn(A) \cap B \diamond_A^{\Upsilon} D$。故存在 $\tau \in Cn(A) \cap (B \cup D)$ 使得 $\tau \notin B \diamond_A^{\Upsilon} D = \bigcap \Upsilon((B \cup D) \bigtriangledown_{\top} A)$。根据 $\Upsilon((B \cup D) \bigtriangledown_{\top} A) \neq \emptyset$ (在 (b) 的条件 (2) 中已证明) 可知：存在 $X \in \Upsilon((B \cup D) \bigtriangledown_{\top} A)$ 使得 $\tau \notin X$。由于 $\tau \notin X$ 并且 $\tau \in B \cup D$，我们有 $X \subset X \cup \{\tau\} \subseteq B \cup D$。再根据 $X \in (B \cup D) \bigtriangledown_{\top} A$ 我们有 $X \cup A \nvdash \bot$ 并且 $X \cup \{\tau\} \cup A \vdash \bot$。但是根据 $\tau \in Cn(A)$ 可知：$Cn(X \cup A) = Cn(X \cup \{\tau\} \cup A)$。矛盾。因此，假设错误，$Cn(A) \cap (B \cup D) \subseteq Cn(A) \cap B \diamond_A^{\Upsilon} D$。

(iii) $(B, A) \diamond^{\Upsilon} D \in \mathcal{B}$：根据 M-CoreInvariance，M-Inclusion，M-ExRelevance 和命题 4.1可知：$\diamond$ 满足 M-BelState，故 $(B, A) \diamond D \in \mathcal{B}$。由于 $B \diamond_A D = B \diamond_A^{\Upsilon} D$ 并且 $A \diamond_B D = A \diamond_B^{\Upsilon} D$，我们有 $(B, A) \diamond^{\Upsilon} D \in \mathcal{B}$。

□

根据命题 4.1和定理 4.5，容易证明下面这个推论。

推论 4.5 如果一个算子 $\diamond$ 是排斥型部分交代谢修正算子，那么它也满足：M-BelState，M-Protection，M-Irrelevance，M-RelClosure，M-Vacuity，M-Retainment，M-ExRetainment 和 M-Relevance。

那么排斥型部分交代谢修正算子和保护型部分交代谢修正算子有什么关系呢？由定理 4.4、定理 4.5和推论 4.5易得下面推论。

推论 4.6 如果算子 $\diamond$ 是排斥型部分交代谢修正算子，那么它也是保护型部分交代谢修正算子。

由推论 4.5可知：虽然定理 4.5并不包含 M-RelClosure 和 M-ExRetainment，但是排斥型部分交代谢修正是满足这两个性质的。根据定理 4.3和定理 4.5，我们知道：定理 4.3中包含 M-Uniformity，但是定理 4.5却不包含 M-Uniformity，并且定理 4.5包含 M-ExIrrelevance 而定理 4.3却不包含 M-ExIrrelevance。那么我们有两个有趣的问题：定理 4.5中的排斥型部分交代谢修正是否满足 M-Uniformity 呢，定理 4.3中的排斥型核心代谢修正是否满足 M-ExIrrelevance 呢？在定理 4.3和定理 4.5，M-Uniformity 和 M-ExIrrelevance 是由两个不同的新信息集引发的代谢修正的唯二要求。因此，如果排斥型部分交代谢修正满足 M-Uniformity，那么 M-Uniformity 不能在没有 M-ExIrrelevance 的情况下得到证明；如果排斥型核心代谢修正满足 M-ExIrrelevance，那么 M-ExIrrelevance 不能在没有 M-Uniformity 的情况下得到证明。但是，事实上，我们无法利用 M-ExIrrelevance 来证明 M-Uniformity，因为

(1) 要证明 M-Uniformity，我们应当首先假设条件“$B\cup D_1$ 和 $B\cup D_2$ 具有相同的、与 A 不一致的极小子集”(记为 $C1$) 成立，然后使用 M-ExIrrelevance 来证明 $(B \cup D_1)\backslash B \diamond_A D_1 = (B \cup D_2)\backslash B \diamond_A D_2$；

(2) 如果我们要使用 M-ExIrrelevance 来证明 M-Uniformity，那么条件“对于所有的 $\psi \in ((B \cup D_1) \cup (B \cup D_2))\backslash((B \cup D_1) \cap (B \cup D_2))$ 都有 $A \cup \{\psi\} \vdash \bot$”(记为 $C2$) 在 $C1$ 的假设下必须成立；

(3) 然而，我们无法利用 $C1$ 来证明 $C2$，因为根据 $C1$ 易知：对于所有的 $\psi \in ((B \cup D_1) \cup (B \cup D_2))\backslash((B \cup D_1) \cap (B \cup D_2))$ 都有 $A \cup \{\psi\} \nvdash \bot$，而这在 $((B \cup D_1) \cup (B \cup D_2))\backslash((B \cup D_1) \cap (B \cup D_2)) \neq \emptyset$ 时与 $C2$ 矛盾。

类似的，我们也无法利用 M-Uniformity 来证明 M-ExIrrelevance，因为

(4) 要证明 M-ExIrrelevance，我们应该首先假设条件 $C2$ 成立，然后利用 M-Uniformity 来证明 $B \diamond_A D_1 = B \diamond_A D_2$；

(5) 如果我们想要利用 M-Uniformity 来证明 M-ExIrrelevance，那么条件 $C1$ 在 $C2$ 的假设下必须成立；

(6) 然而，我们无法利用 $C2$ 来证明 $C1$，因为根据 $C2$ 可知：对于所有的 $\psi \in ((B \cup D_1) \cup (B \cup D_2))\backslash((B \cup D_1) \cap (B \cup D_2))$ 都有 $A \cup \{\psi\} \vdash \bot$，而这在 $((B \cup D_1) \cup (B \cup D_2))\backslash((B \cup D_1) \cap (B \cup D_2)) \neq \emptyset$ 时与 $C1$ 相矛盾。因此，M-Uniformity 对于排斥型部分交代谢修正并不成立，M-ExIrrelevance 对于排斥型核心代谢修正也不成立。

根据定理 4.3和定理 4.5，我们知道：定理 4.5包含 M-ExRelevance 而定理 4.3却不包含 M-ExRelevance。那么 M-ExRelevance 对于排斥型核心代谢修正是否成立呢？答案是否定的。这里我们只需要找到一个满足 M-CoreInvariance，M-Inclusion，M-Consistency，M-RelClosure 和 M-ExRetainment，却不满足 M-ExRelevance 的反例（如下所示）即可。

例子 4.16 令 φ, ψ 为两个原子命题，$(B, A) = (\{(\psi \rightarrow \bot) \wedge \neg\varphi, \varphi\}, \emptyset)$，$D = \{\psi\}$，并且 $(B, A) \diamond D = (\{\varphi\}, \emptyset)$。容易验证，该例子满足：M-CoreInvariance，M-Inclusion，M-Consistency，M-RelClosure 和 M-ExRetainment。然而，它并不满足 M-ExRelevance，因为 $\psi \in (B \cup D)\backslash B \diamond_A D$ 但是没有 $C \subseteq B \cup D$ 使得 $B \diamond_A D \subseteq C$，$C \cup A \nvdash \bot$，并且 $C \cup \{\psi\} \cup A \vdash \bot$。故这个例子正是我们要找的反例。因此，M-ExRelevance 对于排斥型核心代谢修正并不成立。

4.7 代谢修正与其他算子

4.7.1 代谢修正与半修正算子

从第 1.1.3.4 节可知，Hansson 在 [52] 中提出了信念巩固算子 !，并依此在 [59] 中定义了一种采用膨胀-巩固模式的半修正算子 ?。因此，它类似于这里研究的代谢修正算子。根据半修正算子的 Strong consistency 和代谢修正算子的 M-Consistency，我们知道：无论它们的信念库是否与新信息一致，半修正和代谢修正的新信念库都必须是一致的。半修正算子的 Inclusion，Core-retainment 和 Relevance 的直观也分别与代谢修正的 M-Inclusion，M-ExRetainment 和 M-ExRelevance 相似。然而，它们之间也有一些关键的差异性，这里列出下面这些主要差异：

(1) 半修正算子的新信息是一个命题，因此它是一个句子修正算子；然而代谢修正算子的新信息是一个命题集，因此它是一个复合修正算子。

(2) 半修正算子的信念状态表征为一个信念库，而代谢修正算子的信念状态表征为一个二元组 (B, A)，其中 B 是一个信念库并且 A 是一个核心信念集。这种形式设定的目的是为了研究核心信念对于代谢修正过程的认知影响，然而半修正算子并不研究这种核心信念在认知上的作用。

(3) 它们采用了不同的核心集概念和保留集概念来构建函数式构造。半修正算子的两个函数式构造（[59]）分别采用了两个传统的核心集概念和保留集概念，而这里代谢修正算子的这两个函数式构造采用了不一致核心集概念和一致保留集概念。后面这两个概念都是基于核心信念集 A 的，而前面两个概念与核心信念集 A 无关。

(4) 代谢修正算子利用核心信念来定位或排斥那些参与信念冲突的不可信信息，而半修正算子并没有考虑这种认知机制。

(5) 当核心信念集 A 是一个空集并且新信息 D 中只有一个命题时，半修正算子看起来是代谢修正算子的特例。然而事实并非如此。半修正算子的公理性假定 Pre-expansion 是一个对两个不同信念库的半修正之间的等价性的要求。但是从代谢修正的公理性假定，尤其是 M-Uniformity 和 M-ExIrrelevalance，我们知道：每个代谢修正是相对于固定的信念状态 (B, A) 的。这里没有对两个不同信念状态或信念库的两个代谢修正之间的等价性的公理性假定。因此，Pre-expansion 对于代谢修正来说是不可定义的。这种差异也反映在它们的函数式构造上的差异。

4.7.2 代谢修正与 IC 融合算子

在 [38] 中，Fuhrmann 对巩固算子进行了一般化，提出了一种可以合并或融合两个信念库的融合算子。在 [77] 中，Konieczny 和 Pino Pérez 提出了一种带完整性约束条件的融合算子，即 IC 融合，它是融合算子的一种扩展。它刻画了如何理性地融合信念库，这种融合过程必须满足一些给定的完整性约束条件。在它的形式化中，认知主体的信念库表征为一个有穷的命题集，进而它等价于它的所有元素的合取，从而也可以用一个命题来表示。令 ψ_1，ψ_2，$\cdots$，ψ_n 为一个信念库的列表。他们称 $\Psi = \{\psi_1$，ψ_2，$\cdots$，$\psi_n\}$ 为信念集。符号 $\wedge\Psi$ 表示 Ψ 的所有元素的合取。符号 $\sqcup$ 表示信念集的并集，并且下列这些术语是等价的术语：$\Psi \sqcup \{\varphi\}$ 和 $\Psi \sqcup \varphi$，$\{\varphi\} \sqcup \{\psi\}$ 和 $\varphi \sqcup \psi$。完整性约束条件的集合表征为一个有穷的命题集，记为 μ。融合算子记为 Δ。对信念集 Ψ 的（带完整性约束条件 μ 的）融合结果记为 $\Delta_\mu(\Psi)$。IC 融合的公理性假定如下所示：

定义 4.11 ([77]) Δ 是一个 IC 聚合算子当且仅当它满足下列公理性假定：

$IC0$: $\Delta_\mu(\Psi) \vdash \mu$

$IC1$: 如果 μ 是一致的，那么 $\Delta_\mu(\Psi)$ 也是一致的。

$IC2$: 如果 $\wedge\Psi$ 与 μ 是一致的，那么 $\Delta_\mu(\Psi) = \wedge\Psi \wedge \mu$。

$IC3$: 如果 $\Psi_1 \leftrightarrow \Psi_2$ 并且 $\mu_1 \leftrightarrow \mu_2$，那么 $\Delta_{\mu_1}(\Psi_1) \leftrightarrow \Delta_{\mu_2}(\Psi_2)$。

$IC4$: 如果 $\psi_1 \vdash \mu$ 并且 $\psi_2 \vdash \mu$，那么 $\Delta_\mu(\psi_1 \sqcup \psi_2) \wedge \psi_1 \nvdash \bot \Longrightarrow \Delta_\mu(\psi_1 \sqcup \psi_2) \wedge \psi_2 \nvdash \bot$。

$IC5$: $\Delta_\mu(\Psi_1) \wedge \Delta_\mu(\Psi_2) \vdash \Delta_\mu(\Psi_1 \sqcup \Psi_2)$

$IC6$: 如果 $\Delta_\mu(\Psi_1) \wedge \Delta_\mu(\Psi_2)$ 是一致的，那么 $\Delta_\mu(\Psi_1 \sqcup \Psi_2) \vdash \Delta_\mu(\Psi_1) \wedge \Delta_\mu(\Psi_2)$。

$IC7$: $\Delta_{\mu_1}(\Psi) \wedge \mu_2 \vdash \Delta_{\mu_1 \wedge \mu_2}(\Psi)$

$IC8$: 如果 $\Delta_{\mu_1}(\Psi) \wedge \mu_2$ 是一致的，那么 $\Delta_{\mu_1 \wedge \mu_2}(\Psi) \vdash \Delta_{\mu_1}(\Psi) \wedge \mu_2$。

由于待融合的每个信念库没有特别的优先级，IC 融合属于非优先信念修正。这是它与代谢修正之间的一个相似之处。它们的另一个主要相似之处是它们的信念改变过程都受到一些约束条件的影响。根据 ($IC0$)，我们知道融合的结果应该满足 μ 中的所有要求。类似地，代谢修正的约束条件是核心信念集 A；代谢修正应该保护 A 中的所有核心信念。

不过，它们之间也是非常不同的，这里列出如下五个主要的差异。

(1) 它们的直观思想彼此不同。IC 融合研究的是信念库的融合，信念库之间是具有对称性的，交换位置并不会影响其直观意思。然而，代谢修正研究的是由新信息引发的、对信念状态的信念修正过程，信念状态和新信息之间具有非对称性，交换位置会影响其直观意思。故 IC 融合是一种对称的信念改变算子，而代谢修正是一个非对称的信念改变算子。

(2) 它们的形式化也彼此不同。IC 融合有两个以上的输入，并且每个输入都是一个有穷的命题集。但代谢修正只有两个输入，即信念状态和新信息。信念状态由一个二元组 (B, A) 表示，其中 B 是一个信念库并且 A 是一个核心信念集。新信息则由一各命题集 D 表示。值得注意的是，这三个命题集 B, A, D 都可能是无穷的。

(3) 代谢修正利用两个不同的函数，即基于不一致核心集的排斥型剪切函数和基于一致保留集的排斥型选择函数，来构建它们的函数式构造。但 IC 融合不是以这种方式构造的。相反，论文 [77] 通过一系列关于可能世界的偏序（pre-orders）来给出它的函数式构造。

(4) 尽管它们都研究一些约束条件对非优先信念修正的影响，但他们的影响方式是不同的。在 IC 融合中，μ 中的所有信息都需要是融合结果 $\Delta_\mu(\Psi)$ 的逻辑后承，而代谢修正要求核心信念集必须是新信念库 $B \diamond_A D$ 的子集。

(5) 根据 $(IC1)$ 我们知道 IC 融合只要求弱一致性（weak consistency）。这意味着，如果完整性约束条件的集合 μ 是一致的，那么融合结果 $\Delta_\mu(\Psi)$ 也应该是一致的。但是 μ 可能是不一致的，进而 $\Delta_\mu(\Psi)$ 也可能是不一致的。然而，在代谢修正中，核心信念集 A 和新信念库 $B \diamond_A D$ 都要求是一致的。

4.8 理性评价、评价复合修正与代谢修正

从宏观上来看，本书主要分两种模式对基于核心信念的非优先复合修正进行了系统的研究。第一种模式是评价-修正模式，第二章研究了认知主体基于核心信念对新信息的理性评价活动，第三章则研究了认知主体基于核心信念和评价结果对信念状态的评价复合修正活动。因此，这种模式将非优先复合修正分为两个相续的子模块（算子），即评价算子 $\triangleleft$ 并且评价复合修正算子 $\triangleright$，来进行独立的刻画。第二种模式是膨胀-巩固模式，第四章采用该模式研究了认知主体基于核心信念对信念状态的代谢修正活动。由于膨胀只是信念库和新信息的简单并运算，因此代谢修正实际上将非优先复合修正视为一个单一的修正算子，即 $\diamond$，来进行刻画。那么这两种非优先复合修正的模式之间有什么关系呢？采用这两种模式的算子之间是否

可以相互定义呢？这一节将回答这两个问题。

根据第二章可知，评价算子是一种基于核心信念对新信息进行评价，以区分可信新信息和不可信新信息的信念改变算子。根据第三章可知，评价复合修正算子是一种以二元评价结果为新信息，并基于核心信念对信念状态进行修正的信念改变算子。那么评价算子的输出结果（信集 $D \triangleleft A$ 和弃集 $D \backslash D \triangleleft A$）是否属于评价复合修正算子所要求的评价（定义 3.2）这种信息类型呢？下面这个命题表明答案是肯定的。

命题 4.14 令 $(B, A) \in \mathcal{B}$ 且 $\emptyset \neq D \subseteq \mathcal{L}$。如果 $\triangleleft$ 是满足 E-Inclusion、E-Compatibility 和 E-Closure 的评价算子，那么 $(D \backslash D \triangleleft A)|(D \triangleleft A)$ 是一个 A-评价，即 $(D \backslash D \triangleleft A)|(D \triangleleft A) \in \mathcal{A}$。

证明 令 $\triangleleft$ 是满足 E-Inclusion、E-Compatibility 和 E-Closure 的评价算子。由 E-Compatibility 得 $Cn(A \cup D \triangleleft A) \cap \{\bot\} = \emptyset$。再由 E-Closure 得 $Cn(A \cup D \triangleleft A) \cap D \subseteq D \triangleleft A$，故 $Cn(A \cup D \triangleleft A) \cap (D \backslash D \triangleleft A) = \emptyset$。因此 $Cn(A \cup D \triangleleft A) \cap ((D \backslash D \triangleleft A) \cup \{\bot\}) = \emptyset$。又由 E-Inclusion 得 $(D \backslash D \triangleleft A) \cup (D \triangleleft A) = D \neq \emptyset$。再由定义 3.2 知 $(D \backslash D \triangleleft A)|(D \triangleleft A)$ 是一个 A-评价。 □

从这个命题可知，我们可以将这种评价算子的二元评价结果代入到评价复合修正算子的新信息之中，进而构造出一种基于评价的非优先复合修正算子，它是评价算子和评价复合修正算子这两种算子的复合运算。

定义 4.12 令 $(B, A) \in \mathcal{B}$，$\emptyset \neq D \subseteq \mathcal{L}$。如果 $\triangleleft$ 是满足 E-Inclusion、E-Compatibility 和 E-Closure 的评价算子，并且 $\triangleright$ 是评价复合修正算子，那么由 $\triangleleft$ 和 $\triangleright$ 按等式 $(B, A) \circledcirc D = (B, A) \triangleright ((D \backslash D \triangleleft A)|(D \triangleleft A))$ 构造的生成算子 $\circledcirc$ 就是基于评价的非优先复合修正算子。

从这个定义可知：根据满足不同性质的评价算子 $\triangleleft$ 和评价复合修正算子 $\triangleright$ 可以构造各种不同的生成算子。值得注意的是，由于生成算子的结果 $(B, A) \circledcirc D$ 作为信念状态是个二元组，故为方便起见，在关系表达式和集合运算中，如无特别说明，一般用 $B \circledcirc_A D$ 表示修正后信念状态的第一个参数，即信念库，用 $A \circledcirc_B D$ 表示修正后信念状态的第二个参数，即核心信念集。

例子 4.17 令 $\alpha, \varphi, \psi, \tau$ 为互不相关的原子命题，令信念库 $B = \{\alpha, \alpha \to \neg\varphi, \tau, \tau \to \neg\psi\}$，核心信念集 $A = \{\alpha \to \neg\varphi, \tau, \tau \to \neg\psi\}$，新信息 $M = \{\varphi, \psi\}$。

容易验证 $(B, A) \in \mathcal{B}$。根据定义 2.1 易知 $M \triangle_{\bot} A = \{\{\psi\}\}$，再根据定义 2.2 容易验证满足条件 (1)(2)(3) 的剪切方案只有一个即 $\sigma(M \triangle_{\bot} A) =$

$\{\psi\}$。故根据定义 2.3，由 σ 构造的核心评价算子 $\lhd_\sigma$ 满足 $M \lhd_\sigma A = \{\varphi\}$，也就是说认知主体相信 φ，但不相信 ψ。另一方面，容易验证 $\lhd_\sigma$ 满足 E-Inclusion、E-Compatibility 和 E-Closure。

再根据定义 3.2 容易验证 $(M \backslash M \lhd_\sigma A)|(M \lhd_\sigma A) = \psi|\varphi \in \mathcal{A}$。根据定义 3.3 易得 $B\blacktriangle_\perp^A(\psi|\varphi) = \{\{\alpha\}\}$。再由定义 3.4 知满足条件 (1)(2)(3) 的评价剪切函数只有 $\rho(B\blacktriangle_\perp^A(\psi|\varphi)) = \{\alpha\}$。故根据定义 3.5 知由 ρ 构造的核心评价复合修正算子 $\rhd^\rho$ 满足 $(B, A) \rhd^\rho (\psi|\varphi) = (B', A')$，其中 $B' = B \backslash \rho(B\blacktriangle_\perp^A(\psi|\varphi)) \cup \{\varphi\}$，$A' = Cn(A) \cap B'$。

因此，由核心评价算子 $\lhd_\sigma$ 和核心评价复合修正算子 $\rhd^\rho$ 构造的生成算子 $\circledcirc$ 满足 $(B, A) \circledcirc M = (B, A) \rhd^\rho ((M \backslash M \lhd_\sigma A)|(M \lhd_\sigma A)) = (B', A')$，其中 $B' = \{\varphi, \alpha \to \neg\varphi, \tau, \tau \to \neg\psi\}$，$A' = \{\alpha \to \neg\varphi, \tau, \tau \to \neg\psi\}$。

如果说代谢修正算子采用一个单独的算子来刻画基于核心信念的非优先复合修正，那么定义 4.12的生成算子则是通过两个算子的复合运算来构造这种非优先复合修正。那么单独算子和生成算子这二者之间有什么关系呢？生成算子是否满足以及满足哪些单独算子的性质呢？这里证明了下面定理。

定理 4.6 令 $(B, A) \in \mathcal{B}$，$\lhd$ 为满足 E-Inclusion、E-Compatibility 和 E-Closure 的评价算子，$\rhd$ 为评价复合修正算子，并且 $\circledcirc$ 为由 $\lhd$ 和 $\rhd$ 按定义 4.12生成的基于评价的非优先复合修正算子。那么下面这些结论成立。

(1) 如果 $\rhd$ 满足 EV-BelState，那么 $\circledcirc$ 满足 M-BelState。

(2) 如果 $\rhd$ 满足 EV-CoreInvariance，那么 $\circledcirc$ 满足 M-CoreInvariance。

(3) 如果 $\rhd$ 满足 EV-Inclusion，那么 $\circledcirc$ 满足 M-Inclusion。

(4) 如果 $\rhd$ 满足 EV-Consistency，那么 $\circledcirc$ 满足 M-Consistency。

(5) 如果 $\rhd$ 满足 EV-Inclusion、EV-InSuccess、EV-OutSuccess 和 EV-Relevance，那么 $\circledcirc$ 满足 M-RelClosure。

(6) 如果 $\lhd$ 满足 E-BiIrrelevance 且 $\rhd$ 满足：

EV*-Uniformity：如果 $D_1 = D_2$ 且 $\forall\varphi \in (C_1 \cup C_2) \backslash (C_1 \cap C_2)$ 都有 $\{\varphi\} \cup A \vdash \bot$，那么 $B \rhd_A (C_1|D_1) = B \rhd_A (C_2|D_2)$。

那么 $\circledcirc$ 满足下面性质：

M*-Irrelevance：如果 $\forall\varphi \in (D_1 \cup D_2) \backslash (D_1 \cap D_2)$ 都有 $\varphi \vdash \bot$，那么 $B \circledcirc_A D_1 = B \circledcirc_A D_2$。

(7) 如果 $\lhd$ 满足 E-BiIrrelevance 且 $\rhd$ 满足 EV*-Uniformity，那么 $\circledcirc$ 满足下面性质：

M*-ExIrrelevance：如果 $\forall\varphi \in (D_1 \cup D_2)\backslash(D_1 \cap D_2)$ 都有 $\{\varphi\}\cup A \vdash \bot$，那么 $B \circledcirc_A D_1 = B \circledcirc_A D_2$。

(8) 如果 $\triangleleft$ 满足 E-Retainment 且 $\triangleright$ 满足 EV-Retainment，那么 $\circledcirc$ 不一定满足 M-Retainment 和 M-Relevance。

(9) 如果 $\triangleleft$ 满足 E-Relevance 且 $\triangleright$ 满足 EV-Relevance，那么 $\circledcirc$ 不一定满足 M-ExRetainment 和 M-ExRelevance。

证明 分别令这些结论的前件成立，下面分别证明它们的后件也成立：

(1) M-BelState：根据 $\triangleright$ 的 EV-BelState 和定义 4.12知这是显然的。

(2) 由 $\triangleright$ 的 EV-CoreInvariance 和定义 4.12知 $A\circledcirc_B D = Cn(A)\cap(B\cup D\triangleleft A)$。再由 $\triangleleft$ 的 E-Closure 得 $Cn(A)\cap D \subseteq D\triangleleft A$，再由 $\triangleleft$ 的 E-Inclusion 得 $Cn(A)\cap D = Cn(A)\cap D\triangleleft A$。因此 $Cn(A)\cap(B\cup D\triangleleft A) = Cn(A)\cap(B\cup D)$，即得 $A \circledcirc_B D = Cn(A) \cap (B \cup D)$。故 M-CoreInvariance 成立。

(3) 由 $\triangleright$ 的 EV-Inclusion 和定义 4.12得 $B \circledcirc_A D = B \triangleright_A ((D\backslash D \triangleleft A)|(D \triangleleft A)) \subseteq B \cup D \triangleleft A$，再由 $\triangleleft$ 的 E-Inclusion 得 $B \circledcirc_A D \subseteq B \cup D \triangleleft A \subseteq B \cup D$。故 M-Inclusion 成立。

(4) M-Consistency：由 $\triangleright$ 的 EV-Consistency 和定义 4.12可知，这是显然的。

(5) 用反证法。假设 $Cn(B \circledcirc_A D) \cap (B \cup D) \not\subseteq B \circledcirc_A D$。故存在 $\varphi \in B \cup D$ 使得 $B \circledcirc_A D \vdash \varphi$ 且 $\varphi \notin B \circledcirc_A D$。根据定义 4.12得 $B \triangleright_A ((D\backslash D \triangleleft A)|(D \triangleleft A)) \vdash \varphi$ 且 $\varphi \notin B \triangleright_A ((D\backslash D \triangleleft A)|(D \triangleleft A))$。下面分 $\varphi \notin B$ 或 $\varphi \in B$ 两种情况导出矛盾。

(a) 当 $\varphi \notin B$ 时，显然 $\varphi \in D$。又由 $\varphi \notin B \triangleright_A ((D\backslash D \triangleleft A)|(D \triangleleft A))$ 和 $\triangleright$ 的 EV-InSuccess 得 $\varphi \notin D \triangleleft A$。故 $\varphi \in D\backslash D \triangleleft A$。再由 $\triangleright$ 的 EV-OutSuccess 得 $B \triangleright_A ((D\backslash D \triangleleft A)|(D \triangleleft A)) \nvdash \varphi$。产生矛盾。

(b) 当 $\varphi \in B$ 时，$\varphi \in B\backslash B \triangleright_A ((D\backslash D \triangleleft A)|(D \triangleleft A))$。由 $\triangleright$ 的 EV-Relevance 知：存在 $X \subseteq B$ 使得 $B \cap B \triangleright_A ((D\backslash D \triangleleft A)|(D \triangleleft A)) \subseteq X$ 且 $Cn(X \cup A \cup D \triangleleft A) \cap ((D\backslash D \triangleleft A) \cup \{\bot\}) = \emptyset$，但 $Cn(X \cup \{\varphi\} \cup A \cup D \triangleleft A) \cap ((D\backslash D \triangleleft A) \cup \{\bot\}) \neq \emptyset$。令 $\psi \in B \triangleright_A ((D\backslash D \triangleleft A)|(D \triangleleft A))$。由 $\triangleright$ 的 EV-Inclusion 知：要么 $\psi \in B$，要么 $\psi \in D \triangleleft A$。当 $\psi \in B$ 时，由 $\psi \in B \triangleright_A ((D\backslash D \triangleleft A)|(D \triangleleft A))$ 得 $\psi \in (B \cap B \triangleright_A ((D\backslash D \triangleleft A)|(D \triangleleft A))) \cup (D \triangleleft A)$；当 $\psi \in D \triangleleft A$ 时也显然有 $\psi \in (B \cap B \triangleright_A ((D\backslash D \triangleleft A)|(D \triangleleft A))) \cup (D \triangleleft A)$。故 $B \triangleright_A ((D\backslash D \triangleleft A)|(D \triangleleft A)) \subseteq (B \cap B \triangleright_A ((D\backslash D \triangleleft A)|(D \triangleleft A))) \cup (D \triangleleft A)$。

又由 $B \cap B \rhd_A ((D \backslash D \lhd A)|(D \lhd A)) \subseteq X$ 得 $B \rhd_A ((D \backslash D \lhd A)|(D \lhd A)) \subseteq X \cup (D \lhd A)$。再由 $B \rhd_A ((D \backslash D \lhd A)|(D \lhd A)) \vdash \varphi$ 得 $X \cup (D \lhd A) \vdash \varphi$，故 $Cn(X \cup A \cup D \lhd A) = Cn(X \cup \{\varphi\} \cup A \cup D \lhd A)$。从而 $Cn(X \cup A \cup D \lhd A) \cap ((D \backslash D \lhd A) \cup \{\bot\}) = Cn(X \cup \{\varphi\} \cup A \cup D \lhd A) \cap ((D \backslash D \lhd A) \cup \{\bot\}) \neq \emptyset$。产生矛盾。

由于 (a)(b) 这两种情况都导致矛盾，故假设错误，M-RelClosure 成立。

(6) 令 $\forall \varphi \in (D_1 \cup D_2) \backslash (D_1 \cap D_2)$ 都有 $\varphi \vdash \bot$。给定核心信念集 $A \nvdash \bot$，故我们有

$$\forall \varphi \in D_1 \backslash (D_1 \cap D_2)(\{\varphi\} \cup A \vdash \bot),$$

$$\forall \varphi \in D_2 \backslash (D_1 \cap D_2)(\{\varphi\} \cup A \vdash \bot), \text{ 而且}$$

$$\forall X \subseteq D_1 \cap D_2 (X \cup A \nvdash \bot \Longleftrightarrow X \cup A \nvdash \bot)。$$

由 E-BiIrrelevance 得 $D_1 \lhd A = D_2 \lhd A$。现假设存在 $\psi \in ((D_1 \backslash D_1 \lhd A) \cup (D_2 \backslash D_2 \lhd A)) \backslash ((D_1 \backslash D_1 \lhd A) \cap (D_2 \backslash D_2 \lhd A))$ 使得 $\psi \cup A \nvdash \bot$。当 $\psi \in (D_1 \backslash D_1 \lhd A) \backslash (D_2 \backslash D_2 \lhd A)$ 时，分 $\psi \in D_2$ 和 $\psi \notin D_2$ 两种情况导出矛盾：

(a) $\psi \in D_2$ 时，$\psi \in D_2 \lhd A = D_1 \lhd A$，即 $\psi \in D_1 \lhd A$，与 $\psi \in D_1 \backslash D_1 \lhd A$ 产生矛盾；

(b) $\psi \notin D_2$ 时，由 $\psi \in D_1 \backslash D_1 \lhd A$ 得 $\psi \in (D_1 \cup D_2) \backslash (D_1 \cap D_2)$，故 $\psi \vdash \bot$，与 $\psi \cup A \nvdash \bot$ 矛盾。

根据对称性，当 $\psi \in (D_2 \backslash D_2 \lhd A) \backslash (D_1 \backslash D_1 \lhd A)$ 时也可类似地导出矛盾。因此，该假设错误，$\forall \psi \in ((D_1 \backslash D_1 \lhd A) \cup (D_2 \backslash D_2 \lhd A)) \backslash ((D_1 \backslash D_1 \lhd A) \cap (D_2 \backslash D_2 \lhd A))$ 都有 $\psi \cup A \vdash \bot$。再由 EV*-Uniformity 得 $B \rhd_A ((D_1 \backslash D_1 \lhd A)|(D_1 \lhd A)) = B \rhd_A ((D_2 \backslash D_2 \lhd A)|(D_2 \lhd A))$。再由定义 4.12得 $B \circledcirc_A D_1 = B \circledcirc_A D_2$。故 M*-Irrelevance 成立。

(7) 证明类似于 (6)，略。故 M*-ExIrrelevance 成立。

(8) 举出反例即可。令 $\psi, \varphi, \alpha, \tau, \theta$ 为互不逻辑相关的原子命题，$(B, A) = (\{\psi, (\psi \to \varphi) \wedge \neg\theta\}, \emptyset)$ 且 $D = \{\varphi, \alpha \wedge \theta, \alpha \to \neg\varphi\}$，再令 $\lhd$ 满足 $D \lhd A = \{\alpha \to \neg\varphi\}$ 且 $\rhd$ 满足 $B \rhd_A (D \backslash D \lhd A | D \lhd A) = \{(\psi \to \varphi) \wedge \neg\theta, \alpha \to \neg\varphi\}$。故由定义 4.12得 $B \circledcirc_A D = \{(\psi \to \varphi) \wedge \neg\theta, \alpha \to \neg\varphi\}$。容易验证 $\lhd$ 满足 E-Inclusion、E-Compatibility、E-Closure 和 E-Retainment，并且 $\rhd$ 满足 EV-Retainment。同样也容易验证 $\circledcirc$ 不满足 M-Retainment 和 M-Relevance，因为不存在 $C \subseteq B \cup D$ 使得 $C \nvdash \bot$ 但 $C \cup \{\psi\} \vdash \bot$。

(9) 反例与 (8) 相同，容易验证 $\triangleleft$ 满足 E-Inclusion、E-Compatibility、E-Closure 和 E-Relevance，并且 $\triangleright$ 满足 EV-Relevance。同样也容易验证 $\circledcirc$ 不满足 M-ExRetainment 和 M-ExRelevance。因为不存在 $C \subseteq B \cup D$ 使得 $C \cup A \nvdash \bot$ 但 $C \cup \{\psi\} \cup A \vdash \bot$。 □

上面定理 4.6中的 EV*-Uniformity 的直观意思是：如果两个评价 $C_1|D_1$ 和 $C_2|D_2$ 的信集相等并且它们的弃集间相互区别的元素[①]都是被核心信念集 A 所排斥的，那么以这两个评价为新信息的评价复合修正的结果应该是相同的。M*-Irrelevance 的直观意思是：如果两个新信息集合 D_1 和 D_2 之间相互区别的信息都是矛盾命题，那么认知主体拒斥所有这样的不可信信息，从而生成算子 $\circledcirc$ 以 D_1 和 D_2 为新信息的修正结果应该是相同的。M*-ExIrrelevance 与 M*-Irrelevance 类似，如果两个新信息间相互区别的元素都是被核心信念集 A 所排斥的，那么这些相区别的元素不会导致产生不同的修正结果。定理 4.6(8) 和 (9) 两个不满足的结论揭示了生成算子 $\circledcirc$ 与代谢修正算子的差异之处。即使 $\triangleleft$ 和 $\triangleright$ 都在一定程度上满足最小改变原则（即以 retainment 或 relevance 为后缀的性质，下同），它们的生成算子 $\circledcirc$ 也不一定满足代谢修正算子的最小改变原则。它们不等价的主要原因在于，生成算子 $\circledcirc$ 对评价算子 $\triangleleft$ 的选择性机制和评价复合修正算子 $\triangleright$ 的选择性机制之间的关系没有作特殊要求，以保证：生成算子 $\circledcirc$ 对信念状态的修正像代谢修正 $\diamond$ 一样。通过下面这个例子可以更直观地阐明这种差异性。

例子 4.18 令 $\psi, \varphi, \alpha, \tau, \theta$ 为一些相互独立的原子命题，信念状态 $(B, A) = (\{\psi, (\psi \to \varphi) \wedge \neg\theta\}, \emptyset)$，并且新信息 $D = \{\varphi, \alpha \wedge \theta, \alpha \to \neg\varphi\}$。令 $\triangleleft$ 满足 $D \triangleleft A = \{\alpha \to \neg\varphi\}$，并且 $\triangleright$ 满足 $B \triangleright_A ((D \backslash D \triangleleft A)|(D \triangleleft A)) = \{(\psi \to \varphi) \wedge \neg\theta, \alpha \to \neg\varphi\}$ 并且 $A \triangleright_B ((D \backslash D \triangleleft A)|(D \triangleleft A)) = \emptyset$。容易验证，$\triangleleft$ 满足下面这些公理性假定：E-Inclusion，E-Compatibility，E-Closure，E-Retainment 和 E-Relevance。而且我们也容易验证 $\triangleright$ 满足下列公理性假定：EV-BelState，EV-Consistency，EV-CoreInvariance，EV-Inclusion，EV-InSuccess，EV-OutSuccess，EV-Closure，EV-Retainment 和 EV-Relevance。现在定义 $B \circledcirc_A D = B \triangleright_A ((D \backslash D \triangleleft A)|(D \triangleleft A))$ 并且 $A \circledcirc_B D = A \triangleright_B ((D \backslash D \triangleleft A)|(D \triangleleft A))$。由于 $\psi \in (B \cup D) \backslash B \circledcirc_A D$ 并且没有任何 $C \subseteq B \cup D$ 使得 $C \cup A \nvdash \bot$ 并且 $C \cup \{\psi\} \cup A \vdash \bot$，故算子 $\circledcirc$ 并不满足 M-ExRetainment 和 M-ExRelevance 这两个关键的公理性假

---

① 如果 $\varphi \in C_1 \backslash C_2$ 或 $\varphi \in C_2 \backslash C_1$，那么称 φ 为弃集 C_1 和 C_2 间相互区别的元素。下面类同。

定。因此，根据定理 2.1、定理 2.3、定理 3.1、定理 3.2、定理 4.3和定理 4.5，我们有下列结论。

(1) 令 $\triangleleft$ 满足 E-BiUniformity，并且 $\triangleright$ 满足 EV-Uniformity。那么 $\triangleleft$ 是一个核心评价算子，并且 $\triangleright$ 是一个核心评价复合修正算子，但 $\circledcirc$ 不是一个排斥型核心代谢修正算子。

(2) 令 $\triangleleft$ 满足 E-BiIrrelevance，并且 $\triangleright$ 满足 EV-Uniformity。那么 $\triangleleft$ 是一个部分交评价算子，并且 $\triangleright$ 是一个部分交评价复合修正算子，但 $\circledcirc$ 不是一个排斥型部分交代谢修正算子。

第五章　贝叶斯信念修正理论

从第二章和第三章我们知道，信念修正过程分为理性评价和评价复合修正这两个阶段。认知主体在接收到新信息之后，往往会首先根据一些评价依据或核心信念来对新信息进行理性评价，从而区分出可信新信息和不可信新信息，然后根据核心信念和这种二元评价结果来修正信念状态。对此，这两章采用 AGM 信念修正研究范式分别对这两个阶段进行了系统的研究，从而构建了一个更通用、更一般的 AGM 信念修正理论框架。然而，根据第 1.2.5 节可知，贝叶斯主义者理所当然地认为：信念修正过程中只有一个信念状态的修正阶段，并且这个阶段可以通过他们的方案得到很好刻画，例如贝叶斯规则和杰弗雷规则（[50]，ch.15；[21]，p.354）。因此，贝叶斯主义者并没有采用贝叶斯信念修正理论的研究范式来研究认知主体对新信息的理性评价活动。那么认知主体应该如何评价新信息或给新信息赋予初始概率或信念度？贝叶斯规则和杰弗雷规则并没有给出答案。对此，本章将这种评价阶段和修正阶段的区分应用到贝叶斯信念修正理论中来，并采用贝叶斯信念修正研究理论的研究范式来刻画新信息的评价过程（可称为贝叶斯评价，Bayesian evaluation），并重塑贝叶斯修正使其与贝叶斯评价相配合，以构建更通用、更一般的贝叶斯信念修正理论框架。

5.1　贝叶斯评价：评价规则

直观而言，我们有两种基本方法可以为不确定其真实性的新信息赋予初始概率。第一种概率赋值方法是认知主体不依赖任何信息的纯粹猜测，特别是在认知主体没有参考信息来估计新信息的概率时。然而，由于我们通过我们的感官从某些来源获取新信息，因此我们总是有一些参考信息可用于估计新信息的概率的，例如，对信息源和我们的感官的相信程度。因此，对新信息概率的纯粹猜测是无趣的，这里不会讨论这种概率赋值。另一种概率赋值方法是认知主体基于一些相关信息或评价标准对新信息进行评价。在日常生活中，当我们接收到一些新信息时，我们通常会先根据自己的一些可靠信念对新信息进行评价，判断新信息是否可信以及在多大程度上可信，然后根据评价结果修正我们的信念状态。因此，我们面临下面这些有趣的问题：

(1) 评价是什么？

(2) 哪种信念可以作为评价标准？

(3) 认知主体应当如何评价接收到的新信息？

在这一节，我将回答这些问题，并且提出一种刻画评价的概率模型。

5.1.1　评价标准

在评价活动中，如果我们想要根据某些评价标准对新信息赋予初始概率或命题态度，那么我们必须已经对这些评价标准有命题态度或验前概率；否则，对新信息的初始概率或命题态度是凭空而来的或者说无中生有的，就像某种纯粹的猜测一样。所以我们不能根据一些我们对其没有任何命题态度的“评价标准”来评价新信息。因此，在评价新信息时，对新信息的初始概率或命题态度以某种方式来源于一些相关的旧信念。换句话说，我们将一些相关信念的验前概率与新信息关联起来。这意味着我们需要一些条件概率来填补相关信念和新信息之间的鸿沟。因此，要为新信息赋予初始概率，我们必须知道一些相关命题的验前概率和条件概率。我们可以将这种知识称为概率信念（probabilistic belief）。

由于这些信念是认知主体对某些命题的概率的信念，因此它们涉及某种高阶概率（higher order probabilities）。再者，正如我将在第 5.3节中论证的那样，高阶概率也会在信念修正期间发生变化。所以这个概率信念的概念应该允许概率的嵌套。在 [40] 中，Gaifman 已经提出了一种高阶概率理论。在他的理论中，高阶概率 HOP 是一个四元组 (W, F, P, PR)，其中（1）W 是一个可能世界的集合，（2）F 中的每个事件都是 W 的一个子集，（3）概率函数 PR 是一个定义在 F 和一组概率闭区间上的函数，然后（4）主观概率函数 P 是定义在 PR 上的。此外，该理论使用集合论运算（即并集、交集和补集）来定义事件，而不是命题联结词（如析取、合取和否定）。所以 Gaifman 理论中的形式刻画与贝叶斯规则和杰弗雷规则中的形式刻画有很大不同。为了与后者保持一致，也为了方便对贝叶斯信念修正规则的定义，这里我不采用 Gaifman 的形式刻画，而是按如下方式构建概率命题的语言。

定义 5.1　一个命题 φ 是一个概率命题，如果它按如下规则构造：

$$\varphi ::= p \mid \bot \mid \neg\varphi \mid \varphi_1 \wedge \varphi_2 \mid Pr(\varphi) \lesseqqgtr t \mid Pr(\varphi_1/\varphi_2) \lesseqqgtr t,$$

其中 p 可以是命题语言中的任何原子命题，并且 $0 \leqslant t \leqslant 1$。

值得注意的是，为了一般性和方便起见，命题语言 L 中的每个命题都被看成一个概率命题，并且概率命题的集合是在概率赋值算子 Pr 以及否定和合取的迭代下封闭的。因此，与模态命题语言类似，概率命题语言也是命题语言的一个扩张。

此外，为了防止误解，这里我们需要澄清符号 "Pr""Pr_o" 和 "Pr_n" 的涵义。我们知道，在信念修正的过程中，旧概率会被新概率替代，然后新概率又会被进一步认为是用于后续信念修正的旧概率。对于每个信念状态，主体的信念系统中只有一个概率函数 Pr。所以上面的下标 "n" 和 "o" 只是元语言中用来区分新旧信念状态的符号。因此，定义 5.1并不使用下标来定义概率命题概念；否则，它将允许在信念系统中使用诸如 "$Pr_n(Pr_o(Pr_n(A) = r) > s) = t$" 这样的表达式。尽管如此，为了可读性，我还是应该在符号 "Pr" 之后使用下标 "n" ("o") 来表示该概率是信念修正后（前）的新（旧）信念度。

现在我们有一个问题：什么是概率信念？根据不充足理由原则（Principle of Insufficient Reason；[50], 第 143 页），我们知道：当一个主体没有任何相关理由作为参考标准在多个假设中进行取舍时，这些假设应该被视为具有同等概率。因此，如果我们不倾向于相信假设 H 或 $\neg H$，那么 $Pr(H) = Pr(\neg H) = 0.5$，这意味着我们既不相信 H 也不相信 $\neg H$。如果我们认为 H 比 $\neg H$ 更可信，那么 $Pr(H) > 0.5 > Pr(\neg H)$。这意味着如果认知主体相信一个命题，那么它的概率应该大于 0.5。概率命题也是如此。

定义 5.2 一个概率命题 φ 是一个主体的概率信念当且仅当 $Pr(\varphi) > 0.5$。

为方便起见，我们将概率命题中涉及的概率称为一阶概率（first order probability），将概率命题的概率称为二阶概率（second order probability）。令 $Pr(Pr(B) = t_1) = t_2$，那么我们称 $Pr(B)$ 为 B 的一阶概率，$Pr(Pr(B) = t_1)$ 称为 B 的二阶概率。对于高阶概率，学界对它们的理论意义和应用价值存在一些争议（[22,92,117–119]）。尽管如此，二阶概率对于信念修正来说至少是有趣且重要的。因为它们在贝叶斯规则和杰弗雷规则的应用中经常被隐含地使用。只有当认知主体隐含地相信被应用的概率命题时，即它们的二阶概率大于 0.5 时，认知主体才能使用贝叶斯规则和杰弗雷规则。

现在我们有一个问题：概率信念是否都可以作为评价新信息的标准？

由于理性主体都希望为新信息赋予可靠或客观的概率，因此他们应该根据一些可靠的或客观的概率信念来评价新信息。那么对于认知主体来说，哪种概率信念更可靠或更客观？直观而言，认知主体对一个概率命题的信念度越高，这个概率命题对该认知主体来说就越可靠。令 $Pr(\psi)=t$ 为概率信念。当 $Pr(Pr(\psi)=t)$ 接近 1 时，认知主体会认为她知道 ψ 的概率肯定等于 t，从而 $Pr(\psi)=t$ 是可靠的概率信念。然而，当 $Pr(Pr(\psi)=t)$ 接近 0.5 时，认知主体不会认为她知道 ψ 的概率等于 t。她会认为 $Pr(\psi)=t$ 不是一个可靠的概率信念。总之，认知主体对一个概率信念越确信，这个概率信念对该主体就越可靠。因此，为了划分理性评价所依赖的标准，我们可以合理并方便地假设：对于每个理想主体，都有一个概率信念作为评价标准的概率阈值；如果一个概率信念的概率大于该阈值，那么这个概率信念可以作为该主体的评价标准。

有人可能会争辩说，这种清晰的划分对于认知主体的日常信念状态来说太不可信了，因为评价标准这个概念是一个模糊的概念，而且认知主体通常没有明确的、将概率信念作为评价标准的概率阈值；再者，这种划分可能会导致一些有争议的问题（更多讨论请参见 [81, 121]）。首先，本章的目的不是要解决这类有争议的哲学问题，而只是想形式地刻画信念修正过程中的评价活动和修正活动。其次，自然语言中有太多模糊的概念，它们可能会导致一些悖论，如连锁悖论（sorites paradox）和凯伯格悖论（Kyburg's paradox）。为了避免在逻辑理论中出现这种悖论，我认为形式的或至少明确清晰的定义是必要的。第三，将评价标准与其他概率信念区分开来的想法可以追溯到拉卡托斯（Lakatos）的科学研究纲领理论([80])，他将科学理论中的理论硬核与辅助假设区分开来。科学家通常使用他们对理论硬核的信念来判断一条新信息的真假。人们在日常生活中也是如此。因此，出于技术上的方便，我在这里假设：每个理想主体对评价标准都有一个特定的概率阈值。

请注意，尽管这种概率阈值（记为 b）可能因主体而异，但主体的评价标准必须是他的概率信念。所以我们可以合理地要求 $0.5<b\leqslant 1$。形式地说，我们有以下定义。

定义 5.3　令 b 为一个概率阈值使得 $0.5<b\leqslant 1$，并且令 $0\leqslant t\leqslant 1$。一个概率信念 φ 是一个主体的评价标准，当且仅当，它满足下列条件：

(1) φ 是一个形如 $Pr(\psi)=t$ 或 $Pr(\tau/\psi)=t$ 的概率命题，

(2) $b\leqslant Pr(\varphi)\leqslant 1$。

例子 5.1　继续例子 1.7。令 $b=0.9$，$Pr_o(Pr_o(B)=0.5)=0.9$，并且

$Pr_o(Pr_o(R_a/B) = 0.3) = 0.95$。那么 $Pr_o(B) = 0.5$ 和 $Pr_o(R_a/B) = 0.3$ 都是 Ross 的评价标准。

有人可能会担心，定义 5.3会允许不一致的概率信念作为评价标准。例如，令 $Pr(Pr(H) = 0.7) = 0.9$ 且 $Pr(Pr(H) = 0.8) = 0.95$，令阈值 $b = 0.9$。那么“$Pr(H) = 0.7$”和“$Pr(H) = 0.8$”都是评价标准。这似乎是不一致的。首先，在日常生活中，认知主体通常对同一个命题有多个一阶概率和二阶概率。直观地说，如果 $Pr(Pr(H) = t)$ 接近 1，那么该主体会认为他知道 H 的概率肯定等于 t。然后 $Pr(Pr(H) = s)$（假设 s 与 t 相差甚远）很可能会接近 0，这意味着“$Pr(H) = s$”对他来说是难以置信的。然而，如果 s 非常接近 t（比如 $t = 0.6$ 且 $s = 0.599999999999$），那么 $Pr(Pr(H) = s)$ 也很可能接近 1。但是，我认为，这并不意味着该主体的信念状态是不一致的。因为，当 s 与 t 太接近时，认知主体很难区分它们，进而他也很难区分 $Pr(Pr(H) = s)$ 和 $Pr(Pr(H) = t)$，这意味着它们的值会相互接近。所以，我认为我们最好允许这种现象。其次，正如我将在第 5.1.3节中讨论的那样，认知主体对同一条新信息的综合评价（comprehensive evaluation）往往使用不同的评价标准。因此，如果碰巧有几条像上面提到的那种评价标准，那么认知主体正好使用它们来进行综合评价。第三，如果有人不喜欢这种评价标准的概念，那么他可以考虑采用下面这个最大评价标准（maximal criterion of evaluation）的概念。

定义 5.4 令 b 为一个概率阈值使得 $0.5 < b \leqslant 1$，并且令 $0 \leqslant s, t \leqslant 1$。一个概率信念 φ 是一个主体的最大评价标准，当且仅当，它满足下列条件：

(1) φ 是一个形如 $Pr(\psi) = t$ 或 $Pr(\tau/\psi) = t$ 的概率命题；

(2) 不存在 s 使得 $Pr(Pr(\psi) = s) \geqslant Pr(Pr(\psi) = t)$ 或 $Pr(Pr(\tau/\psi) = s) \geqslant Pr(Pr(\tau/\psi) = t)$；并且

(3) $b \leqslant Pr(\varphi) \leqslant 1$。

值得注意的是，定义 5.4(2) 选择了具有最大概率的概率信念作为评价标准。因此，每个命题 ψ 至多有一个关于它的概率信念可以作为最大评价标准。

5.1.2 一般事件和特殊事件

在提出评价规则之前，我们先需要区分两种事件，即一般事件（general events）和特殊事件（particular events），以用于后面对评价活动的刻画。在 [46] 中，Clark Glymour 提出了著名但有争议的“旧证据问题”（Old Evidence Problem）。假定一个已经被提出的假设 H 可以解释已经众所

周知的证据 E。那么这个旧证据 E 能否确证这个假设 H 呢？直观地说，E 为 H 提供了一些证据性支持。例如，爱因斯坦的广义相对论可以借助水星近日点的年进动数据（这些数据早在爱因斯坦的成果提出之前 50 年就已周知）得到有力的确证。然而，Clark Glymour 根据贝叶斯确证理论（参见 1.2.4）论证：

(1) 由于 E 是一个旧证据，$Pr(E)=1$；

(2) 由于这个已经被提出的假设 H 能够解释这个证据 E，$Pr(E/H)=1$；

(3) 因此，根据贝叶斯定理，我们可以推导出

$$Pr(H/E)=\frac{Pr(H)\cdot Pr(E/H)}{Pr(E)}=Pr(H),$$

而这意味着证据 E 并没有为假设 H 提供证据性支持。

我们该如何解决这个问题呢？我认为，要想将贝叶斯定理应用于这个例子，E 的概率有两种选择。一方面，由于 E 是一个具有确定性的旧证据，它的概率或信念度 $Pr(E)=1$。但是这个选择会导致旧证据问题。另一方面，我们可以使用全概率公式（Law of Total Probability，LTP），即给定 $0<Pr(B)<1$ 时 $Pr(A)=Pr(B)\cdot Pr(A/B)+Pr(\neg B)\cdot Pr(A/\neg B)$，来计算 $Pr(E)=Pr(H)\cdot Pr(E/H)+Pr(\neg H)\cdot Pr(E/\neg H)$。由于假设 H 可以解释证据 E，$\neg H$ 不能解释 E；否则，E 既是 H 的证据，也是 $\neg H$ 的证据，那么这个科学实验就没有意义了。所以 $Pr(E/H)=1$ 并且 $Pr(E/\neg H)<1$。那么我们有 $Pr(E)=Pr(H)+Pr(\neg H)\cdot Pr(E/\neg H)<Pr(H)+Pr(\neg H)=1$，进而 $Pr(H/E)=\dfrac{Pr(H)}{Pr(E)}>Pr(H)$。这表明旧证据对假设有证据性支持的作用，从而不会导致旧证据问题。

可见，旧证据问题的关键在于选择这两种概率中的哪一种。问题是：哪种选择才是正确的选择呢？正如我们所知，条件概率 $Pr(B/A)$ 是指在给定情况或条件 A 发生的情况下 B 的概率。换句话说，$Pr(B/A)=t$ 意味着：无论在什么情形下，只要给定 A 发生的情况，那么 B 的概率就等于 t。值得注意的是，在这里 A 是否发生，这是不确定的，A 并不是特殊的过去事件或旧证据。因此，根据条件概率的逻辑解释，我们知道条件概率实际上表征的是两个重复或一般事件之间的逻辑关系（[13, 76]）。因此，在条件概率的定义 $Pr(B/A)=\dfrac{Pr(B\wedge A)}{Pr(A)}$ 中，$Pr(B\wedge A)$ 和 $Pr(A)$ 应该是重复或一般事件的概率。如果我们用一个不重复或特殊过去事件的概率或信念度代入 $Pr(A)$，那么它可能会导致一些问题，例如，旧证据问题。

尽管贝叶斯定理中的条件概率是某种一般概率（general probability），但是我们却经常将这种一般概率视为给定某特殊事件发生时的验后概率。其实这是一种误导。我认为，这正是 Clark Glymour 将一个特殊过去事件的概率或信念度（即 $Pr(E)=1$），而不是一般事件的概率，错误地代入到贝叶斯定理的 $Pr(E)$ 中的确切原因。

上述讨论表明存在两种事件，即一般事件和特殊事件。我们可以将它们的概率分别称为一般概率（general probability）和特殊概率（particular probability）。在我们的日常生活中，有很多重复的或一般的事件，我们可能对它们有一般概率。一旦一个一般事件发生了，那么它就会成为一个证据，进而我们对它会有一个特殊概率或信念度。可见，这两种事件在日常生活中是非常常见且重要的。

为了进一步澄清一般事件和特殊事件的区别，这里需要介绍殊型（token）和普型（type）之间的区分。殊型-普型的区别（token-type distinction）不仅在逻辑和哲学中，而且在语言学和其他学科中（[127]，第 xi-3 页）都是一个重要且被广泛接受的区别。普型和殊型的概念用于描述形式对象和这些形式对象的实例。一个普型是对象或事件的类型，而一个殊型是一个普型的特殊实例或出现。普型通常被认为是抽象的并且具有一般属性，而殊型则是具有更多诸如特定的时空位置这般特殊属性的具体事物。因此，普型和它的殊型之间的区别是一种一般事物与其特殊的具体实例之间的本体论区别。我们可以用文字来清楚地阐明这种区别。考虑以下文字：正，反，反，反，正。这里有多少个字呢？如果我们指的是字的普型，那么答案是两个，即普型“正”和普型“反”。但是，如果我们指的是作为个体的文字或殊型，那么这里有普型“正”的两个殊型和普型“反”的三个殊型。

类似的，一个事件普型是具有一般属性的抽象对象，而特定事件普型的一个殊型是具有特定时空位置的具体事物，并且每个普型可能包含无穷多的殊型。为方便起见，我将一个事件普型称为一般事件，将一个特定普型的一个殊型称为特殊事件。正如我们所知，机会装置中出现的一般事件总会有某种倾向性，并且这种倾向性都是由这个机会装置的属性所决定的。因此，这些倾向性总是已然在那机会装置和所有试验（trials）中的。我们可以将这种倾向性表征为一般概率。每个一般概率在所有试验中都是相同的。不过，这并不意味着认知主体对特定事件普型（一般事件）的所有殊型（特殊事件）的信念度必须与这个一般概率相同。由于他人的证词或其他原因，它们可能彼此不同，并且与一般概率不同。我把认知主体对特殊事件的信念度称为特殊概率。

为了阐明上述观点，让我们抛一枚公平（fair）的硬币。这里有两个事件普型或一般事件，即“正面朝上”和“反面朝上”。令 H 表示“正面朝上”，而 T 表示“反面朝上”。由于这枚硬币是公平的硬币，H 和 T 的倾向性是相等的，并且这种倾向性在每次抛掷中都是已然在那的。所以它们的一般概率是 $Pr(H^g) = Pr(T^g) = 0.5$①，而且它们在所有试验中都是相同的。不过，一个不知道特定投掷结果的认知主体可能会因为别人的证词或其他原因以一个不同的信念度相信这次投掷的特殊事件，例如 $Pr(H^p) = 0.8$ 并且 $Pr(T^p) = 0.2$②。除了特殊的过去事件外，认知主体还经常为特定的未来事件赋予特殊概率。医生通常知道某种手术成功的一般概率。但他可能认为下一次手术的特殊概率可能更高，因为他觉得自己最近的身体状况比以前更有活力，而且待手术的这个病人比以前的病人更健康。即使赌徒们知道一个骰子的一般概率，他们常常还是认为下一次投掷骰子对自己有利的特殊概率会更高。这也是他们为什么在一场又一场的赌博中下注的原因。

值得注意的是，认知主体所认为的事件的一般概率和特殊概率都是认知主体的主观信念度。具体而言，虽然在概率的逻辑解释中，客观条件概率是两个事件之间的逻辑关系，但它们通常被表征为认知主体对这种逻辑关系的主观信念度。因为，首先，如果一个认知主体想要认知这种逻辑关系，那么它们可能会通过一些认知过程进入认知主体的信念系统，并被认知主体表征为对这种逻辑关系的信念度；其次，认知主体通常不知道物理机会装置中两个事件之间的客观的逻辑关系，他们只是相信其信念系统中的那些条件概率表征了那种客观的逻辑关系。这里的（主观）条件概率和（客观）逻辑关系之间存在着一个认知的鸿沟。其他概率也是如此。

一般概率与特殊概率的区别在于：一般概率表征的是认知主体对某一机会装置的倾向性的信念度，而特殊概率表征的是认知主体对某一特殊事件的认知不确定性的信念度。这种一般-特殊的区别并不意味着认知主体的信念状态是不融贯的（incoherent）。它只意味着在一个信念状态下存在两个相对独立的信念子系统，即关于一般事件和特殊事件的信念子系统。不过，它们经常相互影响。假设我们不知道某个机会装置的一次试验结果，那么我们很可能会将它的一般概率当成这次试验结果的特殊概率，特别是当我们没有任何其他标准来估计这个特殊概率时。此外，随着其他人的给出一步证词，特殊概率可能会变大或变小，而一般概率往往保持不变。

---

① 这里的上标“g”表示该事件是一般事件。

② 这里的上标“p”表示该事件是特定时间的特殊事件。

由于信念动态变化是基于条件概率的，那么我们有一个有趣的问题：关于特殊事件的信念子系统中的条件概率是多少？从理论上讲，两个特殊事件之间不存在条件概率。因为，正如我上面所说，条件概率表征的是两个一般事件之间的逻辑关系；而特殊事件是具有特定时空位置的具体事物。不过，在日常生活中，我们常常将一般事件之间的条件概率视为特殊事件之间的条件概率，并将它们用于两个信念子系统的动态改变之中。因此，我们可以合理地假设条件概率在两个信念子系统中是共享的。下面我将论证一般概率、特殊概率和条件概率在贝叶斯信念修正中的认知作用。

5.1.3 评价规则

为了评价新信息，我们必须从我们的信念状态中找到一些评价标准。根据定义 5.3，我们知道每个评价标准的概率应该高于阈值 b。这意味着：如果一个概率信念的概率低于阈值 b，那么这个概率信念不能作为评价标准。因此，可能会出现这样一种情况：我们没有足够的评价标准。在这种情况下，如果我们不坚持对新信息进行评价，那么评价过程将被暂停；否则，我们需要修正信念状态中一些潜在评价标准的概率，或者从新的证据中获得更多相关的概率信念，并确保它们的概率高于评价标准的阈值 b。在那之后，我们可能就会有足够的评价标准来重启评价过程。

现在我们面临一个问题：认知主体应该如何将评价标准中的概率或信念度传递给新信息呢？有人可能会建议采用杰弗雷规则来进行概率或信念度的传递。但是实际上杰弗雷规则是不适用的，原因有如下几个方面。首先，杰弗雷规则的直观思想不同于评价活动。杰弗雷规则基于新接收的信息对旧信念度进行修正。但是，评价活动是根据某些旧信念度（即评价标准）为新接收的信息赋予初始概率或信念度。所以它们具有不同的认知方向。其次，如果采用杰弗雷规则来进行评价，那么这将会导致无限倒退。从杰弗雷规则的形式设定中，我们知道：要通过杰弗雷规则来修正旧信念度，我们需要知道所涉及的新信息的概率或信念度。如果我们也采用杰弗雷规则来计算所涉及的新信息的概率或信念度，那么我们仍然需要知道另一条新信息的概率或信念度。如此类推。这意味着，要评价一条新信息，我们首先需要评价无限条新信息。这就导致了无限倒退。第三，正如我上面所讨论的，评价活动依赖于某些概率高于特定阈值的概率信念；但杰弗雷规则并不涉及二阶概率和阈值的概念。第四，认知主体可以基于几套不同的评价标准综合地评价新信息；但杰弗雷规则本身并不能刻画这种更一般的、更综合的评价活动。

其他一些人可能会考虑采用上述全概率公式（LTP）来进行评价。然而，全概率公式也是不适用的，原因有如下几个方面。首先，全概率公式是同一时间点中诸事件的概率或信念度之间的同时性定律（synchronic law）；但评价过程是两个连续时间点之间事件的概率或信念度之变化的历时性过程（diachronic process）。其次，全概率公式可以直接从条件概率的定义中演绎地推导出来，是一条先验规律；而评价是一个非演绎的认知过程，它依赖于一些旧信念和新信息，故评价规则应当是一个后验的认知规则。第三，评价活动依赖于那些概率高于特定阈值的概率信念；但是全概率公式不涉及二阶概率和阈值的概念。第四，认知主体可以根据不同评价标准对新信息进行综合评价；但全概率公式本身并不能刻画这种更具一般的、更综合的评价过程。第五，如果我们采用全概率公式作为评价规则来计算杰弗雷规则中所使用的新信息的概率或初始信念度，那么可以证明认知主体的信念状态将无法得到修正。形式地说，令 $(I, \neg I)$ 为一组由 $(D, \neg D)$ 这组假设所评价的新信息，令 H_k 为一个由 $(I, \neg I)$ 这组新信息所修正的假设。现在让我们采用全概率公式作为评价规则来计算新信息的初始概率或信念度，即 $Pr_e(I) = Pr_o(D) \cdot Pr_o(I/D) + Pr_o(\neg D) \cdot Pr_o(I/\neg D)$，并且 $Pr_e(\neg I) = Pr_o(D) \cdot Pr_o(\neg I/D) + Pr_o(\neg D) \cdot Pr_o(\neg I/\neg D)$；并且让我们采用杰弗雷规则作为修正规则来计算假设 H_k 的新概率，即 $Pr_n(H_k) = Pr_e(I) \cdot Pr_o(H_k/I) + Pr_e(\neg I) \cdot Pr_o(H_k/\neg I)$。那么我们可以推导出以下命题。

命题 5.1　令全概率公式和杰弗雷规则分别为评价规则和修正规则。那么杰弗雷规则的计算结果为 $Pr_n(H_k) = Pr_o(H_k)$。

证明　根据条件概率的定义可知：$Pr_o(H_k/I) = \dfrac{Pr_o(H_k \wedge I)}{Pr_o(I)}$ 并且 $Pr_o(H_k/\neg I) = \dfrac{Pr_o(H_k \wedge \neg I)}{Pr_o(\neg I)}$。再根据全概率公式可知：$Pr_o(I) = Pr_o(D) \cdot Pr_o(I/D) + Pr_o(\neg D) \cdot Pr_o(I/\neg D)$，并且 $Pr_o(\neg I) = Pr_o(D) \cdot Pr_o(\neg I/D) + Pr_o(\neg D) \cdot Pr_o(\neg I/\neg D)$。现在令全概率规律和杰弗雷规则分别为评价规则和修正规则。那么 $Pr_e(I) = Pr_o(D) \cdot Pr_o(I/D) + Pr_o(\neg D) \cdot Pr_o(I/\neg D)$，并且 $Pr_e(\neg I) = Pr_o(D) \cdot Pr_o(\neg I/D) + Pr_o(\neg D) \cdot Pr_o(\neg I/\neg D)$。故 $Pr_e(I) = Pr_o(I)$ 且 $Pr_e(\neg I) = Pr_o(\neg I)$。因此，根据杰弗雷规则，$Pr_n(H_k) = Pr_e(I) \cdot Pr_o(H_k/I) + Pr_e(\neg I) \cdot Pr_o(H_k/\neg I) = Pr_o(I) \cdot Pr_o(H_k/I) + Pr_o(\neg I) \cdot Pr_o(H_k/\neg I) = Pr_o(H_k)$。 □

因此，如果一个认知主体采用全概率公式作为评价规则，那么他就无法通过杰弗雷规则来修正他的信念状态。这是不可接受的。第六，全概率公式不够一般以至于不能完全刻画评价活动。由条件概率和全概率公式的定义可知：要应用全概率公式，全概率公式中的 $Pr(B)$ 和 $Pr(\neg B)$ 就应该分别等于 $Pr(A/B)$ 和 $Pr(A/\neg B)$ 的分母；否则，全概率公式的左边（即 $Pr(A)$）不等于它的右边（即 $Pr(B)\cdot Pr(A/B)+Pr(\neg B)\cdot Pr(A/\neg B)$）。然而，有些评价案例（如下面这个例子中的评价方式 (2)）并不满足上述要求，我们不能在此类案例中使用全概率公式来进行评价。

例子 5.2 Ross 和他的朋友 Sheldon 正在玩某种纸牌游戏。Sheldon 从一副标准的 52 张牌中随机地且无放回地抽出两张牌。令 K_1^g 表示第一张牌是国王牌（king card）的一般事件，K_2^g 表示第二张牌是国王牌的一般事件。Ross 坚信 $Pr_o(K_1^g)=\frac{4}{52}$ 并且 $Pr_o(\neg K_1^g)=\frac{48}{52}$，故令 $Pr_o\left(Pr_o(K_1^g)=\frac{4}{52}\right)=0.95$，并且 $Pr_o\left(Pr_o(\neg K_1^g)=\frac{48}{52}\right)=0.95$；而且 Ross 坚信 $Pr_o(K_2^g/K_1^g)=\frac{3}{51}$ 并且 $Pr_o(K_2^g/\neg K_1^g)=\frac{4}{51}$，故令 $Pr_o\left(Pr_o(K_2^g/K_1^g)=\frac{3}{51}\right)=0.95$，并且 $Pr_o\left(Pr_o(K_2^g/\neg K_1^g)=\frac{4}{51}\right)=0.95$。两次抽牌后，Sheldon 告诉 Ross 第一张牌是国王牌。由于该陈述谈论的是特定的过去事件，因此我们将其表示为 K_1^p。假设 Ross 因 Sheldon 的陈述而坚信 K_1^p。故令他对 K_1^p 的信念度，即 $Pr_o(K_1^p)$，等于 0.9；并且假设 Ross 认为他对 K_1^p 的信念度是理性的或客观的。也就是说，他坚信 K_1^p 的信念度应该等于 0.9。故令 $Pr_o(Pr_o(K_1^p)=0.9)=0.92$，并且 $Pr_o(Pr_o(\neg K_1^p)=0.1)=0.92$。现在令评价标准的阈值 $b=0.9$。由于上述所有二阶概率均大于阈值 b，因此上述所有概率信念都是 Ross 的评价标准。那么 Ross 应该如何根据这些评价标准来评价特定的过去事件 K_2^p 呢？我认为有以下两种评价方式。

(1) 一般评价（general evaluation）：Ross 可以将 K_2^g 的一般概率视为 K_2^p 的特殊概率，尤其是当他没有任何其他评价标准时。因此，Ross 可以通过全概率公式来评价 K_2^p，如下所示。

$$\begin{aligned}Pr_e(K_2^p)=&Pr_e(K_2^g)=Pr_o(K_2^g)\\&=Pr_o(K_1^g)\cdot Pr_o(K_2^g/K_1^g)+Pr_o(\neg K_1^g)\cdot Pr_o(K_2^g/\neg K_1^g)=\frac{1}{13}\end{aligned}$$

(2) 特殊评价（particular evaluation）：Ross 还可以使用 K_1^p 的特殊概率来计算 K_2^p 的特殊概率。为此，我们需要一些条件概率来桥接 K_1^p 和

K_2^p 之间的鸿沟。然而，我们只有 $Pr_o(K_2^g/K_1^g)$ 和 $Pr_o(K_2^g/\neg K_1^g)$ 作为桥梁。那么 Ross 在这种情况下可以使用全概率公式来评价 K_2^p 吗？正如我上面所论证，要应用全概率公式，$Pr_o(K_1^p)$ 应该等于 $Pr_o(K_2^g/K_1^g)$ 的分母。再根据 $Pr_o(K_1^p)=0.9$ 和 $Pr_o(K_1^g)=\dfrac{4}{52}$ 可知 Ross 不能使用全概率公式来评价 K_2^p。不过，我们可以将 $Pr_e(K_2^p)$ 视为 $Pr_o(K_2^g/K_1^g)$ 和 $Pr_o(K_2^g/\neg K_1^g)$ 的加权和，而 $Pr_o(K_1^p)$ 和 $Pr_o(\neg K_1^p)$ 是直观且适当的权重。换句话说，Ross 可以按如下方式评价 K_2^p。

$$\begin{aligned}Pr_e(K_2^p) &= Pr_o(K_1^p)\cdot Pr_o(K_2^g/K_1^g)+Pr_o(\neg K_1^p)\cdot Pr_o(K_2^g/\neg K_1^g)\\ &=\frac{31}{510}\end{aligned}$$

由于上述原因，我们需要提出一个更具一般性的评价规则。从上面的一般-特殊区分和例子 5.2，我们知道存在两种评价，即一般评价和特殊评价，它们分别基于一般概率和特殊概率，并且它们都是一些条件概率（例如，$Pr_o(K_2^g/K_1^g)$ 和 $Pr_o(K_2^g/\neg K_1^g)$）的加权和。所以新的一般规则应该涵盖这两种评价。

令 I 表示待评价新信息，$(D_1,\cdots,D_i,\cdots)$ 表示相关的假设划分（partition of hypotheses）①，它们将用于评价活动，其中 $0<Pr(D_i)<1$。然后我们可以提出下面这个评价规则（记为 [ER]）。

$$[\mathbf{ER}]\ Pr_e(I)=\sum_i[Pr_b^{\odot}(D_i)\cdot Pr_b(I/D_i)]$$

这里的下标“b”是概率信念作为评价标准的阈值。这意味着这个概率应该是某个评价标准中的概率，即 $Pr_b(D_i)=t$ 当且仅当 $Pr(Pr(D_i)=t)\geqslant b$。而“Pr”之后的上标“$\odot$”表示这个概率要么是一般概率，要么是特殊概率。因此，上述评价规则的意思是说：评价后新信息的主观概率，即 $Pr_e(I)$，应该是 $Pr_b(I/D_i)$ 的加权和；而评价标准中假设的概率，即 $Pr_b^{\odot}(D_i)$，是直观且适当的权重。显然，例子 5.2 中的评价是该规则的应用。

值得注意的是，当我们使用一般概率进行一般评价时，$Pr_b^{\odot}(D_i)$ 应该与 $Pr_b(I/D_i)$ 的分母相同。因为在给定认知主体信念状态是融贯的情况下，每个一般事件只有一个一般概率。因此，在这种情况下，[ER] 是全

① 注意，不宜将所有那些用于评价的命题（例如，D_i）称为认知主体的信念，因为一些非信念也可以用于评价，只要关于它们的概率信念是评价标准。因此，这里我将所有用于评价的命题视为假设。

概率公式的规范性应用。然而，当我们使用特殊概率来进行特殊评价时，$Pr_b^{\odot}(D_i)$ 很可能不同于 $Pr_b(I/D_i)$ 的分母。因为前者是特殊概率，而后者是一般概率。在这种情况下，[ER] 就不是全概率公式的应用。因此，这个评价规则比全概率公式更通用、更具一般性。根据上述分析，我们有理由相信评价标准中的那些概率和条件概率可以通过评价规则传递或赋予给新信息。

此外，根据一般-特殊的区分，一些认知主体可能不仅使用一般事件的一般概率，还使用特殊事件的特殊概率来评价相同的新信息，并且新信息的初始概率可能同时受到两者的影响。换句话说，一些认知主体可能会使用一些甚至所有可用的假设划分来对新信息进行更综合或更谨慎的评价。有人可能会说：由于认知主体的信念状态是融贯的，基于不同的假设划分的评价结果是相同的；因此，无需考虑基于不同的假设划分的某种综合评价。如果这是真的，那么就没有认知主体会综合地或谨慎地评价新信息。然而，综合的或谨慎的评价在日常生活中非常常见。众所周知，科学家需要从不同方面评价实验数据；警察需要从不同的证据或证词中谨慎地评价犯罪嫌疑人的犯罪行为；期刊编辑也需要根据他们对不同审稿意见的信念度来对稿件进行综合评价。因此，综合的或谨慎的评价是人类理性的一个非常重要的方面。不过，我们不需要为了综合评价而牺牲认知主体信念状态的融贯性。从上面的讨论中，我们知道一般概率可以不同于特殊概率，而同时不失融贯性。我们可以使用它们对新信息进行综合的评价。就像在日常生活中一样，不同的假设划分会对新信息的评价产生不同的影响。因此，我们可以将这些基于不同的假设划分的独立评价整合成一个综合评价。

现在我们有一个问题：不同的假设划分是如何共同影响主体对新信息的评价的呢？直观地说，一个假设划分与新信息的主题的相关性越强，并且认知主体越相信这个划分的概率，那么这个假设划分对于新信息的综合评价就越重要。所以我们可以将一个假设划分的重要性视为该划分的权重。而基于不同假设划分的综合评价结果应该是那些基于单一假设划分的评价结果的加权和。值得注意的是，对于任何综合评价，可用划分的所有权重之和应等于 1。

形式地讲，令 $\mathbb{I}=(I_1,\cdots,I_j,\cdots)$ 为新信息的划分，$\mathbb{D}=(D_1,\cdots,D_i,\cdots)$ 为用于新信息（如 I_j）评价的假设划分，并且 $w_{\mathbb{D}}$ 是用于综合评价的假设划分 $\mathbb{D}$ 的权重，而且 $\sum\limits_{\mathbb{D}} w_{\mathbb{D}}=1$。如图 5-1所示，$S$ 为信念状态，$\mathbb{C},\mathbb{D},\mathbb{E}$

和 $\mathbb{F}$ 是用于评价新信息 I_j 的四个假设划分，$w_{\mathbb{C}}, w_{\mathbb{D}}, w_{\mathbb{E}}$ 和 $w_{\mathbb{F}}$ 则分别是它们的权重，并且 $w_{\mathbb{C}} + w_{\mathbb{D}} + w_{\mathbb{E}} + w_{\mathbb{F}} = 1$。

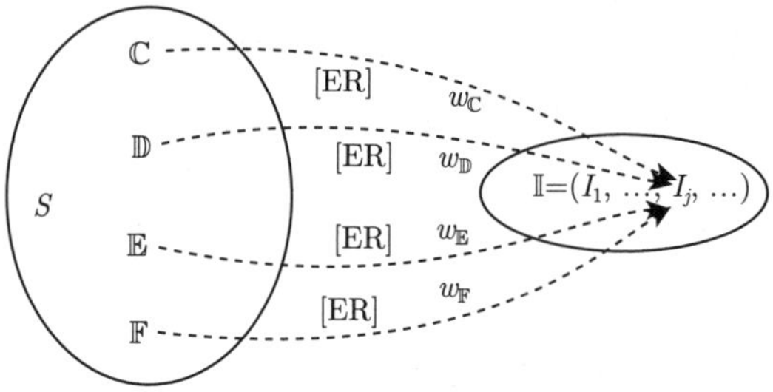

图 5-1 加权评价规则

那么我们可以提出下面这个加权评价规则（Weighted Evaluation Rule），其中 $\sum_i [Pr_b^{\odot}(D_i) \cdot Pr_b(I_j/D_i)]$ 是基于单一假设划分 $\mathbb{D}$ 对新信息 I_j 的评价结果。

$$[\mathbf{WER}]\ Pr_e(I_j) = \sum_{\mathbb{D}} \left[w_{\mathbb{D}} \cdot \sum_i [Pr_b^{\odot}(D_i) \cdot Pr_b(I_j/D_i)] \right]$$

由于加权评价规则使用了条件概率来评价新信息，我们可以称这种评价为贝叶斯评价。

5.2 贝叶斯修正：修正规则

在贝叶斯评价之后，认知主体获得新信息的初始概率，并且会触发认知主体对信念状态的修正过程。由于贝叶斯评价采用基于评价标准的（加权）评价规则，有人可能会感兴趣地问：我们是否应该或者我们是否能够用类似的方式重塑杰弗雷规则使其与（加权）评价规则相匹配？由于理性认知主体想要客观地修正假设的验前概率或旧信念度，他们应该根据一些客观的或可靠的修正标准（criteria of revision）来修正他们的验前概率或旧信念度。因此，我们可以类似地假设，每个认知主体都有一个概率信念作为修正标准的概率阈值。为了与评价标准的阈值 b 相区别，这里用 d 表示修正标准的阈值。

那么这两个阈值（b 和 d）是否相等呢？答案可能因人而异。有人可能对评价比对修正更谨慎，对他们来说 b 大于 d。有人则可能恰恰相反。

其他人可能对评价和对修正一样谨慎，对他们来说 b 等于 d。因此，我们可以合理地使用两个不同的符号来表示这两个阈值。

现在我们有一个问题：认知主体应该如何将修正标准中的概率或信念度传递给待修正的假设呢？与贝叶斯评价类似，这里存在两种分别基于一般概率和特殊概率的修正方式，即一般修正和特殊修正。

例子 5.3 继续例子 5.2。我们有 $Pr_e(K_2^g)=\dfrac{1}{13}$，并且 $Pr_e(K_2^p)=\dfrac{31}{510}$。令 $Pr_e\left(Pr_e(K_2^g)=\dfrac{1}{13}\right)=Pr_e\left(Pr_e(\neg K_2^g)=\dfrac{12}{13}\right)=0.95$，并且 $Pr_e\left(Pr_e(K_2^p)=\dfrac{31}{510}\right)=Pr_e\left(Pr_e(\neg K_2^p)=\dfrac{479}{510}\right)=0.86$。再令 $Pr_o\left(Pr_o(K_1^g/K_2^g)=\dfrac{3}{51}\right)=0.95$，并且 $Pr_o\left(Pr_o(K_1^g/\neg K_2^g)=\dfrac{4}{51}\right)=0.95$。现令修正标准的阈值 $d=0.8$。由于上述那些概率信念的概率都大于阈值 d，所有上述概率信念都是 Ross 的修正标准。那么 Ross 应当如何根据这些修正标准来修正 K_1^p 的特殊概率呢？这里有两种修正方式，如下所示。

(1) 一般修正（general revision）：Ross 可以将 K_1^g 的一般概率视为 K_1^p 的特殊概率，尤其是当他没有任何其他修正标准可以供参考时。

$$\begin{aligned}Pr_n(K_1^p)=&Pr_n(K_1^g)\\=&Pr_e(K_2^g)\cdot Pr_o(K_1^g/K_2^g)+Pr_e(\neg K_2^g)\cdot Pr_o(K_1^g/\neg K_2^g)\\=&\frac{1}{13}\end{aligned}$$

(2) 特殊修正（particular revision）：Ross 还可以使用 K_2^p 的特殊概率来计算 K_1^p 的特殊概率。不过，我们只有两个一般事件之间的条件概率，即 $Pr_o(K_1^g/K_2^g)$ 和 $Pr_o(K_1^g/\neg K_2^g)$，来桥接这两个特殊事件 K_2^p 和 K_1^p 之间的鸿沟。因此，类似于例子 5.2 中的特殊评价，我们可以将修正后的信念度 $Pr_n(K_1^p)$ 视为 $Pr_o(K_1^g/K_2^g)$ 和 $Pr_o(K_1^g/\neg K_2^g)$ 的加权和，并且 $Pr_e(K_2^p)$ 和 $Pr_e(\neg K_2^p)$ 是直观且适当的权重。

$$\begin{aligned}Pr_n(K_1^p)=&Pr_e(K_2^p)\cdot Pr_o(K_1^g/K_2^g)+Pr_e(\neg K_2^p)\cdot Pr_o(K_1^g/\neg K_2^g)\\=&\frac{2009}{26010}\end{aligned}$$

与基于评价标准的评价规则类似，我们可以提出一种基于修正标准的新的修正规则。现在令 $(I_1,\cdots,I_i,\cdots)$ 表示用于修正信念状态的新信息的相关划分。那么待修正假设的验后概率或新信念度，即 $Pr_n(H)$，应该是 $Pr_d(H/I_i)$ 的加权和。而修正标准中新信息的概率或信念度，即 $Pr_d(I_i)$，是直观且适当的权重。然后我们可以提出下面这个修正规则（Revision Rule，记为 [RR]）。

$$\textbf{[RR]}\ Pr_n(H)=\sum_i[Pr_d^{\odot}(I_i)\cdot Pr_d(H/I_i)]$$

值得注意的是，当我们使用一般（特殊）概率来进行一般（特殊）修正时，$Pr_d^{\odot}(I_i)$ 很可能不同于 $Pr_d(H/I_i)$ 的分母。因为前者是 I_i 新的一般（特殊）概率，而后者是它旧的一般（特殊）概率。在这种情况下，一般（特殊）事件的一般（特殊）概率可以得到修正。

与加权评价规则类似，一个认知主体可以根据几个或所有可用的新信息划分来修正他对一个假设的旧的主观概率或信念度，以进行更综合或谨慎的修正。他需要首先评价所有可用的新信息的划分，然后根据评价结果来综合地修正他对这个假设的主观概率或信念度。那么这些新信息的划分如何共同影响认知主体对相关假设的主观概率或信念度的修正呢？出于与加权评价规则类似的原因，基于不同的新信息划分的综合修正结果应该是那些基于单一新信息划分的修正结果的加权和。

形式地讲，令 $\mathbb{H}=(H_1,\cdots,H_k,\cdots)$ 表示待修正的假设划分，$\mathbb{I}=(I_1,\cdots,I_j,\cdots)$ 是用于修正待修正假设（例如 H_k）的任何可用的新信息划分，并且 $u_{\mathbb{I}}$ 是用于综合修正的新信息划分 $\mathbb{I}$ 的权重，并且 $\sum_{\mathbb{I}} u_{\mathbb{I}}=1$。如图 5-2所示，$S$ 为信念状态，$\mathbb{M},\mathbb{I},\mathbb{J}$ 和 $\mathbb{N}$ 是用于修正假设 H_k 的四个新信息划分，$w_{\mathbb{M}},w_{\mathbb{I}},w_{\mathbb{J}}$ 和 $w_{\mathbb{N}}$ 则分别是它们的权重，并且 $w_{\mathbb{M}}+w_{\mathbb{I}}+w_{\mathbb{J}}+w_{\mathbb{N}}=1$。

然后，我们可以提出下面这个加权修正规则（Weighted Revision Rule，记为 [WRR] ），其中 $\sum_j[Pr_d^{\odot}(I_j)\cdot Pr_d(H_k/I_j)]$ 是基于单一新信息划分 $\mathbb{I}$ 对假设 H_k 的修正结果。

$$\textbf{[WRR]}\ Pr_n(H_k)=\sum_{\mathbb{I}}\left[u_{\mathbb{I}}\cdot\sum_j[Pr_d^{\odot}(I_j)\cdot Pr_d(H_k/I_j)]\right]$$

需要注意的是，由于我采用了加权评价规则的一些想法来重塑贝叶斯修正，因此（加权）评价规则和（加权）修正规则看起来使用了一个相似的模式。不过，它们在以下几个方面有所不同。

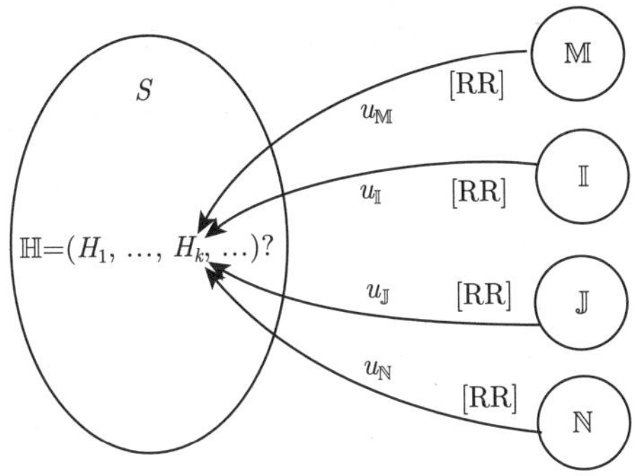

图 5-2 加权修正规则

(1) 它们具有不同的语义或直观思想。它们刻画了贝叶斯信念修正的两个不同阶段，即评价阶段和修正阶段。加权评价规则根据一些相关假设划分的验前概率来评价新信息，而加权修正规则根据新信息的评价结果来修正相关假设的验前概率。他们具有相反的认知方向。

(2) 由于贝叶斯评价只将初始概率或信念度赋予新接收的信息，因此它是某种局部的认知过程。然而，贝叶斯修正将新的概率或信念度赋予所有旧信念以恢复信念状态的融贯性，进而是一种全局的认知过程。

(3) 正如我在第 5.1.3节中所说，当我们使用一般概率来进行一般评价时，$Pr_b^{\odot}(D_i)$ 应该等于 $Pr_b(I/D_i)$ 的分母。在这种情况下，评价规则 [ER] 就是全概率公式的规范性应用。然而，当我们使用一般概率来进行一般修正时，$Pr_d^{\odot}(I_i)$ 很可能不同于 $Pr_d(H/I_i)$ 的分母。在这种情况下，修正规则 [RR] 就不是全概率公式的应用。

(4) 此外，加权评价规则是定义在认知主体的信念状态上的，而加权修正规则中新信息的概率在贝叶斯评价之前是未定义的。换句话说，我们在使用加权评价规则来获得新信息的初始概率之前并不能应用加权修正规则。

5.3 二阶信念修正

从前两节我们知道，加权评价规则给新信息赋予初始概率或信念度，而加权修正规则则利用新信息的初始概率来修正待修正的假设。那么我们能够将加权评价规则直接应用于加权修正规则吗？答案是否定的。令评价结果为 $Pr_e(I) = t$。如果我们想用 $Pr_e(I)$ 代入加权修正规则中的 $Pr_d(I_j)$，那么我们必须确保这样一个必要条件，即评价结果中的概率

$Pr_e(Pr_e(I)=t)$ 大于修正标准的阈值 d。然而，我们还不知道如何计算 $Pr_e(Pr_e(I)=t)$（比如例子 5.3中的 $Pr_e(Pr_e(K_2^g)=\frac{1}{13})=0.95$）。因此，在将加权评价规则应用于加权修正规则之前，我们必须解决这个问题。由于这种计算是对评价结果的一种评价，为了和第 5.1节的一阶评价相区别我们可以称其为二阶评价。

有人可能建议：我们可以采用加权评价规则来计算 $Pr_e(Pr_e(I)=t)$。为此，我们需要一些关于评价结果 $Pr_e(I)=t$ 的更高阶的评价标准，例如 $Pr_b((Pr_e(I)=t)/D_i)$。然而，认知主体在评价 $Pr_e(I)=t$ 之前通常没有这些高阶标准。原因如下所示。

(1) 这里有两个相续的信念状态和认知过程，即一阶评价前的信念状态（记为 s_1）、一阶评价、一阶评价后的信念状态（记为 s_2）和二阶评价；

(2) 由于 s_1 是一阶评价前的信念状态，概率命题 $Pr_e(I)=t$ 在状态 s_1 下还不存在；

(3) 由于 s_2 是紧接一阶评价后的信念状态，因此主体在状态 s_2 下仅仅获得概率命题 $Pr_e(I)=t$；

(4) 由于 $Pr_e(I)=t$ 是信念状态 s_2 下的一条新信息，因此高阶评价标准 $Pr_b((Pr_e(I)=t)/D_i)$ 在 s_2 状态下还不存在；

(5) 有人可能会建议，我们可以利用条件概率的定义来计算 $Pr_b((Pr_e(I)=t)/D_i)$；然而，要做到这一点，我们仍然需要先知道关于 $Pr_e(I)=t$ 的概率；

(6) 由于二阶评价是信念状态 s_2 之后的后继认知过程，并且我们在信念状态 s_2 下没有 $Pr_b((Pr_e(I)=t)/D_i)$，因此我们不能使用加权评价规则来计算 $Pr_e(Pr_e(I)=t)$。

再者，当一个认知主体使用加权评价规则来评价新信息 I（一阶评价）时，$Pr_e(I)=t$ 的可靠性，即 $Pr_e(Pr_e(I)=t)$，应该来源于一阶评价中所使用的评价标准的可靠性，而非其他高阶标准的可靠性。因此，我们需要一个二阶评价的新规则。

直观而言，一阶评价中使用的评价标准越可靠，一阶评价的结果也就越可靠。因此，评价结果的可靠性或概率取决于一阶评价中所涉及的所有评价标准的概率。此外，我们还需要考虑综合评价结果的二阶评价。因此，这是一个棘手的问题，我们需要从一个更简单的例子开始。

假设认知主体只使用 $(D,\neg D)$ 这个假设划分对新信息 I 进行一阶评价。令 $Pr_o(D)=r$，$Pr_o(\neg D)=1-r$, $Pr_o(I/D)=s$ 和 $Pr_o(I/\neg D)=m$ 是

用于一阶评价的评价标准。那么 $Pr_e(I) = Pr_o(D) \cdot Pr_o(I/D) + Pr_o(\neg D) \cdot Pr_o(I/\neg D) = r \cdot s + (1-r) \cdot m$。根据这个一阶评价，我们有以下两个直观想法。

(1) 如果 $Pr_o(Pr_o(D) = r)$ 和 $Pr_o(Pr_o(I/D) = s)$ 越大，那么 $Pr_o(D) = r$ 和 $Pr_o(I/D) = s$ 对于认知主体而言就越可靠，进而 $Pr_e(I \wedge D) = r \cdot s$ 对于该主体也就越可靠，进而 $Pr_e(Pr_e(I \wedge D) = r \cdot s)$ 就越大；

(2) 类似的，如果 $Pr_o(Pr_o(\neg D) = 1 - r)$ 和 $Pr_o(Pr_o(I/\neg D) = m)$ 越大，那么 $Pr_o(\neg D) = 1 - r$ 和 $Pr_o(I/\neg D) = m$ 对于认知主体而言就越可靠，进而 $Pr_e(I \wedge \neg D) = (1-r) \cdot m$ 对于该主体也就越可靠，进而 $Pr_e(Pr_e(I \wedge \neg D) = (1-r) \cdot m)$ 就越大。

因此，我们可以合理地相信：

$$Pr_e(Pr_e(I \wedge D) = r \cdot s) = Pr_o(Pr_o(D) = r) \cdot Pr_o(Pr_o(I/D) = s)，并且$$

$$Pr_e(Pr_e(I \wedge \neg D) = (1-r) \cdot m) = Pr_o(Pr_o(\neg D) = 1 - r) \cdot Pr_o(Pr_o(I/\neg D) = m)。$$

由于 $Pr_e(I \wedge D)$ 和 $Pr_e(I \wedge \neg D)$ 是 $Pr_e(I)$ 的两个部分，我们可以把 $Pr_e(I \wedge D) = r \cdot s$ 和 $Pr_e(I \wedge \neg D) = (1-r) \cdot m$ 看成是分支评价结果（branch evaluation results），以与评价结果 $Pr_e(I) = r \cdot s + (1-r) \cdot m$ 相区别。那么我们该如何根据这两个分支评价结果的概率（$Pr_e(Pr_e(I \wedge D) = r \cdot s)$ 和 $Pr_e(Pr_e(I \wedge \neg D) = (1-r) \cdot m)$）来计算这个评价结果的可靠性或概率（即 $Pr_e(Pr_e(I) = r \cdot s + (1-r) \cdot m)$）？首先，我们不能直接将它们相加，并认为这个和就是 $Pr_e(Pr_e(I) = r \cdot s + (1-r) \cdot m)$；否则，这个和可能大于 1。例如，令 $Pr_o(Pr_o(D) = r) = Pr_o(Pr_o(I/D) = s) = Pr_o(Pr_o(\neg D) = 1 - r) = Pr_o(Pr_o(I/\neg D) = m) = 0.9$，并且评价阈值 $b = 0.9$；那么我们有 $Pr_e(Pr_e(I) = r \cdot s + (1-r) \cdot m) = 0.9^2 + 0.9^2 = 1.62 > 1$。其次，我们不能直接将它们相乘，并将这个乘积当作 $Pr_e(Pr_e(I) = r \cdot s + (1-r) \cdot m)$；否则，即使一阶评价中使用的所有评价标准的概率都足够大，这个乘积也可能太小。继续上面的例子，我们有 $Pr_e(Pr_e(I) = r \cdot s + (1-r) \cdot m) = 0.9^4 = 0.6521$。这个乘积太小了！如果在一阶评价中使用的假设划分不是 $(D, \neg D)$，而是包含更多的假设，那么 $Pr_e(Pr_e(I) = r \cdot s + (1-r) \cdot m)$ 可能低于 0.5。因此，我们需要另辟蹊径。

下面我将构想一种理性的二阶评价的方法，这种方法是从下面这个例子中得到启发的。

例子 5.4 Ross 将一个烂苹果切成两部分：A 部分包含 $\frac{3}{5}$ 个苹果，B 部分包含 $\frac{2}{5}$ 个苹果。然后他发现 A 部分的 90% 是好的，B 部分的

80% 是好的。那么整个苹果中好的部分占多少呢？显然，Ross 会回答整个苹果中 $\frac{3}{5} \cdot 90\% + \frac{2}{5} \cdot 80\%$，即 86%，是好的。

这个例子阐明了一个计算一个苹果的好坏程度的简单方法，即计算它的各部分好坏程度的加权和。类似的，$Pr_e(I)$ 也是一个由 $Pr_e(I \wedge D)$ 和 $Pr_e(I \wedge \neg D)$ 这两部分构成的“苹果”。其中 $Pr_e(I \wedge D)$ 所占的比例是 $\frac{Pr_e(I \wedge D)}{Pr_e(I)}$，而 $Pr_e(I \wedge \neg D)$ 所占的比例是 $\frac{Pr_e(I \wedge \neg D)}{Pr_e(I)}$。此外，分支评价结果 $Pr_e(I \wedge D) = r \cdot s$ 的可靠性是 $Pr_e(Pr_e(I \wedge D) = r \cdot s)$，而且 $Pr_e(I \wedge \neg D) = (1-r) \cdot m$ 的可靠性是 $Pr_e(Pr_e(I \wedge \neg D) = (1-r) \cdot m)$。换句话说，$Pr_e(I \wedge D)$ 这个部分的 $Pr_e(Pr_e(I \wedge D) = r \cdot s)$ 是“好的”或可靠的，而 $Pr_e(I \wedge \neg D)$ 这个部分的 $Pr_e(Pr_e(I \wedge \neg D) = (1-r) \cdot m)$ 是“好的”或可靠的。此外，如果 $Pr_e(I \wedge D)$ 这个部分越接近 $Pr_e(I)$，那么 $Pr_e(Pr_e(I) = r \cdot s + (1-r) \cdot m)$ 就应该越接近 $Pr_e(Pr_e(I \wedge D) = r \cdot s)$。因此，根据例子 5.4所揭示的方法，我们可以把分支评价结果的可靠性的加权和视为一阶评价结果的可靠性。而 $\frac{Pr_e(I \wedge D)}{Pr_e(I)}$ 和 $\frac{Pr_e(I \wedge \neg D)}{Pr_e(I)}$ 是直观且恰当的权重参数。然后我们有下列这种二阶评价：

$$Pr_e(Pr_e(I) = r \cdot s + (1-r) \cdot m) = \frac{Pr_e(I \wedge D)}{Pr_e(I)} \cdot Pr_e(Pr_e(I \wedge D) = r \cdot s) + \frac{Pr_e(I \wedge \neg D)}{Pr_e(I)} \cdot Pr_e(Pr_e(I \wedge \neg D) = (1-r) \cdot m).$$

通过以上分析，我们可以提出二阶评价的一般规则。令 $(D_1, \cdots, D_i, \cdots)$ 表示用于一阶评价的假设划分。令 $Pr(D_i) = r_i$ 和 $Pr(I/D_i) = s_i$ 为评价新信息 I 的标准。再令一阶评价结果 $Pr_e(I) = t$，并且 $\kappa_I^{D_i} = \frac{Pr_b(D_i) \cdot Pr_b(I/D_i)}{Pr_e(I)}$ 表示 $Pr_e(I \wedge D_i)$ 占 $Pr_e(I)$ 的比例。那么我们有下面这个二阶评价规则，其中 $[Pr_b(Pr_b(D_i) = r_i) \cdot Pr_b(Pr_b(I/D_i) = s_i)]$ 指的是分支评价结果的概率或可靠性，即 $Pr_e(Pr_e(I \wedge D_i) = r_i \cdot s_i)$。为了方便，这里将这种规范性规则称为二阶评价规则（Second Order Evaluation Rule，记为 [SER]）。值得注意的是，由于 [SER] 是二阶评价的规则，因此它所使用的概率信念也应该是评价标准。

$$\textbf{[SER]}\ Pr_e(Pr_e(I) = t) = \sum_i \left[\kappa_I^{D_i} \cdot [Pr_b(Pr_b(D_i) = r_i) \cdot Pr_b(Pr_b(I/D_i) = s_i)]\right]$$

从第 5.1 节我们知道，认知主体可能会使用一些甚至所有可用的假设划分来进行更全面或谨慎的综合评价。因此，可能存在一些基于不同假设划分的一阶综合评价，而它们将导致基于不同假设划分的二阶综合评价。现在我们有一个类似且有趣的问题：这些假设划分如何共同影响认知主体的二阶评价？在第 5.1节中，我通过加权评价规则来刻画一阶综合评价，其中假设划分的权重代表该划分的重要性。类似地，我们也可以采用这种方法来刻画二阶综合评价。直观而言，如果一个假设划分对于一阶评价越重要，那么该假设划分对于二阶评价也就越重要。因此，认知主体可以合理且方便地在一阶评价和二阶评价中使用相同的权重参数。现在令 $\mathbb{D} = (D_1, \cdots, D_i, \cdots)$ 为用于一阶评价的假设划分，并且 $w_{\mathbb{D}}$ 是假设划分 $\mathbb{D}$ 的权重。然后我们有以下加权二阶评价规则（Weighted Second Order Evaluation Rule，记为 [WSER] ）。

$$
\begin{aligned}
&Pr_e(Pr_e(I) = t)\\
&= \sum_{\mathbb{D}} \left[w_{\mathbb{D}} \cdot \sum_i \left[\kappa_I^{D_i} \cdot [Pr_b(Pr_b(D_i) = r_i) \cdot Pr_b(Pr_b(I/D_i) = s_i)] \right] \right]
\end{aligned}
$$

类似地，由于认知主体需要修正一些概率信念或标准的概率以用于后续的评价过程，贝叶斯信念修正还必须有某种二阶修正。令一阶修正的结果为 $Pr_n(H_k) = t$，那么我们需要知道如何计算 $Pr_n(Pr_n(H_k) = t)$。根据加权评价规则和加权修正规则，我们知道它们使用了一个类似的模式来进行一阶评价和一阶修正。因此，出于加权二阶评价规则的类似原因，我们可以为二阶综合修正提出类似的规则。

形式地说，令 $\mathbb{I} = (I_1, \cdots, I_j, \cdots)$ 为一阶修正中所使用的新信息的划分，并且 $u_{\mathbb{I}}$ 是认知主体赋予新信息划分 $\mathbb{I}$ 的权重参数。令 $Pr_o(I_j) = r_j$ 和 $Pr_o(H_k/I_j) = s_j$ 为一阶修正中使用的修正标准。再令

$$
\kappa_{H_k}^{I_j} = \frac{Pr_d(I_j) \cdot Pr_d(H_k/I_j)}{Pr_n(H_k)}
$$

为 $Pr_n(H_k \wedge I_j)$ 占 $Pr_n(H_k)$ 的比例。那么我们有下列这个二阶修正规则。为了方便，我将这种规范性规则称为加权二阶修正规则（Weighted Second Order Revision Rule ，记为 [WSRR]）。

$$
\begin{aligned}
&Pr_n(Pr_n(H_k) = t)\\
&= \sum_{\mathbb{I}} \left[u_{\mathbb{I}} \cdot \sum_j \left[\kappa_{H_k}^{I_j} \cdot [Pr_d(Pr_d(I_j) = r_j) \cdot Pr_d(Pr_d(H_k/I_j) = s_j)] \right] \right]
\end{aligned}
$$

值得注意的是，由于二阶修正发生在一阶修正之后，到那时一阶修正的结果已经是认知主体的旧概率或旧信念度了。然而，为了与上一节中的符号“$Pr_n(H_k)$”保持一致，我们仍然应该使用符号“$Pr_n(H_k)$”，而非“$Pr_o(H_k)$”，来表示一阶修正的结果。再者，在本章中，“$Pr_o(H_k)$”已经用于表示 H_k 在一阶修正之前的旧概率了。因此，这里使用 $Pr_n(H_k)$ 和

$Pr_n(Pr_n(H_k)=t)$ 来分别表示一阶修正和二阶修正的结果。不过，这并不意味着它们是相同的信念度函数，也不意味着 $Pr_n(Pr_n(H_k)=t)$ 是定义在其自身之上的。加权二阶修正规则 [WSRR] 只是一个迭代的信念修正过程。在上下文的帮助下，这两个符号不会造成混淆。最后，为方便起见，我也分别将二阶评价和二阶修正看成是一种贝叶斯评价和贝叶斯修正。需要注意的是，可能还有一些不能使用 [WER]、[WRR]、[WSER] 和 [WSRR] 来刻画的、其他类型的高阶信念修正。但这不是本章的目的，它可能是未来的工作方向之一。

5.4　贝叶斯信念修正：组合规则

从上一节我们知道如何计算一阶评价结果（例如 $Pr_e(Pr_e(I)=t)$）的概率或可靠性，并且我们也知道：只有当 $Pr_e(Pr_e(I)=t)$ 大于修正标准的阈值 d 时，我们才能将加权评价规则应用于加权修正规则进而构成一个组合规则（composition rule）。现在令 $(H_1,\cdots,H_k,\cdots)$ 表示一个待修正的假设划分；$\mathbb{I}=(I_1,\cdots,I_j,\cdots)$ 表示一个待评价的新信息划分，其权重为 $u_{\mathbb{I}}$；并且 $\mathbb{D}=(D_1,\cdots,D_i,\cdots)$ 表示一个用于评价的假设划分，其权重为 $w_{\mathbb{D}}$。然后我们可以通过将加权评价规则应用于加权修正规则来构成下面这个加权组合规则（Weighted Composition Rule，记为 [WCR] ）。

$$Pr_n(H_k)=\sum_{\mathbb{I}}\left[u_{\mathbb{I}}\cdot\sum_{j}\left[\sum_{\mathbb{D}}\left[w_{\mathbb{D}}\cdot\sum_{i}[Pr_b^{\odot}(D_i)\cdot Pr_b(I_j/D_i)]\right]\cdot Pr_d(H_k/I_j)\right]\right],$$
$$\text{给定}[WSER]\text{的二阶评价结果}Pr_e(Pr_e(I_j)=t)\geqslant d\text{。}$$

直观地说，加权组合规则 [WCR] 意味着：第一，认知主体根据一些或所有可用的假设划分并利用加权评价规则 [WER] 来评价一些或所有可用的新信息划分；第二，认知主体根据一阶评价中使用的假设划分并使用加权二阶评价规则 [WSER] 来评价这些一阶评价结果；第三，如果这些一阶评价结果的概率都大于修正标准的阈值，那么认知主体根据一阶评价结果并使用加权修正规则 [WRR] 来修正相关假设的验前概率或旧信念度。现在让我们用下面的例子来阐明这个复杂的加权组合规则。

例子 5.5　继续例子 1.7。令评价标准和修正标准的阈值分别为 $b=0.9$ 和 $d=0.8$。

(a) 令 $Pr_o(Pr_o(A)=0.5)=Pr_o(Pr_o(B)=0.5)=0.95$，$Pr_o(Pr_o(R_a/A)=0.5)=Pr_o(Pr_o(Y_a/A)=0.5)=0.95$，$Pr_o(Pr_o(R_a/B)=0.3)=Pr_o(Pr_o(Y_a/B)=0.7)=0.95$，并且 $Pr_o\left(Pr_o(A/R_a)=\frac{5}{8}\right)=Pr_o\Big(Pr_o$

$(A/Y_a) = \frac{5}{12}\Big) = 0.95$。令 H 表示 Albert 对于陈述 R_a 是诚实的，并且令 $Pr_o(Pr_o(H) = 0.9) = Pr_o(Pr_o(\neg H) = 0.1) = 0.9$，$Pr_o(Pr_o(R_a/H) = 0.9) = Pr_o(Pr_o(Y_a/H) = 0.1) = 0.92$，并且 $Pr_o(Pr_o(R_a/\neg H) = 0.3) = Pr_o(Pr_o(Y_a/\neg H) = 0.7) = 0.92$。假设 Ross 只有两个可用的假设划分，即 $\mathbb{E} = (A, B)$ 和 $\mathbb{F} = (H, \neg H)$，可以用来对 R_a 和 Y_a 进行综合评价，并且它们的权重分别为 $w_{\mathbb{E}} = 0.3$ 和 $w_{\mathbb{F}} = 0.7$。

(b) 假设有另一位学生叫 Sheldon。他看到 Albert 抽出的球，并告诉 Ross 那个抽出的球是黄色的。令 Y_s (R_s) 分别表示抽出的球是黄色（红色）的陈述。其中下标“s”表示该信息来自 Sheldon。令 $Pr_o(Pr_o(R_s/A) = 0.5) = Pr_o(Pr_o(Y_s/A) = 0.5) = 0.95$，$Pr_o(Pr_o(R_s/B) = 0.3) = Pr_o(Pr_o(Y_s/B) = 0.7) = 0.95$，并且 $Pr_o\left(Pr_o(A/R_s) = \frac{5}{8}\right) = Pr_o\left(Pr_o(A/Y_s) = \frac{5}{12}\right) = 0.95$。现令 G 表示 Sheldon 对于陈述 Y_s 是诚实的。再令 $Pr_o(Pr_o(G) = 0.8) = Pr_o(Pr_o(\neg G) = 0.2) = 0.9$，$Pr_o(Pr_o(R_s/G) = 0.25) = Pr_o(Pr_o(Y_s/G) = 0.75) = 0.92$，并且 $Pr_o(Pr_o(R_s/\neg G) = 0.7) = Pr_o(Pr_o(Y_s/\neg G) = 0.3) = 0.92$。假设 Ross 只有两个可用的假设划分，即 $\mathbb{P} = (A, B)$ 和 $\mathbb{Q} = (G, \neg G)$，用于对 Y_s 和 R_s 的综合评价，并且它们的权重分别为 $w_{\mathbb{P}} = 0.4$ 和 $w_{\mathbb{Q}} = 0.6$。

(c) 假设 Ross 只有两个可用的新信息划分，即 $\mathbb{M} = (R_a, Y_a)$ 和 $\mathbb{N} = (Y_s, R_s)$，用于综合修正 A 的概率或信念度，并且它们的权重分别为 $u_{\mathbb{M}} = 0.7$ 和 $u_{\mathbb{N}} = 0.3$。

由于上述所有概率信念的概率都大于评价标准的阈值 b，因此它们都是 Ross 的评价标准。现在有了 [WER]、[WSER] 和 [WRR]（或 [WCR]），Ross 可以按照下图 5-3所示的方式进行综合的一阶评价、二阶评价和一阶修正。

第一，根据加权评价规则，Ross 可以基于 $\mathbb{E}$ 和 $\mathbb{F}$ 这两个假设划分来综合地评价新信息划分 $\mathbb{M} = (R_a, Y_a)$。

$$
\begin{aligned}
Pr_e(R_a) =& \sum_{\mathbb{D}} \left[w_{\mathbb{D}} \cdot \sum_i [Pr_b^{\odot}(D_i) \cdot Pr_b(R_a/D_i)] \right] \\
=& w_{\mathbb{E}} \cdot \sum_i [Pr_b^{\odot}(E_i) \cdot Pr_b(R_a/E_i)] + w_{\mathbb{F}}
\end{aligned}
$$

$$\cdot\sum_i [Pr_b^{\odot}(F_i)\cdot Pr_b(R_a/F_i)]$$
$$=0.3\cdot 0.4+0.7\cdot 0.84=0.708$$

$$Pr_e(Y_a)=\sum_{\mathbb{D}}\left[w_{\mathbb{D}}\cdot\sum_i[Pr_b^{\odot}(D_i)\cdot Pr_b(Y_a/D_i)]\right]=0.292$$

类似的，Ross 可以根据 $\mathbb{P}$ 和 $\mathbb{Q}$ 这两个假设划分来综合地评价新信息划分 $\mathbb{N}=(Y_s,R_s)$。

$$Pr_e(R_s)=\sum_{\mathbb{D}}\left[w_{\mathbb{D}}\cdot\sum_i[Pr_b^{\odot}(D_i)\cdot Pr_b(R_s/D_i)]\right]=0.364$$

$$Pr_e(Y_s)=\sum_{\mathbb{D}}\left[w_{\mathbb{D}}\cdot\sum_i[Pr_b^{\odot}(D_i)\cdot Pr_b(Y_s/D_i)]\right]=0.636$$

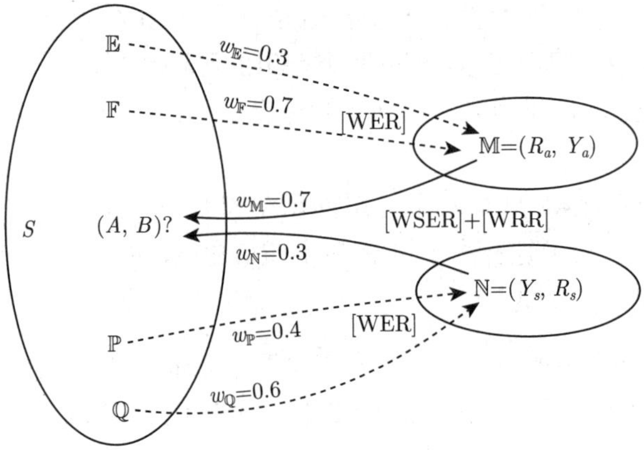

图 5-3　综合信念修正

第二，Ross 需要利用加权二阶评价规则 [WSER] 来综合地评价上述评价结果，并且需要检查这些一阶评价结果的概率或可靠性是否大于修正标准的阈值，即 $Pr_e(Pr_e(R_a)=0.708)>d$，$Pr_e(Pr_e(Y_a)=0.292)>d$，$Pr_e(Pr_e(R_s)=0.364)>d$，并且 $Pr_e(Pr_e(Y_s)=0.636)>d$。

$$Pr_e(Pr_e(R_a)=0.708)$$
$$=w_{\mathbb{E}}\cdot\sum_i\left[\kappa_{R_a}^{E_i}\cdot[Pr_b(Pr_b(E_i)=r_i)\cdot Pr_b(Pr_b(R_a/E_i)=s_i)]\right]+$$

$$w_{\mathbb{F}} \cdot \sum_i \left[\kappa_{R_a}^{F_i} \cdot [Pr_b(Pr_b(F_i) = r_i) \cdot Pr_b(Pr_b(R_a/F_i) = s_i)]\right]$$
$$= 0.3 \cdot \left(\frac{5}{8} \cdot (0.95)^2 + \frac{3}{8} \cdot (0.95)^2\right) + 0.7 \cdot \left(\frac{27}{28} \cdot 0.9 \cdot 0.92 + \frac{1}{28} \cdot 0.9 \cdot 0.92\right)$$
$$= 0.85035$$

类似地，我们有 $Pr_e(Pr_e(Y_a) = 0.292) = 0.85035$，$Pr_e(Pr_e(R_s) = 0.364) = 0.8578$ 和 $Pr_e(Pr_e(Y_s) = 0.636) = 0.8578$。由于上述所有一阶评价结果的概率均大于修正标准的阈值 $d = 0.8$，因此它们是 Ross 对待修正假设（即 A）的修正标准。

第三，通过加权修正规则，Ross 可以根据上面对 $\mathbb{M}$ 和 $\mathbb{N}$ 这两个新信息划分的一阶评价结果对待修正假设 A 的验前概率或旧信念度进行综合修正。

$$\begin{aligned}
Pr_n(A) =& \sum_{\mathbb{I}} \left[u_{\mathbb{I}} \cdot \sum_j \left[\sum_{\mathbb{D}} \left[w_{\mathbb{D}} \cdot \sum_i [Pr_b^{\odot}(D_i) \cdot Pr_b(I_j/D_i)]\right] \cdot Pr_d(A/I_j)\right]\right] \\
=& u_{\mathbb{M}} \cdot \sum_j [Pr_d(M_j) \cdot Pr_d(A/M_j)] + u_{\mathbb{N}} \cdot \sum_j [Pr_d(N_j) \cdot Pr_d(A/N_j)] \\
=& u_{\mathbb{M}} \cdot [Pr_e(R_a) \cdot Pr_d(A/R_a) + Pr_e(Y_a) \cdot Pr_d(A/Y_a)] + \\
& u_{\mathbb{N}} \cdot [Pr_e(R_s) \cdot Pr_d(A/R_s) + Pr_e(Y_s) \cdot Pr_d(A/Y_s)] \\
=& 0.7 \cdot \left(0.708 \cdot \frac{5}{8} + 0.292 \cdot \frac{5}{12}\right) + 0.3 \cdot \left(0.364 \cdot \frac{5}{8} + 0.636 \cdot \frac{5}{12}\right) \\
=& \frac{407}{750}
\end{aligned}$$

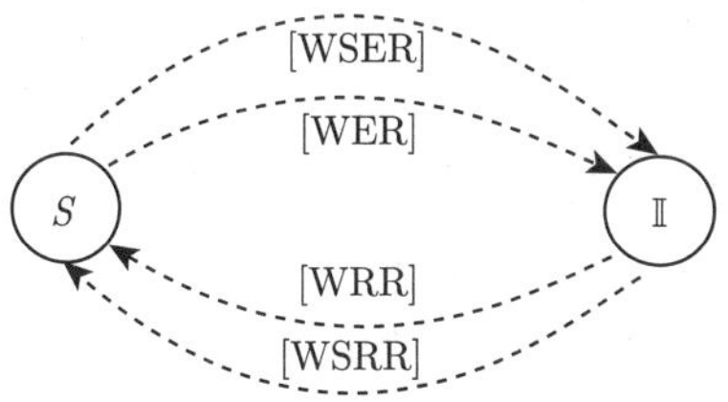

图 5-4　贝叶斯信念修正

需要注意的是，如果没有足够的验前概率和相关假设划分上的权重，那么我们就无法评价新接收的信息。因此，这些新信息的初始概率或信念度通过评价过程来源于这些参数。此外，如果没有足够的评价结果和可用的新信息划分上的权重，那么我们就无法修正待修正假设的验前概率或旧信念度。那么我们如何为贝叶斯评价和贝叶斯修正获得这些验前概率和权重呢？我们是否需要其他规则或方法来获取这些参数呢？我认为，我们可以主要通过下面五种基本方法来获取这些参数。

(1) 纯粹猜测：当一个认知主体没有任何信息可以依赖或作为参考，但却坚持要修正信念状态时，他可能会通过纯粹猜测来获得这些参数。请注意，只有当认知主体处于这种最坏情况时，他才应该做出这种最坏的选择。

(2) 不充分理由原则 (Principle of Insufficient Reason；[50], 第 143 页)：当一个认知主体没有任何相关理由使其在多个假设中作出选择时，这些假设应该被视为具有同等概率或信念度的。这意味着认知主体应该为这些假设赋予相同的概率或信念度。请注意，这种方法不同于上述纯粹猜测的方法；因为纯粹的猜测不依赖于任何信息，而这种方法依赖于不充分理由原则。

(3) 贝叶斯评价：当一个认知主体在所有可用的假设划分上具有足够的评价标准和权重参数时，他可以利用 [WER] 和 [WSER] 来进行一阶评价和二阶评价。

(4) 贝叶斯修正：当一个认知主体在所有可用的新信息划分上具有足够的修正标准和权重参数时，他可以采用 [WRR] 和 [WSRR] 来进行一阶修正和二阶修正。

(5) 统计方法：这种方法是以认知主体对数据的某些信念为基础的、对重复事件发生频率的统计方法。注意，在计算重复事件的统计频率之前，我们应当首先对这些数据赋予概率或命题态度。因此，统计频率的计算与上述四种方法不同，它们属于不同种类的认知过程。

此外，我们还可以采用上述五种基本方法的有机组合来获得这些参数。一种可能的组合是将不充分理由原则与贝叶斯评价相结合。如果我们没有足够的验前概率进行贝叶斯评价，那么我们可以根据不充分理由原则来赋予初始概率。之后，我们可以利用这些赋值来完成贝叶斯评价。另一种组合是将贝叶斯评价与统计方法相结合。我们可以用这两种方法来解释科学家是如何从实验中学习的。实验结束后，科学家通常首先评价那些从重复试验中获得的数据，以决定每个数据是否应该被接受；其次采用一些统计方法并且根据上述评价结果来计算一些事件的发生频率；然后他们会根据他们对这些数据的信念和这种统计方法的可靠性来评价这种频率的计算；最后，他们会使用这些观察数据和计算结果来证实或证伪一些假设，即修正它们的验前概率。

第六章　贝叶斯确证理论

第五章利用贝叶斯信念修正理论研究范式对一阶评价、二阶评价、一阶修正和二阶修正过程进行了系统的研究。其中一阶修正规则刻画了认知主体根据新证据修正旧假设或旧信念的过程，即该假设或信念的新概率或新信念度等于该新证据下的验后概率。从第 1.2.4 节可以知道，确证理论研究的也是新证据对旧信念或旧假设的认知作用，或者说新证据对旧假设或旧信念的支持程度或确证程度；而且贝叶斯主义者也采用贝叶斯定理来定量地刻画证据对假设的确证程度。本章先介绍确证理论中的假设-演绎模型及其所面临的渡鸦悖论，并提出渡鸦悖论的一种消解方案，然后再揭示一个由本人发现的贝叶斯确证理论的悖论，最后再提出日常确证理论来消解这个贝叶斯确证悖论。

6.1　确证理论与渡鸦悖论

直观而言，当一个证据或观察结果可以被一个理论所解释，或者说从该理论中演绎地推导出来，那么这个证据就支持或确证了这个理论。当牛顿力学公式 $F = ma$ 或质能公式 $E = mc^2$ 可以解释一个物理学实验的数据时，我们就说这些数据支持或确证了这些公式。在日常生活中也是如此。如果你发现一只鸡有耳朵，那么这个证据就支持或确证了“鸡有耳朵”这个假设。我们一般称这种素朴的确证概念为假设-演绎模型（hypothetico-deductive model）。然而，亨佩尔却发现这种假设-演绎模型会面临渡鸦悖论或确证悖论（[66]）。考虑假设 H：所有渡鸦都是黑的。根据确证概念的假设-演绎模型，每只黑渡鸦都确证了这个假设 H。那么一只白天鹅是否确证了假设 H 呢？由于假设 H 逻辑等价于“所有不是黑的都不是渡鸦”（记为 H'），故确证 H' 的证据也确证了 H。显然，根据确证概念的假设-演绎模型，那只白天鹅确证了 H'，进而也确证了 H。然而，白天鹅在直观上与假设 H 没有任何关系。我们还可以将白天鹅替换成各种其他事物，比如红苹果、褐色的石头、棕色的鞋子等等，同样会导致这种荒谬结论。如此可见，在确证概念的假设-演绎模型下，一个与假设无关的证据却能确证该假设。这就是渡鸦悖论或确证悖论。

有人可能会认为：所谓“无关的”证据确实能在微弱的程度上支持假设，这里并没有悖论；因为

(i) 如果这只天鹅是一种白渡鸦，那么假设 H 就会被证伪；

(ii) 正是由于这只天鹅是白天鹅而非白渡鸦，假设 H 才免遭证伪；

(iii) 故而这只白天鹅的确在某种微弱的程度上支持了“所有渡鸦都是黑的”。

然而，这个论证过程是存在逻辑上的跳跃的。步骤 (ii) 仅仅是说假设 H 免遭证伪，它并没有进一步宣称假设 H 被支持或被确证。但是步骤 (iii) 却宣称假设 H 得到了微弱的支持或确证。不证伪怎么可能就是支持或确证呢？证据和假设之间的确证和证伪关系并不是非此即彼的，它们之间还有一个无关这种情形。上述论证恰好忽略了这种情形，才得以从步骤 (ii) 跳跃到步骤 (iii)。

那么如何消解渡鸦悖论呢？下面先对渡鸦悖论进行形式化塑述，然后再来分析这个悖论的根源。令 H 表示 $\forall x(C(x) \to E(x))$，并且 H^* 表示 $\forall x(\neg E(x) \to \neg C(x))$。显然 $H \leftrightarrow H^*$，即它们真值等同。既然它们的真值相同，那么确证 H 等同于确证 H^*。这里把这个观点简记为确证等同原则。根据确证概念的假设-演绎模型，有下面两种情形：

(i) $C(a) \wedge E(a)$ 确证假设 H，这种情形符合我们的直观；

(ii) $\neg E(b) \wedge \neg C(b)$ 确证假设 H^*，再根据确证等同原则知该证据等价地确证假设 H；然而，由 $\neg C(b)$ 可知，这个证据谈论的不是 C 这个类，进而与假设 H 无关。悖论。

既然确证概念的假设-演绎模型会面临渡鸦悖论，那就说明这个模型是有问题的。那么一个证据满足什么条件才算确证了一个假设呢？我们知道，假设 H 的意思是说：每个具有 $C(x)$ 性质的对象都具有 $E(x)$ 性质。故它谈论的主题是 C 这个类的对象是否具有 E 性质。那么什么样的证据算确证了假设 H，什么样的证据算证伪了假设 H 呢？直观而言，当一个 C 类对象具有 E 性质时，该对象确证了假设 H；当一个 C 类对象不具有 E 性质时，该对象证伪了假设 H。因此，只有 C 类对象具有确证或证伪假设 H 的可能性，其他对象或证据与假设 H 是不相关的。类似地，假设 H^* 的意思是说：每个具有 $\neg E(x)$ 性质的对象都具有 $\neg C(x)$ 性质。故它谈论的主题是 $\neg E$ 这个类的对象是否具有 $\neg C$ 性质。那么什么样的证据算确证了假设 H^*，什么样的证据算证伪了假设 H^* 呢？直观而言，当一个

$\neg E$ 类对象具有 $\neg C$ 性质时，该对象确证了假设 H^*；当一个 $\neg E$ 类对象不具有 $\neg C$ 性质时，该对象证伪了假设 H^*。因此，只有 $\neg E$ 类对象具有确证或证伪假设 H^* 的可能性，其他对象或证据与假设 H^* 是不相关的。由此可见，确证和证伪概念是主题敏感的，而全称假设的前件或主词确定了主题，因此只有满足全称假设的前件或主词的对象才具有确证或证伪该全称假设的能力。综上所述，虽然 H 与 H^* 的真值等同，即 $H \leftrightarrow H^*$，但是它们所讨论的主题是不同的；而确证和证伪概念又是主题敏感的，进而 H 与 H^* 在证据对它们的确证/证伪方面并不等同，即上述确证等同原则是错误的。因此，渡鸦悖论的论证过程是存在逻辑上的跳跃的，这样渡鸦悖论就得到了消解。我们可以将这种消解方案称为渡鸦悖论的主题敏感性方案。

6.2 贝叶斯确证悖论

由于渡鸦悖论的发现，贝叶斯主义者开始从概率的角度研究证据对假设的支持或确证程度，这就是贝叶斯确证理论。从第 1.2.4 节可知，贝叶斯确证理论的主要观点是非常直观的。这使得它在蓬勃发展过程中得到了确证理论研究者的广泛讨论和接受。然而，贝叶斯确证理论实际上也包含一个有趣的确证悖论。让我们首先看下面这个简单例子。

例子 6.1 假设有 A 和 B 两个缸。A 包含 25% 的红球和 75% 的绿球，B 包含 50% 的红球和 50% 的绿球。现给定一枚理想的硬币，其正反两面出现的概率相等，即 $Pr(H) = Pr(T) = \frac{1}{2}$。Ross 只扔了一次硬币，并根据扔出的结果选定了一个缸（即，如果硬币是正面朝上，那么选定 A 缸；否则选定 B 缸）。但是他没有告诉 Albert 和 Louise 被选中的是哪个缸。然后，Albert 和 Louise 都从选定的缸中有放回地随机取出 800 个球。最终，Albert 取出了 800 个绿球，而 Louise 取出了 200 个红球和 600 个绿球。

令 G^{800} 表示 Albert 的证据序列，其中 G 表示取出了一个绿色的球。令 $R^{200}G^{600}$ 表示 Louise 的证据序列，其中 R 表示取出了一个红色的球。令 A（B）分别表示它们是从 A（B）缸中取出的。那么对于假设 A 而言，Louise 的证据 $R^{200}G^{600}$ 是否比 Albert 的证据 G^{800} 提供了更多的证据性支持呢？一旦我们意识到 A 缸中红球的比例与 R 在证据序列 $R^{200}G^{600}$ 中的比例相同，我们的第一反应和自然反应是：这个问题答案的肯定的。由于 A 缸中包含 25% 的红球和 75% 的绿球，因此，与 Albert 的证据序

列 G^{800} 相比，Louise 的证据序列 $R^{200}G^{600}$ 更好地反映了 A 缸中红球和绿球的比例。更重要的是，如果 Albert 和 Louise 实际上是从 A 缸中取出 800 个球，那么理想的结果应该是 $R^{200}G^{600}$，而不是 G^{800}。因此，与 G^{800} 相比，$R^{200}G^{600}$ 对于假设 A 而言是一个更好的证据序列。换句话说，证据序列 $R^{200}G^{600}$，而非 G^{800}，对假设 A 提供了更多的证据性支持。

可能有人会说：他的直觉恰恰相反。如果证据序列是 G^{800}，那么我们可以很直观地看出红球和绿球的比例一定不是相当的，所选择的缸的红绿球比例肯定强烈地偏斜。因此，这对于假设 A 而言是一个完美的证据。由于证据序列 G^{800} 比证据序列 $R^{200}G^{600}$ 的可能性更低，如果 G^{800} 确实发生了，那将有力地支持假设 A，而不是 $R^{200}G^{600}$。这个相反的直觉也可以通过以下更简单但相似的实验来说明。假设某个假设 M 断言某硬币是有偏向的（例如反面朝上的概率 $Pr(T) = 3/4$），而另一个假设 N 断言该硬币是公平的（即正反面朝上的概率相等）。那么，我们可以很直观地认为，证据序列 T^{400}，而非证据序列 $T^{300}H^{100}$，为假设 M（在给定比率的情况下）提供了更好的证据性支持。

但是，正如我将要阐述的那样，这种相反的直觉是有问题的。由于这两个证据序列是 $R^{200}G^{600}$ 和 G^{800}，所选定缸中红球和绿球的比例很可能并不相等。因此，它们当然都为假设 A，而非 B，提供了更多的证据性支持。但是问题是：哪个证据序列为特定假设 A 提供了更多的证据性支持？直观上是 G^{800}，而非 $R^{200}G^{600}$，为特定假设 A 提供了更多的证据性支持吗？我不这么认为。

(1) 对于上述直觉，即 $R^{200}G^{600}$ 而非 G^{800} 为特定假设 A 提供了更多的证据性支持，我们在例 1 之后的那个段落中给出了很明显并且很强的理由。那么上述这种相反直觉——即 G^{800} 而非 $R^{200}G^{600}$ 为特定假设 A 提供了更多的证据支持——的原因是什么呢？首先，让我们考虑上述那个更简单但类似的实验。我同意，如果假设 M 说的是 $Pr(T) \neq 1/2$，那么直觉上 T^{400} 而非 $T^{300}H^{100}$ 为特定假设 M 提供了更好的证据性支持。这里的原因在于：如果 $\neg M$ 成立，即 $Pr(T) = 1/2$，那么从大样本试验来看，反面朝上的频率将接近 1/2；然后根据直觉，T^{400} 将比 $T^{300}H^{100}$ 可能性更低，故前者比后者更少地支持 $\neg M$。因此，$T^{300}H^{100}$ 而非 T^{400} 为假设 $\neg M$ 提供了更好的证据性支持。但是，出于相同的原因，我们得出以下结论。如果假设 M 说的是 $Pr(T) = 3/4$，那么从大样本试验来看，反面朝上的频率将接近 3/4，然后根据直觉 T^{400} 也将比 $T^{300}H^{100}$ 可能性更低，故前者比后者更少地支持 M。因此，直观而言，T^{400} 而非 $T^{300}H^{100}$ 为假

设 $Pr(T) \neq 3/4$ 提供了更好的证据性支持。因此，$T^{300}H^{100}$ 而不是 T^{400} 为假设 $Pr(T) = 3/4$ 提供了更好的证据性支持。简而言之，$T^{300}H^{100}$ 而非 T^{400} 为 $Pr(T) = 1/2$ 和 $Pr(T) = 3/4$ 提供了更好的证据性支持；同时 T^{400} 而非 $T^{300}H^{100}$ 为 $Pr(T) \neq 1/2$ 和 $Pr(T) \neq 3/4$ 提供了更好的证据性支持。尽管 T^{400} 而非 $T^{300}H^{100}$ 为 $Pr(T) \neq 1/2$ 提供了更好的证据性支持，但这并不意味着：T^{400} 而非 $T^{300}H^{100}$ 为 $Pr(T) = 3/4$ 提供了更好的证据性支持。上述那个相反的直觉在这里犯了一个错误。此外，相对于假设 $Pr(T) = 1/2$ 和 $Pr(T) = 3/4$，T^{400} 而非 $T^{300}H^{100}$ 听起来更像是一个异常数据。实际上，科学研究中有许多异常数据，它们通常表明设备、实验方法或提出的假设存在某些问题。

(2) 让我们将以上原因应用到例子 6.1中。然后，我们得出类似的结论如下所示。如果 A 成立，那么从大样本试验来看，红球的频率将接近 1/4，然后根据直觉，G^{800} 与 $R^{200}G^{600}$ 相比将是极不可能的。因此，直观而言，G^{800} 而非 $R^{200}G^{600}$ 为假设 $\neg A$ 提供了更多的证据性支持。因此，$R^{200}G^{600}$ 而非 G^{800} 为假设 A 提供了更多的证据性支持。类似的，如果 B 成立，那么从大样本试验来看，红球的频率将接近 1/2，然后根据直觉 G^{800} 与 $R^{200}G^{600}$ 相比将是更不可能的。因此，直观而言，G^{800} 而非 $R^{200}G^{600}$ 为假设 $\neg B$ 提供了更多的证据性支持。因此，$R^{200}G^{600}$ 而非 G^{800} 为假设 B 提供了更多的证据性支持。简而言之，$R^{200}G^{600}$ 而非 G^{800} 为 A 和 B 提供了更多的证据性支持，同时 G^{800} 而非 $R^{200}G^{600}$ 为 $\neg A$ 和 $\neg B$ 提供了更多的证据性支持。尽管 G^{800} 而非 $R^{200}G^{600}$ 为 $\neg B$ 提供了更多的证据性支持，但这并不意味着：G^{800} 而非 $R^{200}G^{600}$ 为 A 提供了更多的证据性支持。上述那个相反的直觉在这里犯了一个错误。此外，相对于假设 A 和 B，G^{800} 而非 $R^{200}G^{600}$ 听起来更像是一个异常数据。

(3) 此外，上述相反直觉的必要基础之一是：如果 B 成立，那么从大样本试验来看，红球的频率将接近 1/2，然后直觉上 G^{800} 与 $R^{200}G^{600}$ 相比将是更不可能的。实际上，这里的“更不可能”这个关键概念和上述直觉正是直接源于本章正要研究的一个概念，即假设的“结构”或似然性（likelihood）与证据序列中不同类型结果的比率之间的数学距离或结构相似性（我将在第 6.4节中把该概念形式地嵌入一个新的确证度函数中）。因此，上述相反的直觉与它的必要基础之一相矛盾。

因此，我认为上述那个相反的直觉肯定是有问题的，更不用说比上述直觉（即 $R^{200}G^{600}$ 而非 G^{800} 为假设 A 提供了更多的证性据支持）更直观且更强大。

现在让我们将贝叶斯确证理论应用于例子 6.1中。有趣的是，计算结果却与上述直觉相矛盾。

(1) 根据贝叶斯定理，我们可以根据证据序列 $R^{200}G^{600}$ 来计算假设 A 的概率，即

$$Pr(A/R^{200}G^{600}) = \frac{Pr(A)\cdot Pr(R^{200}G^{600}/A)}{Pr(A)\cdot Pr(R^{200}G^{600}/A)+Pr(B)\cdot Pr(R^{200}G^{600}/B)}$$

由于 $Pr(A)=Pr(B)=Pr(H)=Pr(T)=\frac{1}{2}$，故我们有

$$Pr(A/R^{200}G^{600}) = \frac{Pr(R^{200}G^{600}/A)}{Pr(R^{200}G^{600}/A)+Pr(R^{200}G^{600}/B)}$$

根据条件独立性 (conditional independence，[108], 第 98 页)，我们有

$$Pr(R^{200}G^{600}/A) = [Pr(R/A)]^{200}\cdot[Pr(G/A)]^{600} = \left(\frac{1}{4}\right)^{200}\times\left(\frac{3}{4}\right)^{600}$$

$$Pr(R^{200}G^{600}/B) = [Pr(R/B)]^{200}\cdot[Pr(G/B)]^{600} = \left(\frac{1}{2}\right)^{200}\times\left(\frac{1}{2}\right)^{600}$$

所以我们可以推导出

$$\begin{aligned}
Pr(A/R^{200}G^{600}) &= \frac{\left(\frac{1}{4}\right)^{200}\times\left(\frac{3}{4}\right)^{600}}{\left(\frac{1}{4}\right)^{200}\times\left(\frac{3}{4}\right)^{600}+\left(\frac{1}{2}\right)^{200}\times\left(\frac{1}{2}\right)^{600}} \\
&= \frac{1}{1+(2)^{200}\times\left(\frac{2}{3}\right)^{600}} \\
&= \frac{1}{1+\frac{2^{800}}{3^{600}}}
\end{aligned}$$

(2) 与 (1) 类似，我们还可以根据证据序列 G^{800} 来计算假设 A 的概率，即

$$\begin{aligned}
Pr(A/G^{800}) &= \frac{Pr(A)\cdot Pr(G^{800}/A)}{Pr(A)\cdot Pr(G^{800}/A)+Pr(B)\cdot Pr(G^{800}/B)} \\
&= \frac{Pr(G^{800}/A)}{Pr(G^{800}/A)+Pr(G^{800}/B)}
\end{aligned}$$

根据条件独立性，我们有

$$Pr(G^{800}/A) = [Pr(G/A)]^{800} = \left(\frac{3}{4}\right)^{800}$$

$$Pr(G^{800}/B) = [Pr(G/B)]^{800} = \left(\frac{1}{2}\right)^{800}$$

因此，我们有

$$Pr(A/G^{800}) = \frac{\left(\frac{3}{4}\right)^{800}}{\left(\frac{3}{4}\right)^{800} + \left(\frac{1}{2}\right)^{800}} = \frac{1}{1 + \frac{2^{800}}{3^{800}}}$$

(3) 由于 $3^{600} < 3^{800}$，我们可以推导出

$$Pr(A/R^{200}G^{600}) = \frac{1}{1 + \frac{2^{800}}{3^{600}}} < \frac{1}{1 + \frac{2^{800}}{3^{800}}} = Pr(A/G^{800})$$

(4) 根据验后要求(见第 1.2.4 节),我们有 $c(A, G^{800}) \geqslant c(A, R^{200}G^{600})$。该结果意味着：假设 A 从证据序列 G^{800} 中至少获得了与从证据序列 $R^{200}G^{600}$ 所获得的支持相同的证据性支持。它与上述直觉相矛盾。

总而言之，在这个例子中，我们有以下必要前提。

命题 S1: $Pr(A) = Pr(B) = \frac{1}{2}$。

命题 S2: $Pr(R/A) = \frac{1}{4}$，$Pr(G/A) = \frac{3}{4}$，
$Pr(R/B) = Pr(G/B) = \frac{1}{2}$。

命题 S3: 每一次从选中的缸（A 或者 B）中抽取红球或者绿球（R 或者 G）是相互条件独立的。

直观 S4: 与证据序列 G^{800} 相比，假设 A 从证据序列 $R^{200}G^{600}$ 中得到更多的证据性支持。

验后要求: 如果 $Pr(H/E_1) \geqslant Pr(H/E_2)$,那么 $c(H, E_1) \geqslant c(H, E_2)$。

贝叶斯定理: $Pr(A/E) = \dfrac{Pr(A) \cdot Pr(E/A)}{Pr(A) \cdot Pr(E/A) + Pr(B) \cdot Pr(E/B)}$。

条件独立性: 如果事件 X 和 Y 在给定事件 Z 的情况下是相互条件独立的，那么 $Pr[(X \wedge Y)/Z] = Pr(X/Z) \cdot Pr(Y/Z)$。

尽管所有这些前提在直观上都是成立的，但它们却导致了上述矛盾。现在让我们来看一个更一般的例子。

例子 6.2 假设有 A 和 B 这两个缸。A 中红球和绿球的比例分别是 s 和 $1-s$（$0<s<1$）。B 中红球和绿球的比例分别是 t 和 $1-t$（$0<t<1$）。现在我们有一个公平的硬币，其正反面出现的概率相等，即 $Pr(H)=Pr(T)=\frac{1}{2}$。Ross 只扔了一次硬币，并根据抛掷的结果选中了其中一个缸（如果硬币的正面朝上，Ross 会选择 A 缸；否则，他会选择 B 缸）。但是他没有告诉 Albert 和 Louise 被选中的是哪个缸。然后 Albert 和 Louise 都从该缸中有放回地随机取出 a（$a>200$）个球。最后，Albert 取出了 ka 个红球和 $(1-k)a$ 个绿球（ka 是整数），Louise 则取出了 sa 个红球和 $(1-s)a$ 个绿球（sa 是整数，而且 $s\neq k$）。

令 $R^{ka}G^{(1-k)a}$ 表示 Albert 的证据序列，而 $R^{sa}G^{(1-s)a}$ 表示 Louise 的证据序列。令 A（B）分别表示它们是从 A（B）缸中取出球的。现在我们有一个问题：是否是 Louise 的证据序列 $R^{sa}G^{(1-s)a}$，而非 Albert 的证据序列 $R^{ka}G^{(1-k)a}$，为特定假设 A 提供了更多的证据性支持？由于 A 中红球和绿球的比例分别是 s 和 $1-s$，故 Louise 的证据序列 $R^{sa}G^{(1-s)a}$，而非 Albert 的证据序列 $R^{ka}G^{(1-k)a}$，可以更好地反映 A 缸中红球和绿球的比例。此外，如果 Albert 和 Louise 实际上是从 A 缸中取出 a 个球，那么理想的结果应该是 $R^{sa}G^{(1-s)a}$ 而不是 $R^{ka}G^{(1-k)a}$。因此，与 $R^{ka}G^{(1-k)a}$ 相比，$R^{sa}G^{(1-s)a}$ 对于假设 A 是更好的证据序列。换句话说，与证据序列 $R^{ka}G^{(1-k)a}$ 相比，假设 A 从证据序列 $R^{sa}G^{(1-s)a}$ 中得到更多的证据性支持。

但是，如果我们将贝叶斯确证理论应用于此案例，那么按贝叶斯定理计算的一些结果则完全相反。

(1) 根据贝叶斯定理，我们可以根据证据序列 $R^{sa}G^{(1-s)a}$ 来计算假设 A 的概率，即

$$
\begin{aligned}
&Pr(A/R^{sa}G^{(1-s)a})\\
&=\frac{Pr(A)\cdot Pr(R^{sa}G^{(1-s)a}/A)}{Pr(A)\cdot Pr(R^{sa}G^{(1-s)a}/A)+Pr(B)\cdot Pr(R^{sa}G^{(1-s)a}/B)}
\end{aligned}
$$

根据条件独立性（[108], 第 98 页），$Pr(R/A)=s, Pr(G/A)=1-s$，$Pr(R/B)=t$ 和 $Pr(G/B)=1-t$，我们可以推导出

$$Pr(R^{sa}/A)=[Pr(R/A)]^{sa}=s^{sa}$$

$$Pr(G^{(1-s)a}/A)=[Pr(G/A)]^{(1-s)a}=(1-s)^{(1-s)a}$$

$$Pr(R^{sa}/B)=[Pr(R/B)]^{sa}=t^{sa}$$

$$Pr(G^{(1-s)a}/B)=[Pr(G/B)]^{(1-s)a}=(1-t)^{(1-s)a}$$

所以我们有

$$Pr(R^{sa}G^{(1-s)a}/A)=s^{sa}(1-s)^{(1-s)a}$$

$$Pr(R^{sa}G^{(1-s)a}/B)=t^{sa}(1-t)^{(1-s)a}$$

由于 $Pr(A)=Pr(B)=Pr(H)=Pr(T)=\dfrac{1}{2}$, 而且 $0<s<1$，故我们能推导出

$$\begin{aligned}Pr(A/R^{sa}G^{(1-s)a})&=\frac{s^{sa}(1-s)^{(1-s)a}}{s^{sa}(1-s)^{(1-s)a}+t^{sa}(1-t)^{(1-s)a}}\\&=\frac{1}{1+\left(\dfrac{t}{s}\right)^{sa}\cdot\left(\dfrac{1-t}{1-s}\right)^{(1-s)a}}\end{aligned}$$

(2) 类似地，我们可以根据证据序列 $R^{ka}G^{(1-k)a}$ 来计算假设 A 的概率，即

$$Pr(A/R^{ka}G^{(1-k)a})=\frac{Pr(A)\cdot Pr(R^{ka}G^{(1-k)a}/A)}{Pr(A)\cdot Pr(R^{ka}G^{(1-k)a}/A)+Pr(B)\cdot Pr(R^{ka}G^{(1-k)a}/B)}$$

然后，根据条件独立性、$Pr(A)=Pr(B)=\dfrac{1}{2}$ 和 $0<s<1$，我们可以推导出

$$\begin{aligned}Pr(A/R^{ka}G^{(1-k)a})&=\frac{s^{ka}(1-s)^{(1-k)a}}{s^{ka}(1-s)^{(1-k)a}+t^{ka}(1-t)^{(1-k)a}}\\&=\frac{1}{1+\left(\dfrac{t}{s}\right)^{ka}\cdot\left(\dfrac{1-t}{1-s}\right)^{(1-k)a}}\end{aligned}$$

(3) 下面我们分三种情况来讨论:

(a) 情况 $s=t$: 显然, $\left(\dfrac{t}{s}\right)^{sa}\cdot\left(\dfrac{1-t}{1-s}\right)^{(1-s)a}=\left(\dfrac{t}{s}\right)^{ka}\cdot\left(\dfrac{1-t}{1-s}\right)^{(1-k)a}$。

因此我们有 $Pr(A/R^{sa}G^{(1-s)a})=0.5=Pr(A/R^{ka}G^{(1-k)a})$。根据 Difference measure 和 Log-ratio measure（见第 1.2.4 节），我们

有 $d(A, R^{ka}G^{(1-k)a}) = d(A, R^{sa}G^{(1-s)a})$ 和 $r(A, R^{ka}G^{(1-k)a}) = r(A, R^{sa}G^{(1-s)a})$ 。这意味着：假设 A 从证据序列 $R^{ka}G^{(1-k)a}$ 和 $R^{sa}G^{(1-s)a}$ 中获得了相同的证据性支持。这与上述直观相矛盾。

(b) 情况 $s < t$: 显然，$\frac{t}{s} > 1$ 并且 $0 < \frac{1-t}{1-s} < 1$。由于 $s \neq k$，我们再分 $k < s$ 和 $k > s$ 这两种情况来讨论。

(b-i) 当 $k < s$ 时：由于 $\frac{t}{s} > 1$ 并且 $0 < \frac{1-t}{1-s} < 1$, 我们有 $\left(\frac{t}{s}\right)^{sa} > \left(\frac{t}{s}\right)^{ka}$, 而且 $\left(\frac{1-t}{1-s}\right)^{(1-s)a} > \left(\frac{1-t}{1-s}\right)^{(1-k)a}$ 。故 $\left(\frac{t}{s}\right)^{sa} \cdot \left(\frac{1-t}{1-s}\right)^{(1-s)a} > \left(\frac{t}{s}\right)^{ka} \cdot \left(\frac{1-t}{1-s}\right)^{(1-k)a}$ 。因此，

$$\begin{aligned}Pr(A/R^{sa}G^{(1-s)a}) &= \frac{1}{1+\left(\frac{t}{s}\right)^{sa} \cdot \left(\frac{1-t}{1-s}\right)^{(1-s)a}} \\ &< \frac{1}{1+\left(\frac{t}{s}\right)^{ka} \cdot \left(\frac{1-t}{1-s}\right)^{(1-k)a}} \\ &= Pr(A/R^{ka}G^{(1-k)a})\end{aligned}$$

即 $Pr(A/R^{sa}G^{(1-s)a}) < Pr(A/R^{ka}G^{(1-k)a})$。根据验后要求，我们有 $c(A, R^{ka}G^{(1-k)a}) \geqslant c(A, R^{sa}G^{(1-s)a})$。这意味着：假设 A 从证据序列 $R^{ka}G^{(1-k)a}$ 中获得了至少和从证据序列 $R^{sa}G^{(1-s)a}$ 中所获得的支持一样多的证据性支持。这与上述直观相矛盾。

(b-ii) 当 $k > s$ 时：由于 $\frac{t}{s} > 1$ 并且 $0 < \frac{1-t}{1-s} < 1$, 我们有 $\left(\frac{t}{s}\right)^{sa} < \left(\frac{t}{s}\right)^{ka}$ 并且 $\left(\frac{1-t}{1-s}\right)^{(1-s)a} < \left(\frac{1-t}{1-s}\right)^{(1-k)a}$ 故 $\left(\frac{t}{s}\right)^{sa} \cdot \left(\frac{1-t}{1-s}\right)^{(1-s)a} < \left(\frac{t}{s}\right)^{ka} \cdot \left(\frac{1-t}{1-s}\right)^{(1-k)a}$ 。因此，

$$\begin{aligned}Pr(A/R^{sa}G^{(1-s)a}) &= \frac{1}{1+\left(\frac{t}{s}\right)^{sa} \cdot \left(\frac{1-t}{1-s}\right)^{(1-s)a}} \\ &> \frac{1}{1+\left(\frac{t}{s}\right)^{ka} \cdot \left(\frac{1-t}{1-s}\right)^{(1-k)a}}\end{aligned}$$

$$= Pr(A/R^{ka}G^{(1-k)a})$$

即 $Pr(A/R^{sa}G^{(1-s)a}) > Pr(A/R^{ka}G^{(1-k)a})$。根据验后要求, 我们有 $c(A, R^{sa}G^{(1-s)a}) \geqslant c(A, R^{ka}G^{(1-k)a})$。这意味着: 假设 A 从证据序列 $R^{sa}G^{(1-s)a}$ 中获得了至少和从证据序列 $R^{ka}G^{(1-k)a}$ 中所获得的支持一样多的证据性支持。这与上述直观并不矛盾。

(c) 情况 $s > t$: 显然 $0 < \frac{t}{s} < 1$ 并且 $\frac{1-t}{1-s} > 1$。由于 $s \neq k$, 我们分两种情况，即 $k < s$ 和 $k > s$，进行讨论。

(c-i) 当 $k < s$ 时: 由于 $0 < \frac{t}{s} < 1$ 并且 $\frac{1-t}{1-s} > 1$, 我们有 $\left(\frac{t}{s}\right)^{sa} < \left(\frac{t}{s}\right)^{ka}$ 并且 $\left(\frac{1-t}{1-s}\right)^{(1-s)a} < \left(\frac{1-t}{1-s}\right)^{(1-k)a}$。故 $\left(\frac{t}{s}\right)^{sa} \cdot \left(\frac{1-t}{1-s}\right)^{(1-s)a} < \left(\frac{t}{s}\right)^{ka} \cdot \left(\frac{1-t}{1-s}\right)^{(1-k)a}$。因此,

$$Pr(A/R^{sa}G^{(1-s)a}) = \frac{1}{1+\left(\frac{t}{s}\right)^{sa} \cdot \left(\frac{1-t}{1-s}\right)^{(1-s)a}}$$

$$> \frac{1}{1+\left(\frac{t}{s}\right)^{ka} \cdot \left(\frac{1-t}{1-s}\right)^{(1-k)a}}$$

$$= Pr(A/R^{ka}G^{(1-k)a})$$

即 $Pr(A/R^{sa}G^{(1-s)a}) > Pr(A/R^{ka}G^{(1-k)a})$。根据验后要求，我们有 $c(A, R^{sa}G^{(1-s)a}) \geqslant c(A, R^{ka}G^{(1-k)a})$。这意味着: 假设 A 从证据序列 $R^{sa}G^{(1-s)a}$ 中获得了至少和从证据序列 $R^{ka}G^{(1-k)a}$ 中所获得的支持一样多的证据性支持。这与上述直观并不矛盾。

(c-ii) 当 $k > s$ 时: 由于 $0 < \frac{t}{s} < 1$ 并且 $\frac{1-t}{1-s} > 1$, 我们有 $\left(\frac{t}{s}\right)^{sa} > \left(\frac{t}{s}\right)^{ka}$ 并且 $\left(\frac{1-t}{1-s}\right)^{(1-s)a} > \left(\frac{1-t}{1-s}\right)^{(1-k)a}$。故 $\left(\frac{t}{s}\right)^{sa} \cdot \left(\frac{1-t}{1-s}\right)^{(1-s)a} > \left(\frac{t}{s}\right)^{ka} \cdot \left(\frac{1-t}{1-s}\right)^{(1-k)a}$。因此,

$$Pr(A/R^{sa}G^{(1-s)a}) = \frac{1}{1+\left(\frac{t}{s}\right)^{sa} \cdot \left(\frac{1-t}{1-s}\right)^{(1-s)a}}$$

$$< \frac{1}{1+\left(\frac{t}{s}\right)^{ka}\cdot\left(\frac{1-t}{1-s}\right)^{(1-k)a}}$$

$$= Pr(A/R^{ka}G^{(1-k)a})$$

即 $Pr(A/R^{sa}G^{(1-s)a}) < Pr(A/R^{ka}G^{(1-k)a})$。根据验后要求，我们有 $c(A,R^{ka}G^{(1-k)a}) \geqslant c(A,R^{sa}G^{(1-s)a})$。这意味着：假设 A 从证据序列 $R^{ka}G^{(1-k)a}$ 中获得了至少和从证据序列 $R^{sa}G^{(1-s)a}$ 中所获得的支持一样多的证据性支持。这也与上述直观相矛盾。

综上所述，在这个有趣的案例中，我们有以下必要前提。

约定 N: $Pr(R/A)=s, Pr(R/B)=t$。

命题 G1: $Pr(A)=Pr(B)=\frac{1}{2}$ 并且 $a>200$。

命题 G2: $0<s,t<1$。

命题 G3: $sa,(1-s)a,ka$ 和 $(1-k)a$ 都是整数。

命题 G4: 每一次从选中的缸（A 或者 B）中抽取红球或者绿球（R 或者 G）是相互条件独立的。

情况 C1: $k<s\leqslant t$

情况 C2: $t\leqslant s<k$

直观 G5: 与证据序列 $R^{ka}G^{(1-k)a}$ 相比，假设 A 从证据序列 $R^{sa}G^{(1-s)a}$ 中得到更多的证据性支持。

验后要求: 如果 $Pr(H/E_1)\geqslant Pr(H/E_2)$，那么 $c(H,E_1)\geqslant c(H,E_2)$。

贝叶斯定理: $Pr(A/E)=\dfrac{Pr(A)\cdot Pr(E/A)}{Pr(A)\cdot Pr(E/A)+Pr(B)\cdot Pr(E/B)}$。

条件独立性: 如果事件 X 和 Y 在给定事件 Z 的情况下是相互条件独立的，那么 $Pr[(X\wedge Y)/Z]=Pr(X/Z)\cdot Pr(Y/Z)$。

通过以上分析，我们知道：如果 N，G1-G5，验后要求，贝叶斯定理和条件独立性都成立，那么我们可以在 C1 和 C2 这两种情况下推导出上述矛盾。这两个案例中的矛盾是非常有趣的，因为我们有一个强烈的直观：与 Albert 的证据序列相比，Louise 的证据序列为假设 A 提供了更多的证据性支持，但是使用贝叶斯确证理论得到的计算结果却相反。由于所有上述这些前提都是直观成立的，因此上述矛盾相当于揭示了一种新的确证悖论，我们可以称之为**贝叶斯确证悖论**。值得注意的是，此案例揭示了一种可以构造无穷多的、贝叶斯式确证理论的直观反例的一般模式，这表明贝叶斯确证理论存在系统性缺陷。因此，这个贝叶斯确证悖论的消解是非常重要且必要的。

6.3 验后要求和日常确证

一些研究者可能会说：上面案例中并没有矛盾，更不用说悖论了，因为我们在直观 G5 和验后要求中使用了两种不同的证据性支持概念，即日常证据性支持和概率的证据性支持 $c(H,E)$，这两个概念甚至在同一个案例中也是彼此无法比较的。如果这是真的，那么我们就不可以使用上述确证度函数来衡量日常生活中的确证程度。我们可以吗？只要您的答案是肯定的，上述贝叶斯确证悖论就会出现。此外，将贝叶斯确证理论应用于一些现实的例子时，我们需要脚踏实地。这意味着我们应该使用日常意义上的证据性支持的概念；否则，我们就没有连接贝叶斯确证理论与日常生活的桥梁。因此，即使我们在那两个前提中使用了两个不同的证据性支持概念，在案例中它们也是可比较的。

由于这两个前提都是直观成立的，因此在上一节的那些论证中肯定存在一个悖论亟待解决。那么如何消解这个悖论呢？很明显，在前提 N、G1-G3、C1 和 C2 这里并没有问题。从 [108]（第 98 页）中我们知道：两个事件 X 和 Y 在给定事件 Z 的情况下是条件独立的，当且仅当，给定事件 Z 发生时，X 发生的条件概率与 Y 是否发生是没有关系的，即 $Pr(X/Z) = Pr[X/(Z \wedge Y)]$（或等价地 $Pr[(X \wedge Y)/Z] = Pr(X/Z) \cdot Pr(Y/Z)$）。所以 G4 和条件独立性也都不成问题。那么贝叶斯定理是似是而非吗？当然不是，因为贝叶斯定理可以严格地从良定义的条件概率概念中演绎出来。那么直观 G5 和验后要求呢？有人可能会说直观 G5 是错误的直觉。果真如此吗？根据例子 6.2，A 缸中红球和绿球的比例分别为 s 和 $1-s$（例如，$s=\dfrac{1}{4}$）。如果所选中的是 A 缸，并且我们从 A 中随机抽取许多球（例如 $a=800$），那么结果将接近理想结果 $R^{sa}G^{(1-s)a}$（例如，$R^{200}G^{600}$）。因此，如果证据序列是 $R^{sa}G^{(1-s)a}$，那么它刚好反映了 A 中红球和绿球的比例，而 $R^{ka}G^{(1-k)a}$ 则没有。因此，直观而言，与证据序列 $R^{ka}G^{(1-k)a}$ 相比，证据序列 $R^{sa}G^{(1-s)a}$ 在给定 $s \neq k$ 的情况下对假设 A 提供了更多的证据性支持。因此，相信直观 G5 是合理的。那么剩下的验后要求是不是似是而非的呢？如果我们在概率意义上使用确证度 $c(H,E)$ 这个概念，那么验后要求本身很可能不会有问题。但这将使我们得出贝叶斯确证与日常确证之间不可比较的结论。因此，在此案例中，我们应该使用日常意义上的确证度 $c(H, E)$ 的概念。在此基础上，验后要求是一座从验后概率到日常确证概念的桥梁。那么这座桥梁稳固吗，或者说验后要求通常成立吗？Glass 认为："一种可能性是存在不同的确证概念，因此尽管验后要求可能适合其中一个概念，但可能不适合另一个概念。"（[44], 第 66 页）但是他在这篇文章中并没有给出任何反例。

由于我们在日常意义上使用确证度 $c(H, E)$ 的概念，故验后要求中的验后概率与证据性支持概念之间存在鸿沟。因此，$Pr(H/E_1) > Pr(H/E_2)$ 并不意味着假设 H 肯定会从证据 E_1 中获得比证据 E_2 更多的（日常）证据性支持。继续案例 6.2，令 $k < s < t$。然后我们就有直观 G5，即假设 A 从证据序列 $R^{sa}G^{(1-s)a}$ 而非证据序列 $R^{ka}G^{(1-k)a}$ 中获得更多的证据性支持。从定义 1.19 中的确证度函数概念可知，确证度函数 $c(H, E)$ 表示的是证据 E 支持假设 H 的程度。故我们应当有 $c(A, R^{ka}G^{(1-k)a}) < c(A, R^{sa}G^{(1-s)a})$。但是，根据贝叶斯定理我们可以计算出：$Pr(A/R^{ka}G^{(1-k)a}) > Pr(A/R^{sa}G^{(1-s)a})$。总而言之，$Pr(A/R^{ka}G^{(1-k)a}) \geqslant Pr(A/R^{sa}G^{(1-s)a})$ 并且 $c(A, R^{ka}G^{(1-k)a}) < c(A, R^{sa}G^{(1-s)a})$ 是可能同时成立的。因此，存在一些验后要求的反例。

那么为什么它是**似是而非**的？令 $Pr(H/E_1) \geqslant Pr(H/E_2)$。从直觉上讲，这意味着：与 E_2 发生的情况相比，事件 H 在 E_1 发生的情况下也发生的可能性更高，或者更有可能。这意味着 H 从 E_1 中获得的证据性支持比从 E_2 中所获得的证据性支持更多一些。这就是为什么验后要求看起来为真的原因。但是，正如上面所阐述的，存在一些验后要求的反例。其主要原因在于证据性支持的程度不仅仅受概率因素的影响。如果在一次试验中我们没有其他信息可用来评估证据性支持的程度，那么概率是一个有用的因素，它可以帮助我们一般地估算在此单次试验中的证据性支持的程度。所以在这个情况下验后要求成立。但是，对单次试验而言，一旦我们掌握了更多信息来评估证据性支持的程度，那么这种仅仅考虑概率因素的一般估计（general estimation）就可能是错误的，或者不合适的。在这种情况下，我们应考虑其他非概率性因素，比如例子 6.2中证据序列的不同类型结果的比例。一旦考虑了这些非概率性因素，那么就可能 $Pr(H/E_1) > Pr(H/E_2)$，但是同时假设 H 并没有从 E_1 中得到比 E_2 更多的证据性支持；也就是说，验后要求可能是错误的。实际上，将概率视为证据性支持程度的唯一影响因素是验后要求的问题根源。

总而言之，除了贝叶斯确证概念之外，人们在日常生活中还会持有另一种确证概念。我们可以将其称为日常确证概念。前者仅受概率因素的影响，而后者还会受一些其他非概率性因素的影响。尽管贝叶斯确证通常反映了日常确证的概率方面，并且与日常确证保持一致，但是它们之间还是有差距的。验后要求不能作为它们之间的稳固桥梁。

6.4 日常确证与非概率性因素

上一节论证了验后要求是贝叶斯确证悖论中似是而非的前提，并揭示了它的错误之处在于仅仅考虑了概率因素对确证程度的影响，而忽视了非概率性因素。本节将提出一种综合考虑概率因素和非概率因素对确证程度的影响的新的确证度函数，并论证它可以避免上述贝叶斯确证悖论。

从第 1.2.4 节我们知道，贝叶斯确证理论将确证程度刻画为概率函数。因此，概率被视为确证程度的唯一影响因素。从第 6.2节和第 6.3节，我们知道：在日常生活中，我们通常会持有一种更宽泛意义上的确证概念，即日常确证概念；贝叶斯确证和日常确证之间的鸿沟导致了无穷多的、贝叶斯确证的直观反例。出现这种反例的主要原因在于：在日常生活中，我们不仅会使用概率信息来评估证据序列对假设的确证程度，还会考虑非概率因素对确证程度的影响。现在我们面临一个有趣的问题：我们可以填补贝叶斯确证与日常确证之间的鸿沟吗？要回答这个问题，我们必须回答以下两个问题：

(1) 在日常确证中有多少个概率性因素和非概率性因素，以及

(2) 我们能否形式地刻画这些因素对日常确证的综合影响？

6.4.1 日常确证的影响因素

对于第一个问题，我认为：日常确证有以下四个主要影响因素，即概率、结构相似性、证据数量和边际效用。概率因素已经在各种贝叶斯确证理论中得到了深入研究。因此，在本小节中，我将主要讨论剩下的三个非概率性因素。

从以上各节我们知道：假设的“结构”或似然性与证据序列中不同类型结果的比率之间的相似性也是日常确证的重要影响因素。我们可以将其称为假设和证据序列之间的结构相似性。令 H 为一个关于某机会装置（chance setup）的假设，并且 R 是一证据序列 E 中的一种结果。令 h 为 H 在 R 上的似然性，而 x 是 R 在证据序列 E 中的比例。那么我们

应该如何刻画 H 和 E 之间的结构相似程度呢？直观而言，结构相似度取决于 h 和 x。因此，让我们用函数 $\gamma(h,x)$ 来表示它。由于我们要刻画 $\gamma(h,x)$ 对证据性支持程度的影响，因此我们可以合理假定 $\gamma(h,x)$ 的范围在 $[0,1]$ 中变化。直观而言，x 与 h 的距离越远，E 的结构与 H 的结构越不相似。因此，结构相似度 $\gamma(h,x)$ 取决于 h 和 x 之间的数学距离，即 $|h-x|$。如果 $|h-x|=0$，那么 $\gamma(h,x)$ 应该输出最大值，即 1。现在令函数 $max(|h-0|,|h-1|)$ 表示一个输出 $|h-0|$ 和 $|h-1|$ 之间较大值的函数，即：

$$max(|h-0|,|h-1|)=\begin{cases}|h-0| & \text{如果}|h-0|\geqslant|h-1|,\\ |h-1| & \text{否则。}\end{cases}$$

如果 $|h-x|=max(|h-0|,|h-1|)$，那么 x 与 h 相距最远，这意味着证据 E 与假设 H 的结构最不相似。因此，我们可以合理地假设：如果 $|h-x|=max(|h-0|,|h-1|)$，那么 $\gamma(h,x)$ 应输出最小，即 0。然后，对于 H 和 E 之间的结构相似度，我们可以用以下简单函数 $\gamma(h,x)$ 来刻画：

定义 6.1　令 h 为假设 H 在事件 R 上的似然性，并且 x 为事件 R 在证据序列 E 中的比例。那么假设 H 和证据序列 E 的结构相似度

$$\gamma(h,x)=1-\frac{(h-x)^2}{[max(|h-0|,|h-1|)]^2}$$

不过，与信念度类似，结构相似度也可能具有主观性。因此，我们可以提出下面这个通用版本的结构相似度函数。

定义 6.2　令 h 为假设 H 在事件 R 上的似然性，x 为事件 R 在证据序列 E 中的比例，$0<\beta_0\leqslant 1$ 并且 $\beta_1>0$。那么假设 H 和证据序列 E 的结构相似度

$$\gamma(h,x)=1-\beta_0(\frac{|h-x|}{max(|h-0|,|h-1|)})^{\beta_1},$$

其中 β_0 和 β_1 是因人而异的参数，我们可以通过一些心理学实验的数据来测量这些参数。

此外，证据量也是日常确证程度的一个重要影响因素。继续例子 6.2，令 $s=\frac{1}{2}$，$t=\frac{1}{4}$，$k=\frac{3}{4}$ 并且 $a=4$。虽然假设 A 与证据序列 R^2G^2 之间的结构相似性非常高，但这并不意味着这个结构相似性对 A 的证据性支持程度有实质影响。因为证据量 a 太小了。在这种情况下，概率是日

常确证的主要影响因素。由于 $Pr(A/R^3G) > Pr(A/R^2G^2)$，假设 A 从证据序列 R^3G 中获得了比证据序列 R^2G^2 更多的证据性支持。但是，如果 $a = 800$，那么证据序列 $R^{400}G^{400}$ 将为假设 A 提供非常多的证据性支持；尽管此时的结构相似性与上述情况相同。因此，只有当证据量足够大时，结构相似性才会对证据性支持的程度产生实质的影响；否则，概率是证据性支持程度的主要影响因素。

尽管如此，在给定结构相似性的情况下，结构相似性对证据性支持的影响不会随着证据量的不断增加而增加到无穷，而会在一个上限处达到饱和状态。因为，随着越来越多的新证据，由相同数量的证据提供的证据性支持程度的增量也在不断减少。继续例子 6.2。令 $s = \frac{1}{2}$，并且证据 E 由有穷组 $R^{400}G^{400}$ 构成，即 $E = R^{400}G^{400} \cdots R^{400}G^{400} \cdots R^{400}G^{400}$。那么，与第二组及后续组证据 $R^{400}G^{400}$ 相比，第一组证据 $R^{400}G^{400}$ 为假设 A 提供了更多证据性支持程度的增量。

确证的这种心理现象与经济学中的边际效用递减现象有关。直观而言，如果我是一个穷人，并且我的银行账户中只有 100 美元，那么对我来说，另外 100 美元将是很有价值的；但是，如果我是百万富翁，那么另外 100 美元对我来说是无所谓的。这里的心理学重要性在经济学中被称为边际效用。同等数量的货币的边际效用将随着收入的增加而不断减少。例如，当我还是个孩子的时候，10 美元对我来说意义非凡；但是，随着我赚的钱越多，10 美元的重要性对我来说就越小。类似的，随着特定数量商品或服务的消费越来越多，后续等量商品或服务的边际效用不断减少（[11]）。形式地讲，如果一个人的财富是 p，并且她又赢得了另一个数量 q，那么对她来说赢得 q 的额外价值不是 q 本身，而是赢得 q 的边际效用。同样数量的 q 的边际效用将随着赢得越来越多的财富而不断减少。经济学家通过一些自然对数来刻画这种边际效用的现象。对于货币的边际效用，一个常见且简单的曲线是 $U(p) = ln\ p$。

在这里，结构相似性对于证据性支持的重要性也是一种边际效用。从形式上来讲，如果给定结构相似度 $\gamma(h, x)$，那么由等量证据提供的 $\gamma(h, x)$ 对证据性支持的重要性将随着更多相同结构的新证据而持续递减。那么我们应该如何刻画这种边际效用呢？令 $q \geqslant 0$ 为证据 E 的数量，$U(q)$ 为上述这种边际效用。注意，边际效用 $U(q)$ 不是证据性支持的程度，它表示的是结构相似性在不同情形下对于证据性支持的重要性。为了便于刻画边际效用对确证度的影响，我们可以合理地假设 $U(q)$ 的范围在 $[0, 1]$ 之内。

然后我们有以下直观：

(1) 如果 q 接近 0，那么结构相似度 $\gamma(h,x)$ 对证据性支持的重要性应最小，并且 $U(q)$ 的输出应最小，即 0；

(2) 如果 q 接近 $+\infty$，那么结构相似度 $\gamma(h,x)$ 对证据性支持的重要性应该最大，而且 $U(q)$ 应该输出最大，即 1；

(3) 这种边际效用会随着越来越多同样结构的新证据而不断递减，即对于任何的 $q>0$，都有 $U(2q)-U(q)>U(3q)-U(2q)$。

那么如何来定义边际效用 $U(q)$ 呢？我们可以像经济学家那样使用自然对数来定义 $U(q)$。例如，我们可以通过以下这个简单函数来定义 $U(q)$。

定义 6.3 令 $q \geqslant 0$ 为证据 E 的数量，并且 e 为欧拉数。那么证据量 q 的边际效用 $U(q)=1-\dfrac{1}{ln(q+e)}$。

显然，该定义满足上面的前两个直观。我们还可以证明它也满足第三种直观，即对于任意 $q>0$，$U(2q)-U(q)>U(3q)-U(2q)$。由于 $ln\left(1+\dfrac{q}{q+e}\right)>ln\left(1+\dfrac{q}{2q+e}\right)$，故我们有

$$ln(2q+e)-ln(q+e)>ln(3q+e)-ln(2q+e)。$$

从 $ln(3q+e)>ln(q+e)$ 我们可推导出

$$ln(3q+e)\cdot(ln(2q+e)-ln(q+e))>ln(q+e)\cdot(ln(3q+e)-ln(2q+e))。$$

现令上述不等式两边同时除以 $ln(q+e)\cdot ln(2q+e)\cdot ln(3q+e)$，那么我们有

$$\frac{1}{ln(q+e)}-\frac{1}{ln(2q+e)}>\frac{1}{ln(2q+e)}-\frac{1}{ln(3q+e)}。$$

因此，$U(2q)-U(q)>U(3q)-U(2q)$。

不过，与信念度类似，这种边际效用也可能具有主观性，进而因人而异。因此，我们可以提出下面这个通用版本边际效用函数。

定义 6.4 令 $q \geqslant 0$ 为证据 E 的数量，并且 e 为欧拉数，$0<\alpha_0 \leqslant 1$ 并且 $\alpha_1>0$。那么证据量 q 的边际效用

$$U(q)=1-\alpha_0\frac{1}{ln(\alpha_1 q+e)},$$

其中 α_0 和 α_1 是因人而异的参数，我们可以通过一些心理学实验的数据来测量这些参数。

6.4.2 日常确证度函数

由于这四个因素都会影响日常确证的程度，而贝叶斯确证理论仅依赖于概率来衡量证据性支持的程度，因此那些（贝叶斯式）确证度函数对于日常确证度而言可能不是（完全）合适的确证度函数。继续例子 6.2，令 $s=\frac{1}{2}$，$t=\frac{3}{4}$，$k=\frac{1}{4}$ 并且 $a=800$。从第 6.2节中的（b-i），我们知道 $Pr(A/R^{200}G^{600}) > Pr(A/R^{400}G^{400})$。因此 $d(A,R^{200}G^{600}) > d(A,R^{400}G^{400})$。这意味着：与证据序列 $R^{200}G^{600}$ 相比，假设 A 并没有从证据序列 $R^{400}G^{400}$ 中获得更多的证据性支持。这与下面这个直觉相矛盾：与证据序列 $R^{200}G^{600}$ 相比，假设 A 从证据序列 $R^{400}G^{400}$ 中获得更多的证据性支持。因此，对于日常确证或证据性支持的程度，Difference measure 并不是一种完全合适的确证度函数。Log-ratio measure 也是如此。类似的，其他确证度函数也可能存在类似的缺陷，需要从这个角度重新分析讨论。

现在，让我们考虑在本节开头提出的第二个问题。我们能否形式地刻画这四个因素对日常确证度的综合影响？正如我在上一小节中所阐明的那样，证据量越大，结构相似性对证据性支持程度的影响就越大；否则，概率是证据性支持程度的主要影响因素。因此，我将首先基于三种非概率性因素提出一种确证理论；然后，我将这种确证理论与贝叶斯确证理论相结合以给出一个新的确证度函数；最后，我将论证这种确证度函数可以避免上述贝叶斯确证悖论。

我们知道，边际效用 $U(q)$ 表示的是：结构相似性在特定证据量下对于证据性支持的重要性。因此，对于特定结构相似度 $\gamma(h,x)$，边际效用 $U(q)$ 越大，结构相似度 $\gamma(h,x)$ 对证据性支持的重要性就越大。对于特定边际效用 $U(q)$，$\gamma(h,x)$ 越小，证据 E 相对于假设 H 的可能性就越小；然后证据 E 提供给假设 H 的证据性支持就越小。因此，类似于验后概率 $Pr(H/E)$，我们可以基于结构相似性提出一种验后可信度（posterior plausibility）概念。

定义 6.5 令 h 为假设 H 在事件 R 上的似然性，x 为事件 R 在证据序列 E 中的比例，并且 $q\geqslant 0$ 为证据 E 的数量。那么证据序列 E 对假设 H 的验后可信度 $Ps(H/E)=\gamma(h,x)\cdot U(q)$。

然后，类似于 Difference measure $d(H,E)=Pr(H/E)-Pr(H)$，我们也可以基于验后可信度提出一种增量确证度函数，即 $b(H,E)=Ps(H/E)-Pr(H)$。那么我们是否可以将这种增量确证度函数 $b(H,E)$

与贝叶斯确证度函数（如 difference measure $d(H,E)$）结合起来，提出一种新的确证度函数 $o(H,E)$，以避免上述贝叶斯确证悖论呢？我们知道，边际效用 $U(q)$ 越大，结构相似性对证据性支持就越重要，然后 $b(H,E)$ 对证据性支持程度的影响程度就越大；否则，概率因素对于证据性支持的程度的影响将比其他三个非概率性因素更为重要，然后 $d(H,E)$ 将成为证据性支持程度的主要影响因素。换句话说，

(1) 如果 $U(q)$ 接近 0，那么确证度 $o(H,E)$ 应趋近于 $d(H,E)$；

(2) 如果 $U(q)$ 接近 1，那么确证度 $o(H,E)$ 应趋近于 $b(H,E)$；

(3) 如果 $U(q)$ 并不接近 0 或 1，那么确证度 $o(H,E)$ 应该是 $b(H,E)$ 和 $d(H,E)$ 的加权和；而 $U(q)$ 和 $1-U(q)$ 是直观且合适的对应权重。

因此，我们可以合理地将 $b(H,E)$ 与 $d(H,E)$ 结合起来构成一个新的确证度函数。

定义 6.6 令 $q \geqslant 0$ 为证据 E 的数量，$U(q)$ 为边际效用函数，$d(H,E)$ 为 Difference measure，并且 $b(H,E)$ 为基于验后可信度的确证度函数。那么证据序列 E 对假设 H 的日常确证度

$$(OCM) \quad o(H,E) = (1-U(q)) \cdot d(H,E) + U(q) \cdot b(H,E)$$

现在，让我们检查一下这个日常确证度函数是否可以避免上述贝叶斯确证悖论。假设定义 6.2和定义 6.4中的四个参数 $\alpha_0 = \beta_0 = 1$，$\alpha_1 = 0.2, \beta_1 = 2$。然后我们有

$$\gamma(h,x) = 1 - \frac{(h-x)^2}{[max(|h-0|,|h-1|)]^2}$$
$$U(q) = 1 - \frac{1}{ln(0.2q+e)}$$

继续例子 6.2。为了方便，现将 $R^{sa}G^{(1-s)a}$ 和 $R^{ka}G^{(1-k)a}$ 分别记为 E_s 和 E_k。根据第 6.2节，我们知道

$$Pr(A/E_s) = \frac{1}{1+\left(\frac{t}{s}\right)^{sa} \cdot \left(\frac{1-t}{1-s}\right)^{(1-s)a}}$$
$$Pr(A/E_k) = \frac{1}{1+\left(\frac{t}{s}\right)^{ka} \cdot \left(\frac{1-t}{1-s}\right)^{(1-k)a}}$$

根据 OCM、$d(H,E) = Pr(H/E) - Pr(H)$ 和 $b(H,E) = Ps(H/E) - Pr(H)$，我们有

$$o(H,E) = (1-U(q))\cdot d(H,E) + U(q)\cdot b(H,E)$$
$$= (1-U(q))\cdot(Pr(H/E)-Pr(H)) + U(q)\cdot(Ps(H/E)-Pr(H))$$
$$= Pr(H/E) - Pr(H) + U(q)\cdot(Ps(H/E) - Pr(H/E))$$

由于 $Ps(H/E) = \gamma(h,x)\cdot U(q)$, 我们可以推导出

$$o(A,E_s) - o(A,E_k) = \frac{(s-k)^2}{[max(|s-0|,|s-1|)]^2}\cdot(1-\frac{1}{ln(0.2a+e)})^2 + \frac{1}{ln(0.2a+e)}\cdot(Pr(A/E_s) - Pr(A/E_k))$$

现在我们分下面三种情况进行讨论。

(a) 情况 $s = t$: 显然, $Pr(A/E_s) - Pr(A/E_k) = 0$。根据 $s \neq k$ 和 $a > 0$, 我们可以推导出

$$\frac{(s-k)^2}{[max(|s-0|,|s-1|)]^2}\cdot(1-\frac{1}{ln(0.2a+e)})^2 > 0,$$

然后我们有 $o(A,E_s) > o(A,E_k)$。故这种情况不再导致矛盾。

(b) 情况 $k > s > t$ 或者 $k < s < t$: 根据第 6.2节中的 (b-i) 和 (c-ii) ，我们知道 $Pr(A/E_s) < Pr(A/E_k)$。从 $s \neq k$、$a > 0$ 和 $Pr(A/E_s) < Pr(A/E_k)$, 我们可以推导出

$$\frac{(s-k)^2}{[max(|s-0|,|s-1|)]^2}\cdot(1-\frac{1}{ln(0.2a+e)})^2 > 0$$
$$\frac{1}{ln(0.2a+e)}\cdot(Pr(A/E_s) - Pr(A/E_k)) < 0$$

根据 $-1 \leqslant Pr(A/E_s) - Pr(A/E_k) \leqslant 1$, 我们知道：当 a 足够大时，$\frac{1}{ln(0.2a+e)}\cdot(Pr(A/E_s) - Pr(A/E_k))$ 可以忽略，进而 $\frac{(s-k)^2}{[max(|s-0|,|s-1|)]^2}\cdot(1-\frac{1}{ln(0.2a+e)})^2$ 将占据优势，并且 $o(A,E_s) - o(A,E_k)$ 是正数。这意味着：与 E_k 相比，E_s 对假设 A 提供了更多的证据性支持。因此，在这种情况下，这种日常确证度函数能够避免上述贝叶斯确证悖论。

继续例子 6.2, 令 $k=\frac{1}{4}$, $s=\frac{1}{2}$, 并且 $t=\frac{3}{4}$。然后，让我们来看 OCM 在 $a=4$ 和 $a=200$ 这两种情况下的表现。

(1) 当 $a=4$ 时: 根据 $Ps(H/E)=\gamma(h,x)\cdot U(q)$, 容易推导出 $Ps(A/R^2G^2) > Ps(A/R^1G^3)$。由于 $k=\frac{1}{4}$, $s=\frac{1}{2}$, 并且 $t=\frac{3}{4}$, 我们有

$$
\begin{aligned}
& o(A,E_s)-o(A,E_k) \\
\approx & \left(\frac{1}{2}\right)^2\cdot\left(\frac{0.2580}{1.2580}\right)^2+\frac{1}{1.2580} \\
& \cdot\left(\frac{1}{1+\left(\frac{3}{2}\right)^2\cdot\left(\frac{1}{2}\right)^2}-\frac{1}{1+\left(\frac{3}{2}\right)^1\cdot\left(\frac{1}{2}\right)^3}\right) \\
\approx & 0.010515-0.160656<0
\end{aligned}
$$

这意味着：虽然 $Ps(A/R^2G^2) > Ps(A/R^1G^3)$, 但是，与 R^2G^2 相比，R^1G^3 为假设 A 提供了更多的证据性支持。

(2) 当 $a=200$ 时: 根据 $k<s<t$ 和第 6.2节中的 (b-i), 我们知道 $Pr(A/E_s)<Pr(A/E_k)$。故 $Pr(A/R^{100}G^{100}) < Pr(A/R^{50}G^{150})$。由于 $k=\frac{1}{4}$, $s=\frac{1}{2}$, 并且 $t=\frac{3}{4}$, 我们有

$$
\begin{aligned}
& o(A,E_s)-o(A,E_k) \\
\approx & \left(\frac{1}{2}\right)^2\cdot\left(\frac{2.7546}{3.7546}\right)^2+\frac{1}{3.7546} \\
& \cdot\left(\frac{1}{1+\left(\frac{3}{2}\right)^{100}\cdot\left(\frac{1}{2}\right)^{100}}-\frac{1}{1+\left(\frac{3}{2}\right)^{50}\cdot\left(\frac{1}{2}\right)^{150}}\right) \\
\approx & 0.134564-0.854206\cdot 10^{-13}>0
\end{aligned}
$$

这意味着：虽然 $Pr(A/R^{100}G^{100}) < Pr(A/R^{50}G^{150})$，但是，与 $R^{50}G^{150}$ 相比，$R^{100}G^{100}$ 为 A 提供了更多的证据性支持。故这种情况与第 6.2节的直观也不矛盾。

这两个例子表明，这个日常确证度函数 OCM 满足以下直觉：当证据量足够大时，非概率因素将对证据性支持的程度产生实质性影响；否则，概率是证据性支持程度的主要影响因素。

(c) 情况 $k > s < t$ 或者 $k < s > t$: 从第 6.2节中的 (b-ii) 和 (c-i)，我们知道：当 $k > s < t$ 或 $k < s > t$ 时，贝叶斯确证与日常确证之间没有矛盾。因此，这个日常确证度函数应当保持这个良好性质，即当 $k > s < t$ 或 $k < s > t$ 时 $o(A, E_s) > o(A, E_k)$。现令 $k > s < t$ 或者 $k < s > t$。根据第 6.2节中的 (b-ii) 和 (c-i), 我们知道 $Pr(A/E_s) > Pr(A/E_k)$。由于

$$o(A, E_s) - o(A, E_k) = \frac{(s-k)^2}{[max(|s-0|, |s-1|)]^2} \cdot \left(1 - \frac{1}{ln(0.2a+e)}\right)^2 + \frac{1}{ln(0.2a+e)} \cdot (Pr(A/E_s) - Pr(A/E_k)),$$

显然，我们有 $o(A, E_s) - o(A, E_k) > 0$。

因此，我们有理由相信，这个日常确证度函数 OCM 可以避免上述贝叶斯确证悖论。值得注意的是，由于这个日常确证度函数包含 $\alpha_0, \alpha_1, \beta_0$ 和 β_1 这四个参数，这种日常确证度函数具有高度的灵活性和广泛的适用性。不过，我认为：类似于贝叶斯确证理论的发展，将来还会有一些其他确证度函数来衡量日常确证度。

第七章　信念修正与悖论研究

从前面章节可以知道，信念修正理论研究认知主体的信念状态的动态改变过程。悖论的形成、发现和消解也必然伴随着认知主体对悖论所在理论的信念态度的变化。可见，这两个领域都与信念状态或理论体系的动态改变密切相关，只不过信念修正理论以信念状态的动态改变这种普遍现象为研究对象，而悖论研究一般以具体的逻辑悖论（如集合论悖论和说谎者悖论等）或归纳悖论（如渡鸦悖论和贝叶斯确证悖论等）为研究对象。不过，随着悖论研究的发展，悖论研究者也开始关注悖论的形成、发现和消解的一般性问题，尤其是解悖方法论。这就会涉及信念修正理论的关键概念、核心观点和方法原则。因此，信念修正理论与悖论研究这两个领域的亲缘性非同一般。然而，从实际发展脉络来看，这两个领域的发展迄今为止是相互独立的，学界对它们的亲缘关系缺乏系统的研究。本章将就此作出尝试，从信念修正理论的角度提出一种重新审视悖论相关论题的新思路，在此基础上提出一种基于信念修正理论的一般解悖方法论。首先，第 7.1 节简述悖论研究以及解悖方法论的思想；然后第 7.2 节从信念修正理论的角度对悖论研究的相关论题进行细致探析；最后第 7.3 节提出信念修正视域下的解悖方法论。

7.1　悖论研究与解悖方法论

悖论研究是古今中外逻辑学和哲学界的重要阵地，不管是悖论的形成、发现还是解决，都会在逻辑学和哲学界产生深远的影响。我们可以在文献中找到大量相关研究（参见 [2], [5]）。但正如 N. 雷歇尔（N. Rescher）指出，从总体上说，以往的研究基本上是围绕某些具体悖论的解决方案而展开，孤立地、分立地研究某个或某类悖论的形成与解决，对悖论及其解决方法缺乏统一的、全面的处理。（[107], 第 5 页）关于这种统一的处理方法的尝试，J. F. 汤姆逊（J. F. Thomson）曾于 1962 年富有启发性地揭示了罗素悖论、格雷林悖论、理发师悖论和理查德悖论的共同结构，并阐明这些悖论的根源都在于违背了一个逻辑真理，即对角线引理：$\neg\exists z(z \in S \wedge \forall x(x \in S \to (R(z,x) \leftrightarrow \neg R(x,x))))$（[126]，第 115 页）。该引理的意思是说：如果 S 是任一集合，并且 R 是任一至少在 S 上有定义的二元关系，那么 S 中没有这样的元素，它与且仅与 S 中所有那些同自身不具有 R 关系的元素具有 R 关系。以罗素悖论为例，这个逻辑真理告诉我们：当我们用 S 表示所有集合构成的大全集时，它里面并不存在罗素集（即所有非自属集的集合）。J. F. 汤姆逊认为，根据该引理，解悖者可以揭示出其他结构相同的悖论的形成根源，并且可以构建一套较为一般化的解悖方法论。这表明：至少特定种类的逻辑悖论之间具有共同的实质和特征，从而对一般解悖方法论的探求不仅是可能的，而且是必要的。然而，迄今为止对于一般解悖方法论的研究仍处于相对薄弱的状态。（[2], 第 290 页）

由于解悖方法论的研究是对解悖方法的普适性探求，故我们不禁要问：怎样的解悖方法才是好的、或者说合理的？罗素认为，解决集合论悖论必须满足三个条件：矛盾消失、尽可能使数学原样不动、符合“逻辑的常识”。（[1], 第 70 页）E. 策墨罗（E. Zermelo）也认为，解悖时应寻求必需的足够狭窄的原则，这些原则能够排除所有矛盾，同时这些原则又要充分宽广，保留理论中一切有价值的东西。（[135], 第 200 页）类似地，S. 哈克（S. Haack）也认为，解决悖论的方法既不应过于宽泛以至于损伤必须保留的推论（勿株连无辜标准），又应充分阻止所有相关的悖论性论证（勿顾此失彼标准）；而且她还认为：解悖方案应当提供某些说明，以解释为什么那个前提或原则是可反对的，而不管其表面上如何（哲学上的解决）；解悖时应当揭示出被放弃之前提的独立的缺陷，而不应仅仅因其导出悖论而将其放弃以示解决。（[49], 第 139 页）S. 哈克把这种“哲学标准”称为非特设性标准。张建军把这三条标准统称为解悖的“罗素-策墨罗-哈克标准”，简称 RZH 解悖标准。N. 雷歇尔也认为，解悖时不仅要恢复一致性，还要以最小代价或牺牲来达到这个目的。（[107], 第 26 页）

不过，这个 RZH 解悖标准只是一个宏观的标准，对解悖活动只起到宏观的规范性作用，并没给出指导解悖活动的通用方法论。N. 雷歇尔认为：悖论具有相同的原因，即接受或认可过多的信息，这些信息单独看起来都是似然（plausible）的，但放在一起却导致矛盾；从而也可以通过相同的过程来解悖，即切断导致不一致性的最薄弱的环节。（[107], 第 5 页，第 27 页）他还认为，解悖是一个采用多样化战术实行统一策略的过程。（[107], 第 74 页）因此，他提出了一种解悖方法论，其直观思想是：先从疑难簇（aporetic cluster）中找出导致悖论的似然前提，然后排除与不一致性无关的命题，获得导致悖论的极小不一致子集，最后根据外逻辑（extra-logical）的认知优先序（priority ordering）确定最优的取舍方案，以最小的牺牲将这个极小不一致集中最弱的似然前提放弃，从而恢复一致性。([107], 第 29-30 页)

7.2 悖论研究与信念修正理论

由此可见，矛盾的消除不仅是信念修正理论研究的重点，也是悖论研究的焦点；而且这两个领域都对信念状态或理论体系的修正过程的一般性或通用性抱有较高的热情，信念修正理论专注于刻画一般的、形式的信念修正过程，而悖论研究也开始关注一般解悖方法论的研究。由此易知，这两个领域必定有一些共同的论题可供比较和借鉴。

7.2.1 悖论的本性与信念矛盾

可能有学者认为，悖论仅仅是命题间的逻辑矛盾，而非信念矛盾，因此悖论研究跟信念修正没有直接关系。事实并非如此。如果认知主体既不相信外星人存在，也不相信外星人不存在，那么命题集 { 外星人存在，外星人不存在 } 就仅仅是逻辑矛盾，该主体不会认为它包含一个悖论。如果认知主体相信苏格拉底是柏拉图的老师，但不相信它的否定，那么命题集 { 苏格拉底是柏拉图的老师，苏格拉底不是柏拉图的老师 } 对于该主体也不包含一个悖论。现在令 $R = \{X|X$ 是一个集合，并且 $X \notin X\}$。虽然，对很多认知主体而言，R 的定义和 R 是集合的预设导致了罗素悖论，但是对于不相信 R 是集合的认知主体而言，它们就不构成一个悖论。依此不难看出，对于任何逻辑矛盾：

(1) 如果认知主体不相信导致该逻辑矛盾的每个必要前提，那么该逻辑矛盾对于该主体而言就仅仅是逻辑矛盾而已；

(2) 如果认知主体相信其中某些必要前提，但不相信所有必要前提，那么该逻辑矛盾对于该主体而言就不仅仅是逻辑矛盾，而且还是一个可信前提对不可信前提的归谬（归谬推理的前提集就属于此情形）；

(3) 如果认知主体相信所有必要前提，那么该逻辑矛盾对于该主体而言就不仅仅是逻辑矛盾而且是信念矛盾，并且可能包含一个悖论。

在这三种情形中，为什么只有信念矛盾才可能包含悖论呢？这依赖于悖论之为悖论的悖谬本性。由于逻辑有效的推理是保信念态度的，故似然前提应当蕴涵似然结论。但在悖论的论证中，似然前提的推论却是逻辑矛盾，这就导致了悖谬。悖论之悖也正体现在接受似然前提和反对矛盾结论之间这种命题态度的差异上。如果存在某些必要前提不是似然的，那么这些前提和矛盾结论都不是认知共同体所相信的，也就没有任何命题态度上的反差，该共同体也就不会把该逻辑矛盾称为悖论，而仅仅将其看成是似然前提对非似然前提的归谬。此外，即使悖论最终得到彻底解决，解悖者不再相信出错的似然前提，理论危机得到化解，解悖者依然会因这些似然前提的顽固直观性而继续称它们为悖论，而不会将它们仅仅视为不足道的逻辑矛盾。可见，悖论本质上是一种信念矛盾，而解悖是一种信念修正过程。正如张建军所论证，悖论是相对于认知共同体的背景知识或信念的，而且悖论的发现对这个共同体的共同根本信念提出了挑战；虽然悖论的解决困难重重，但是它们都是可以得到解决的，并且这种解决意味着一个共同体的根本信念得到修正；因此，悖论的发现和解决是人类信念系统或知识体系的演化发展的杠杆。([3]，第 205 页；[138])

7.2.2 成悖-解悖与膨胀-巩固

在认知过程中，认知主体有时会由于有限理性的缘故而不能立即从新信息中发现不可信信息，即直观上认为每个命题都是可信的，而这可能会在信念系统中“埋下”不一致性或信念矛盾。悖论的形成与这种信念膨胀类似，研究者在构建理论时可能会依据直观而认可过多的信息，并没有意识到理论中所隐含的相互矛盾的内容。正如 N. 雷歇尔所言，悖论具有相同的原因，即接受或认可过多的信息，这些信息单独看起来都是似然的，但放在一起却导致矛盾。([107], 第 6 页，第 27 页）不过，信念膨胀后往往只是隐性的信念矛盾。在后续认知实践中，认知主体可能会发现它们，并尝试以核心信念为依据寻找似是而非的信息，对信念状态进行巩固，以恢复其一致性。悖论的解决也与此信念巩固类似。研究者在对所构建理论的演绎中可能会偶然发现那些隐性的悖论，即通过逻辑有效的论证将悖论显性化和极小化（即去除无关前提），使认知共同体认识到该理论中隐藏的矛盾，并受理论危机的鞭策而努力寻找该理论中似是而非的命题，进而消除理论中的矛盾。总之，悖论形成的根源在于在信念膨胀过程中认可了隐含矛盾的信息，悖论的发现则是理论内部隐性矛盾被显性化和极小化的过程，而解悖则是一种理论巩固的过程。也就是说，悖论的形成、发现与解决其实是一种膨胀-巩固模式的信念改变过程。不过，值得注意的是，悖论的真正解决并不是那种带有主观性的、因人而异的信念修正过程，它需要认知共同体达成共识。虽然对于个人来说，共识的达成并不是悖论得到真正解决的必要条件，但只有认知共同体达成共识，他们才会认可这个悖论得到真正的解决。

7.2.3　成悖标准与信念度

从集合论悖论和理发师悖论可知，悖论间存在悖谬程度的差异。张建军曾从认知主体对似然前提的“公认度”出发，把这种悖谬程度称为悖论度。([3]，第 210 页）这里将利用信念度概念重新定义悖论度概念。上面分析已阐明，悖论之悖体现在必要似然前提和矛盾结论之间命题态度的差异，故悖论度是它们的信念度差异。这种信念度上的落差越大，悖论度也就越高。正因为悖论间有不同的悖论度，人们对“怎样的似然前提才算形成了一个真正的悖论”这一问题持有不同的意见。虽然悖论度可以被形式化为一种清晰的数值标准，但在这问题上任何清晰的数值界线都是难以辩护的。因此，这里提出三条对真正悖论之形成的非数值标准。

(1) 逻辑矛盾标准：必要前提必须（逻辑有效地）蕴涵逻辑矛盾，否则不具备形成悖论的基本资格。

(2) 高信念度标准：由于简单矛盾命题的信念度最低，故决定悖论度高低的关键在于必要前提的信念度。因此，每个必要前提都必须具有高信念度，使认知共同体难以拒斥，甚至认为它们是无懈可击的；否则，难以形成认知主体对必要似然前提与矛盾结论的命题态度上的巨大落差，从而不被认可为真正的悖论，甚至仅仅算作不足道的逻辑矛盾。

(3) 等信念度标准：虽然悖论度高低的关键在于必要似然前提的信念度，但必要似然前提间也可能存在信念度差异。如果存在一必要前提，其信念度明显低于其他必要前提，甚至完全不被认知共同体所相信，那么即使其他必要前提的信念度极高，由这些前提构成的逻辑矛盾的悖论度也非常低，认知共同体甚至不会把该逻辑矛盾称为悖论，而更多将其看成是高信念度前提对低信念度前提的归谬。因此，真正悖论的所有必要前提的信念度应当势均力敌。不过，在解悖过程中，这些前提的信念度会发生变化而形成较大差异，否则悖论是不可能得到解决的。

这里把这三条标准称为成悖标准。符合这三条成悖标准的理论情境，我们才能称之为形成了一个真正的悖论。

7.2.4　RZH 解悖标准与信念修正原则

我们知道，信念修正理论的研究一般遵循一致性原则和最小改变原则（或最大效用原则）。这两个原则分别与 RZH 解悖标准的勿顾此失彼标准和勿株连无辜标准不谋而合。不过，一致性原则与勿顾此失彼标准之间有一些细微差别之处。前者要求恢复信念状态的全局一致性；而后者只要求恢复悖论所在理论的局部一致性即可，不考虑其他理论中的矛盾。最小改变原则和勿株连无辜标准则要求把信念改变控制在尽量小的范围内，尽可能地保持信念状态或理论体系的原貌，尽量多地保留有用的信息。此外，与信念修正理论不同，RZH 标准还有一个特殊的标准，即非特设性标准。它要求解悖方案不能仅仅因为消除矛盾这一目的而放弃似然前提，更需要在根本上揭示出似是而非之前提的独立的内在缺陷，并因此而放弃这些前提。因此，我们也可以更恰当地称之为缺陷性标准。

虽然，与内在缺陷相比，似然前提的信念度只是次要的、外在的、主观的命题态度，但它们常常能有效地帮助认知主体定位那些包含内在缺陷的似然前提，而且不管是彻底还是不彻底的解悖方案，最后放弃的都是低信念度的似然前提。因此，笔者认为有必要将信念度作为一种新的外在性解悖标准，它包含三个规范性的解悖功能：

第一，解悖前对似然前提进行重新评价和比较，重新赋予信念度，力求获得信念度差异；

第二，根据新的信念度差异，引导认知主体定位那些包含内在缺陷的似然前提；

第三，确保所放弃似然前提的信念度是最低的，不能放弃高信念度的似然前提，反而保留低信念度的似然前提。

与这种信念度标准相比，缺陷性标准则是一种更彻底但难以达到的哲学标准。从集合论悖论的解悖史可以看出，似然前提的内在缺陷往往是非常难发现的；否则悖论也就不会如此吸引古今智者。

7.2.5 解悖与信息评价

从第二章可知，理性评价刻画的是认知主体依据核心信念对新信息可信与否进行评价的过程。解悖活动也会遇到类似情况。在解悖过程中，往往会遇到这种情形，即所有似然前提在直观上都难以拒斥甚至无懈可击，但由于导致矛盾，它们之中必然包含似是而非的命题，因此解悖者必须在这些前提中作出取舍。然而，这些似然前提在信念度方面往往都势均力敌，以至于难以发现那些似是而非的命题并作出取舍。因此，要想解决悖论，解悖者必须对这些看似都无懈可击的前提进行重新评价，重新赋予它们新的信念度，以发现潜藏于其中的似是而非的前提。正如 N. 雷歇尔所言，解悖前对这些似然前提进行认知评价或优先性确定是不可避免的。([107]，第 27 页）因此，将理性评价理论的直观思想和理论工具应用于解悖的想法，不仅是可能的，而且也是必要的。

对信息进行理性评价，必定要依据某种评价依据来进行。悖论的发现表明信念膨胀时用于信息评价的那种评价依据并没有胜任它的责任，因此需要一套更严格、更精细、更可靠的评价依据来对似然前提进行重新评价。但这种评价依据往往不在所涉及的似然前提及其推论乃至信念系统之中，因而难以发现。不过，这些评价依据必然离不开且潜藏于该悖论所涉及概念的深层结构之中。它们一旦被发现则可能会成为解悖者的核心信念，并且继而作为似然前提的缺陷性的评价依据。

7.2.6 雷歇尔解悖方法论与信念修正的基本概念

信念修正理论与以往悖论研究的关注点的一个明显差异在于：前者是对信念修正现象的一般过程的形式刻画，而不研究具体的信念修正活动；但是后者则主要关注具体悖论的解决方案上，对通用解悖方法论方面着墨甚少。N. 雷歇尔的解悖方法论可以说是这一方面的初步尝试，为这方面的研究提供了新起点。他提出了下面这些与信念修正理论非常相似的基本概念：疑难簇与信念状态，极大一致集与一致保留集，极小不一致集和不一致核心集，认知优先序和认知强度关系（见第 1.1.2.3 节），R/A 选择与剪切函数/选择函数。([107]）其中，疑难簇是指一种其元素皆为似然命题的不一致命题集。它与信念状态相对应，但后者表征的却不仅仅是不一致命题集，它包括了认知主体所相信的所有命题。极大一致集是指一种增加任何疑难簇内其他元素皆导致不一致性的、疑难簇的一致子集，极小不一致集是指一种删除任何元素皆导致一致性的、疑难簇的不一致子集。它们分别与一致保留（remainder）和不一致核心（kernel）相对应；只不过一致保留（不一致核心）是指整个信念状态而非局部疑难簇的极大（极小不）一致子集。在解悖过程中，要想恢复一致性，必须破坏所有不一致核心，即阻止所有悖论性论证。但是逻辑是价值中立的，它只命令我们必须在悖论的似然前提之间作出取舍，但并没有告诉我们如何作出选择。([107], 第 27 页）解悖需要一个参考标准为似然前提之取舍提供辩护。对此，N. 雷歇尔认为，解悖的关键在于找到并切断不一致性的证明链中最薄弱的环节。([107], 第 15 页）他认为这种强弱关系是似然性（或者说信念度）方面的关系，并采用认知优先序关系 $<$ 来表征这种关系。认知强度关系 $\leqslant$ 与此类似，但它表征的是认知主体对信念的坚持程度；$P \leqslant Q$ 的意思是说：Q 在认知上至少像 P 一样得到认知主体的坚持。([43]）虽然将这种序关系应用于信念修正是合适的，但它只是一种主观偏好关系，并不适合

于解悖，因为解悖是对真的追求，而非对认知优先性或认知强度的追求。不过，雷歇尔以相对客观的认知优先序作为取舍标准的做法具有一定的可取之处，这种序关系有助于寻找似是而非的前提。最后，R/A 选择方案是指通过保留和删除元素致使不一致疑难簇变得极大一致的选择方案。它的功能与剪切函数和选择函数类似。但 R/A 选择方案是比较简单甚至有瑕疵的，它们只是简单地把最低信念度的似然前提删除。但其实对似然前提的放弃并不是简单地删除该前提即可，因为删除该前提后的疑难簇可能还逻辑地蕴涵该前提（即作为隐性信念），故该悖论可能仍旧作为隐性信念矛盾潜藏于疑难簇中。所以，解悖时应像信念修正理论那样，首先找到所有不一致核心，然后从每个这种不一致核心中放弃掉至少一个似是而非的前提，从而保证每个不一致核心都遭到了破坏，使得该疑难簇或信念状态不再蕴涵该悖论。

7.3 解悖方法论

基于上述基本概念，N. 雷歇尔提出了一种解悖方法论（[107], 第 29-30 页），这里将他的解悖步骤稍作整理如下。

(R1) 解悖前详细列出导致悖论的似然前提，并阐明它们如何导致矛盾。

(R2) 将此不一致集还原为推理上不冗余的极小不一致子集，去除那些与不一致性无关的“无辜”命题。

(R3) 详细列出这个疑难簇的所有极大一致子集。

(R4) 枚举所有可以避免不一致性的 R/A 选择方案。

(R5) 评定相关命题的优先序关系，以作为解悖时信念取舍的依据。

(R6) 依据优先序关系确定最优的 R/A 选择方案。

然而，这种解悖方法论有一个致命的不足，N. 雷歇尔把认知优先序关系作为似然前提的取舍标准，这是舍本逐末的。虽然认知主体可以根据认知优先序关系（或信念度差异）来推测哪个前提是虚假前提，但主观信念度只是辅助工具，它无法为放弃似然前提提供有效辩护。即便所有人在所有似然前提上都持有共同信念度，依据这些信念度设计的解悖方案也不一定就彻底解决了悖论。解悖所要求的是一种更客观的标准，即缺陷性标准。只有找到了被放弃前提的内在缺陷，在相当客观的意义上确定了被放弃前提的虚假之后，才能真正放心地认为：悖论确实得到了解决。而这个内在缺陷的根本在于违反了某些评价依据，而可作评价依据的唯一候选就是真理：逻辑-数学先验真理或经验真理；否则，不能称与那些“评价依据”的冲突是一种“违反”，也就不能称被放弃的似然前提包含某种“内在缺陷”。在纯粹的逻辑悖论的解决过程中，我们是可以将逻辑-数学真理等先验真理作为缺陷性的评价依据的。但是在经验科学或日常生活中的悖论的解决过程中，我们是无法做到这一点的。由于经验真理只能趋近而无法达到的本性，在实际解悖过程中，我们无法把握到经验真理作为评判缺陷与否的判据，而只能以极高信念度的核心信念作为缺陷与否的判据。如果恰好是核心信念导致悖论，那么需要提高核心信念的准入门槛，将更加可靠无疑的、信念度更高的信念作为核心信念，甚至在解决纯粹逻辑悖论时可以仅仅将逻辑-数学先验真理作为核心信念。这种作为缺陷之判据的核心信念一般有两种来源，一是来自概念体系蕴涵的先验真理，二是来自实证科学追求的经验真理。但受直观性干扰，似然前提的内在缺陷是难以寻找的，从而其所违背的先验真理或经验真理都是难以发现的。当然有些判据可能是隐性信念，这种情况下解悖是相对容易的。困难的情况是，与似然前提相关的缺陷性的判据往往不是（隐性或显性）信念，而是有待发现的复杂的先验真理和经验真理，此时则需要解悖者在复杂而曲折的解悖过程中，通过艰深的思维实践和科学实践对相关概念和命题进行深刻认识，以形成新的核心信念作为似然前提之缺陷性的判据。

似然前提作为直观成立的前提，它们往往都有一定程度的真实性。而根据成悖的逻辑矛盾标准和命题的二值原则，必然有一似然前提包含“内在缺陷”（虚假性）。这里把该前提称为似是而非的前提，直观成立的部分即所是之处，而内在缺陷则是所非的处。依赖于这种所是之处的直观性是相当强大或顽固的，这会掩盖其所非之处，以至于认知主体难以拒斥，悖论才得以形成。因此，解悖不是将信念度最低的似然前提放弃即可，而必须找到极高信念度的核心信念，依据它们对似然前提进行评价，以发现那些似是而非的前提，并对它们的所非之处进行严厉的反驳，进而表明这些前提在违反那些核心信念的意义上包含一种“内在缺陷”，最后发现并阻断该前提直观成立的判断的形成机制，悖论才能最终得到彻底解决。

基于此，笔者根据理性评价理论和代谢修正理论提出下面这种信念修正视域下的解悖方法论。

(Y1) 解悖前从理论中找出导致悖论的不一致核心，排除那些与不一致性无关的命题，并阐明这些不一致核心如何导致悖论。

(Y2) 对不一致核心所涉及概念进行深刻反思和演绎推理，对经验命题反复进行可靠的科学实践，按严苛的标准从中获得一致的核心信念集 A（最好是逻辑-数学真理和经验真理），作为似然前提缺陷与否的判据。

(Y3) 依据核心信念集 A 对不一致核心进行评价，枚举所有与 A 相矛盾的 A-不一致核心，似是而非的前提必然隐藏于它们之中，从而将怀疑范围缩小至 A-不一致核心。

(Y4) 如果这个怀疑范围内仍有多个似然前提，以至于不知如何取舍，那么回到（Y2）对核心信念集 A 进行扩充，直至怀疑范围内只有一个前提为止，该前提即是似是而非之前提。

(Y5) 在整个理论范围内对这些似是而非的前提进行信念收缩，把保留下来的似然命题作为解悖后的新理论。

(Y6) 对每个似是而非的前提，逐一揭示其直观成立之判断的形成机制。

(Y7) 对每个似是而非之前提，逐一揭示其内在缺陷，并从核心信念集中寻找严厉反驳。

(Y8) 对每个似是而非之前提，利用对其内在缺陷的反驳来阻断其直观成立之判断的形成机制。

其中，步骤（Y1）实现的是 N. 雷歇尔解悖方法论中步骤（R1）和（R2）的功能，目的在于剔除与悖论形成无关的命题，并阐明不一致核心里的必要前提是如何导致悖论的。其中对无关命题的剔除需要将所有似然前提等价地转换为合取范式，进而转换为所有合取支命题的集合，然后再从中寻找极小的不一致子集，即不一致核心。步骤（Y2）力图找出内在缺陷的评判依据，这需要在解悖历程中反复进行。步骤（Y3）利用这些判据对不一致核心内势均力敌的似然前提进行重新评价，以此定位似是而非的前提的怀疑范围，把无辜的似然前提排除在外。步骤（Y4）的目的在于进一步缩小似是而非的前提的怀疑范围，直至找到似是而非之前提为止。步骤（Y5）对这些似是而非的前提进行信念收缩，破坏所有蕴涵这些前提的信念子集，保证解悖后不再蕴涵这些似是而非的前提，从而恢复理论的一致性。步骤（Y6）和（Y7）则揭示这些似是而非的前提直观成立的根源，并依据核心信念对它们的所非之处进行严厉反驳，即论证似是而非的前提的否定。此时解悖尚未结束，解悖者见到此前提依然会认为其显然成立。比如，依据直观的集合概念认为：所有非自属集当然构成一个集合。解悖不仅仅是论证似是而非的前提的否定，还要求阻断该前提直观成立的判断的形成机制，以持续抵抗那些似是而非的前提的顽固直观性的误导。这就是步骤（Y8）的职责。那么这种信念修正视域下的解悖方法论能否引导悖论研究者成功解决各种集合论悖论和类说谎者悖论呢？对此，我是持乐观态度的。这也是我这几年的研究课题，我也希望读者能够从这种解悖方法论中获得启发，从而加入到悖论研究的课题中来。

参考文献

[1] 伯特兰·罗素：《我的哲学的发展》，商务印书馆 1982 年版。

[2] 张建军：《逻辑悖论研究引论》，人民出版社 2013 年版。

[3] 张建军等：《当代逻辑哲学前沿问题研究》，人民出版社 2014 年版。

[4] 袁永锋和张建军：《信念修正视域下的悖论研究初探》，《逻辑学研究》 2019 年第 12 期, 第 13–26 页。

[5] 陈波：《悖论研究》，北京大学出版社 2019 年版。

[6] C. Alchourrón, P. Gärdenfors, and D. Makinson. On the logic of theory change: Partial meet contraction and revision functions. *Journal of Symbolic Logic*, 50(2):510–530, 1985.

[7] C. Alchourrón and D. Makinson. Hierarchies of regulations and their logic. In R. Hilpinen, editor, *New studies in deontic logic: Norms, actions, and the foundations of ethics*, pages 125–148. D. Reidel Publishing Company, 1981.

[8] C. Alchourrón and D. Makinson. On the logic of theory change: Safe contraction. *Studia Logica*, 44(4):405–422, 1985.

[9] C. E. Alchourrón and D. Makinson. On the logic of theory change: Contraction functions and their associated revision functions. *Theoria*, 48:14–37, 1982.

[10] Thomas Bayes. An essay towards solving a problem in the doctrine of chances. *Philosophical Transactions of the Royal Society of London*, 53:370–418, 1764.

[11] Daniel Bernoulli. Exposition of a new theory on the measurement of risk. Translated by Louise Sommer. *Econometrica*, 22(1):23–36, [1738]1954.

[12] B. J. Caldwell. The methodology of scientific research programmes in economics: Criticisms and conjectures. In G. K. Shaw, editor, *Economics, Culture, and Education: Essays in Honor of Mark Blaug*, pages 95–107. Aldershot: Elgar, 1991.

[13] Rudolf Carnap. *Logical Foundations of Probability.* Chicago: University of Chicago Press, 2nd edition, [1950]1962.

[14] Rudolf Carnap. A basic system of inductive logic (Part I). In R. Carnap and R. C. Jeffrey, editors, *Studies in Inductive Logic and Probability*, volume 1. Berkeley: University of California Press, 1971.

[15] Rudolf Carnap. A basic system of inductive logic (Part II). In R. C. Jeffrey, editor, *Studies in Inductive Logic and Probability*, volume 2. Berkeley: University of California Press, 1980.

[16] S. Chopra, A. Ghose, and T. Meyer. Non-prioritized ranked belief change. *Journal of Philosophical Logic*, 32(27):417–443, 2003.

[17] Vincenzo Crupi, Katya Tentori, and Michel Gonzalez. On Bayesian measures of evidential support: Theoretical and empirical issues. *Philosophy of Science*, 74:229–252, 2007.

[18] M. Dalal. Investigations into a theory of knowledge base revision: Preliminary report. In St. Paul, editor, *Seventh national converence on artificial intelligence,(AAAI-88)*, pages 475–479, 1988.

[19] A. Darwiche and J. Pearl. On the logic of iterated belief revision. *Artificial Intelligence*, 89:1–29, 1997.

[20] Bruno de Finetti. Foresight: its logical laws, its subjective sources. In Samuel Kotz and Norman L. Johnson, editors, *Studies in Subjective Probability*, pages 134–174. New York: Wiley, translated by H. E. Kyburg and H. E. Smokler edition, [1937]1964.

[21] Franz Dietrich, Christian List, and Richard Bradley. Belief revision generalized: A joint characterization of Bayes' and Jeffrey's rules. *Journal of Economic Theory*, 162:352–371, 2016.

[22] Zoltan Domotor. Higher order probabilities. *Philosophical Studies*, 40(1):31–46, 1981.

[23] John Earman. *Bayes or Bust: A Critical Examination of Bayesian Confirmation Theory*. Cambridge, MA: MIT Press, 1992.

[24] Ellery Eells. Confirmation theory. In Sahotra Sarkar and Jessica Pfeifer, editors, *The Philosophy of Science: An Encyclopedia*, pages 144–150. Routledge, 2005.

[25] Ellery Eells and Branden Fitelson. Symmetries and asymmetries in evidential support. *Philosophical Studies*, 107(2):129–142, 2002.

[26] M. Falappa, G. Kern-Isberner, and G. R. Simari. Explanations, belief revision and defeasible reasoning. *Artificial Intelligence*, 141:1–28, 2002.

[27] M. A. Falappa, G. Kern-Isberner, M. D. L. Reis, and G. R. Simari. Prioritized and non-prioritized multiple change on belief bases. *Journal of Philosophical Logic*, 41:77–113, 2012.

[28] E. Fermé and S. O. Hansson. Selective revision. *Studia Logica*, 63(3):331–342, 1999.

[29] E. Fermé and S. O. Hansson. Shielded contraction. In H. Rott and M. Williams, editors, *Frontiers in belief revision*, Applied logic series, pages 85–107. Kluwer Academic Publishers, 2001.

[30] E. Fermé and S. O. Hansson. AGM 25 years: Twenty-five years of research in belief change. *Journal of Philosophical Logic*, 40:295–331, 2011.

[31] E. Fermé and M. D. L. Reis. System of spheres-based multiple contractions. *Journal of Philosophical Logic*, 41:29–52, 2012.

[32] E. Fermé, K. Saez, and P. Sanz. Multiple kernel contraction. *Studia Logica*, 73:183–195, 2003.

[33] Branden Fitelson. The plurality of Bayesian measures of confirmation and the problem of measure sensitivity. *Philosophy of Science*, 66(3):362–378, 1999.

[34] Branden Fitelson. *Studies in Bayesian Confirmation Theory*. PhD thesis, University of Wisconsin-Madison, 2001.

[35] Branden Fitelson. Logical foundations of evidential support. *Philosophy of Science*, 73(5):500–512, 2007.

[36] A. Fuhrmann. *Relevant logic, modal logic and theory change*. PhD thesis, Australian National University, Canberra, 1988.

[37] A. Fuhrmann. Theory contraction through base contraction. *Journal of Philosophical Logic*, 20:175–203, 1991.

[38] A. Fuhrmann. An essay on contraction. In *Studies in logic, language and information*. Stanford: CSLI Publications, 1997.

[39] A. Fuhrmann and S. Hansson. A survey of multiple contraction. *Journal of Logic, Language, and Information*, 3:39–76, 1994.

[40] H. Gaifman. A theory of higher order probabilities. In *Theoretical Aspects of Reasoning About Knowledge: Proceedings of the 1986 conference on Theoretical aspects of reasoning about knowledge*, pages 275–292, Monterey, California, 1986. Morgan Kaufmann Publishers Inc.

[41] P. Gärdenfors. Epistemic importance and minimal changes of belief. *Australasian Journal of Philosophy*, 62:136–157, 1984.

[42] P. Gärdenfors. *Knowledge in Flux: Modeling the dynamics of epistemic states*. Cambridge: MIT Press, 1988.

[43] P. Gärdenfors and D. Makinson. Revisions of knowledge systems using epistemic entrenchment. In M. Y. Vardi, editor, *Proceedings of the second conference on theoretical aspects of reasoning about knowledge*, pages 83–95. Los Altos, 1988.

[44] David. H. Glass. Confirmation measures of association rule interestingness. *Knowledge-Based Systems*, 44:65–77, 2013.

[45] C. Glymour. *Theory and Evidence.* Princeton (NJ): Princeton University Press, 1980.

[46] Clark Glymour. *Theory and Evidence.* Princeton University Press, 1980.

[47] Nelson Goodman. *Fact, Fiction, and Forecast (4th ed.).* Harvard University Press, 1983.

[48] A. Grove. Two modellings for theory change. *Journal of Philosophical Logic*, 17:157–170, 1988.

[49] S. Hacck. *Philosophy of Logics.* Cambridge University Press, 1978.

[50] Ian Hacking. *An Introduction to Probability and Inductive Logic.* Cambridge University Press, 2001.

[51] S. O. Hansson. New operators for theory change. *Theoria*, 55:114–132, 1989.

[52] S. O. Hansson. *Belief base dynamics.* PhD thesis, Uppsala University, 1991.

[53] S. O. Hansson. Belief contraction without recovery. *Studia Logica*, 50:251–260, 1991.

[54] S. O. Hansson. A dyadic representation of belief. In P. Gärdenfors, editor, *Belief revision*, volume 29 of *Cambridge tracts in theoretical computer science*, pages 89–121. Cambridge: Cambridge University Press, 1992.

[55] S. O. Hansson. In defense of base contraction. *Synthese*, 91:239–245, 1992.

[56] S. O. Hansson. Similarity semantics and minimal changes of belief. *Erkenntnis*, 37:401–429, 1992.

[57] S. O. Hansson. Theory contraction and base contraction unified. *Journal of Symbolic Logic*, 58:602–625, 1993.

[58] S. O. Hansson. Kernel contraction. *Journal of Symbolic Logic*, 59:845–859, 1994.

[59] S. O. Hansson. Semi-revision. *Journal of Applied Non-Classical Logic*, 7(1-2):151–175, 1997.

[60] S. O. Hansson. A survey of non-prioritized belief revision. *Erkenntnis*, 50:413–427, 1999.

[61] S. O. Hansson. *A Textbook of Belief Dynamics: Theory Change and Database Updating.* Applied logic series. Dordrecht: Kluwer Academic Publishers, 1999.

[62] S. O. Hansson. Specified meet contraction. *Erkenntnis*, 69:31–54, 2008.

[63] S. O. Hansson. Replacement—a Sheffer stroke for belief revision. *Journal of Philosophical Logic*, 38:127–149, 2009.

[64] S. O. Hansson. Multiple and iterated contraction reduced to single-step single-sentence contraction. *Synthese*, 173:153–177, 2010.

[65] S. O. Hansson, E. Fermé, J. Cantwell, and M. Falappa. Credibility-limited revision. *Journal of Symbolic Logic*, 66(4):1581–1596, 2001.

[66] C. G. Hempel. Studies in the logic of confirmation. *Mind*, 54:1–26, 97–121., 1945.

[67] Colin Howson. Bayesian rules of updating. *Erkenntnis*, 45(2/3):195–208, 1996.

[68] R. Jeffrey. *The Logic of Decision.* Chicago: University of Chicago Press, 2nd edition, [1965]1990.

[69] R. Jeffrey. Alias Smith and Jones: The testimony of the senses. *Erkenntnis*, 26:391–399, 1987.

[70] R. Jeffrey. Conditioning, kinematics, and exchangeability. In B. Skyrms and W. Harper, editors, *Causation, Chance, and Credence*, volume 1. Kluwer Academic Publishers, 1988.

[71] R. Jeffrey. Conditioning, kinematics, and exchangeability. In *Probability and the art of judgement*, chapter 7, pages 117–153. Cambridge University Press, 1992.

[72] Richard C. Jeffrey. *Probability and the Art of Judgment.* New York: Cambridge University Press, 1992.

[73] James Joyce. How probabilities reflect evidence. *Philosophical Perspectives*, 19:153–179, 2005.

[74] H. Katsuno and A. Mendelzon. Propositional knowledge base revision and minimal change. *Journal of Artificial Intelligence*, 52:263–294, 1991.

[75] H. Katsuno and A. Mendelzon. On the difference between updating a knowledge base and revising it. In P. Gärdenfors, editor, *Belief revision.*, volume 29 of *Cambridge tracts in theoretical computer science*, pages 183–203. Cambridge: Cambridge University Press, 1992.

[76] John Maynard Keynes. *A Treatise on Probability.* Macmillan and Co., 1921.

[77] S. Konieczny and R. P. Pérez. Merging information under constraints: A logical framework. *Journal of Logic and Computation*, 12(5):773–808, 2002.

[78] S. Konieczny and R. P. Pérez. Logic based merging. *Journal of Philosophical Logic*, 40:239–270, 2011.

[79] S. Konieczny and R. Pino Pérez. On the logic of merging. In *Proceedings of the sixth international conference on principles of knowledge representation and reasoning*, pages 488 – 498, 1998.

[80] I. Lakatos. Falsification and the methodology of scientific research programmes. In Lakatos and Musgrave, editors, *Criticism and the Growth of Knowledge.* Cambridge University Press, 1970.

[81] Hannes Leitgeb. *The Stability of Belief.* Oxford University Press, 2017.

[82] I. Levi. Subjunctives, dispositions, and chances. *Synthese*, 34:423–455, 1977.

[83] D. Lewis. *Counterfactuals.* Harvard University Press, Cambridge, MA., 1973.

[84] P. Liberatore and M. Schaerf. Arbitration: A commutative operator for belief revision. In *Proceedings of the Second World Conference on the Fundamentals of Artificial Intelligence (WOCFAI'95)*, pages 217 – 228, 1995.

[85] P. Liberatore and M. Schaerf. Arbitration (or how to merge knowledge bases). In *IEEE Transactions on Knowledge and Data Engineering*, volume 10, pages 76 – 90, 1998.

[86] S. Lindström. A semantic approach to nonmonotonic reasoning: Inference operations and choice. In *Uppsala Prints and Preprints in Philosophy*, volume 6. Dep. of Philosophy, Uppsala University, 1991.

[87] Patrick Maher. Subjective and objective confirmation. *Philosophy of Science*, 63:149–174, 1996.

[88] Patrick Maher. The concept of inductive probability. *Erkenntnis*, 65:185–206, 2006.

[89] D. Makinson. How to give it up: A survey of some formal aspects of the logic of theory change. *Synthese*, 62(3):347–363, 1985.

[90] D. Makinson. On the status of the postulate of recovery in the logic of theory change. *Journal of Philosophical Logic*, 16:383–394, 1987.

[91] D. Makinson. Screened revision. *Theoria*, 63:14–23, 1997.

[92] Jonas Clausen Mork. Uncertainty, credal sets and second order probability. *Synthese*, 190(3):353–378, 2013.

[93] Halina Mortimer. *The logic of induction.* Ellis Horwood series in artificial intelligence. Paramus: Prentice Hall, 1988.

[94] A. Nayak. Iterated belief change based on epistemic entrenchment. *Erkenntnis*, 41:353–390, 1994.

[95] A. Nayak, M. Pagnucco, and P. Peppas. Dynamic belief revision operators. *Artificial Intelligence*, 146(2):193–228, 2003.

[96] B. Nebel. Syntax-based approaches of belief revision. In P. Gärdenfors, editor, *Belief revision*, pages 52–88. Cambridge University Press, 1992.

[97] B. Nebel. Base revision operations and schemes: Semantics, representation, and complexity. In *Proceedings of the 11th European Conference on Artificial Intelligence*, pages 341 – 345. Wiley, 1994.

[98] B. Nebel. How hard is it to revise a belief base? In D. Dubois and H. Prade, editors, *Belief change*, volume 3 of *Handbook of defeasible reasoning and uncertainty management systems*, pages 77–145. Dordrecht: Kluwer Academic Publishers, 1998.

[99] Reinhard Niederée. Multiple contraction: a further case against Gärdenfors' principle of recovery. In A. Fuhrmann and M. Morreau, editors, *The Logic of Theory Change, Workshop, Konstanz, FRG, October 13-15, 1989, Proceedings*, volume 465, pages 322–334. Berlin: Springer- Verlag, 1991.

[100] E. J. Olsson. *Coherence.* PhD thesis, Department of Philosophy. Uppsala University, 1997.

[101] E. J. Olsson. A coherence interpretation of semi-revision. *Theoria*, 63:105–134, 1997.

[102] P. Peppas. Well behaved and multiple belief revision. In W. Wahlster, editor, *Proceedings of the 12th European Conference on Artificial Intelligence (ECAI-96)*, pages 90–94, 1996.

[103] P. Peppas. The limit assumption and multiple revision. *Journal of Logic and Computation*, 14(3):355–371, 2004.

[104] P. Peppas. Belief revision. In F. van Harmelen, V. Lifschitz, and B. Porter, editors, *Handbook of Knowledge Representation*, chapter 8. Elsevier, 2008.

[105] P. Peppas and M. Williams. Constructive modelings for theory change. *Notre Dame Journal of Formal Logic*, 36(1):120–133, 1995.

[106] F. P. Ramsey. Truth and probability. In D. H. Mellor, editor, *Philosophical Papers.* Cambridge University Press, 1990.

[107] N. Rescher. *Paradoxes: Their Roots, Range, and Resolution.* Carus Publishing Company, 2001.

[108] Sheldon Ross. *A First Course in Probability (8th ed.).* Pearson Prentice Hall, 2009.

[109] H. Rott. Two methods of constructing contractions and revisions of knowledge systems. *Journal of Philosophical Logic*, 20:149–173, 1991.

[110] H. Rott. Modellings for belief change: base contractions, multiple contractions, and epistemic entrenchment. In D. Pearce and G. Wagner, editors, *Logics in AI: European Workshop JELIA'92 Berlin, Germany, September 7–10, 1992 Proceedings*, volume 633 of *Lecture Notes in Computer Science*, pages 139–153. Springer Berlin Heidelberg, 1992.

[111] H. Rott. On the logic of theory change: More maps between different kinds of contraction functions. In P. Gärdenfors, editor, *Belief revision*, volume 29 of *Cambridge tracts in theoretical computer science*, pages 122–141. Cambridge: Cambridge University Press, 1992.

[112] H. Rott. Preferential belief change using generalized epistemic entrenchment. *Journal of Logic, Language and Information*, 1:45–78, 1992.

[113] H. Rott. Belief contraction in the context of the general theory of rational choice. *Journal of Symbolic Logic*, 58:1426–1450, 1993.

[114] H. Rott. Just because: Taking belief bases seriously. In S. Buss, P. Hajek, and P. Pudlak, editors, *Logic colloquium'98—Proceedings of the annual European summer meeting of the Association for Symbolic Logic*, volume 13 of *Lecture notes in logic*, Prague, 2000.

[115] H. Rott. Two dogmas of belief revision. *Journal of Philosophy*, 97(9):503–522, 2000.

[116] H. Rott. Basic entrenchment. *Studia Logica*, 73:257–280, 2003.

[117] N. E. Sahlin. On second order probability and the notion of epistemic risk. In B. P. Stigum and F. Wenstøp, editors, *Foundations of Utility and Risk Theory with Applications*, volume 37, pages 95–104. Dordrecht: Reidel, 1983.

[118] N. E. Sahlin. On higher order beliefs. In Jacques-Paul Dubucs, editor, *Philosophy of Probability*, pages 13–34. Kluwer Academic Publishers, 1993.

[119] L. J. Savage. *The Foundations of Statistics.* New York: Dover, 2nd edition, 1972.

[120] K. Schlechta. Non-prioritized belief revision based on distances between models. *Theoria*, 63:34–53, 1997.

[121] Gerhard Schurz. Impossibility results for rational belief. *Noûs*, 53(1):134–159, 2019.

[122] Brian Skyrms. *Pragmatics and Empiricism.* New Haven: Yale University Press, 1984.

[123] W. Spohn. Ordinal conditional functions: A dynamic theory of epistemic states. In W. Harper and B. Skyrms, editors, *Causation in decision, belief change and statistics*, volume 2, pages 105–134. Dordrecht: D. Reidel, 1988.

[124] W. Spohn. A survey of ranking theory. In Franz Huber and Christoph Schmidt-Petri, editors, *Degrees of belief: An anthology*, pages 185–228. Dordrecht: Springer, 2009.

[125] W. Spohn. Multiple contraction revisited. In Mauricio Suárez, Mauro Dorato, and Miklós Rédei, editors, *EPSA epistemology and methodology of science*, volume 1 of *Launch of the European philosophy of science association*, pages 279–288. Dordrecht: Springer, 2010.

[126] J. F. Thomson. On some paradoxes. In R. J. Butler, editor, *Analytical Philosophy*, pages 104–119. Barnes & Noble, Inc., New York, 1962.

[127] Linda Wetzel. *Types and Tokens: On Abstract Objects.* Cambridge, MA: MIT Press, 2009.

[128] M.-A. Williams. Two operators for theory bases. In *Australian joint artificial intelligence conference*, pages 259–265, 1992.

[129] M.-A. Williams. On the logic of theory base change. In C. Mac-Nish, D. Pearce, and L. Pereira, editors, *Logics in Artificial Intelligence—European Workshop JELIA'94*, pages 86–105. Springer-Verlag, 1994.

[130] Yongfeng Yuan. Rational metabolic revision based on core beliefs. *Synthese*, 194(6):2121–2146, 2017.

[131] Yongfeng Yuan. Bayesian confirmation or ordinary confirmation? *Studia Logica*, 108:425–449, 2020.

[132] Yongfeng Yuan. Bayesian belief revision based on agent's criteria. *Studia Logica*, 109:1311–1346, 2021.

[133] Yongfeng Yuan and Shier Ju. Rational evaluation in belief revision. *Synthese*, 192(7):2311–2336, 2015.

[134] Yongfeng Yuan, Shier Ju, and Xuefeng Wen. Evaluative multiple revision based on core beliefs. *Journal of Logic and Computation*, 25(3):781–804, 2015.

[135] E. Zermelo. *From Frege to Gödel*, chapter Investigation in the Foundation of Set Theory I. Harvard University Press, 1967.

[136] D. Zhang. Belief revision by sets of sentences. *Journal of Computer Science and Technology*, 11(2):108–125, 1996.

[137] D. Zhang and N. Foo. Infinitary belief revision. *Journal of Philosophical Logic*, 30(6):525–570, 2001.

[138] Jianjun Zhang. 《逻辑与哲学》, chapter A Study of the Definition of 'Logical Paradox'. 学富文化出版社, 2009.

图书在版编目(CIP)数据

信念修正理论前沿 / 袁永锋著. --上海 : 上海人民出版社, 2025. -- ISBN 978-7-208-19391-8

Ⅰ. B848.4

中国国家版本馆 CIP 数据核字第 2025ZA7826 号

责任编辑 于力平

封面设计 夏 芳

信念修正理论前沿

袁永锋 著

出　　版 上海人民出版社

(201101 上海市闵行区号景路 159 弄 C 座)

发　　行 上海人民出版社发行中心

印　　刷 上海商务联西印刷有限公司

开　　本 720×1000 1/16

印　　张 15.5

插　　页 4

字　　数 264,000

版　　次 2025 年 4 月第 1 版

印　　次 2025 年 4 月第 1 次印刷

ISBN 978-7-208-19391-8/B·1815

定　　价 68.00 元